空时信号处理
等效原理与方法

陈辉　王永良　著

清华大学出版社
北京

内容简介

空时信号处理是信号处理领域中的一个热点研究方向，在雷达、通信、声呐、电子侦察等众多领域有着极为广阔的应用前景。本书从空时等效性的角度深入、系统地论述了阵列信号处理和雷达信号处理中的相关信号处理算法，总结了作者多年来的研究成果以及国际上这一领域的一些研究进展。本书较全面地梳理了信号处理中的一些经典方法在时域、空域和空时域的体现，并基于空时等效原理，给出了一些既具有理论意义，又具有实用价值的空时二维处理新方法，角度新颖有创新，理论性和实用性强。全书共分7章，内容包括空时信号处理框架、空时采样、空时谱估计、空时自适应处理、空时平滑、空时线性预测和空时目标检测等。

本书是关于空时信号处理的一部学术专著，也是对阵列信号处理和雷达信号处理领域中关于空时等效算法的理论总结，可供雷达、通信、导航、声呐、自动化、电子对抗等领域的广大技术人员学习与参考，也可作为高等院校研究生的教材或参考书。

图书在版编目(CIP)数据

空时信号处理等效原理与方法/陈辉，王永良著. —北京：清华大学出版社，2021.3(2021.10重印)

ISBN 978-7-302-55121-8

Ⅰ. ①空… Ⅱ. ①陈… ②王… Ⅲ. ①雷达信号处理 Ⅳ. ①TN957.51

中国版本图书馆CIP数据核字(2020)第049577号

责任编辑：佟丽霞 赵从棉
封面设计：常雪影
责任校对：王淑云
责任印制：杨 艳

出版发行：清华大学出版社
网 址：http://www.tup.com.cn，http://www.wqbook.com
地 址：北京清华大学学研大厦A座 **邮 编：**100084
社 总 机：010-62770175 **邮 购：**010-62786544
投稿与读者服务：010-62776969，c-service@tup.tsinghua.edu.cn
质量反馈：010-62772015，zhiliang@tup.tsinghua.edu.cn
印 装 者：三河市铭诚印务有限公司
经 销：全国新华书店
开 本：170mm×240mm **印 张：**15.5 **字 数：**372千字
版 次：2021年3月第1版 **印 次：**2021年10月第2次印刷
定 价：89.00元

产品编号：084362-01

作者简介

王永良院士

王永良，男，1965 年 6 月出生，浙江嘉兴人，1987 年毕业于空军雷达学院，1990 年与 1994 年分别于西安电子科技大学获硕士与博士学位，1994—1996 年为清华大学在站博士后，2015 年当选中国科学院院士。现任空军预警学院预警技术系教授。专业技术少将军衔，全国政协委员，湖北省科协副主席。

主要从事雷达信号处理理论与技术的研究，在空时信号处理领域取得了系统性的创造性成果，并获得了广泛应用，为我国预警机等重要装备探测效能提升作出了重要贡献。曾获国家技术发明二等奖 2 项、军队与省部级一等奖 5 项，出版学术专著 4 部(含本书)，发表学术论文 300 多篇，拥有发明专利 50 多项。曾获中国优秀博士后奖、全国高校青年教师奖、中国科协求是杰出青年奖、国家杰出青年基金等。被授予空军十大杰出青年、全军爱军精武标兵、全国优秀博士后、全国优秀教师、全国优秀科技工作者等荣誉称号。曾当选第十届全国人大代表和全军英模代表大会代表。

陈辉教授

陈辉，男，教授，博士生导师。1974 年 3 月出生，江苏启东人，2009 年于华中科技大学获工学博士学位。主要从事阵列信号处理技术在雷达中的应用研究，取得了系列创新成果，并获得广泛应用。长期承担“阵列信号处理”“空间谱估计理论与算法”“自适应阵列”“雷达基础理论”等课程的教学任务。曾享受国务院特殊津贴、入选国家百千万人才工程、教育部“新世纪优秀人才”、湖北省优秀硕士导师、武汉市青年科技奖，获军队学科拔尖人才、全军爱军精武标兵，获空军级专家、空军高层次人才、空军青年学习成才奖。先后发表论文 170 多篇；编写专著和教材 4 本(含本书)；获国家技术发明二等奖 2 项，省部级科技进步一等奖 2 项，省部级教学成果二等奖 1 项，国家精品课程 1 门，拥有发明专利 12 项。主要研究方向：阵列信号处理，雷达信号处理，空时信号处理。

前言

FOREWORD

空时信号处理(space time signal processing,STSP)是在阵列信号处理、雷达信号处理、现代数字信号处理基础上发展起来的一门重要技术,包含了自适应阵列、空间谱估计和空时自适应信号处理等主要内容,在雷达、通信、声呐、导航、电子对抗、地震预报、语音处理、射电天文、生物医学等众多领域有着极其广阔的应用前景。随着当前电子技术与信息科学的迅猛发展,该技术仍在快速发展中。从学术研究的角度来看,国内外有不少学者从事这一领域的科学研究,有大量的文献报道其新成果与新进展,不断有新算法涌现;从教学的角度来看,国内外有很多高校专门开设了雷达信号处理和阵列信号处理的相关课程;从应用的角度来看,军内外很多武器装备和民用设备也都迫切需要发展与应用该技术。为此,我们在分析总结国内外相关成果的基础上,结合多年来的研究成果和心得体会撰写了此专著,希望为本领域的专家学者、工程技术人员及广大师生提供一部有价值的参考书或教学用书。前期,王永良院士等已经撰写了STSP领域中三个主要方向的三部专著,分别是《空时自适应信号处理》《空间谱估计理论与算法》《自适应阵列处理》。本书则是在STSP三个主要方向的基础上,从空时二维联合处理中的等效性角度,分析典型方法涉及的概念、原理、结构、参数等的相关关系,目的是串起这三个方向中的相通点,确定空时等效理念,深入理解涉及的一些基本概念和本质,并基于等效理念创新发展新算法,便于广大科技工作者更全面地掌握本领域的技术方法,并能利用相关方法进行技术创新与实践运用,从而发展STSP这一学科专业。

笔者在空军预警学院长期从事阵列信号处理技术在雷达中的应用基础研究和相关的教学任务,根据本人的教学和科研体会,读者自学STSP的三个内容还是比较困难的,因此需要一本内容简练、原理通俗,且便于理解,能够串起三大内容的专著作为导论。为此,笔者从空时等效性的角度出发,全面总结了这三个内容中的相通点,并从空域、时域相互转化并向空时域推广,创新出一些具有实际意义的新方法,撰写了本著作。全书共分7章,内容包括空时信号处理框架、空时采样、空时谱估计、空时自适应处理、空时平滑、空时线性预测和空时目标检测等，每一章都从空域、时域和空时域的角度分析阐述，从而让读者能够融会贯通 STSP 的三大内容。

在本书的编写过程中，力图体现三大特色：体系结构新、内容选材精和可读性强。就体系结构而言，本书没有围绕单一的阵列信号处理或雷达信号处理的体系来进行展开，而是通过空域和时域对比及向空时域的推广来展开，从而为读者理解不同方向内的算法关系提供了途径，打开了思路，并从等效性出发提出了一些新的算法，供工程参考使用。就内容选材而言，本书侧重于三大内容中的共性问题，包括空时采样、空时谱估计、空时自适应处理、空时平滑、空时线性预测等问题，这些问题在空域、时域和空时域都存在，只是在不同的领域或方向内单独学习时是很难将其联系到一起的，通过本书的安排就可以容易地找到突破的方向，对于进一步发展 STSP 理论与技术具有启发与引导作用。就可读性而言，STSP 的知识理论性强、专业基础知识要求高，就教学的情况看，学生普遍反映难学、难懂、难理解。本书就这一问题，通过空域和时域对比、时域推广、空域推广、典型图例等方式，尽量做到由浅入深，特别注意表达的清晰性、易懂性和可读性。

为了实现上述特色，笔者做了大量工作，从开始撰写、查阅资料到完成本书已历时三年多。但由于本学科的发展速度极快，实际应用领域很宽，加上作者水平有限，书中肯定存在不妥，甚至错误之处，恳请读者批评指正！

能写完这部专著还要感谢同事们，在大家的不懈努力下，“空时信号处理团队”取得了本领域国内外专家认可的一些成果，也正是在与王首勇教授、陈建文教授、李荣锋教授、谢文冲副教授、母其勇讲师、陈风波讲师、邓钰讲师、段克清博士、任磊博士、高飞博士、鲍拯博士、戴凌燕博士、王俊博士、杜庆磊博士、张昭建博士、刘维建博士、周必雷博士、李槟槟博士、张佳佳博士等的不断交流与科研合作中，获得了很多的灵感和帮助。

陈 辉 王永良

2020.11

目录

CONTENTS

第1章 绪论

信号是信息的载体,如电信号可以通过幅度、频率、相位的变化来表示不同的信息。从广义上讲,信号包含光信号、声信号和电信号等;从用途上讲,它包含电视信号、雷达信号、广播信号、通信信号等;从时间特性上讲,它分为连续信号和离散信号、实信号和复信号等;从统计特性上讲,它分为确定性信号和随机性信号等。人类对信号的感知是通过传感器来实现的,这里所说的传感器既包括人体的感觉器官,如手、眼、耳等,也包括一些特殊的测量设备,如示波器、频谱仪、场强仪等。不管信号是怎样产生或得到的,将其离散化之后就可以通过记录设备进行记录、存储、分析和处理。

信号处理就是对信号进行分析和处理,目的是为了提取信号中的有用信息,从而判别有无信号及提取参数,如雷达信号处理就是判别有无飞机、导弹和舰船目标等,然后估计这些目标的距离和方位,如信息足够还可对目标进行识别,以辨别目标的型号、种类等信息。信号处理按用途可分为数字信号处理、现代数字信号处理、雷达信号处理、水声信号处理、地震信号处理、图像信号处理、阵列信号处理、语音信号处理、分形和混沌信号处理、盲信号处理等。在不同的研究领域,信号本身体现出来的特征包括时间、角度、极化、频率、波形、周期、速度等,不同的场合有不同的需求。但通常有两个共性的特征需要分析得到,通俗地讲就是什么时间在什么地点产生了某特定信号,概括地讲就是时间域特征和空间域特征,其中时间域特征包括时间、频率、幅度等,空间域特征包括角度、距离等。为此,下面从雷达信号处理、阵列信号处理入手,从空时信号处理的角度来分析一下涉及的相关信号处理内容。

1.1 基本概念

信号在数学上就是一组变量值$\{x(t)\}$,这组变量值如果都用实数表示,就称之为实信号;如果都用复数表示,则称之为复信号。如果时间 t 定义在连续的变量区间，那么这个信号就是连续信号，对连续信号进行离散化就可以得到离散信号，如$\{x(1),x(2),\cdots,x(K)\}$，即定义域和值域都是离散的信号。在实际应用过程中，连续信号通常也称模拟信号，对模拟信号进行采样就得到离散的数字信号，采样时如果满足采样定理则可以通过离散的数字信号恢复模拟信号。下面简要辨析一下阵列信号处理和雷达信号处理中常用的、容易混淆的一些基本概念。

1. 确定性信号与随机性信号

若信号可以用一确定的数学表达式表示，或者信号的波形是唯一确定的，则这种信号就是确定性信号，如雷达的发射信号，包括线性调频信号、相位编码信号、单载频脉冲信号等通常都是确定性信号。反之，如果信号具有不可预知性，则称之为不确定性信号，也称为随机信号，如雷达接收到的噪声、杂波和噪声干扰等就是随机信号。

随机信号也称随机过程，它具有两个特点：一是随机信号在任何时间的取值都是不能先验确定的随机变量；二是虽然随机信号取值不能先验确定，但这些取值却服从某种统计规律，一般用概率分布特性（统计性能）来描述，如均值、方差、概率密度函数等。

在自适应阵列、空时二维自适应处理领域中入射到阵列的信号分为目标信号和干扰信号，前者是需要检测的飞机、舰船等目标的回波，且一般是确定性信号；后者通常是由敌方干扰机发射的电子干扰，可以是确定性信号，也可以是随机性信号。自适应阵列的目的是增强目标信号的同时抑制干扰信号，从而实现干扰背景下的目标检测。而在现代谱估计和空间谱估计领域中，入射到阵列上的信号（包括上述的目标信号和干扰信号）均需要进行参数估计，且通常被称为入射信号。

2. 统计平均和时间平均

均值是分析随机信号的一个常用指标。均值的定义有两种：一是统计平均；二是时间平均。统计平均的定义如下：

$$\mu(t)=E\{x(t)\}=\int_{-\infty}^{\infty}xf(x,t)\mathrm{d}x \tag{1.1}$$

式中，$E\{\cdot\}$表示均值；$\mu(t)$为连续复随机过程$x(t)$的均值；$f(x,t)$为$x(t)$在时间t时的概率密度函数。

时间平均的定义如下：

$$\mu_x=\frac{1}{N}\sum_{n=1}^{N}x(n) \tag{1.2}$$

式中，μ_x为时间均值，其中$\{x(1),x(2),\cdots,x(N)\}$为平稳信号$x(t)$的观察样本。

关于统计平均和时间平均有一个重要的结论：如果$x(t)$是一个均方遍历的平稳信号，则可以用时间平均来代替统计平均。在数字信号处理中常用时间平均来代替统计平均，一般对时间平均的长度或采样点数有一定的要求，且在这段时间随机信号的统计特性不发生变化，本书中涉及的随机信号未作说明时均满足这一条件。

在空时信号处理中，这一结论在计算数据协方差矩阵时经常被用到，注意应用的过程中其实就已经加入了用时间平均替代统计平均所需要的条件，如果不满足此条件则算法的性能会严重下降。

3. 平稳信号与非平稳信号

若随机过程$\{x(t_1),x(t_2),\cdots,x(t_k)\}$的联合分布函数与$\{x(t_1+\tau),x(t_2+\tau),\cdots,x(t_k+\tau)\}$的联合分布函数对所有的$\tau>0$和所有的$t_1,t_2,\cdots,t_k$均相同，则随机信号$\{x(t)\}$称为严格平稳信号或狭义平稳信号。

和狭义平稳信号对应的是广义平稳信号，如果复随机信号$\{x(t)\}$是广义平稳的，则满足：

(1) 其均值为常数，即$E\{x(t)\}=\mu_x$(常数)；

(2) 其二阶矩有界，即$E\{x(t)x^*(t)\}=E\{|x(t)|^2\}<\infty$；

(3) 其协方差函数与时间无关，即$C_{xx}(\tau)=E\{[x(t)-\mu_x][x(t-\tau)-\mu_x]^*\}$，其中“$*$”表示共轭。

广义平稳、严格平稳与非平稳之间的关系为：①随机信号的均值为常数时称为一阶平稳；②广义平稳是二阶平稳，即均值为常数、方差与时间无关；③严格平稳一定是广义平稳，但广义平稳不一定是严格平稳；④由于不是广义平稳的随机过程不可能是严格平稳的，所以不具有广义平稳性的随机信号统称为非平稳信号，但要注意循环平稳信号是一类特殊的非平稳信号。在空时信号处理中，理想模型均是在平稳信号的假设下得到的。

4. 自相关函数与自协方差函数

若$x(t)$是一个广义平稳随机信号，则$x(t)$在t_1和t_2的自相关函数和自协方差函数仅取决于时间差$\tau=t_1-t_2$，自相关函数的定义如下：

$$R_{xx}(\tau)=E\{x(t)x^*(t-\tau)\} \tag{1.3}$$

自协方差函数的定义如下：

$$C_{xx}(\tau)=E\{[x(t)-\mu_x][x(t-\tau)-\mu_x]^*\}=R_{xx}(\tau)-|\mu_x|^2 \tag{1.4}$$

自相关函数与自协方差函数之间存在如下关系：①对于具有零均值的随机信号而言，自相关函数与自协方差函数等价；②当$\tau=0$时，自相关函数退化为二阶矩；③当$\tau=0$时，自协方差函数退化为$x(t)$的方差；④功率谱密度与自协方差函数是傅里叶变换对。在空时信号处理中，自相关函数和自协方差函数被广泛用于自协方差矩阵中主对角线元素的形成。

5. 互相关函数与互协方差函数

若$x(t)$和$y(t)$均是广义平稳随机信号，且其均值为常数μ_x和μ_y，则$x(t)$和$y(t)$的互相关函数和互协方差函数分别为

$$R_{xy}(t_1,t_2)=E\{x(t_1)y^*(t_2)\} \tag{1.5}$$

$$C_{xy}(t_1,t_2)=E\{[x(t_1)-\mu_x][y(t_2)-\mu_y]^*\}=R_{xy}(\tau)-\mu_x\mu_y \tag{1.6}$$

如果 $R_{xy}(t_1,t_2)=R_{xy}(t_1-t_2)$ 和 $R_{yx}(t_1,t_2)=R_{yx}(t_1-t_2)$ 都只与时间差 $\tau=t_1-t_2$ 有关，则称 $x(t)$ 和 $y(t)$ 是联合平稳的。显然，对于具有零均值的两个随机信号而言，互相关函数与互协方差函数等价。在空时信号处理中，互相关函数和互协方差函数被广泛用于自协方差矩阵中非主对角线元素的形成。

6. 独立、不相关和正交

当存在两个或两个以上的随机信号时，通常还需要辨识信号间的一些特性，如独立、不相关和正交，下面进行简单分析。

若随机过程 $x(t)$ 和 $y(t)$ 是统计独立的，则它们的联合概率密度函数满足

$$f_{X,Y}(x,y)=f_X(x)f_Y(y) \tag{1.7}$$

式中，$f_X(x)$ 和 $f_Y(y)$ 分别为 $x(t)$ 和 $y(t)$ 的概率密度函数；$f_{X,Y}(x,y)$ 为联合概率密度函数。雷达中常用的不同通道之间接收的高斯白噪声是独立的。

利用互协方差函数可以定义互相关系数

$$\rho_{xy}(\tau)=\frac{C_{xy}(\tau)}{\sqrt{C_{xx}(0)C_{yy}(0)}} \tag{1.8}$$

当 $|\rho_{xy}(\tau)|=0$ 时，通常称两个随机信号不相关，雷达接收机产生的噪声通常是不相关的；当 $0<|\rho_{xy}(\tau)|<1$ 时，则称信号相关，大部分信号之间都是相关的；当 $|\rho_{xy}(\tau)|=1$ 时，则称两个随机信号相干，如雷达领域中经常遇到的直达波和反射波就是相干的。对于参数估计而言，信号间的相干特性具有"两面性"：一方面信号的相干有利于进行积累，从而提升信噪比；另一方面为了估计信号的角度，希望信号是不相干的，否则在不进行预处理的情况下，无法得到真实角度参数。如在自适应阵列中，如果干扰源是相干的，则多个不同方向的干扰就"合并"成一个干扰，此时需要的空域自由度降低，更有利于干扰的抑制，而在空间谱估计领域中，由于信号源相干会导致协方差矩阵的秩降为 1，从而导致很多高分辨和超分辨算法失效。另外，需要注意雷达中常用的相参信号或相参脉冲串信号，其相关系数也等于 1，且信号的相位要相同，这样也能实现相参积累。如果相关系数等于 1，但相位相差 180°，则信号就对消了。

若随机过程 $x(t)$ 和 $y(t)$ 是正交的，则对于所有 τ，它们的互相关函数恒等于零，即

$$R_{xy}(\tau)=E\{x(t)y^*(t-\tau)\}=0 \tag{1.9}$$

式中，两个随机过程正交也记为 $x(t)\perp y(t)$。另外，有时正交也用内积的方式来定义。

独立、不相关和正交之间存在如下关系：①统计独立一定意味着统计不相关；②统计不相关不一定是统计独立的，但高斯随机信号的统计不相关可以推导出信号间统计独立；③如果两个随机过程的均值均为 0，则不相关和正交相互等价。

7. 高斯信号与非高斯信号

若随机过程 $x(t)$是高斯信号，则其概率密度函数服从

$$f(x)=\frac{1}{\sqrt{2\pi\sigma^2}}e^{-\frac{(x-\mu)^2}{2\sigma^2}} \tag{1.10}$$

式中，μ 为均值；σ^2 为方差。

在信号处理领域内，最常用的随机信号就是高斯信号。通常低分辨雷达的杂波信号被认为是高斯信号，其幅度服从瑞利分布；对于高分辨雷达而言，地物杂波通常符合对数正态分布、韦布尔分布或 K 分布。在空时信号处理中，通常假设噪声的模型是高斯的，但在一些特殊的场合需要假设信号是非高斯的，如利用高阶累积量估计信号时，否则高斯信号的高阶累积量等于 0，则无法估计信号。

8. 参数的估计量

由于信号处理的过程中涉及参数的估计问题，对于同一个未知参数，用不同的估计方法会得到不同的估计量，通常用无偏、有效和一致估计来衡量参数的估计量。

(1) 无偏估计

如果未知参数为 θ，利用一系列观察样本得到的估计参数为 $\hat{\theta}_n$（n 为估计的次数），则在 θ 的取值范围内，如果满足

$$E\{\hat{\theta}_n\}=\theta \tag{1.11}$$

则表明 $\hat{\theta}_n$ 是未知参数为 θ 的无偏估计，即利用一系列样本得到估计的平均值等于真值。如果当 n 趋近于∞时上式成立，则称 $\hat{\theta}_n$ 为渐近无偏估计，即大样本时估计可接近真值。

(2) 有效估计

无偏估计是从一阶统计特性的角度来定义的，显然也可以通过估计方差来定义，因为估计方差越小，也就意味着估计值越接近期望值。要了解有效估计，首先应引入 Cramer-Rao 不等式：

$$\mathrm{Var}(\hat{\theta}_n)=E\{(\hat{\theta}_n-\theta)^2\}\geqslant\frac{1}{-E\left\{\frac{\partial^2\ln f(x;\theta)}{\partial\theta^2}\right\}}=\theta_{\mathrm{CRB}} \tag{1.12}$$

式中，x 为观察样本；$f(x;\theta)$为联合概率密度函数；θ_{CRB} 为 Cramer-Rao 下界，在参数确定的情况下，它就是一个和样本数等参数相关的固定值。

如果参数 θ 的一个无偏估计 $\hat{\theta}$，其方差达到或趋近于 θ_{CRB}，那么称这个估计 $\hat{\theta}$ 为有效估计。

(3) 一致估计

如果未知参数为 θ，利用一系列观察样本得到的估计参数为 $\hat{\theta}_n$（n 为估计的次

数)，当估计样本趋向于∞时，估计值在参数真值附近的概率趋近于 1，则称估计 $\hat{\theta}$ 为参数 θ 的一致估计。所以，一个参数为一致估计量的充要条件是

$$\lim_{n\to\infty} E\{\hat{\theta}_n\}=\theta \quad 且 \quad \lim_{n\to\infty}\mathrm{Var}(\hat{\theta}_n)=0 \tag{1.13}$$

估计的一致性是由它的极限性质来描述的，所以这种性质只有在大样本情况下才起作用，即在数据量很大时一定能够得到参数的理想估计。

关于阵列信号处理的其他相关概念及其用到的矩阵论相关知识可以参见文献[2]的附录。

1.2 空时信号处理框架

信号处理研究的内容主要包括两方面——从噪声、干扰中提取信号或者对信号进行特征分析，并提取信号参数，信号处理的目的是尽可能地不丢失或少丢失信息。

随着数字计算机和大规模集成电路的发展，信号处理经历了从模拟信号处理到数字信号处理的转变，这种转变将信号处理的能力提高到了一个全新的水平，并形成了一门新的学科，即数字信号处理。数字信号处理经过几十年的发展慢慢形成了现代数字信号处理技术，随着现代数字信号处理、雷达信号处理与阵列信号处理的结合，诞生了自适应阵列、空间谱估计、空时自适应信号处理等空时信号处理技术。空时信号处理的结构图见图 1.1。从图中可知该技术可分为时域、空域和空时联合域的处理，其中时域分为三个子域：时间域(时间序列域)、频率域(时频域)和时间频率联合域；空域也分为三个子域：阵元域、波束域(空频域)和阵元波束联合域(阵元空域联合域)。

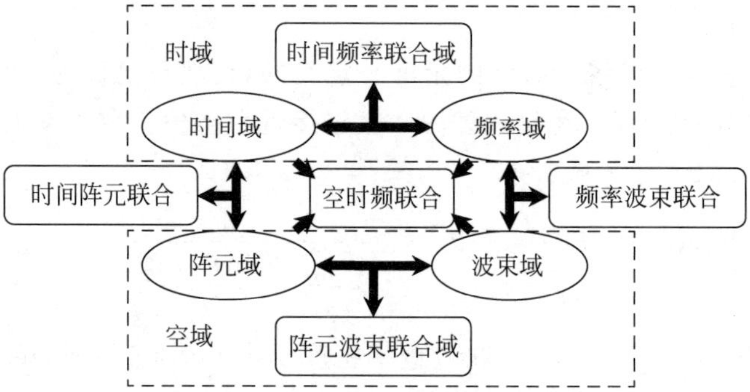

图 1.1 空时信号处理结构图

常规的时域处理方式分为三个大类：一是直接和时间 t 相关的处理(对应图 1.1 中的时间域)，包括相关、卷积、累加、小波、分形、高阶累积量、盲信号估计、时间自适应滤波等，其变量通常是时间 t；二是直接和频率 f 相关的处理(对应

图 1.1 中的频率域)，包括频域滤波器设计、傅里叶变换、时域谱估计、现代谱估计、频域自适应滤波等，其变量通常是频率 f；三是时域时频域(时间频率联合域)处理，包括时频分析、时频域自适应滤波等，其变量通常是 t 和 f。

传统的空域处理方式分为两大类：自适应阵列和空间谱估计。自适应阵列主要是空域自适应滤波器(自适应方向图)的设计，其核心是保证主瓣指向目标，且零点对准干扰。主瓣指向目标的作用是使感兴趣的目标增益最大，零点对准干扰的作用是最大限度从空域抑制干扰。空间谱也称角度谱或角谱，它是在自适应阵列和现代谱估计基础上发展而来的，空间谱估计主要是利用空间阵列进行信号的参数估计，其核心是突破瑞利限(一个波束宽度内只能分辨一个目标)估计一个波束宽度内的多个目标参数，其中最主要的参数是角度信息。图 1.1 中的阵元域处理包括自适应阵列和空间谱估计中的直接利用所有阵元的处理，即直接形成所有阵元的协方差矩阵，再进行求逆或特征分解等处理，如常规波束形成(conventional beamforming，CBF)算法、无失真响应(minimum variance distortionless response，MVDR)波束形成器、线性约束最小方差(linearly constrained mininum varianc，LCMV)波束形成器、多重信号分类(multiple signal classification，MUSIC)算法、旋转不变子空间(estimated signal parameters via rotational invariance technique，ESPRIT)算法等，其核心是利用阵元数 M 来估计信号的角度 θ 或形成空域滤波器。图 1.1 中的波束域处理包括自适应阵列和空间谱估计中的波束处理方式，此时需要对阵元域数据进行分块或加权，形成一系列波束，然后再进行自适应对消或参数估计，如采用分块自适应算法、波束空间自适应算法、波束空间 MUSIC 算法等，其核心是利用波束数来估计角度 θ 或形成空域滤波器。图 1.1 中的阵元波束联合处理，主要包括部分阵元形成波束、部分阵元直接参与自适应或空间谱估计的算法，这类算法在空域中通常是为了降维，如旁瓣对消算法、部分自适应算法等，其核心也是利用阵元和波束来估计信号的角度 θ。在很多资料中也将空域的方位角和俯仰角信息称为空域的二维参数，在本书中空间域的二维指阵元域和波束域，变量 θ 的参数包括方位角和俯仰角。

图 1.1 中空时信号处理是个广义上的定义，它包含时域参数 t 和 f，也包含空域参数 θ，只要处理中涉及时域参数 t 或者 f，同时还涉及空域参数 θ 的就是空时二维处理。所以从这个意义上看，时域的一维处理和空域的一维处理都是空时二维处理的特例，空时二维处理也可以看成时域一维和空域一维的拓展，它包括空时联合处理(指 t 和 θ 的联合)、空频和时频联合处理(指 f 和 θ 的联合)、空时频三维处理(包含 t、f 和 θ 的联合)。所以，空时二维处理包含空域时间域联合、空域时频域联合、空域频率域联合、阵元域时域联合、波束域时域联合、阵元波束域时域联合及空域时域联合等多种联合处理技术。但从变量的角度来看，空时二维处理包括 t 和 θ 的空时联合处理、f 和 θ 的空频时频联合处理、t 和 f 及 θ 的空时频三维联合处理，只是角度参数的估计可以采用阵元域处理(空间域)、波束处理(空频域)或者

阵元和波束混合处理(阵元空频域联合域)的方式来实现。如空时二维自适应处理(STAP)[1]就是空时二维处理中的一类自适应方法,它是专门针对机载雷达杂波抑制提出的一类涉及空时二维参数的自适应处理方法,包括阵元-脉冲域处理、阵元-多普勒域处理、波束-脉冲域处理和波束-多普勒域处理等方法,所有的方法可以进行全自适应处理,也可以进行降维或降秩后的自适应处理。空时二维谱估计也是空时二维处理中的一类谱估计方法,它可以同时估计角度和频率参数,如空时二维 MUSIC 算法、空时二维最大似然算法等。

总的看来,信号处理技术从时间域处理开始发展,慢慢遇到了瓶颈,然后出现了频域,从而极大地拓展了时域信号处理。随着相控阵概念的提出和对其进行深入研究,空域处理慢慢获得发展,形成了空间谱估计、数字波束形成、旁瓣对消等处理方式,从而使得时域无法处理的信号转移到了空域,但随着技术的发展,目标变得越来越多样、越来越复杂,只依靠时间域、频率域、阵元域或波束域变得越来越难提取信号或估计信号的参数。为此,信号处理开始向自适应信号处理方向和空时联合域方向发展,出现了时/频/空域自适应、时频分析、空域多维处理、空时二维自适应处理、空时二维谱估计、空时频三维自适应等新的方法。总之,从数字信号处理技术的发展来看,信号处理算法从一维向二维甚至多维的方向发展,在处理方式上从常规处理向自适应处理和认知处理,甚至智能处理的方向发展。

但不管信号处理怎么发展,两个基本要素一定存在:空间和时间,即时间序列上分不开的可以考虑从频率上分开,频率上分不开的可以考虑从空间角度上分开,时间和空间上均分不开的可以考虑从空时二维域上分,再分不开就要寻求其他信号特征(如极化)来分开,这种分开的本质就是滤波,滤除不感兴趣的、保留感兴趣的,最终的目的都是为了检测目标或分析目标的参数。

1. 空时信号处理统一框架

图 1.2 给出了空时信号处理的统一框架,共包含 5 个域:时间域、频率域、阵元域、波束域和联合域。下面对图中各方框的含义进行说明。

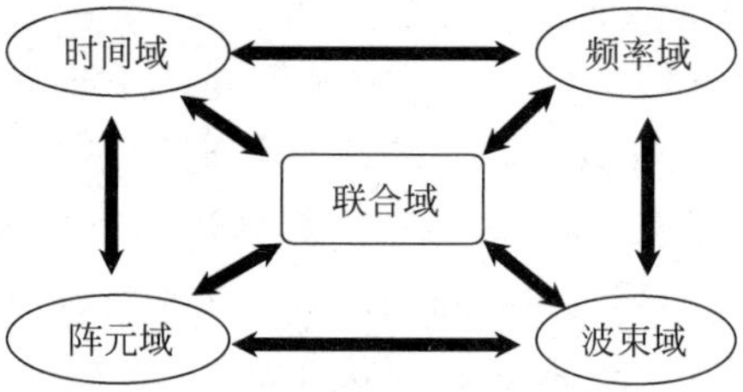

图 1.2 空时信号处理统一框架

(1) 时间域。图 1.2 中的时间域处理方式是指直接和时间 t 相关的处理,在本书中时间域属于时域中的一维。本书中提到的时间域处理包括:脉冲的到达时间的估计、目标的距离测量技术、时间域的自适应处理、时间域的平滑处理、时间域的线性预测处理、脉冲的相参处理、对消固定地物杂波的动目标显示(moving targets

indication，MTI）处理、通过时间域卷积方法实现的脉冲压缩处理、恒虚警处理，等等。时间域中的变量通常是 t、τ、T_r 和 K，即时间点、时延、脉冲重复周期和脉冲数或采样点数，有时距离 R 或者距离差 ΔR 也会作为时间域的变量（对应变量 t 或 τ）。时间域处理的目的就是通过时间域的方法来增强感兴趣的信号，并实现对信号的检测和估计。

（2）频率域。图 1.2 中的频率域处理方式是指直接和频率 f 相关的处理，在本书中频率域也属于时域中的一维。本书中提到的时间域处理包括：傅里叶变换技术、频率域谱估计技术、频率域的自适应处理、频率域的平滑处理、频率域的线性预测处理、动目标检测（moving targets detection，MTD）处理、频域脉冲压缩处理，等等。频率域中的变量通常是 f、Δf、B 和 f_d，即信号频率、频率差、带宽和多普勒频率。通常时间域无法区分目标时，可以考虑采用频率域的方法，频率域处理的目的就是通过频率的方法来滤除不感兴趣的信号，从而实现对感兴趣信号的检测和估计。

（3）阵元域。图 1.2 中的阵元域处理方式是指直接和空间阵元相关的处理，在本书中阵元域属于空域中的一维。本书中提到的阵元域处理包括：阵元域的谱估计、阵元域的自适应处理、阵元域的空间平滑、阵元域的线性预测处理、阵元域的相参处理、阵元域的天线对消技术，等等，其变量通常是阵元数 M。通常时间域和频率域无法检测或分离目标时，可以考虑采用阵元域的方法，阵元域处理的目的就是通过空间阵元的合成处理，通过阵元域的方法来滤除不感兴趣的信号，并实现对信号的检测和估计。

（4）波束域。图 1.2 中的波束域处理方式是指直接和空间信号参数 θ 相关的处理，在本书中波束域也属于空域中的一维。本书中提到的波束域处理包括：波束域的谱估计、波束域的自适应处理、波束域的空间平滑、波束域的线性预测处理、波束域的相参处理、波束域的天线对消技术、旁瓣对消技术，等等。其变量通常是角度 θ、φ、ψ 等，即方位角、俯仰角和锥角（方位和俯仰的合成）。波束域处理的目的就是通过波束的滤波作用，来滤除其他域中无法滤除的不感兴趣的信号，从而实现对信号的检测和参数估计。

（5）联合域。图 1.2 中的联合域处理方式是一个广义的空时联合处理，即时间域、频率域、阵元域和波束域四种处理方式的两两、三种或四种的联合，包括了 11 种联合处理的方式：时间频率域的联合处理、时间阵元域的联合处理、时间波束域的联合处理、频率阵元域的联合、频率波束域的联合、阵元波束域的联合、时间频率阵元域的联合、时间频率波束域的联合、时间阵元波束域的联合、频率阵元波束域的联合、时间频率阵元波束的联合。联合域的处理大大拓展了算法的应用范围，也为更有效地检测或提取目标参数提供了途径，如空时二维参数谱估计和空时二维自适应则可以采用不同的联合域进行，如时间阵元域的联合处理、时间波束域的联合处理、频率阵元域的联合处理、频率波束域的联合处理，也可以采用时间频率阵元域的联合处理、时间频率波束域的联合处理、时间阵元波束域的联合处理、频率阵元波束域的联合处理，甚至也可以采取时间频率阵元波束域的联合处理。但需要注意联合域也为信号处理带来了更大的处理维度，其变量维度也在增加，变量可以从 t、τ、T_r、R、ΔR、Δf、B、f_d、θ、φ、ψ 中任意选取两种或两种以上，处理维数则由采样数、脉冲数、频率的通道数、阵元数和波束数来决定。

从空时信号处理统一框架中可知：本书中的时域包括时间域、频率域（也称时频域）、时间频率域；空域包括阵元域、波束域（也称空频域）和阵元波束域；空时二维包括时间阵元域、时间波束域、频率阵元域、频率波束域、时间频率阵元域、时间频率波束域、时间阵元波束域、频率阵元波束域和时间频率阵元波束域。需要注意的是，时间频率域的联合处理和阵元波束域的联合处理在空时信号处理统一框架内，但它们不属于空时二维联合处理，它们分别是时域的二维联合处理和空域的二维联合处理。

2. 空时信号处理统一模型

由图 1.2，我们直接给出空时信号处理的统一模型

$$\boldsymbol{X}=\boldsymbol{A}(\Theta)\boldsymbol{S}+\boldsymbol{N} \tag{1.14}$$

其中，$\boldsymbol{X}$ 为得到的空时信号处理的数据矢量，$\boldsymbol{N}$ 为噪声数据矢量，$\boldsymbol{S}$ 为空间辐射信号的矢量，$\boldsymbol{A}(\Theta)$为空时信号处理的流型矩阵，其中 Θ 为变量，包括 t、τ、T_r、R、ΔR、f、Δf、B、f_d、θ、φ、ψ，等等，其中 N 个入射信号的流型矩阵为

$$\boldsymbol{A}(\Theta)=[\boldsymbol{a}_{st}(\Theta_1)\quad \boldsymbol{a}_{st}(\Theta_2)\quad \cdots \quad \boldsymbol{a}_{st}(\Theta_N)] \tag{1.15}$$

其中，$\boldsymbol{a}_{st}(\Theta_i)$为导向矢量。

式(1.14)通常也称为数据域的统一模型，在信号和噪声独立的情况下，它还有另外一种表达式，即理想的基于协方差矩阵的表达形式

$$\boldsymbol{R}_{XX}=\boldsymbol{A}\boldsymbol{R}_{ss}\boldsymbol{A}^{H}+\boldsymbol{R}_{NN} \tag{1.16}$$

其中，$\boldsymbol{R}_{XX}$ 为 $\boldsymbol{X}$ 的自协方差矩阵，$\boldsymbol{R}_{ss}$ 为 $\boldsymbol{S}$ 的自协方差矩阵，$\boldsymbol{R}_{NN}$ 为 $\boldsymbol{N}$ 的自协方差矩阵。

由本书的讨论可知：

(1) 时间域、频率域、阵元域和波束域模型都是式(1.14)的特例，只取其中的一个变量的简化形式。如时间域的模型只是取了其中一个变量采样间隔 τ，频率域的模型则是取了 f 或者 f_d，阵元域的模型通常只是取了阵元数对应的 θ，波束域则是取了波束数对应的 θ。

(2) 空时二维处理模型也是式(1.14)的特例，只是其变量通常需要在时域和空域中各取一维，最常取的就是时域中的频率和空域中的角度，如空时二维自适应处理中的波束多普勒域中取了波束指向角 ψ 和多普勒频率 f_d，空时二维谱估计的阵元多普勒域中取了信号入射角 θ 和多普勒频率 f_d，频率分集相控阵中则在时间频率和阵元域中分别取了目标的距离、频率差和角度。

(3) 空时信号处理模型的等效性主要体现在式(1.14)中的 $\boldsymbol{A}(\Theta)$，但其核心是不同域导向矢量之间的等效性。但从导向矢量的公式中可以知道，导向矢量的核

心则是采样对应的时延，也就是说空时信号处理模型等效的基础其实就是空时采样的等效带来的。这个时延可以是同一阵元上相邻采样之间的间隔，也可以是同一信号在同一时间点入射到不同阵元上的时延，还可以是同一阵元上相邻脉冲间的间隔，等等。

(4) 空时信号处理模型中的 $\boldsymbol{S}$ 是信号矢量构成的矩阵，是不同信号通过时域采样得到的矩阵，但信号的一些参数则反映在了 $\boldsymbol{A}(\Theta)$ 中，且信号矢量与导向矢量是对应的。假设空间存在两个目标辐射信号 $S_1(t)$ 和 $S_2(t)$，则在时间域模型中，不同频率对应的导向矢量为 $\boldsymbol{a}_{\mathrm{t}}(f_1)$ 和 $\boldsymbol{a}_{\mathrm{t}}(f_2)$，不同多普勒对应的导向矢量为 $\boldsymbol{a}_{\mathrm{t}}(f_{\mathrm{d1}})$ 和 $\boldsymbol{a}_{\mathrm{t}}(f_{\mathrm{d2}})$，不同时延对应的导向矢量为 $\boldsymbol{a}_{\mathrm{t}}(\tau_1)$ 和 $\boldsymbol{a}_{\mathrm{t}}(\tau_2)$，等等；在阵元域模型中，不同方位角对应的导向矢量为 $\boldsymbol{a}_{\mathrm{s}}(\theta_1)$ 和 $\boldsymbol{a}_{\mathrm{s}}(\theta_2)$，不同俯仰角对应的导向矢量为 $\boldsymbol{a}_{\mathrm{s}}(\varphi_1)$ 和 $\boldsymbol{a}_{\mathrm{s}}(\varphi_2)$，等等；在空时二维模型中，不同方向和多普勒频率对应的导向矢量为 $\boldsymbol{a}_{\mathrm{st}}(\theta_1,f_{\mathrm{d1}})$ 和 $\boldsymbol{a}_{\mathrm{st}}(\theta_2,f_{\mathrm{d2}})$，不同方向、微载频和距离对应的导向矢量为 $\boldsymbol{a}_{\mathrm{st}}(\theta_1,\Delta f_1,R_1)$ 和 $\boldsymbol{a}_{\mathrm{st}}(\theta_2,\Delta f_2,R_2)$，等等。

(5) 统一模型还需要注意一下使用条件的问题，一般情况下要求 $\boldsymbol{S}$ 内各矢量是独立的(如果相干，可以通过平滑等处理解相干)，噪声矢量也是独立的，信号与噪声矢量也是独立的；不存在各种误差，如阵元域中的阵元幅相误差、波束域中的通道幅度误差、频率域中的频带不一致误差、时间域的采样误差，等等；导向矢量中的未知参数数目小于 $\boldsymbol{X}$ 的维数(保证有唯一解)。

通过统一模型分析可知，空时信号处理在不同参数维度上的建模是等效的。常用的空间谱估计信号处理模型、自适应阵列模型、多输入多输出(multiple input multiple output，MIMO)雷达模型、频率估计模型、空时二维自适应处理中的杂波模型、频率分集相控阵模型等均是空时信号统一模型的简化形式。如对于时间域、频率域、阵元域和波束域，只考虑了各域中关注的一个或几个参数，如不同时刻的到达信号、不同频率的干扰信号、不同角度入射的目标信号、不同多普勒频率的目标等。对于联合域而言，只是将单域中的参数拓展到了多域中，如不同方向反射的不同多普勒频率的杂波、不同方向不同频率的干扰、同一方向不同多普勒频率和距离的目标，等等。

3. 统一准则

模型的建立不仅是为了简化实际应用过程中的复杂情况，更是为了便于从理论的角度来探讨信号检测的条件、参数估计的精度等。同一模型在不同的应用背景下会有不同的感兴趣参数，但最感兴趣的还是这些参数的最优解。通过文献[1-3]分析可知，最优解通常和准则密切相关。假设式(1.14)经过一个加权输出

$$\boldsymbol{Y}=\boldsymbol{W}^{\mathrm{H}}\boldsymbol{X} \tag{1.17}$$

式中，$\boldsymbol{W}$ 为权矢量，其实质是滤波器，即滤除不感兴趣的信号或干扰，从而实现对感兴趣目标的检测或参数估计。所以空时信号处理的统一准则为

$$\{F(\boldsymbol{W})\quad \text{st.}\quad f(\boldsymbol{a}(\Theta))\} \tag{1.18}$$

式中，$F(\boldsymbol{W})$ 为构造的和 $\boldsymbol{W}$ 相关的函数，$f(\boldsymbol{a}(\Theta))$为一个和导向矢量相关的约束条件。

1）最大信噪比准则

如果式(1.18)中

$$F(\boldsymbol{W})=\max\{\boldsymbol{Y}^{\mathrm{H}}\boldsymbol{Y}\}=\max\{\boldsymbol{W}^{\mathrm{H}}\boldsymbol{R}_{XX}\boldsymbol{W}\} \tag{1.19}$$

上式的含义就是求解一个最优的权矢量，使得输出功率最大，一般情况下由于噪声的功率恒定，所以输出功率最大就是加权之后的信噪比最大，即上式就是最大信噪比准则，所以其最优解就是

$$\boldsymbol{W}=\boldsymbol{a}(\Theta) \tag{1.20}$$

很显然时间域的最大信噪比准则和阵元域的最大信噪比准则就是上式的特例。

2）最小均方准则

如果将式(1.14)分成两个部分

$$\boldsymbol{X}=\begin{bmatrix}\boldsymbol{X}_1\\ \boldsymbol{X}_2\end{bmatrix} \tag{1.21}$$

利用 $\boldsymbol{X}_2$ 的数据来估计 $\boldsymbol{X}_1$，则式(1.19)更新为

$$F(\boldsymbol{W})=\min\{\varepsilon(n)\}=E\{[\boldsymbol{X}_1-\boldsymbol{W}^{\mathrm{H}}\boldsymbol{X}_2]^2\} \tag{1.22}$$

上式的含义就是求解一个最优的权矢量，使得输出后的均方误差最小，这个误差等于 $\boldsymbol{X}_1$ 减去加权后的 $\boldsymbol{X}_2$ 的值。很显然上式的约束就是最小均方误差准则，其最优解就是

$$\boldsymbol{W}=\boldsymbol{R}_{X_2X_2}^{-1}\boldsymbol{R}_{X_2X_1} \tag{1.23}$$

式中，$\boldsymbol{R}_{X_2X_2}$ 和 $\boldsymbol{R}_{X_2X_1}$ 分别为二部分矩阵的自协方差矩阵和互协方差矩阵或矢量。

很显然，时域、空域、联合域中的最小均方误差算法均是上式的特例，而且线性预测类算法的实质就是最小均方误差算法。

3）最小方差准则

如果式(1.18)中

$$\begin{cases}F(\boldsymbol{W})=\min\{\boldsymbol{W}^{\mathrm{H}}\boldsymbol{R}\boldsymbol{W}\}\\ f(\boldsymbol{a}(\Theta))=\boldsymbol{W}^{\mathrm{H}}\boldsymbol{a}(\Theta)=1\end{cases} \tag{1.24}$$

上式的含义就是求解一个最优的权矢量，在导向矢量约束值为 1 的情况下，使得输出功率最小。一般情况下由于噪声的功率恒定，所以输出功率最小，就是加权之后滤除了所有干扰剩余功率为 0 时最小，这就是最小方差准则，其最优解为

$$\boldsymbol{W}=\boldsymbol{R}_{XX}^{-1}\boldsymbol{a}(\Theta) \tag{1.25}$$

4）最大似然准则

式(1.14)中的噪声如果是高斯白噪声，则可以直接利用噪声的联合概率密度函数来构造似然函数[2]，即噪声的联合概率密度函数的负对数。由式(1.14)的空时信号统一模型可知，噪声矢量等于

$$\boldsymbol{N}=\boldsymbol{X}-\boldsymbol{A}(\Theta)\boldsymbol{S} \tag{1.26}$$

如果上式中噪声的概率密度函数是高斯分布的，则 L 次快拍的联合概率密度

函数为

$$\boldsymbol{f}_{ML}(\boldsymbol{x}_1,\boldsymbol{x}_2,\cdots,\boldsymbol{x}_L)=\prod_{i=1}^{L}\frac{1}{\det\{\pi\sigma^2\boldsymbol{I}\}}\exp\left(-\frac{1}{\sigma^2}\mid\boldsymbol{X}-\boldsymbol{A}(\Theta)\boldsymbol{S}\mid^2\right) \tag{1.27}$$

式中，det{ · }表示矩阵的行列式，σ^2 为噪声功率。求上式的负对数可得

$$-\ln\boldsymbol{f}_{ML}=L\ln\pi+ML\ln\sigma^2+\frac{1}{\sigma^2}\sum_{i=1}^{L}\mid\boldsymbol{X}-\boldsymbol{A}(\Theta)\boldsymbol{S}\mid^2 \tag{1.28}$$

从上式中可以看出，需要求的参数变量分别是：参变量 Θ、噪声功率 σ^2 和信号矢量 $\boldsymbol{S}$。显然利用上式对这些参数分别求偏导并令其等于 0 就可以求出各自参数的表达式，具体内容可见文献[2]，这里只给出结果，先对 $\boldsymbol{S}$ 求偏导，则利用最小二乘解可知

$$\boldsymbol{S}=\boldsymbol{A}^{+}\boldsymbol{X} \tag{1.29}$$

式中，$\boldsymbol{A}^{+}=(\boldsymbol{A}^{\mathrm{H}}\boldsymbol{A})^{-1}\boldsymbol{A}^{\mathrm{H}}$ 为阵列流型的伪逆。再对 σ^2 求偏导可知

$$\sigma^2=\frac{1}{M}\mathrm{tr}\{\boldsymbol{P}_A^{\perp}\boldsymbol{R}\} \tag{1.30}$$

式中，tr{ · }为矩阵的迹，$\boldsymbol{P}_{\boldsymbol{A}}=\boldsymbol{A}\boldsymbol{A}^{+}$，$\boldsymbol{P}_A^{\perp}=\boldsymbol{I}-\boldsymbol{P}_{\boldsymbol{A}}$，$\boldsymbol{R}$ 为式(1.16)所示的自协方差矩阵。然后可得参变量估计

$$\{\Theta\}_{ML}=\min\{\mathrm{tr}\{\boldsymbol{P}_{\boldsymbol{A}(\Theta)}^{\perp}\boldsymbol{R}\}\}=\max\{\mathrm{tr}\{\boldsymbol{P}_{\boldsymbol{A}(\Theta)}\boldsymbol{R}\}\} \tag{1.31}$$

上式就是空时信号处理的确定性最大似然算法(deterministic maximum likelihood，DML)，详细的推导过程可进一步参见文献[2]及其他文献。

上述的分析也表明，在空时信号处理的统一模型下，不同的约束准则可以得到不同条件下的最优解，同一约束准则下求出的最优解在不同的域中是完全等效的。同一种准则的构造函数和约束条件完全一样，求出的解的表达式也完全一样，只是在不同域中的参变量发生了变化。这也说明了其他的准则也可以通用，如最大熵准则、最小模准则、MUSIC 算法的导向矢量和噪声子空间正交准则，等等。

4. 统一算法

在空时信号处理中，除了上述的四个基本准则外，还有很多准则可用，所以其算法也有很多，要想完全统一在一个表达式中还是很难的。在文献[1]中我们对空时二维自适应处理算法进行了统一，其各种算法之间的关系核心是变换；在文献[2]中我们对典型的一维空间谱估计算法和拟合类的谱估计算法进行了统一，算法之间关系的核心是加权；在文献[2]中我们也详细分析了多维算法和一维算法之间的关系，其核心就是导向矢量和阵列流型的关系。通过对这些算法的综合分析，可以发现不管是时域信号处理、空域信号处理的算法，还是联合域的信号处理算法，其过程包含统计处理、预处理、核心算法和实现几个环节，因此，这里直接给出空时信号处理算法的统一框架，见图 1.3。

图 1.3 中的“数据”由式(1.14)给出，在实际应用过程中就是采样得到的实测数据。图中“直接数据域”“协方差矩阵”“高阶处理”三个模块分别对应：直接数据

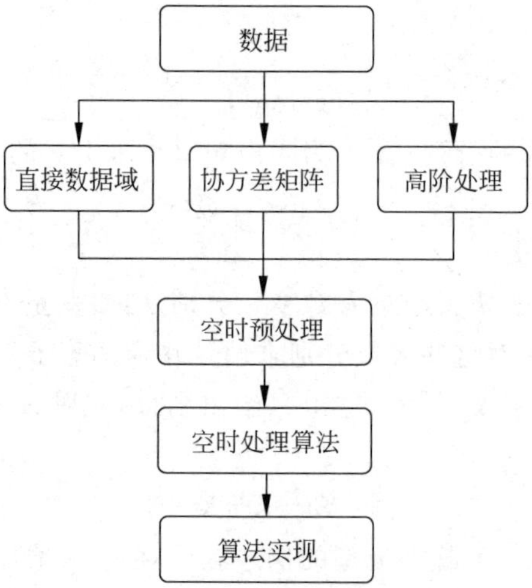

图 1.3　空时信号处理算法统一框架

域的方法、基于协方差矩阵的方法和基于二阶以上的高阶处理方法。直接数据域的方法是直接对接收数据 $\boldsymbol{X}$ 进行处理，最终达到检测目标或估计参数的目的，它通常可以用于小样本的信号处理场合。基于协方差矩阵的方法，也就是对接收数据二阶统计量的处理，通常适用于白噪声背景或者噪声和信号独立的情况下，当样本数满足条件时，算法通常会有比较好的性能。高阶处理通常是针对非高斯信号的情况，但高阶统计量所需的样本数通常很大，否则最后的算法很难取得好的效果。

图 1.3 中的“空时预处理”则通常包含变换、平滑、加权等处理，其目的就是为空时处理算法估计或检测信号提供途径，如降维、解相干、宽带聚焦、相参、波束形成等。如空时二维自适应中的多普勒变换和波束变换均是为了实现在性能损失不大的情况下降维，空间谱估计中的平滑处理就是为了实现相干信号源的解相干处理，相控阵雷达中的波束形成就是通过加权处理来实现主波束方向的相参积累等。

图 1.3 中的“空时处理算法”就是在统一模型、统一准则下推导出来的最优算法，包括两大块内容：一块是检测算法；另一块是估计算法。检测算法分为常规算法和自适应算法，其中相参积累算法、常规波束形成算法、加窗/加权算法、傅里叶变换、MTI/MTD、脉冲压缩、相位中心偏置天线(displaced phase center antenna，DPCA)等均属于常规处理算法，其目的就是增加被检测信号的信噪比；而自适应波束形成、自适应旁瓣对消、自适应 MTI/MTD、自适应相位中心偏置天线(adaptation displaced phase center antenna，ADPCA)等均属于自适应算法，其目的是抑制干扰或杂波的同时实现信号的检测。估计算法的目的就是为了实现信号的参数估计，包括到达时间、角度、频率、多普勒等参数，基本方法就是谱估计技术，包括现代谱估计(时域谱估计)、空间谱估计(空域谱估计)和空时谱估计技术，包括MUSIC、最小方差算法(minimum variance method，MVM)、最大熵算法(maximum entropy method，MEM)、最小模算法(minimum norm method，MNM)、DML 等算

法。无论是空时信号处理的时间域、频率域、阵元域、波束域还是联合域，这些算法的表达式具有等效性。以最小方差算法为例来说明：在时间域中最小方差算法可以估计不同到达时间的两个信号、在频率域中最小方差算法可以估计不同频率的两个信号频率、在阵元域中最小方差算法可以估计不同角度的两个信号方位角、在波束域中可以利用子阵估计信号的角度参数；在阵元频率域可以同时估计信号的角度和频率、在时间阵元域可以同时估计到达时间和角度、在波束频率域可以同时估计信号的角度和多普勒频率；在阵元域可以在估计信号时同时抑制不同方向的干扰、在频率域可以在估计信号的同时抑制不同频率的干扰、在空时二维域可以在估计信号时抑制不同角度或不同多普勒频率的杂波，等等。

图 1.3 中的“算法实现”就是求解最优算法的解，通常一维处理直接采用搜索或求根的方法就可以解决，二维或多维的处理则需要采用一些最优化的求解方法，如梯度法、最陡下降法、轮换投影法、遗传算法，等等。

1.3　本书内容及说明

本书从空时信号处理的角度出发，全面梳理了《空时自适应信号处理》《空间谱估计理论与算法》《自适应阵列处理》三本专著及本实验室独立培养和与其他兄弟单位联合培养的博士论文中的相关知识点，其中空间谱估计方向参见文献[2,48-53]，自适应阵列处理方向参见文献[3,54-64]，空时自适应方向参见文献[1,65-83]，雷达目标检测方向参见文献[84-92]。在此基础上，着重分析了空时信号处理中的等效特性，抽取了具有共性的相关内容。全书共分 7 章。第 1 章主要综述了信号处理中的基本概念，辨析了一些很容易混淆的常用概念，并从处理域的角度对信号处理进行了分类总结，对空时信号处理的统一框架、统一模型、统一准则和统一算法进行了归纳，并对相关问题进行了说明。第 2 章主要从采样的角度分析了空时等效性，并分析了相应的概念及原理。第 3 章主要从时域、空域及空时域谱估计的角度来分析常规参数估计中的空时等效性，并就相应算法的等效性进行了研究。第 4 章主要从自适应处理的角度来研究空时等效性，时域自适应、空域自适应和空时二维自适应不仅原理等效，其处理的方法也是等效的。第 5 章主要从平滑处理的角度来研究空时等效性，平滑处理不仅可以用于空域信号的解相干，也可以用于时域甚至空时二维域的解相干。第 6 章主要研究线性预测算法中存在的空时等效性，不仅分析了算法原理和过程的等效性，也对比了算法处理过程中和平滑处理的等效性。第 7 章主要分析了雷达目标检测中的常用算法，并对比了这些算法时域、空域、空时域的表现形式，进一步强化对空时信号处理中空时等效性的理解。

关于本书内容安排的一些说明如下：

(1) 等效性与特殊性。本书主要分析空时信号处理中具有等效性的一面，目的是使读者对这一领域的模型和算法有一个完整的和系统的了解。但也需要说明,空域和时域也有自己的特殊性,如空域中的误差问题就是一个比较大的因素。时域的采样点可以很多,数字化后的误差几乎可以忽略,但空域则有很多的限制,如空域的单元数受限、孔径受限、阵元误差、通道误差、频带误差、通道方向图误差、阵元互耦、阵元失效,等等,都会限制空域算法性能的发挥,这也是空域信号处理算法在实际工程应用中遇到的难题和瓶颈,这些问题也是当前空时信号处理这一领域内的热点问题。

(2) 理论性与实用性。由于信号处理领域的理论性还是比较强的,涉及大量理论公式的推导和一些概念性知识,但这并不妨碍空时信号处理在实际工程中的应用。这里结合作者承担的一些项目来说明一下：如在时间和阵元域中我们成功将空时二维域相参处理和空域自适应对消处理技术应用到了外辐射源阵列雷达上,实现了对目标多普勒、距离、角度三维参数的估计；在阵元和波束域中我们将空域最小方差算法应用到了压制干扰、灵巧干扰、灵巧和压制复合干扰的抑制,实现了对这些干扰的有效抑制；在频率和波束域我们将空时二维自适应技术应用到机载雷达的主杂波抑制中,实现了对主杂波的有效抑制,从而实现了地面慢动目标的探测；在时间和频率域我们将空间平滑和空时二维的 MUSIC 算法应用到某系统中,实现了两个相同频率相干源的频率与二维角度的同时估计；在波束域将空时二维 CBF 算法用于大型阵列的测量,实现了对其方向图的实时测量；在时间和波束域中,将波束域的自适应数字波束形成(adaptive digital beamforming,ADBF)技术和盲源分离技术用于某系统,实现了转发式干扰的抑制。这些项目中的核心算法都是空时信号处理的等效性在具体应用背景下的一种体现,既有原来的空域算法在时域中的应用,也有经典的时域算法在空域中的应用,还有原来的一维算法在空时域中的应用。另外,有些实用化的方法申请了国防发明专利,且已授权,并在部分实装中得到应用,就没有在书中展开介绍。

(3) 严谨性与可读性。由于作者的水平有限,在撰写过程注意了严谨性,但整体上偏重于可读性,所以文中有大量的结构图、原理图、仿真图,这些都是为了从某一个方面进一步说明算法的结构及其算法之间的关系。另外,由于作者的研究方向集中在阵列信号处理和雷达信号处理中,所以描述中大量反映了这两个领域中的一些术语和简称,有些用语的通用性在其他领域中可能会存在不严谨的问题,谨请读者反馈相关信息,以便及时更正。

(4) 创新性和系统性。为了突出空时信号处理中的等效性,书的章节是按照某一知识点的空域、时域和空时二维的顺序展开,系统性还是比较好的。在撰写过程中展开具体知识点时,也注意了创新性,这些创新性都是在等效性的基础上推导出来的,如空时二维的采样技术、空时二维平滑技术、空时二维线性预测技术、空时二维的卡尔马斯滤波器等。

本书中的部分思路可参见笔者前期发表的论文,如空域算法的拓展及空时联合处理[93-96],空时采样中空域阵元设置及处理[97-102],空时平滑和空时预测中的空域解相干算法[103-112]，空时谱估计中不同阵列存在误差时的校正算法[113-129]，不同域的空时自适应和谱估计算法[130-135]，基于稀疏重构的空时自适应新算法[136-138]，空时自适应检测[139-143]和其实时处理算法[139-153]等。此外，我们团队成员还发表了大量有关空时采样、空时谱估计、空时自适应、空时平滑、空时线性预测和空时检测的其他文献，感兴趣的读者可以检索查阅。另外，由于作者水平有限，在某些方面的研究深度不够，甚至还未开展研究，包括空时采样技术中的空域稀疏采样技术、空时域的稀疏采样技术等；空时谱估计技术中时域的小波、分形、混沌技术的空时等效性，阵元波束域混合空间谱估计技术，空域时域混合谱估计技术等；空时自适应技术中空域混合脉冲域自适应技术、空域混合多普勒域自适应技术、空域时域混合自适应技术等；空时平滑技术中波束空间的解相干技术、非均匀阵列解相干技术、超自由度解相干技术等；空时线性预测技术中基于波束域线性预测技术、基于多普勒域的线性预测技术、空时混合域的线性预测技术等；空时检测技术中的空时二维 FDA 技术，相位调制技术在时域、空域和联合域的等效问题，MIMO 技术在时域、空域和联合域的等效问题，等等，这些问题中涉及的空域、时域和空时域的等效性还有待进一步的深入研究。

第2章

空时采样

通常说的采样定理是指奈奎斯特采样定理，它是信号处理学科中的一个非常重要的定理。采样定理是由美国的工程师奈奎斯特(Nyquist)于 1928 年首先提出的，因此称为奈奎斯特采样定理。1933 年苏联人首次用严格的数学公式推导了这一定理，1948 年信息论的创始人香农对这一定理加以明确的说明，并正式作为定理引用，因此，许多文献中也称之为香农采样定理。本章先介绍常规的时域采样定理，在此基础上研究空域和空时域的采样定理，涉及均匀采样、带通采样、非均匀采样和间隔采样等，然后分析空域、时域和空时域采样定理的等效性。

2.1 时域采样定理

2.1.1 时域信号采样

由采样定理可知，要从采样得到的离散信号中无失真地恢复原来的连续信号，采样频率 f_{ts} 必须不小于信号最高频率 f_{max} 的 2 倍。即需要满足下式：

$$f_{ts} \geqslant 2f_{max} \tag{2.1}$$

设原连续时间函数为 $x_a(t)$，其傅里叶谱记为 $X_a(\mathrm{j}\Omega)$，如果时域采样频率为 f_{ts}，可得离散间隔为 $\Delta t=1/f_{ts}$，则采样后得到的离散序列记为 $x(n\Delta t)$，其数字频谱记为 $X(\mathrm{e}^{\mathrm{j}\omega})(\omega=\Omega\Delta t)$，则有下列等式成立：

$$X(\mathrm{e}^{\mathrm{j}\omega})\mid_{\omega=\Omega T}=\frac{1}{T}\sum_{k=-\infty}^{\infty}X_a(\mathrm{j}(\Omega-k\Omega_s)) \tag{2.2}$$

$$x_a(t)=\sum_{k=-\infty}^{\infty}x(n\Delta t)\frac{\sin(\pi(t-n\Delta t)/\Delta t)}{\pi(t-n\Delta t)/\Delta t} \tag{2.3}$$

式中，Ω_s 对应数字频率 f_{ts} 的模拟采样频率；T 为时间周期。

由式(2.2)可知，离散信号的数字频谱由原模拟信号的频谱沿频率轴正负方向以频率 f_{ts} 为周期延拓而得，见图 2.1。由图 2.1 可知，由式(2.2)得到的频谱除了在频率为 0 附近外，每隔一个采样周期都存在一个完全一样的频谱。同样，在满足采样定理的情况下，原来的连续信号可以由离散信号通过式(2.3)重构得到。

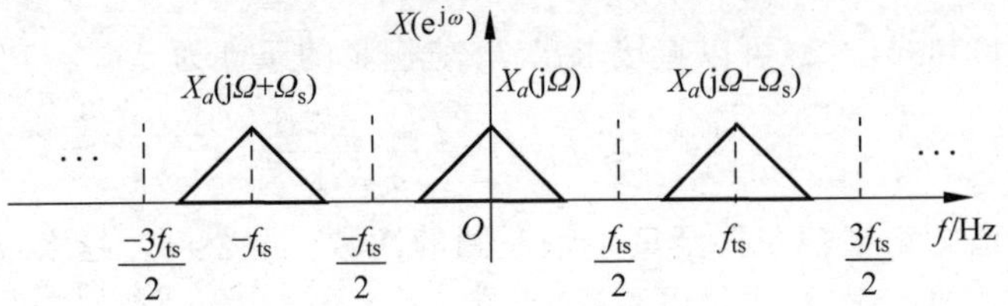

图 2.1　连续信号傅里叶谱 $X_a(\mathrm{j}\Omega)$的周期延拓

2.1.2　时域带通信号采样

上一小节讨论了通常情况下的时域采样定理，但在实际应用中经常会碰到 $f_{\max}$ 很大的情况，若以 $2f_{\max}$ 为采样频率，则其数据率将很大，不利于存储和实时处理，甚至常规的硬件也无法实现。此时，带通信号的采样定理可以简化实现过程。

因此，下面讨论带通信号的采样问题。若实信号 $x_a(t)$的傅里叶谱如图 2.2(a)所示，其谱在变换区间 $f_{\min}\leqslant|f|\leqslant f_{\max}$ 之外为零，则称 $x_a(t)$为具有带宽 $B_t=f_{\max}-f_{\min}$ 的带通信号。但由上节的采样定理可知，离散序列的频谱是连续信号频谱的周期延拓，那么，参考图 2.2(b)，如果 $X_a(\mathrm{j}\Omega)$的正半轴部分 F^+ 左移$(m-1)\Omega_s$ 后，能够落在 $X_a(\mathrm{j}\Omega)$负半轴的 F^- 的右侧，而 F^+ 左移 $m\Omega_s$ 后可以落在 F^- 的左侧，此时离散信号的谱也可以由连续信号的谱得到。即如果满足

$$(m-1)f_{ts}\leqslant 2f_{\max}-2B_t \tag{2.4}$$

$$mf_{ts}\geqslant 2f_{\max} \tag{2.5}$$

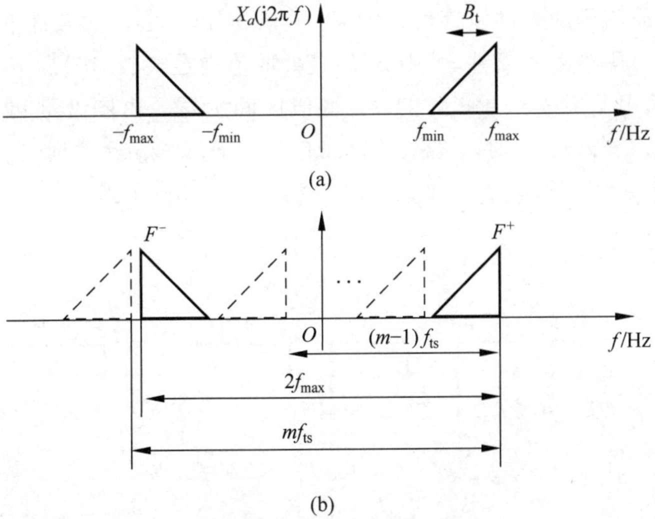

图 2.2　带通信号谱示意

(a) 带通信号谱；(b) 带通信号谱的延拓

则显然可以保证下式成立：

$$X(\mathrm{e}^{\mathrm{j}\omega})\big|_{\omega=\Omega T}=\frac{1}{T}X_a(\mathrm{j}\Omega) \tag{2.6}$$

由式(2.4)和式(2.5)可以直接求出 f_s 应满足的条件为

$$\frac{2f_{\max}}{m}\leqslant f_{\mathrm{ts}}\leqslant\frac{2f_{\max}-2B_{\mathrm{t}}}{m-1} \tag{2.7}$$

式中，m 为频谱的正半轴左移至负半轴左侧的次数。显然 f_{ts} 越大，m 取值越小，当其取最小值 1 时，式(2.7)可以简化为

$$2f_{\max}\leqslant f_{\mathrm{ts}}<\infty \tag{2.8}$$

上式就是前面讨论过的采样定理。

下面讨论一下式(2.7)中 m 的取值，显然其最小值为 1，最大值应该满足 F^+ 左移$(m-1)\Omega_s$ 后落到 F^- 的右侧，而 F^+ 左移 $m\Omega_s$ 后可以落到 F^- 的左侧，而且无论是在左侧还是右侧，频谱均不会交叠，即 f_{ts} 和 B 也必须满足 $f_{\mathrm{ts}}\geqslant 2B$，此时最大值应满足

$$2B_{\mathrm{t}}\leqslant f_{\mathrm{ts}}\leqslant\frac{2f_{\max}-2B_{\mathrm{t}}}{m_{\max}-1} \tag{2.9}$$

将上式化简得

$$m_{\max}\leqslant\frac{f_{\max}}{B_{\mathrm{t}}} \tag{2.10}$$

由于 m 是整数，所以可得 m 的取值范围

$$1\leqslant m\leqslant\left\lfloor\frac{f_{\max}}{B_{\mathrm{t}}}\right\rfloor \tag{2.11}$$

式中$\lfloor\cdot\rfloor$表示向下取整。

这样，带通信号的采样定理可归纳为：在满足 $f_{\mathrm{ts}}\geqslant 2B_{\mathrm{t}}$ 的条件下，采样频率应该满足式(2.7)所给出的条件，其中 m 的最大取值满足式(2.10)。

图 2.3 给出了当 $m_{\max}=5$ 时的 f_{ts} 取值区间示意。由图 2.3 可知：当 $m=1$ 时，$f_{\mathrm{ts}}\geqslant 2f_{\max}$；当 $m=2$ 时，$f_{\max}\leqslant f_{\mathrm{ts}}\leqslant 2f_{\max}-2B_{\mathrm{t}}$；当 $m=3$ 时，$2f_{\max}/3\leqslant f_{\mathrm{ts}}\leqslant f_{\max}-B_{\mathrm{t}}$；当 $m=4$ 时，$f_{\max}/2\leqslant f_{\mathrm{ts}}\leqslant 2(f_{\max}-B_{\mathrm{t}})/3$；而当 $m=5$ 时，$2f_{\max}/5\leqslant f_{\mathrm{ts}}\leqslant(f_{\max}-B_{\mathrm{t}})/2$。

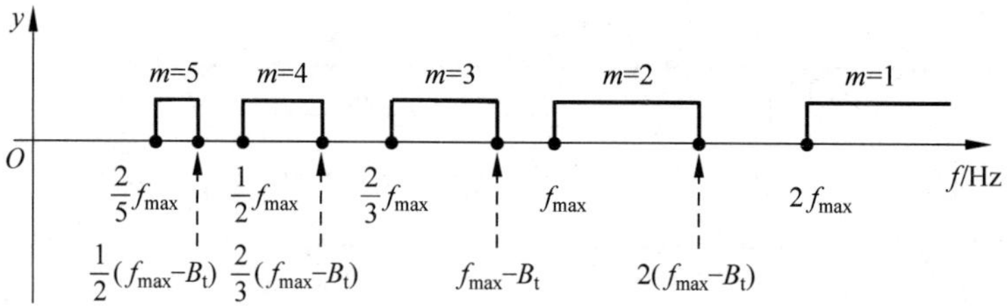

图 2.3　$m_{\max}=5$ 时的 f_{ts} 取值区间

如果 $f_{max}=10\text{MHz}$，$B_t=2\text{MHz}$，此时 $m_{max}=5$。由图 2.3 可知：当 $m=1$ 时，$f_{ts}\geqslant 20\text{MHz}$；当 $m=2$ 时，$10\text{MHz}\leqslant f_{ts}\leqslant 16\text{MHz}$；当 $m=3$ 时，$6.7\text{MHz}\leqslant f_{ts}\leqslant 8\text{MHz}$；当 $m=4$ 时，$5\text{MHz}\leqslant f_{ts}\leqslant 5.3\text{MHz}$；而当 $m=5$ 时，$f_{ts}=4\text{MHz}$。

2.2　空域采样定理

2.2.1　空域采样

通常说的采样定理是指时域采样定理。时域采样是指对一个连续的序列沿时间轴 t 采样从而得到一个离散的时间序列，如图 2.4(a)所示。而空域采样是指对空域位置的采样，如图 2.4(b)所示。假设在特定空域位置上设置一个传感器阵列，那么这些阵列上的阵元相当于对空域位置 x 轴的采样。显然，如果空间的阵列布置是三维的，则这些阵元相当于空域位置(x,y,z)的采样。

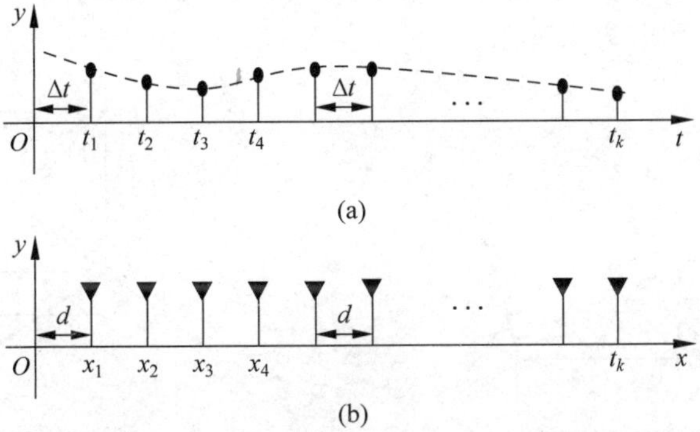

图 2.4　空域采样与时域采样的对比

(a) 时间 t 轴的采样；(b) 空间 x 轴的采样

图 2.4(a)中给出的时域采样是均匀采样，即时间轴上相邻采样点的时间间隔为恒定的 Δt，对应采样频率为 f_{ts}。图 2.4(b)中给出的空域 x 轴上的采样也是均匀采样，即阵元的间距恒为 d。下面推导空域采样应该满足的条件。

由时域采样可知，相邻采样点的离散数据分别为 $x(t)$ 和 $x(t-\Delta t)$，则相位差为

$$\varphi_t = \mathrm{e}^{-\mathrm{j}2\pi f\Delta t} = \mathrm{e}^{-\mathrm{j}2\pi f\cdot\frac{1}{f_{ts}}} \tag{2.12}$$

其中，上式需要满足 2.1 节中的采样条件，即 $f_{ts}\geqslant 2f_{max}$。

而空域采样中，如图 2.5 所示，假设相邻阵元分别位于 A 点和 B 点，两点间的距离即阵元间距为 d，空间中有一个入射波平行入射到两个阵元上，入射角度与线段 AB 的垂线的夹角为 θ，则由 B 点向线段 AC 作垂线，可得 $\angle BCA$ 为直角。由几何关系可得 A 点和 B 点的波程差为 $d\sin\theta$，时间差为波程差除以光速，则相位差为

$$\varphi_s = e^{-j\omega\tau} = e^{-j2\pi f d\sin\theta/c} = e^{-j2\pi f/c\cdot d\sin\theta} = e^{-j2\pi\frac{d}{\lambda}\sin\theta} \tag{2.13}$$

式中，τ 为时间差；c 为光速；$\lambda=c/f$ 为波长。为了便于推导，可以将上式写成

$$\varphi_s = e^{-j2\pi\frac{d}{\lambda}\sin\theta} = e^{-j2\pi\frac{\sin\theta}{\lambda}\cdot\frac{1}{1/d}} \tag{2.14}$$

将上式和式(2.12)进行对比，可以发现：当 f 类比于 $\sin\theta/\lambda$ 时，f_{ts} 类比于 $1/d$，则空域采样频率满足

$$f_{ss} = \frac{1}{d} \geqslant 2\left(\frac{\sin\theta}{\lambda}\right)_{\max} = \frac{2}{\lambda} \tag{2.15}$$

上式中利用了 $\sin\theta$ 最大值等于 1 这个条件。将上式化简可得空域采样间隔 d 应该满足

$$d \leqslant \frac{\lambda}{2} \tag{2.16}$$

以上讨论的是空间一维 x 轴的采样，现在讨论阵元是三维的情形，如图 2.6 所示，假设空间任意两个阵元，其中一个为参考阵元(位于原点)，另一个阵元的坐标为(x,y,z)，图中"×"表示阵元。

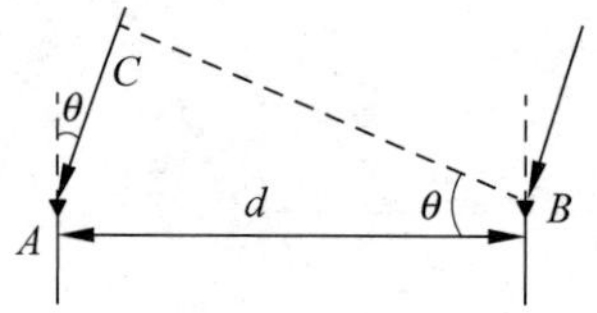

图 2.5　空间二阵元的几何关系

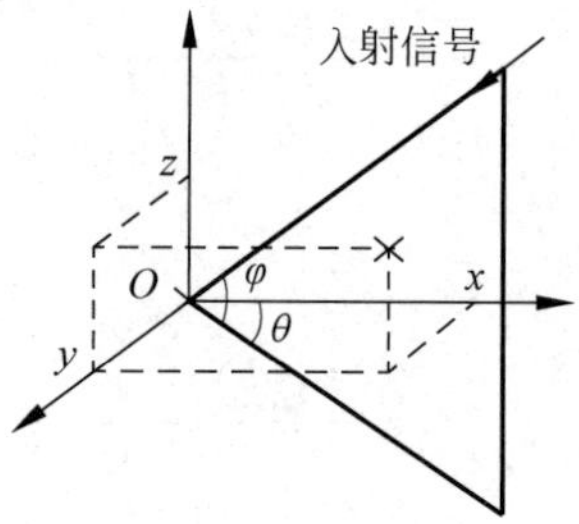

图 2.6　空间任意两阵元的几何关系

由几何知识可以推导出两阵元间的时间差为

$$\tau = \frac{1}{c}(x\cos\theta\cos\varphi + y\sin\theta\cos\varphi + z\sin\varphi) = \frac{1}{c}d_\rho d_\theta \tag{2.17}$$

其中

$$d_\rho = \sqrt{x^2+y^2+z^2}$$

$$d_\theta = \frac{1}{\sqrt{x^2+y^2+z^2}}(x\cos\theta\cos\varphi + y\sin\theta\cos\varphi + z\sin\varphi)$$

式(2.17)中 τ 的推导过程比较简单，感兴趣的读者可以自己推导一下(其实就是位于 x 轴上两阵元间的延迟、位于 y 轴上两阵元间的延迟和位于 z 轴上两阵元间的延迟之和)。下面先分析 d_θ 的取值。如果只考察一维轴时，x、y、z 的取值最大均为 0.5 倍波长，假设 x、y、z 均等于 0.5 倍波长，方位角 θ 的变化范围为 $-180°\sim180°$，俯仰角 φ 的变化范围为 $-90°\sim90°$，图 2.7 给出了此时 d_θ 与方位角和俯仰角的关系。

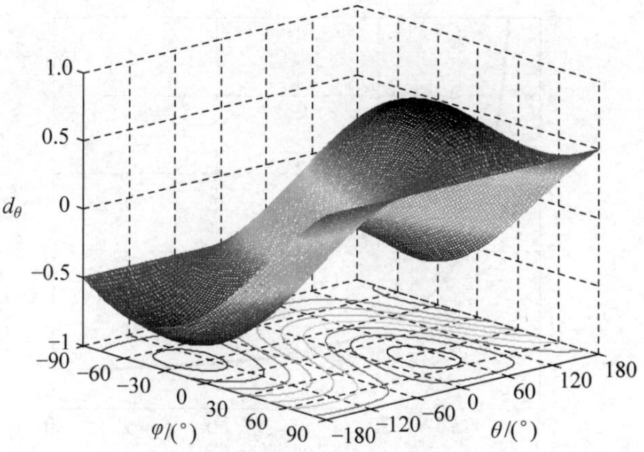

图 2.7　d_θ 与方位角和俯仰角的关系

由图 2.7 可知 d_θ 最大为 1，所以，由式(2.15)类比可推导出

$$\frac{1}{d_\rho} \geqslant 2\left(\frac{d_\theta}{\lambda}\right)_{\max} = \frac{2}{\lambda} \tag{2.18}$$

可得

$$d_\rho \leqslant \frac{\lambda}{2} \tag{2.19}$$

上述的推导，表明空域采样定理要求相邻阵元间距要小于半波长，如果满足了式(2.18)，则两个阵元在 x、y、z 轴上的投影也小于半波长。

2.2.2　空域带通采样

下面再以图 2.5 为例，说明空域的带通采样问题。对于线阵而言，通常只考虑方位角为 −90°～90°的情形。由上述的推导可以发现，时域中的 f 类比于空域中的 $\sin\theta/\lambda$ 时，时域中的 f_{ts} 类比于空域中的 $f_{ss}=1/d$，如果空域的观察区域为 $[\theta_1,\theta_2]$，则空域频率 $\sin\theta/\lambda$ 的范围为 $[\sin\theta_1,\sin\theta_2]/\lambda$，其空域带宽为 $B_s=(\sin\theta_2-\sin\theta_1)/\lambda$。

假设观察区域为 $[0°,\theta]$，则采样需要满足以下条件：

$$\frac{1}{d} \geqslant 2\left(\frac{\sin\theta}{\lambda}\right) \Rightarrow d \leqslant \frac{\lambda}{2\sin\theta}$$

由上式可以看出，观察区域与间距的关系如图 2.8 所示。当观察区域为 $[0°,30°]$ 时，有 $d\leqslant\lambda$；观察区域为 $[0°,60°]$ 时，有 $d\leqslant\frac{\lambda}{\sqrt{3}}\approx 0.577\lambda$；观察区域为 $[0°,90°]$ 时，有 $d\leqslant\lambda/2$，即为上节的常规的空域采样定理。这表明观察区域越大，对阵元间距 d 的要求越严格。

如果观察区域为 $[\theta_1,\theta_2]$，一般情况下 $0°\leqslant\theta_1<\theta_2\leqslant 90°$，则由时域带通信号的采样定理可知，需要满足如下三个条件：

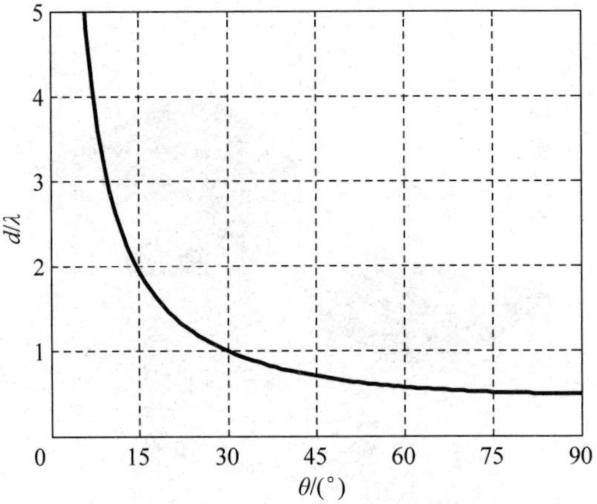

图 2.8 观察区域与阵元间距的关系

$$
\begin{cases}
f_{ss}=\dfrac{1}{d}\geqslant 2B_s=2\left(\dfrac{\sin\theta_2-\sin\theta_1}{\lambda}\right)\\
1\leqslant m\leqslant\left\lfloor\dfrac{\dfrac{\sin\theta_2}{\lambda}}{\dfrac{\sin\theta_2-\sin\theta_1}{\lambda}}\right\rfloor\\
\dfrac{2\dfrac{\sin\theta_2}{\lambda}}{m}\leqslant\dfrac{1}{d}\leqslant\dfrac{2\dfrac{\sin\theta_2}{\lambda}-2B_s}{m-1}
\end{cases}
\Rightarrow
\begin{cases}
d\leqslant\dfrac{1}{\sin\theta_2-\sin\theta_1}\cdot\dfrac{\lambda}{2}\\
1\leqslant m\leqslant\left\lfloor\dfrac{\sin\theta_2}{\sin\theta_2-\sin\theta_1}\right\rfloor\\
\dfrac{m-1}{\sin\theta_1}\cdot\dfrac{\lambda}{2}\leqslant d\leqslant\dfrac{m}{\sin\theta_2}\cdot\dfrac{\lambda}{2}
\end{cases}
\tag{2.20}
$$

如果观察区域为[60°,90°]，则由上式的第一个条件需要满足 $d\leqslant 3.732\lambda$，由第二个条件可得 $1\leqslant m\leqslant 7$，则阵元间距的取值区间如图 2.9 所示。

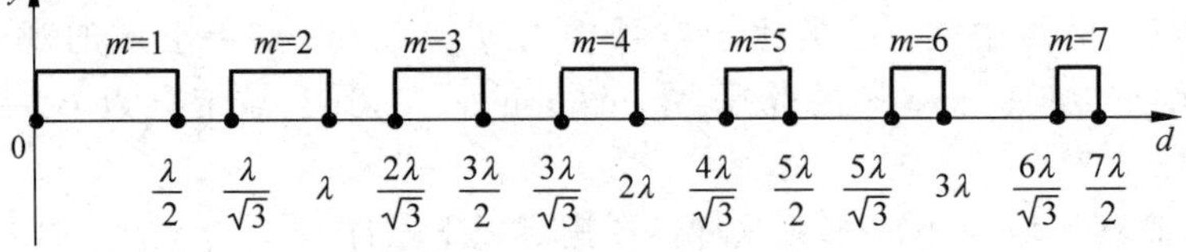

图 2.9 $m_{\max}=7$ 时 d 的取值区间

由图 2.9 可知：当 $m=1$ 时，$0\leqslant d\leqslant\dfrac{\lambda}{2}$；当 $m=2$ 时，$\dfrac{\lambda}{\sqrt{3}}\leqslant d\leqslant\lambda$；当 $m=3$ 时，$\dfrac{2\lambda}{\sqrt{3}}\leqslant d\leqslant\dfrac{3\lambda}{2}$；当 $m=4$ 时，$\dfrac{3\lambda}{\sqrt{3}}\leqslant d\leqslant 2\lambda$；当 $m=5$ 时，$\dfrac{4\lambda}{\sqrt{3}}\leqslant d\leqslant\dfrac{5\lambda}{2}$；当 $m=6$ 时，$\dfrac{5\lambda}{\sqrt{3}}\leqslant d\leqslant 3\lambda$；当 $m=7$ 时，$\dfrac{6\lambda}{\sqrt{3}}\leqslant d\leqslant\dfrac{7\lambda}{2}$。

2.3 非均匀采样

2.3.1 时域非均匀采样

时域均匀采样的主要特点是任意两个相邻时间间隔差相等，即 $t_{i+1}-t_i=t_{j+1}-t_j$，其中 $i\neq j$；而时域非均匀采样则主要是相邻的时间差不相等，即 $t_{i+1}-t_i\neq t_{j+1}-t_j$，其中 $i\neq j$。时域的非均匀采样理论上是比较成熟的，但实际应用较少，原因是现代技术的发展，使得均匀采样远比非均匀采样容易实现。

研究时域的非均匀采样主要是为了用低采样频率实现高频信号的无模糊估计。图 2.10 给出了采样频率分别为 2MHz、1MHz、2/3MHz 和 0.5MHz 时对应的模糊频率值。

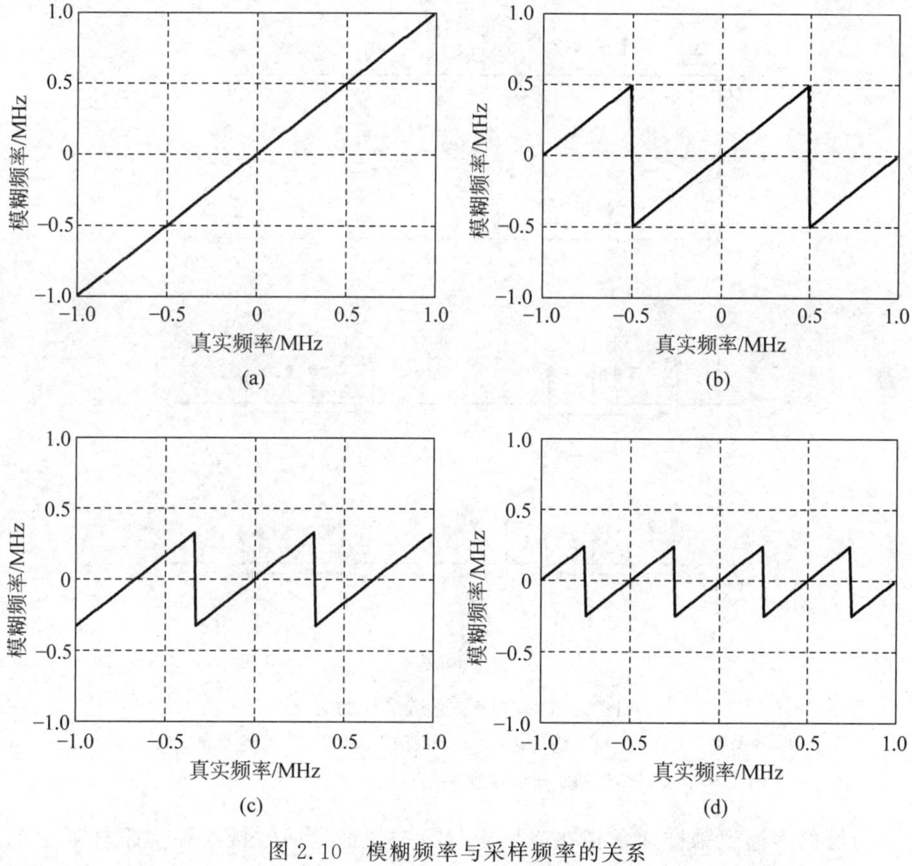

图 2.10 模糊频率与采样频率的关系

(a) 采样频率 2MHz；(b) 采样频率 1MHz；(c) 采样频率 2/3MHz；(d) 采样频率 0.5MHz

由图 2.10 可以看出，当真实的信号频率在[−1MHz，1MHz]范围变化时，测得的频率和采样频率密切相关。当采样频率满足采样定理时无模糊，即对应

图 2.10(a)；当采样频率降到原来的 1/2、1/3 和 1/4 时，则对应的模糊频率出现了 2、3 和 4 个，分别对应图 2.10(b)、图 2.10(c)和图 2.10(d)，此时就需要判别哪个频率是真实的信号频率，哪几个是虚假的信号频率(即模糊频率)。解决此问题的常用方法就是非均匀采样。

时域的采样通常分为均匀和非均匀两大类，按采样通道分又可以分为单通道和多通道，所以两两组合有四种情况。现实中最常用的是图 2.11(a)所示的单通道均匀采样。单通道的非均匀采样又分为随机的非均匀采样、周期的非均匀采样，其中随机的非均匀采样见图 2.11(b)。周期的非均匀采样通常分为两类：一是周期内非均匀采样，周期间均匀采样，见图 2.11(c)，每个周期时间 T 内部的采样间隔是一样的；二是周期内均匀采样，周期间非均匀采样，见图 2.11(d)，即每个周期内均是特定采样频率的均匀采样，但周期之间的采样频率不一样。

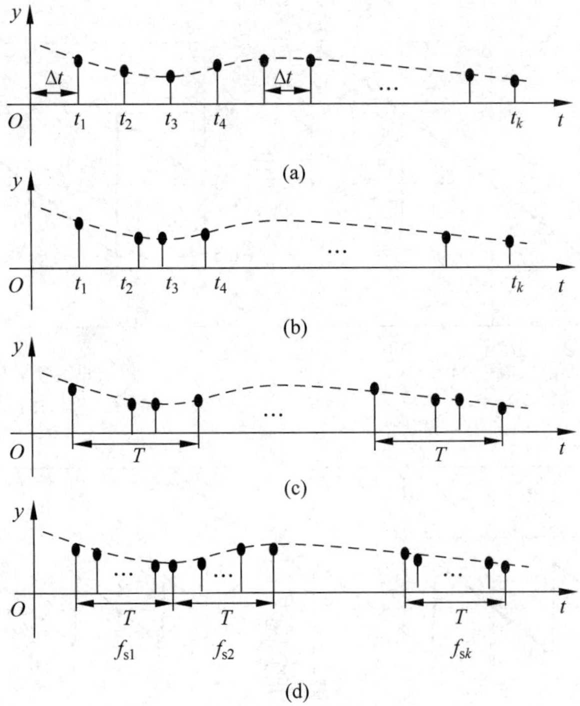

图 2.11 时域单通道采样的对比

(a) 均匀采样；(b) 随机非均匀采样；(c) 周期内非均匀采样，周期间均匀采样；(d) 周期内均匀采样，周期间非均匀采样

时域的多通道采样通常指在空域中只有一个通道而时域存在多采样通道的情况，如图 2.12 所示。通常采用采样通道内为均匀采样，通道间为不同采样频率的模式，由于采样通道间的频率不一样，它也可看成非均匀采样的一种。这是比较实用的一种结构，本节重点讨论这种结构。这里不讨论空域存在多通道，且每个空域

通道上又存在多时域通道的情况；也不讨论存在多时域采样通道，每个采样通道存在非均匀采样的情况。

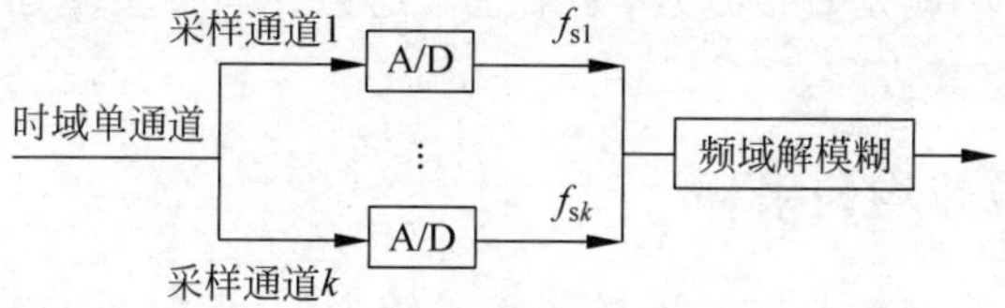

图 2.12　时域单通道多采样通道系统

图 2.12 所示的系统通常用于低采样率实现高频信号的无模糊估计的情况，下面针对单个空域通道多时域采样通道的情况举个例子来说明。假设空间存在一个信号，其频率为 23MHz，有三个采样通道，采样频率分别为 5MHz、7MHz、9MHz，则采样后拓展的频谱图见图 2.13。

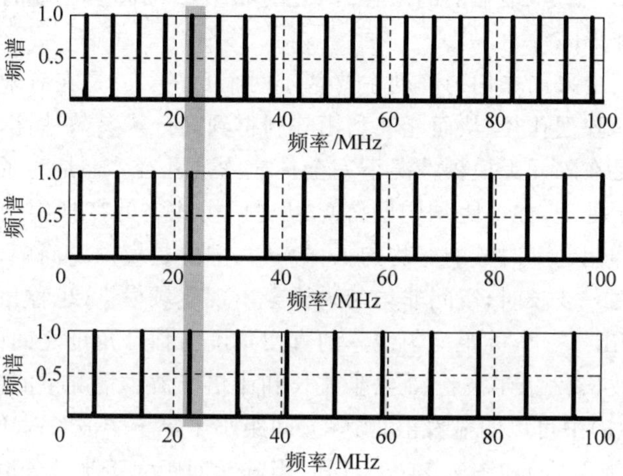

图 2.13　多采样频率通道频谱图

仔细观察频谱图 2.13 可以发现：①由于信号的频率高于各通道的采样频率，因此每个采样通道都存在严重的频率模糊，各通道的模糊周期就是采样频率；②三个通道的频谱在 23MHz 处均出现谱峰，如图中的阴影部分所示；③三个通道在非 23MHz 处的频谱谱峰一般不重合，只有个别频率点上存在三个通道接近的情况，如采样一通道中的 58MHz、采样二通道中的 58MHz、采样三通道中的 59MHz；④存在两个通道频谱重合的情况，如采样一和采样二通道中的 58MHz，采样一和采样三通道中的 68MHz 等。

通过仿真还可以发现：采用多通道采样可以利用低采样率来实现高于采样率信号的频率估计，如通道一的采样频率为 5MHz，通道二的采样频率为 7MHz，则二者组合的不模糊频率为 35MHz，因此其在 23MHz 和 58MHz 处存在重合的谱峰；而通道一和通道三的组合不模糊频率为 45MHz，所以其在 23MHz 和 68MHz

处存在重合的谱峰。同理，三个采样通道组合的不模糊频率为315MHz，所以在图中100MHz范围内三个采样通道不存在重合的谱峰。由上面的分析也可以看出，最简单的解模糊方法就是直接判别，如果三个通道在同一频率处均存在谱峰，则为真实频率，否则应将其去除。

2.3.2 空域非均匀采样

在实际应用中时域的非均匀采样还是比较少的，但空域的非均匀采样则比较常见，也就是非均匀阵列设置，主要原因是为了在有限阵元数的条件下得到尽量大的孔径，有限孔径下的阵元数较少，则系统成本就会大大降低。文献[2]中的11章给出的最小冗余阵列(minimum redundancy linear array，MRL)、最大连续延迟阵列(maximum-contiguous-lag linear array，MCL)、最小间隙阵列(minimum-gaps linear array，MGL)等都属于非均匀阵列，也就是在空间的一维轴上间距非均匀的空域采样。除了这些一维轴上的采样外，还有很多二维甚至三维的空间非均匀采样，如圆形阵、球形阵等。

在实际应用中采用非均匀阵列主要基于两个目的：一是在有限的阵元数的情况下得到最大的阵列孔径，从而能够利用阵列得到高分辨参数估计，如最小冗余阵列就是为了满足在阵元无模糊情况下完全扩充阵列孔径；二是为了实现某些特定条件下的解相干处理，如等距均匀圆阵可以利用模式空间变换实现解相干等。空域的非均匀采样问题和时域的非均匀采样一样，主要是模糊的问题，特别是当阵元间距大于二分之一波长时，空间非均匀采样会出现空域模糊(也称角度模糊)。

图2.14给出了一个等距均匀线阵的真实角度与估计角度之间的关系，分别为阵元间距为半波长、2倍半波长、3倍半波长和4倍半波长情况下的模糊角度。

从图2.14(a)中可以明显看出，当阵元间距小于等于半波长时不存在模糊。由图2.14(b)、图2.14(c)和图2.14(d)可知，当阵元间距大于半波长时即开始出现角度模糊，而且模糊角度的数目与间距密切相关：间距越大对应的空域采样频率越低，即出现的模糊就越多。但模糊角度与真实角度之间存在对应关系，无模糊时是一一对应，有模糊时是一对多。这个结论和图2.10所示的频率模糊是一致的。

下面再给出一个采用最小方差算法的空间谱估计仿真，仿真针对等距均匀线阵，阵元数为8，两个独立源的入射角度为5°和15°，其他条件均相同。图2.15给出了阵元间距分别为2倍半波长、3倍半波长和4倍半波长情况下的空间谱，其中算法采用的是最小方差(MVM)算法。

由图2.15可以看出：当空域采样频率减小时，即阵元间距增大时，空间谱估计算法开始出现模糊，模糊数量与空域采样频率密切相关。通过对不同采样频率的对比可以发现，真实的角度出现的位置是固定的，而不同阵列间距(不同空域采样频率)时的模糊角是不同的；模糊角出现的位置是特定的，对照图2.14就可以发现模糊角的位置可以一一对应上。

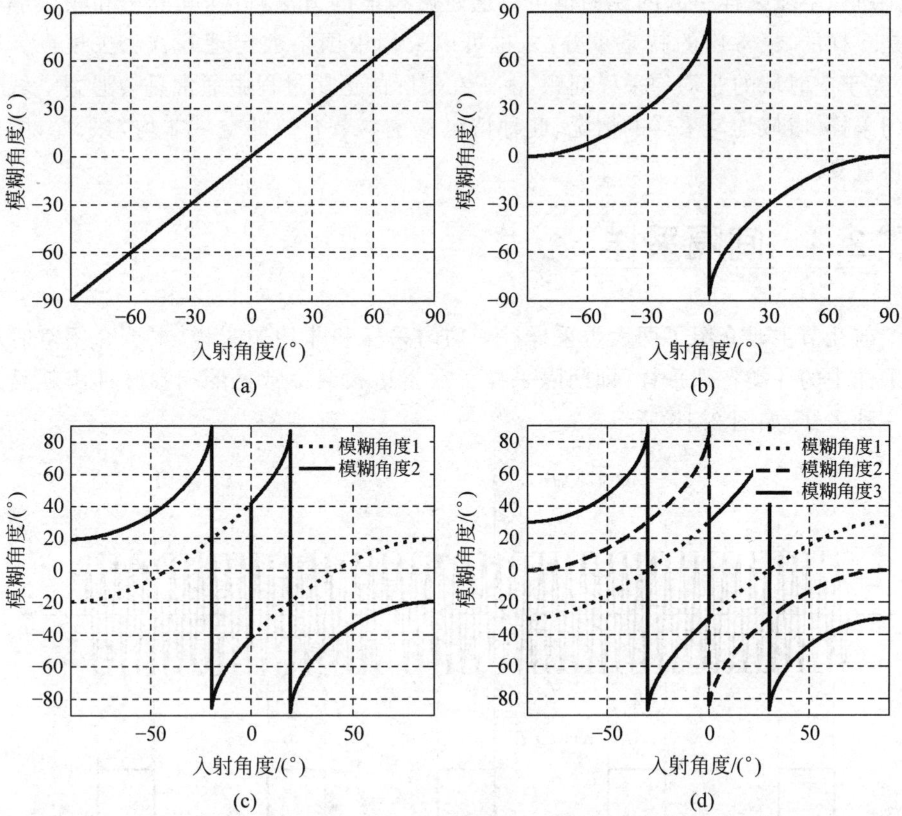

图 2.14　模糊角度与真实角度的关系

(a) 间距 $d=\lambda/2$；(b) 间距 $d=\lambda$；(c) 间距 $d=3\lambda/2$；(d) 间距 $d=2\lambda$

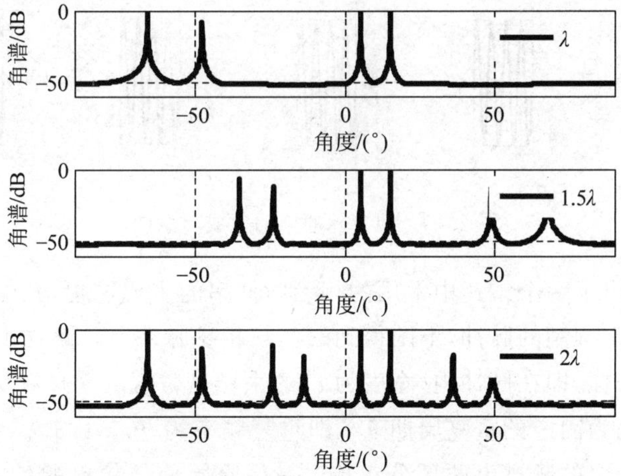

图 2.15　模糊角度与真实角度的空间谱图

所以空域采样引起的模糊也可以通过解模糊的方法解决，其方法和频域解模糊是一样的，最常用的就是重叠法，也可以采用中国余数定理等方法去模糊。另外，关于空时域的非均匀采样问题，由于在实际的运用过程中通常只会遇到空域非均匀采样、时域均匀采样的情况，此种情况就是本节介绍的空域非均匀采样，所以不再重复。

2.4 间隔采样

前几节主要介绍了两大类采样——均匀采样和非均匀采样，本节介绍空时均匀采样中的一类特殊采样，即间隔采样。在雷达领域中常见的相参脉冲串就是这样一种采样，如图 2.16 所示。

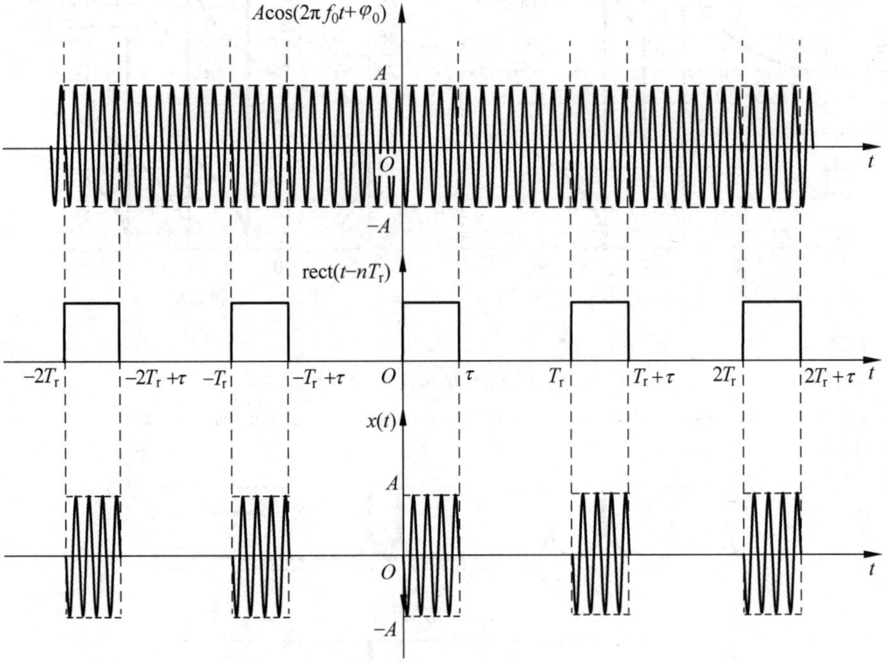

图 2.16　相参脉冲串的生成示意图

图 2.16 给出了一个雷达中常用的相参脉冲串的生成过程，其中上图是连续的波形，中图是用于调制的脉冲，下图得到的就是相参脉冲串。对这个数据进行采样就得到了间隔采样，即在脉冲内(宽度为 τ)的采样是常规的采样频率 f_{ts}，而在相邻脉冲之间则间隔为固定的重复周期 T_r，即重复频率为 $f_r=1/T_r$。由文献[5]可知此时得到的脉冲串的频谱由两部分组成：一是原始信号频率的延拓(间隔为重复频率)；二是以固定采样周期为 T_r 的频谱对信号延拓频谱的幅度调制。

图 2.17 给出了一个例子，上、中、下三图分别对应图 2.16 中的频谱图，横坐标

为频率，纵坐标为归一化的幅度，其中上图所示为 1.3MHz 连续信号的频谱，中图所示为重复频率为 5000Hz 的脉冲频谱，下图所示为相参脉冲串（占空比为 0.1）的频谱。从下图中可知：①重复出现的谱线都是原始信号的频谱的延拓，只是中心谱线还在 1.3MHz 处；②各条谱线间的相邻间隔为重复频率 5000Hz；③各延拓的谱线均受到脉冲频谱的幅度调制；④对于如图所示的相参脉冲串的频谱，其不模糊的范围为$(-f_r/2, f_r/2)$，图中就是以 1.3MHz 为中心的左右 $-2500\sim2500$Hz 范围之内。

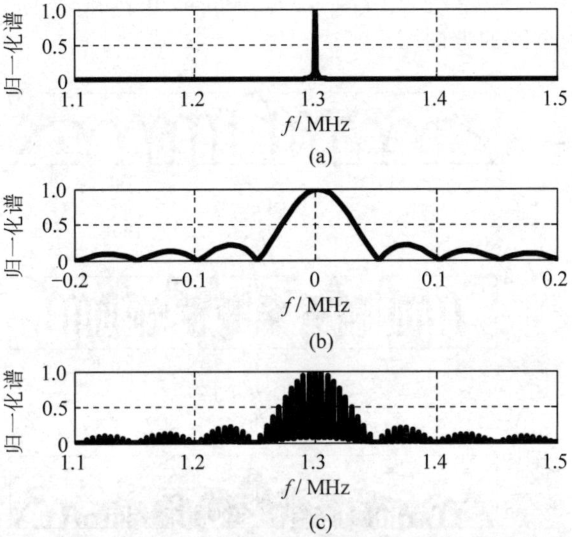

图 2.17 相参脉冲串生成过程的各信号频谱图

(a) 连续信号的频谱；(b) $f_r=5000$Hz 的脉冲频谱；(c) 相参脉冲串的频谱

前文主要分析了时域的间隔采样，下面简要分析空域的间隔采样问题。如图 2.18 所示，整个阵列由 N 个子阵组成，各子阵的相位中心间距相等，间距为 d_1，如图 2.18(a)所示；每个子阵均为一个阵元数为 M 的等距均匀线阵，间距为 d_2，如图 2.18(b)所示。

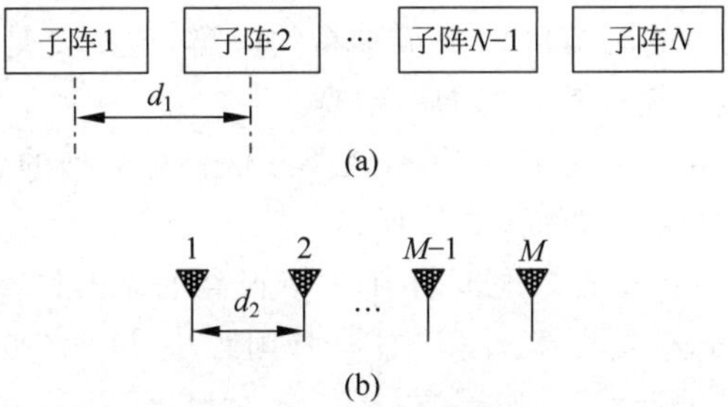

图 2.18 空域间隔采样

(a) 整个阵列布置；(b) 子阵布置

图 2.18 对应的就是空域间隔采样，这样的阵列和图 2.16 所示的时域间隔采样是完全对应的，差别是坐标轴变量不一样。在实际工程中，如利用分布式小卫星上的小阵列组成一个大阵列，或者地面的平方千米阵等都存在这种情况，只是子阵间的间距不同，这里只分析子阵间距相等的情况。假设 $M=16$，$N=8$，$d_1=4$ 倍波长，$d_2=0.5$ 倍波长，则得到的空间谱图如图 2.19 所示，图中横坐标为角度（单位为(°)），纵坐标为归一化的空间谱（单位为 dB）。

图 2.19(a)所示为 16 元子阵的方向图；图 2.19(b)所示为各子阵等效相位中心阵元组成的等距均匀线阵方向图，此等效阵的阵元数为 8，阵元间距为 4λ；图 2.19(c)所示为全阵的方向图。

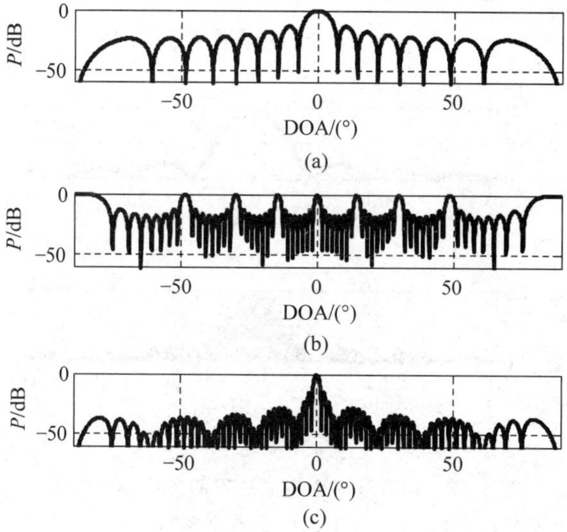

图 2.19　空域间隔采样生成的空间谱图

(a) $M=16, d_2=1/2\lambda$ 子阵方向图；(b) $M=8, d_2=4\lambda$ 等效方向图；(c) 全阵方向图

由图 2.19 可知，图 2.18 所示的由小子阵组成的大阵列的方向图具有如下特性：

(1) 整体阵列的方向图是子阵和等效阵列的方向图的乘积。

(2) 整体方向图中的副瓣区出现很多高的旁瓣，这主要是由于等效阵列的间距大于半波长而产生的模糊角引起的高副瓣。

(3) 因为等效阵列产生的是栅瓣，所以要压低整个阵列的副瓣，则需要压低子阵的副瓣，可以采用幅度加权的方式实现。

(4) 图 2.19(c)中在±7.2°之间存在一个很高的副瓣区域，要降低此处的副瓣，可以考虑采用大子阵窄波束、小等效阵列（间距小、阵元少）的方案解决。若需要利用分布式小卫星进行组阵，如果波长为 1m、卫星间距为 100m，且等效阵列相当于间距为 100 倍波长的均匀阵列，等效阵列产生栅瓣很多，近 100 个，此时整体阵列就很难压低 0°附近旁瓣，所以要进行空间合成就应使小卫星间的间隔尽可能小一些，或者工作的波长尽量长一些。需要说明的是，在实际应用过程中如果分布式阵列间距很大，则空间阵元间的相参很难保证，此时由于阵元的位置、幅相不一致以及频带不一致等很难得到低副瓣的方向图。

将图 2.17 和图 2.19 进行对比可以发现，时域的间隔采样和空域的间隔采样产生的结果是一致的，只是在图 2.17 中没有给出按重复周期延拓的模糊频谱，其结果都是一个模糊谱图与另一个调制谱的乘积。二者的不同点只是时域采样给出的是频谱，空域采样给出的是空间谱，也就是方向图。

2.5　空时二维采样

前面分别讨论了时域采样和空域采样问题。图 2.20 给出了空时采样的示意图，图中 $x_{n,k}$ 表示空时二维的一个采样点，空域采样数 $m=1,2,\cdots,M$，时域采样数 $k=1,2,\cdots,K$，其中 M 表示总的阵元数，K 表示总的采样数。在分析时域采样时主要考虑的条件是：一个接收通道，按时间轴 t 进行采样，即图中的“time”方向，得到的结论是时域采样需要满足 $f_{ts}\geqslant 2f_{max}$。在分析空域采样时，按阵列空间位置采样，即图中的“space”方向，主要的条件是：在同一时间点上，针对空域存在多个接收通道的情况，需要满足 $d\leqslant\lambda/2$。图 2.20 中“space-time”就是空时二维采样的方向，如序列$\{x_{1,1},x_{2,2},\cdots,x_{m,m}\}$中任意两个相邻的采样点之间既有空域上的间隔，也有时域上的间隔，所以这样的序列也存在一个采样模糊的问题。

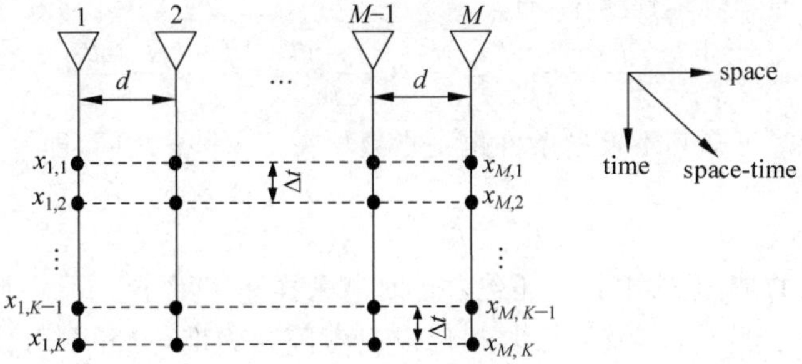

图 2.20　空时二维采样

图 2.21 给出了空域间隔和时域采样二维图所示的不模糊条件，图中横坐标表示时域采样频率 f 应该满足的条件，纵坐标表示空域采样间隔 d 应该满足的条件。

由图 2.21 可知，对一个阵列而言，在同一时间点上针对各个阵元或通道的采样就是空域采样，在一个阵元或通道内针对该阵元或通道的采样就是时域采样。在实际应用中，进行时域处理只使用时域的采样信息，空域通常形成一个波束以聚焦能量，此时采样频率在区域(a)就可保证时域处理无模糊；空域处理时通常只使用空域的采样信息，时域的信息通常只用作统计平均和能量积累，此时通常需要满足在区域(b)内保证空域处理无模糊；在空时二维处理的过程中，才会涉及空域信

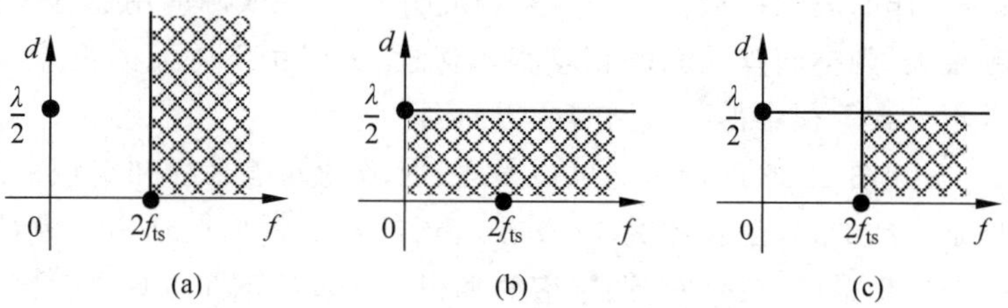

图 2.21 空域间隔和时域采样不模糊条件

(a) 时域频率 $f_{ts} \geqslant 2f_{max}$；(b) 空域间隔 $d \leqslant \frac{\lambda}{2}$；(c) $f_{ts} \geqslant 2f_{max}, d \leqslant \frac{\lambda}{2}$

息和时域信息的联合应用，一般情况下空时采样在区域(c)中。下面深入讨论空时二维采样的问题。

由时域采样可知，采样点 $x_{m,k}$ 和 $x_{m,k+1}$ 之间的相位差是

$$\varphi_t = e^{-j\omega\Delta t} = e^{-j2\pi f/f_{ts}} \tag{2.21}$$

为了保证时域相位没有模糊，需要满足 $-\pi \leqslant 2\pi f/f_{ts} \leqslant \pi$，可以导出 $f_{ts} \geqslant 2f_{max}$。

由空域采样可知，采样点 $x_{m,k}$ 和 $x_{m+1,k}$ 之间的相位差是

$$\varphi_s = e^{-j\omega\tau} = e^{-j2\pi d\sin\theta/\lambda} \tag{2.22}$$

为了保证空域相位没有模糊，需要满足 $-\pi \leqslant 2\pi d\sin\theta/\lambda \leqslant \pi$，可以导出 $d \leqslant \lambda/2$。

所以，当空时二维采样存在耦合时，采样点 $x_{m,k}$ 和 $x_{m+1,k+1}$ 的相位差为

$$\varphi_{st} = \varphi_s \times \varphi_t = e^{-j2\pi\left(\frac{f}{f_{ts}}+\frac{d\sin\theta}{\lambda}\right)} = e^{-j2\pi\frac{1}{f_{st}}} \tag{2.23}$$

式中，f_{st} 为空时二维采样频率，有

$$\frac{1}{f_{st}} = \frac{f}{f_{ts}} + \frac{\sin\theta}{\lambda f_{ss}} = \frac{f}{f_{ts}} + \frac{f\sin\theta}{cf_{ss}} = \frac{f}{f_{ts}} + \frac{d\sin\theta}{\lambda} \tag{2.24}$$

由式(2.23)可知其不模糊条件也是指数项在 $-\pi$ 和 π 之间，即

$$-\frac{1}{2} \leqslant \frac{f}{f_{ts}} + \frac{d\sin\theta}{\lambda} \leqslant \frac{1}{2} \tag{2.25}$$

需要注意的是，上式中其实还包含了时域采样频率不小于 0、空域采样间隔不小于 0 的条件。另外，空域采样时相位以参考阵元为准，也和入射信号的方向有关，所以空间相位存在和时间相位相反的情况，则上式修正为

$$-\frac{1}{2} \leqslant \frac{f}{f_{ts}} - \frac{d\sin\theta}{\lambda} \leqslant \frac{1}{2} \tag{2.26}$$

所以，当考虑阵列所有角度测向时，空时二维采样的不模糊条件应该同时满足

$$\begin{cases} f_{st1} = \dfrac{1}{\dfrac{f}{f_{ts}} + \dfrac{d\sin\theta}{\lambda}} \geqslant 2 \\ f_{st2} = \dfrac{1}{\left|\dfrac{f}{f_{ts}} - \dfrac{d\sin\theta}{\lambda}\right|} \geqslant 2 \\ f \geqslant 0, \quad d \geqslant 0 \end{cases} \tag{2.27}$$

图 2.22 给出式(2.27)对应的曲线,其中横坐标为归一化时域采样频率 $f/f_{\max}$,纵坐标为归一化间距 d/λ。由图 2.22 可知,在式(2.25)的条件下,空时二维采样频率应该满足图中实线以下的区域;而在式(2.26)的条件下,空时二维采样频率应该满足图中虚线以下的区域,且频率和间距都大于 0。显然,如果两个条件需要同时满足时,则图中的实线要求更为严格,所以下面的空时二维采样只考虑满足图 2.22 中实线的条件。

综上可知,当进行空时二维采样时,空时频率存在耦合,空时二维采样需要同时满足条件才能保证不模糊。所以图 2.21(c)给出的模糊条件应该修正为图 2.22 中的实线,即不模糊区域为图 2.22 中实曲线的下方区域,而不是图 2.21(c)所示的所有阴影区域。

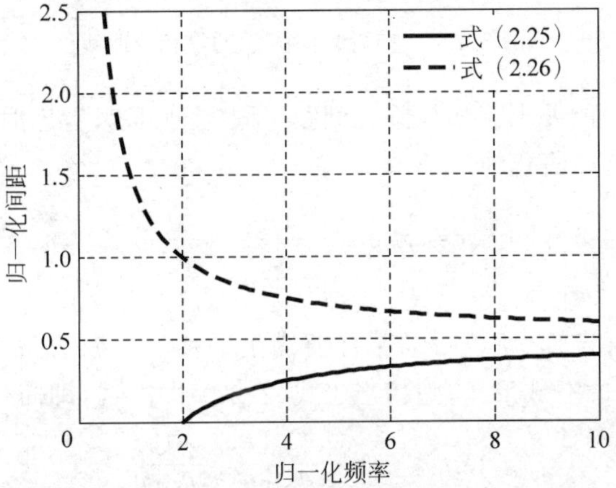

图 2.22 空时耦合时空时采样的不模糊区域

图 2.23 给出了 $\sin\theta=1$ 时,存在空时耦合时 φ_{st} 的等相位曲线,从图中可以看出:①任意一条曲线上都存在相同的相位,也就是在 φ_{st} 给定时,无法同时解出时域采样频率 f_{ts} 和空域间隔 d,只有在其中一个参数给定的情况下才能解出另一个参数;②在确定采样频率 $f_{ts}\geqslant 2f_{\max}$,且 $d\leqslant\lambda/2$ 时,空时耦合的 φ_{st} 可能存在模糊;③只有满足图 2.22 的条件,空时耦合的 φ_{st} 才不存在模糊。

通过上述分析可知,对于阵列多通道的系统而言,空域采样和时域采样通常是同时存在的,且空域采样和时域采样通常也是非耦合的,所以空域处理和时域处理可以分别进行,然后再对相关的参数进行配对。事实上,这时的系统在采样信息上存在冗余性,也就是 φ_{st} 本身已经包含了空时二维的采样信息,但这个冗余性保证了其在空域和时域上的无模糊。如一个系统的时域采样为 $f_{ts}=2f_{\max}$, $d=\lambda/2$,显然空时单独处理时均不存在模糊,但由图 2.22 可知,φ_{st} 在此条件下处于模糊区域,因此利用空时耦合的 φ_{st} 得到空时二维相关参数时需要注意模糊问题。

下面简单探讨一下空时二维带通采样问题,其原理和时域或空域的带通采样定理相同,即保证按空时二维采样频率平移之后不产生模糊,只是空时二维采样中

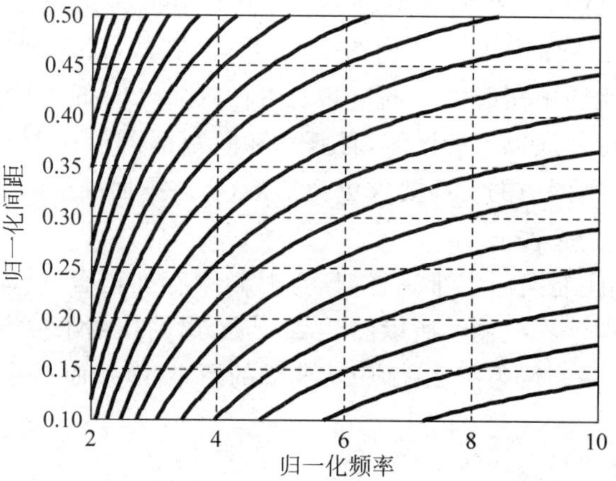

图 2.23　空时耦合时 φ_{st} 的等相位曲线

需要满足式(2.27)的要求。如果阵元间距是固定的，且只考虑时域采样，则相当于式(2.27)中 $d=0$，即简化为

$$f_{st1}=f_{st2}=\frac{1}{\frac{f}{f_{ts}}+0}=\frac{f_{ts}}{f}\geqslant 2 \tag{2.28}$$

上式就是时域采样定理，所以带通采样要满足平移不模糊的条件。如果时域采样频率固定，且只考虑空域采样，则相当于式(2.27)中 $f=0$，即简化为

$$f_{st1}=f_{st2}=\frac{1}{0+\frac{d\sin\theta}{\lambda}}=\frac{\lambda}{d\sin\theta}\geqslant 2 \tag{2.29}$$

上式就是空域采样定理，所以带通采样也要满足平移不模糊的条件。显然空时二维带通信号需要同时满足空域和时域的平移不模糊条件，且满足式(2.27)。下面给出一个例子来说明，假设时域平移次数为 5，归一化的带宽为 0.2，则时域带通采样的条件是 $f_{ts}=0.4$ 或 $0.5\leqslant f_{ts}\leqslant 8/15$ 或 $2/3\leqslant f_{ts}\leqslant 4/5$ 或 $1\leqslant f_{ts}\leqslant 1.6$ 或 $f_{ts}\geqslant 2$，空域带通采样条件同图 2.9，则单独采用空域带通采样和单独采用时域带通采样得到的空时二维不模糊区域如图 2.24 所示，再加上式(2.27)约束后的空时二维带通采样不模糊区域如图 2.25 所示。

结合图 2.3、图 2.9 和图 2.24 可知，单独的空域带通采样和时域带通采样构成的不模糊区域是空域平移次数和时域平移次数的乘积(图中空域为 7，时域为 5，空时二维区域数为 35)，其中图 2.24 右下角区域就是同时满足空域采样定理和时域采样定理条件的区域，即满足 $f_{ts}\geqslant 2f_{max}$ 且 $d\leqslant\lambda/2$，也就是图 2.21(c)表示的区域。

而分析空时二维模糊时，除了考虑频率维的平移和阵元间距维的平移外，还要考虑空时二维的平移，因此在平移的过程中还要增加式(2.27)的约束，所以得到的

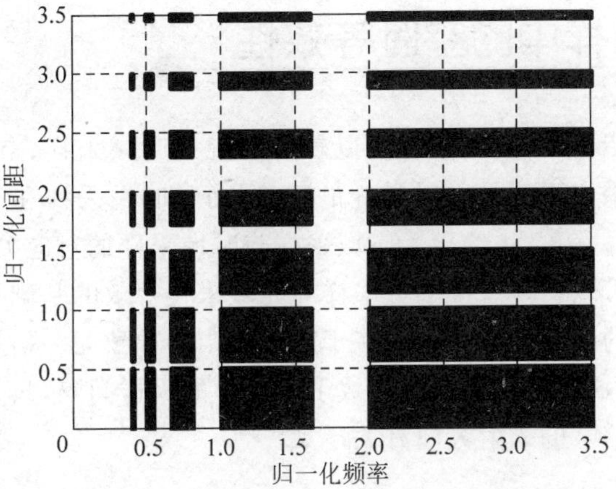

图 2.24　空域带通采样和时域带通采样的空时二维不模糊区域

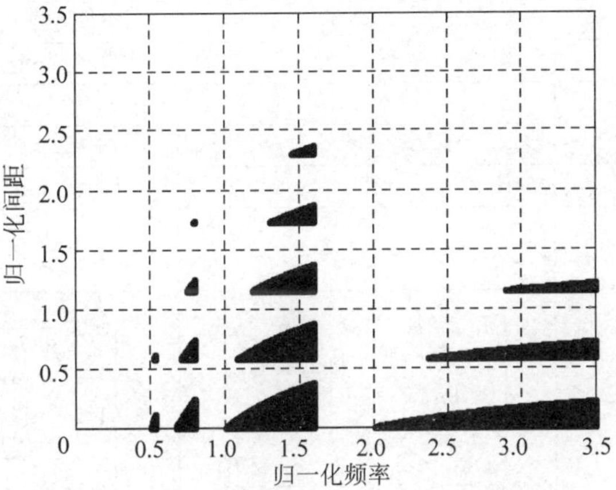

图 2.25　空时带通采样的空时二维不模糊区域

空时二维不模糊区域数较图 2.24 大为减小(图中只有 14 个区域),同时每一块所占的面积也相应变小。

将图 2.24 和图 2.25 进行对比可知：①考虑空时二维带通采样时,图 2.25 中右下角的区域就是图 2.22 中实线以下的区域,即满足空时二维采样定理的区域。②空域带通采样区域对空时二维不模糊区域的影响很大,需要严格注意阵列的空时二维带通采样区域,这一点从图 2.22 中虚线所示的区域也能看出,即在特定的角度观察范围内,空时二维不模糊区域是可以增大的。图 2.25 的空域条件是同时在[60°,90°]和[−90°,−60°]角度观察区域内不存在模糊。③在同样的频段内,随着归一化间距的增大,不模糊的平移区域显著减小,如图 2.25 中 $f_{ts}\geqslant 2f_{max}$ 时,最下面区域面积最大。④在同样的归一化间距内,随着时域采样频率的增加,不模糊区域的面积也是显著增加的,如图中 $d\leqslant\lambda/2$ 的区域,随着 f_{ts} 的增大,其不模糊的面积增大很多。

2.6 采样中的空时等效性

由前面的分析可知，空时采样可以较好地统一时域采样、空域采样，也可以将空域采样和时域采样看成是空时采样的特例，而且时域采样和空域采样存在等效性，两者一一对应。表 2.1 给出了空域采样与时域采样的对应关系。

从表 2.1 中可以明显看出空域采样和时域采样等效的基础是时域中的时间间隔等效于空域中的阵元间距。原因在于阵元间距会导致同一信号到不同阵元上存在一个时间延迟，这个时间延迟就等效于时域中的采样间隔，只是空域采样导致的这个时间间隔和信号的入射方向有关。

表 2.1 空域采样与时域采样等效性对比表

名　称	时　域	空　域
采样对象	时间 t	空间位置(x,y,z)
频率	时频 f	空频 $\sin\theta/\lambda$
采样间隔	Δt	d
采样频率	$f_{ts}=1/\Delta t$	$f_{ss}=1/d$
带宽	$B_t=f_{max}-f_{min}$	$B_s=(\sin\theta_2-\sin\theta_1)/\lambda$
采样定理	$f_{ts}\geqslant 2f_{max}$	$f_{ss}=\frac{1}{d}\geqslant\frac{2}{\lambda}$ 或 $d\leqslant\frac{\lambda}{2}$
带通采样条件	$\begin{cases} f_{ts}\geqslant 2B_t \\ 1\leqslant m\leqslant\left\lfloor\frac{f_{max}}{B_t}\right\rfloor \\ \frac{2f_{max}}{m}\leqslant f_{ts}\leqslant\frac{2f_{max}-2B_t}{m-1}\end{cases}$	$\begin{cases} d\leqslant\frac{1}{\sin\theta_2-\sin\theta_1}\cdot\frac{\lambda}{2} \\ 1\leqslant m\leqslant\left\lfloor\frac{\sin\theta_2}{\sin\theta_2-\sin\theta_1}\right\rfloor \\ \frac{m-1}{\sin\theta_1}\cdot\frac{\lambda}{2}\leqslant d\leqslant\frac{m}{\sin\theta_2}\cdot\frac{\lambda}{2}\end{cases}$

空时采样则是空域采样和时域采样的融合，它的采样对象包括时域的 t 和空域的空间位置(x,y,z)。在实际的多通道系统中，空域采样和时域采样是同时存在的，空时采样的采样频率则是时域采样频率和空域采样频率的组合：

$$f_{st}=\frac{1}{\dfrac{f}{f_{ts}}+\dfrac{\sin\theta}{\lambda f_{ss}}}=\frac{1}{f\Delta t+\dfrac{d\sin\theta}{\lambda}} \tag{2.30}$$

空时采样中的带宽需要同时满足时间带宽和空间带宽的条件，所以其采样定理需要满足式(2.27)，由 2.5 节中的例子可以看出其约束条件比空域采样和时域采样更严格。空时带通采样则需要在满足空域带通采样定理和时域带通采样定理的条件下，满足在空域和时域平移的无模糊条件，空时平移中时间平移次数和时域带通采样相同，空间平移次数和空域带通采样相同。

图 2.26 示出了一个利用空时耦合的轮采样多通道系统，图中采样通道只有两

个，空域采样通道有 N 个，时域采样频率为 f_{ts}，第一个采样通道固定为其中的一个通道，第二个采样通道采用开关轮换采样，此时 M 个空域通道只需要两个采样通道。显然，当采样开关的轮换时间远小于时域上的采样间隔时，系统的成本和复杂性得到了明显的降低。但当采样开关的轮换时间远大于时域上的采样间隔时，则空时耦合 φ_{st} 就会带来严重的空时模糊问题，此时利用采样通道 1 可以解决时域的耦合，再利用空时耦合的特性可以解空域的模糊。

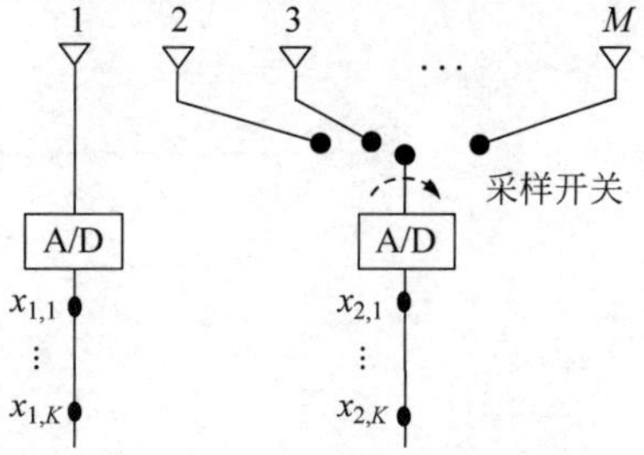

图 2.26　空时轮采样系统

图 2.26 是利用空时采样中的 φ_{st} 得到一个极大降低阵列多通道系统的复杂性和成本的例子，当然其实现过程中还有很多因素需要考虑。

2.7　小结

采样是信号处理特别是数字信号处理的前端输入，其特性直接决定后续处理的性能。本章只研究了采样后信号的谱特性，通过研究发现：空域采样和时域采样具有等效性，同样需要满足各自的采样定理，只是时域上的采样通常用采样频率（即时间间隔的倒数）来表征，而空域上则通常用阵元间距（空域采样频率的倒数）来表征。当空域采样和时域采样均满足采样定理时，则空间谱和频谱不存在模糊；而当两者均不满足各自的采样定理时，则均会出现模糊，空域采样会产生空域模糊，即在角度上存在多个解，而时域采样会存在频域模糊，即在频率上存在多个解。当在空域和时域进行带通采样时，均需要满足带通采样的条件才不会出现模糊，否则也会模糊。对于间隔采样，本章中只研究了满足采样定理条件的均匀采样和不满足采样条件的均匀采样的混合问题，其谱就是两种采样数据谱的乘积。对于出现的模糊问题，空域和时域均需要进行解模糊处理，它们的解模糊方法是可以通用的，当然也可以通过非均匀采样的方法进行解模糊。当进行空时二维采样时，则需要满足空时二维采样的条件，注意这个条件不是空域和时域二维采样条件的级联，而是联合，而且空域采样定理是空时二维采样定理在时间频率等于 0 时的特例，时域采样定理是空时二维采样定理在间距等于 0 时的特例。目前，在时域的欠采样领域中有一个热点，即稀疏采样问题，它在空域中的体现就是非均匀阵列设置问题，在空时域中的体现就是稀疏阵列的稀疏重构或非均匀阵列的稀疏重构问题。

第3章

空时谱估计

信号处理的一项基本功能就是信号的参数测量，其中在时域参数中除到达时间外，频率的测量也是其中一个很重要的内容，而空域参数中的角度则是重要参数。现代信号处理中谱估计通常分为经典谱估计、现代谱估计及空间谱估计，其中前两部分在本章中称为时域谱估计，其主要应用是频率参数的测量；空间谱估计也称空域谱估计，其主要应用是角度参数的测量。本章从时域谱估计中的频率参数测量、空域谱估计中的角度参数测量入手，分析测频方法与测角方法的算法原理与结构，从而掌握方法中蕴含的空时等效性；然后介绍空时谱中的频率和角度联合测量方法。整个介绍过程是从经典的算法开始，过渡到现代谱的高分辨算法，再介绍超分辨方法；最后从空时等效的角度分析空时谱估计与时域谱估计和空域谱估计的关系，并对典型的测频和测角方法进行了小结。

3.1 数据模型

由文献[2]可知，假设有一由 M 个阵元组成的等距均匀线阵，入射信号有 N 个，则理想情况下的空域阵列模型通常由下式来表达：

$$\boldsymbol{X}(t)=\boldsymbol{A}_{\mathrm{s}}(\theta)\boldsymbol{S}(t)+\boldsymbol{N}(t) \tag{3.1}$$

其中，$\boldsymbol{X}(t)$ 为阵列的 M 维快拍数据矢量；$\boldsymbol{N}(t)$ 为阵列的 M 维噪声数据矢量；$\boldsymbol{S}(t)$ 为空间信号的 N 维矢量；$\boldsymbol{A}_{\mathrm{s}}(\theta)$ 为空间阵列的 $M\times N$ 流型矩阵：

$$\boldsymbol{A}_{\mathrm{s}}(\theta)=[\boldsymbol{a}_{\mathrm{s}}(\theta_1)\quad \boldsymbol{a}_{\mathrm{s}}(\theta_2)\quad \cdots\quad \boldsymbol{a}_{\mathrm{s}}(\theta_N)] \tag{3.2}$$

其中，空域导向矢量

$$\boldsymbol{a}_{\mathrm{s}}(\theta_i)=\begin{bmatrix}1\\ \exp(-\mathrm{j}2\pi d\sin(\theta_i)/\lambda)\\ \vdots\\ \exp(-\mathrm{j}2\pi(M-1)d\sin(\theta_i)/\lambda)\end{bmatrix},\quad i=1,2,\cdots,N \tag{3.3}$$

式中，d 为等距均匀线阵的间距；λ 为波长。

需要注意的是，式(3.1)的阵列模型是基于以下几个假设条件推出的。

(1) 入射的信号为窄带远场信号。这个假设保证了信号入射到各阵元上是近似的平行入射，而且入射的信号时延满足下式：

$$s_i(t-\tau) \approx s_i(t)\mathrm{e}^{-\mathrm{j}2\pi f\tau}, \quad i=1,2,\cdots,N \tag{3.4}$$

(2) 信号间相互独立，且噪声模型均为独立的高斯白噪声。这个假设保证了阵列接收数据的二阶统计特性满足理想情况。

(3) 阵元数 M 大于信号源数 N。这个假设保证了模型在参数求解过程中存在唯一解。

(4) 各阵元不存在各种误差。当有误差时则需要对这个模型进行相应的修正，详细内容见有关文献，这里不作讨论。

在时域处理中，通常在窄带信号的假设下式(3.4)也是适用的，即如果对一个时间序列 $s(t)$ 采样，假设采样 L 个点，采样间隔为 τ，则得到的时间序列可以写成如下列矢量：

$$\boldsymbol{s}(t)=\begin{bmatrix} s(t) \\ s(t-\tau) \\ \vdots \\ s(t-(L-1)\tau) \end{bmatrix}=\begin{bmatrix} 1 \\ \mathrm{e}^{-\mathrm{j}2\pi f\tau} \\ \vdots \\ \mathrm{e}^{-\mathrm{j}2\pi f(L-1)\tau} \end{bmatrix} s(t)=\boldsymbol{a}_{\mathrm{t}}(f)s(t) \tag{3.5}$$

式中，$\boldsymbol{a}_{\mathrm{t}}(f)$ 定义为时域导向矢量。

如果时域采样信号包含 N 个信号和噪声，则也可以写成

$$\begin{aligned}\boldsymbol{x}(t)&=\begin{bmatrix} s_1(t)+s_2(t)+\cdots+s_N(t)+n(t) \\ s_1(t-\tau)+s_2(t-\tau)+\cdots+s_N(t-\tau)+n(t-\tau) \\ \vdots \\ s_1(t-(L-1)\tau)+\cdots+s_N(t-(L-1)\tau)+n(t-(L-1)\tau) \end{bmatrix} \\ &=\begin{bmatrix} 1 & 1 & \cdots & 1 \\ \mathrm{e}^{-\mathrm{j}2\pi f_1\tau} & \mathrm{e}^{-\mathrm{j}2\pi f_2\tau} & \cdots & \mathrm{e}^{-\mathrm{j}2\pi f_N\tau} \\ \vdots & \vdots & \ddots & \vdots \\ \mathrm{e}^{-\mathrm{j}2\pi f_1(L-1)\tau} & \mathrm{e}^{-\mathrm{j}2\pi f_2(L-1)\tau} & \cdots & \mathrm{e}^{-\mathrm{j}2\pi f_N(L-1)\tau} \end{bmatrix}\begin{bmatrix} s_1(t) \\ s_2(t) \\ \vdots \\ s_N(t) \end{bmatrix}+\begin{bmatrix} n_1(t) \\ n_2(t) \\ \vdots \\ n_L(t) \end{bmatrix} \\ &=\boldsymbol{A}_{\mathrm{t}}(f)\boldsymbol{S}(t)+\boldsymbol{N}(t)\end{aligned} \tag{3.6}$$

式中，τ 为时域采样间隔；$\boldsymbol{A}_{\mathrm{t}}(f)$ 为时域采样流型，由时域导向矢量构成，其表达式为

$$\boldsymbol{a}_{\mathrm{t}}(f_i)=\begin{bmatrix} 1 \\ \mathrm{e}^{-\mathrm{j}2\pi f_i\tau} \\ \vdots \\ \mathrm{e}^{-\mathrm{j}2\pi f_i(L-1)\tau} \end{bmatrix}, \quad i=1,2,\cdots,N \tag{3.7}$$

通过上述关于模型的分析可知：

(1) 空域模型和时域模型完全等价，不同的是空域采样数据是按阵元序号排列，而时域采样数据是按采样的序号排列。

(2) 由式(3.1)和式(3.6)可知，空域的理想模型和时域采样的模型是相似的，只是空域阵列流型 $\boldsymbol{A}_{\mathrm{s}}(\theta)$ 由空域导向矢量 $\boldsymbol{a}_{\mathrm{s}}(\theta)$ 组成，而时域采样流型 $\boldsymbol{A}_{\mathrm{t}}(f)$ 由时域导向矢量 $\boldsymbol{a}_{\mathrm{t}}(f)$ 组成。

(3) 由式(3.3)和式(3.5)可知，空域导向矢量只与阵元间隔和角度参数 θ 有关，而时域导向矢量只与它的采样间隔和频率参数 f 有关。

(4) 对于均匀采样而言，时域采样流型 $\boldsymbol{A}_{\mathrm{t}}(f)$ 是范德蒙德矩阵，时域导向矢量 $\boldsymbol{a}_{\mathrm{t}}(f)$ 是等比数列。这种结构和等距均匀阵列的阵列流型和导向矢量相同。

3.2 时域谱估计

频率测量是信号处理领域中的一个重要的研究方向，传统的频率测量分为两大类：一是经典谱的方法，以周期图和自相关法为代表，它们的基础都是离散傅里叶变换；二是现代谱的方法，以自回归(auto regressive，AR)谱、最大熵法等方法为代表，它们的基础是最大信噪比准则、最小均方准则、最小方差准则及最大似然函数准则等四大准则，后续又出现了子空间类方法、高阶谱和最大似然等方法。本节主要从时域导向矢量运用的角度来介绍常用的频率测量方法，从传统的谱估计、高分辨谱估计和超分辨谱估计入手介绍典型算法。

3.2.1 离散傅里叶变换

频率测量也叫频谱分析，它是数字信号处理的重要内容，也是现代谱分析的重要基础。最常用的频率测量方法就是离散傅里叶变换(DFT)，实际应用中常用快速傅里叶变换(FFT)来实现。假设对一个 K 点序列 $x(0),x(1),\cdots,x(K-1)$，进行 K 点的 DFT 变换，则有

$$\boldsymbol{X}(k)=\sum_{n=0}^{K-1}x(n)\mathrm{e}^{-\mathrm{j}2\pi nk/K},\quad k=0,1,2,\cdots,K-1 \tag{3.8}$$

很显然，上式可以转化成

$$\boldsymbol{X}(k)=\begin{bmatrix}1\\ \mathrm{e}^{-\mathrm{j}2\pi 1\cdot k/K}\\ \vdots\\ \mathrm{e}^{-\mathrm{j}2\pi(K-1)\cdot k/K}\end{bmatrix}^{\mathrm{T}}\begin{bmatrix}x(0)\\ x(1)\\ \vdots\\ x(K-1)\end{bmatrix}=\boldsymbol{a}_{\mathrm{t}}^{\mathrm{H}}(f)\boldsymbol{x} \tag{3.9}$$

式中，$[\cdot]^{\mathrm{T}}$ 表示转置运算；$[\cdot]^{\mathrm{H}}$ 表示共轭转置运算；矢量 $\boldsymbol{x}$ 就是 K 点采样序列构成的列矢量，即 DFT 就是对应 f_k 的时域导向矢量与采样序列的内积。所以，序列进行 DFT 后得到的矢量为

$$\begin{bmatrix} \boldsymbol{X}(0) \\ \boldsymbol{X}(1) \\ \vdots \\ \boldsymbol{X}(K-1) \end{bmatrix} = \begin{bmatrix} 1 & 1 & \cdots & 1 \\ \mathrm{e}^{-\mathrm{j}2\pi 1\cdot\frac{0}{K}} & \mathrm{e}^{-\mathrm{j}2\pi 1\cdot\frac{1}{K}} & \cdots & \mathrm{e}^{-\mathrm{j}2\pi 1\cdot\frac{K-1}{K}} \\ \vdots & \vdots & \ddots & \vdots \\ \mathrm{e}^{-\mathrm{j}2\pi(K-1)\cdot\frac{0}{K}} & \mathrm{e}^{-\mathrm{j}2\pi(K-1)\cdot\frac{1}{K}} & \cdots & \mathrm{e}^{-\mathrm{j}2\pi(K-1)\cdot\frac{K-1}{K}} \end{bmatrix}^{\mathrm{T}} \begin{bmatrix} x(0) \\ x(1) \\ \vdots \\ x(K-1) \end{bmatrix}$$

$$= [\boldsymbol{a}_{\mathrm{t}}(f_0) \quad \boldsymbol{a}_{\mathrm{t}}(f_1) \quad \cdots \quad \boldsymbol{a}_{\mathrm{t}}(f_{K-1})]^{\mathrm{H}} \boldsymbol{x} = \boldsymbol{W}_{\mathrm{DFT}}^{\mathrm{H}} \boldsymbol{x} \tag{3.10}$$

式中，$\boldsymbol{W}_{\mathrm{DFT}}$ 定义为 DFT 的权矩阵，它由各对应频率点的时域导向矢量构成。

需要注意的是，上式中的时域导向矢量中的 f_i 是归一化的频率（对采样频率的归一化），即式(3.7)中

$$f_i \tau = \frac{f_i}{f_{\mathrm{ts}}} = \frac{k}{K} \tag{3.11}$$

上式中 f_{ts} 为采样频率。这也表明式(3.10)中各列的时域导向矢量中的频率是对归一化频率的 K 等分。如果 K 点序列做了 K' 点的 DFT，则意味着式(3.10)中时域导向矢量构成的矩阵维数为 $K \times K'$ 的，即表示此时是对归一化的频率进行了 K' 等分。

在雷达信号处理中，如果 DFT 是对相干脉冲的离散傅里叶变换，则脉冲间的采样间隔 f_{ts} 就是脉冲重复频率的倒数，此时的 $\boldsymbol{W}_{\mathrm{DFT}}$ 就对应动目标检测(MTD)的滤波器组，每个滤波器由时域导向矢量构成。图 3.1 给出了 8 点 MTD 横向滤波器幅频响应图。

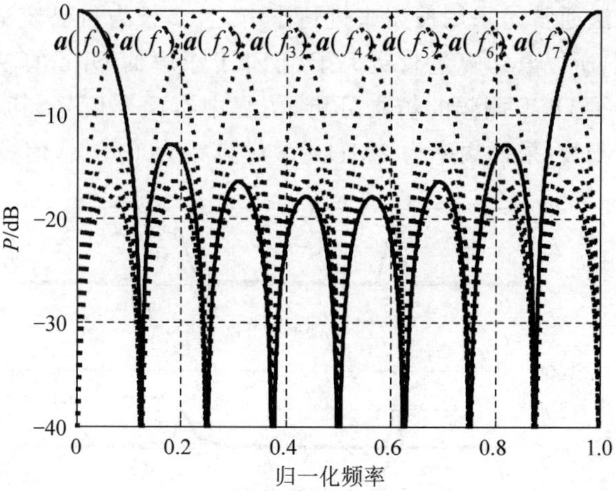

图 3.1 MTD 横向滤波器幅频响应图

从图 3.1 中可以看出，这 8 个滤波器的每一个都有固定频率点，权系数对应式(3.10)中的一个 $\boldsymbol{a}(f_i)$，而且正好是对归一化频率进行了 8 等分（−3dB 交叠处）。这也说明采用 DFT 方法的频率分辨率和精度都和 DFT 的点数密切相关，分辨率为 $1/K$，精度为 $1/(2K)$。这里 $1/K$ 也称 DFT 的傅里叶限，即在一个频率分

辨单元内无法分辨两个及以上的目标。另外，由图 3.1 可知，每个滤波器的第一旁瓣电平还是很高的(理想情况下都是 -13.2dB)，此时可以通过幅度加权(如汉宁窗、海明窗等)的方法来降低旁瓣，但会导致主瓣宽度变宽且增益下降。

由于 DFT 每个时域的导向矢量导致了其频率指向也是固定的，但实际接收的信号频率可能和 DFT 划分的指向不一致，可以用改变频率指向的方法来解决，此时输出数据为

$$y(t)=\boldsymbol{W}^{\mathrm{H}}\boldsymbol{x}(t)=\boldsymbol{a}_{\mathrm{t}}^{\mathrm{H}}(f)\boldsymbol{x}(t) \tag{3.12}$$

所以，整体的输出功率为

$$\begin{aligned} P &= E[y(t)y^{\mathrm{H}}(t)]=\boldsymbol{a}_{\mathrm{t}}^{\mathrm{H}}(f)E[\boldsymbol{x}(t)\boldsymbol{x}^{\mathrm{H}}(t)]\boldsymbol{a}_{\mathrm{t}}(f) \\ &= \boldsymbol{a}_{\mathrm{t}}^{\mathrm{H}}(f)\boldsymbol{R}_{xx}\boldsymbol{a}_{\mathrm{t}}(f) \end{aligned} \tag{3.13}$$

式中，$E[\cdot]$表示统计平均；$\boldsymbol{R}_{xx}$ 为数据矢量的自协方差矩阵。这样就可以得到常规的波束扫描(CBF)算法

$$P_{\mathrm{CBF}}(f)=\boldsymbol{a}_{\mathrm{t}}^{\mathrm{H}}(f)\boldsymbol{R}_{xx}\boldsymbol{a}_{\mathrm{t}}(f) \tag{3.14}$$

对于上述算法的说明：

(1) 利用 DFT 进行频率测量实质是 CBF 算法的特例，式(3.14)中的变量为 f，其变量范围为归一化的频率$[0,1]$，而 DFT 则固定为 k/K，k 的取值为 $k=0,1,2,\cdots,K-1$；

(2) CBF 算法的输出是接收数据加权后的功率，而且其就是频域的匹配滤波，所以它是最大信噪比准则下的频率测量方法；

(3) CBF 算法通常是采用搜索来进行求解，且步长为自己定义，最大值对应的频率就是测量值，所以其运算量肯定大于用 FFT 求解的 DFT 算法。

图 3.2 给出了 DFT 测频的仿真分析，仿真中有两个信号，其信号频率分别为 0.3MHz 和 1.5MHz，采样频率为 2MHz，采样点数为 100 点，信噪比为 20dB。

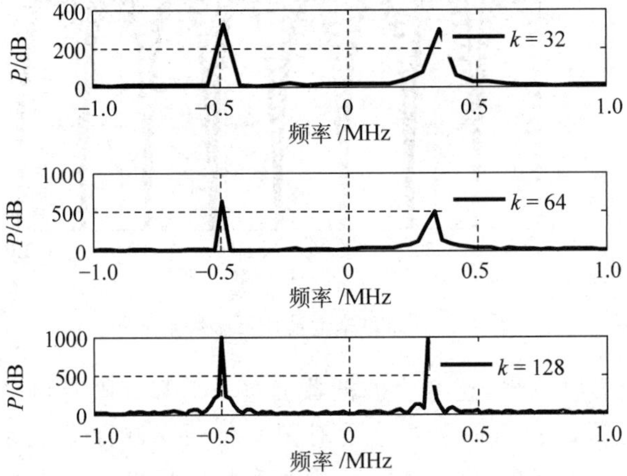

图 3.2　不同点数的 DFT 频率测量图

从图 3.2 中可见：①DFT 是可以进行频率测量的，但频率的分辨率和精度与 DFT 的点数密切相关；②DFT 的点数越多，则相当于对测量的不模糊范围分得越细，精度越高；③DFT 的测量范围为$[-f_s/2, f_s/2]$，所以 1.5MHz 对应的频率被模糊到了−0.5MHz 处，如果把图按 0～2MHz 取范围，则−1～0MHz 处被平移到 1～2MHz 处，此时就会在 1.5MHz 附近显示一个目标。

图 3.3 给出了采用式(3.14)所示的 CBF 算法来进行频率测量的仿真结果，其他实验条件同图 3.2，只是采用频域的 CBF 算法，搜索步长为 20kHz，搜索范围为 0～2MHz。

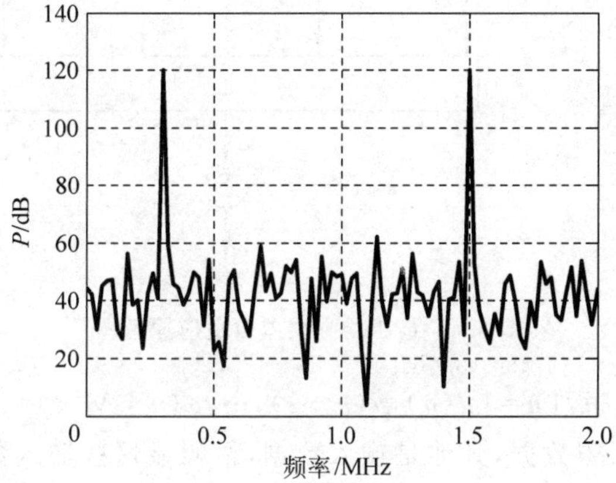

图 3.3　CBF 算法频率测量

对比图 3.3 和图 3.2 可知：①由于 CBF 算法采用的是频率搜索，虽然其计算量大了很多，但其估计精度比较高；②降低 CBF 算法频率搜索的运算量通常可以考虑采用二级搜索，第一级通过粗搜索或者直接利用 DFT 结果，第二级再在粗估计结果附近进行精细的搜索；③DFT 为了利用 FFT 算法，通常采用的变换点数为 2^n，而 CBF 则比较自由，可以是任意数；④DFT 是 CBF 的特例，即相当于 $\boldsymbol{a}_t(f)$中的频率为固定频率的搜索；⑤由于 CBF 是频域的匹配滤波，则如果把式(3.12)看成是频域的加权输出，式(3.7)中的 $\boldsymbol{a}_t(f)$就是最大信噪比准则下的最优权。

CBF 和 DFT 方法属于经典谱估计范畴，由文献[20]可知其通常采用自相关法和周期图法，但这类方法存在难以克服的固有缺点：①频率分辨率不高，这是因为它们的频率分辨率反比于数据记录长度，而实际应用中通常不可能获得很长的时间序列；②经典谱估计都是以 DFT 为基础的，它隐含着对数据序列的加窗处理，而且加的是一个矩形窗，带来的问题是旁瓣太高，会淹没弱信号；③可以通过幅度加权(汉宁窗、海明窗、切比雪夫窗等)的方法来改善旁瓣问题，但加权会引起主瓣的展宽和增益的下降，导致信噪比出现损失，损失量可参见文献[5]。

为了改进经典谱的相关问题，广大学者经过不懈努力，提出了很多性能优异的现代谱估计方法，下面就从信号处理准则的角度介绍几种现代谱估计方法。

3.2.2 最小均方误差算法

最小均方误差算法是自适应滤波的一种基本算法，它的结构如图 3.4 所示。由图可知，这种结构就是一个 AR 滤波器。

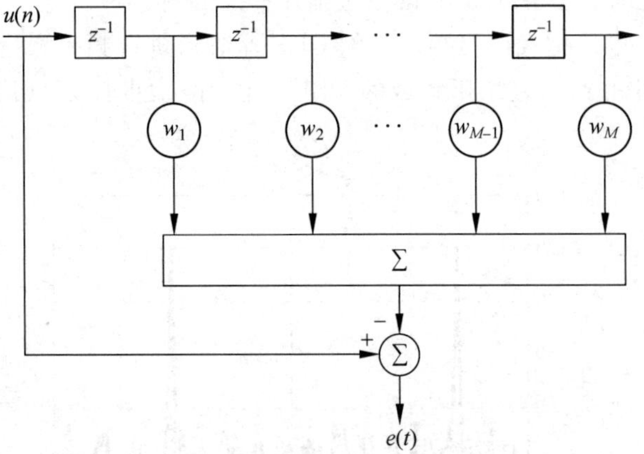

图 3.4 最小均方误差自适应原理图

对于一个输入序列 $\boldsymbol{u}=[u(n),u(n-1),\cdots,u(n-M+1),u(n-M)]^{\mathrm{T}}$，假设 $u(n)$ 是要得到的期望数据，其他是输入数据，很明显这些输入数据的加权求和就是 $u(n)$ 的估计值：

$$\hat{u}(n)=\sum_{k=1}^{M} w_k^{*} u(n-k)=\boldsymbol{W}_f^{\mathrm{H}}\boldsymbol{u}_f \tag{3.15}$$

式中，数据矢量 $\boldsymbol{u}_f=[u(n-1),u(n-2),\cdots,u(n-M)]^{\mathrm{T}}$；自适应权矢量 $\boldsymbol{W}_f=[w_1,w_2,\cdots,w_M]^{\mathrm{T}}$。

显然估计值与真实值之间存在一个误差

$$e(n)=u(n)-\hat{u}(n)=u(n)-\boldsymbol{W}_f^{\mathrm{H}}\boldsymbol{u}_f \tag{3.16}$$

则最小均方误差准则：

$$\varepsilon(n)=E[e^2(n)]=\min \tag{3.17}$$

将式(3.15)和式(3.16)代入上式可得

$$\varepsilon(n)=E[e^2(n)]=E[u^2(n)]+\boldsymbol{W}_f^{\mathrm{H}}E[\boldsymbol{u}_f\boldsymbol{u}_f^{\mathrm{H}}]\boldsymbol{W}_f-2E[\boldsymbol{u}_f u^{\mathrm{H}}(n)]\boldsymbol{W}_f \tag{3.18}$$

定义协方差矩阵和互相关矢量分别为

$$\boldsymbol{R}_f=E[\boldsymbol{u}_f\boldsymbol{u}_f^{\mathrm{H}}],\quad \boldsymbol{r}_f=E[\boldsymbol{u}_f u^{\mathrm{H}}(n)] \tag{3.19}$$

则式(3.18)可以简化成

$$\varepsilon(n)=E[u^2(n)]+\boldsymbol{W}_f^{\mathrm{H}}\boldsymbol{R}_f\boldsymbol{W}_f-2\boldsymbol{r}_f\boldsymbol{W}_f \tag{3.20}$$

将上式对 $\boldsymbol{W}_f$ 求导，并令其等于 $\boldsymbol{0}$，即得

$$\frac{\varepsilon(n)}{\partial \boldsymbol{W}_f}=2\boldsymbol{R}_f\boldsymbol{W}_f-2\boldsymbol{r}_f=\boldsymbol{0} \tag{3.21}$$

式中，协方差矩阵如果可以直接求逆（通常 $\boldsymbol{R}_f$ 是正定的且对角线绝对占优的矩阵，可以直接求逆），则得到最优的最小均方误差权矢量

$$\boldsymbol{W}_f=\boldsymbol{R}_f^{-1}\boldsymbol{r}_f \tag{3.22}$$

上述的推导过程说明对于自适应线性组合器整体的权矢量为

$$\boldsymbol{W}=\begin{bmatrix}1\\-\boldsymbol{W}_f\end{bmatrix}=\begin{bmatrix}1\\-\boldsymbol{R}_f^{-1}\boldsymbol{r}_f\end{bmatrix} \tag{3.23}$$

此时，得到的 AR 谱就是

$$P_{\mathrm{AR}}(f)=\frac{1}{\|\boldsymbol{a}_{\mathrm{t}}^{\mathrm{H}}(f)\boldsymbol{W}\|^2}=\frac{1}{\boldsymbol{a}_{\mathrm{t}}^{\mathrm{H}}(f)\boldsymbol{W}\boldsymbol{W}^{\mathrm{H}}\boldsymbol{a}_{\mathrm{t}}(f)} \tag{3.24}$$

经典的最大熵算法则可以由下式的最优化问题求解：

$$\begin{cases}\min\limits_{\boldsymbol{W}}\boldsymbol{W}^{\mathrm{H}}\boldsymbol{R}\boldsymbol{W}\\ \boldsymbol{u}_0^{\mathrm{T}}\boldsymbol{W}=1\end{cases} \tag{3.25}$$

式中，$\boldsymbol{u}_0=[1,0,\cdots,0]^{\mathrm{T}}$；$\boldsymbol{R}=E[\boldsymbol{u}\boldsymbol{u}^{\mathrm{H}}]$。利用拉格朗日常数法，就可以求出上式定义的目标函数最优权

$$\boldsymbol{W}=\mu\boldsymbol{R}^{-1}\boldsymbol{u}_0 \tag{3.26}$$

式中，$\mu=1/(\boldsymbol{R}^{-1})_{11}$，即为协方差逆矩阵的第 1 行第 1 列元素的倒数。

因为常数不影响谱的形状，忽略常数就得到了 Burg 提出的最大熵算法(MEM)

$$P_{\mathrm{MEM}}(f)=\frac{1}{\|\boldsymbol{a}_{\mathrm{t}}^{\mathrm{H}}(f)\boldsymbol{R}^{-1}\boldsymbol{u}_0\|^2} \tag{3.27}$$

对比一下式(3.25)和式(3.22)，可以发现两者存在一定的差别，因为 $\boldsymbol{u}$ 和 $\boldsymbol{u}_f$ 的维数差一个数 $u(n)$，所以 $\boldsymbol{R}$ 和 $\boldsymbol{R}_f$ 之间具有如下关系：

$$\boldsymbol{R}=E[\boldsymbol{u}\boldsymbol{u}^{\mathrm{H}}]=\begin{bmatrix}u(n)u^*(n) & \boldsymbol{r}_f^{\mathrm{H}}\\ \boldsymbol{r}_f & \boldsymbol{R}_f\end{bmatrix} \tag{3.28}$$

很显然，如果上式中的 $\boldsymbol{R}$ 是 Toeplitz 矩阵（一般情况都满足），则其逆矩阵可以写成如下形式：

$$\boldsymbol{R}^{-1}=\begin{bmatrix}d_{11} & \boldsymbol{d}^{\mathrm{H}}\\ \boldsymbol{d} & \boldsymbol{D}\end{bmatrix} \tag{3.29}$$

式中，d_{11} 表示 $\boldsymbol{R}^{-1}$ 的第 1 行第 1 列元素；$\boldsymbol{d}$ 为逆矩阵第 1 列去除第 1 个元素的矢量，此时下式成立：

$$\frac{\boldsymbol{d}}{d_{11}}=-\boldsymbol{R}_f^{-1}\boldsymbol{r}_f=-\boldsymbol{W}_f \tag{3.30}$$

所以，最大熵的权为

$$\boldsymbol{W}=\mu\boldsymbol{R}^{-1}\boldsymbol{u}_0=\begin{bmatrix}1\\ \dfrac{\boldsymbol{d}}{d_{11}}\end{bmatrix}=\begin{bmatrix}1\\-\boldsymbol{W}_f\end{bmatrix} \tag{3.31}$$

上述的分析说明：在一定的情况下，AR 算法与 MEM 算法是完全等价的。另外，从权的形式来看，AR 算法的权矢量第 1 个元素为 1，而 MEM 算法的约束条件就是权矢量的第 1 个元素为 1，这也恰好说明了 AR 算法和 MEM 算法之间的等价性。

上面推导了 AR 算法、MEM 算法及两者之间的关系，仔细观察式(3.15)还可以发现，$\hat{u}(n)$的估计值也可以看成是利用以前的数据序列 $u(n-M),\cdots,u(n-2),u(n-1)$来预测当前的数据 $u(n)$，也就是说，可以进一步外推来预测将来的数据。所以，按最小均方误差推导出来的 $\hat{\boldsymbol{u}}(n)$也是采用前向线性预测算法(FLP)，其权矢量就是式(3.23)，其谱为

$$P_{\mathrm{FLP}}(f)=\frac{1}{\|\boldsymbol{a}_{\mathrm{t}}^{\mathrm{H}}(f)\boldsymbol{W}\|^{2}}=\frac{1}{\boldsymbol{a}_{\mathrm{t}}^{\mathrm{H}}(f)\boldsymbol{W}\boldsymbol{W}^{\mathrm{H}}\boldsymbol{a}_{\mathrm{t}}(f)} \tag{3.32}$$

这里只是从最小均方误差的角度讨论频率估计问题，由上述的讨论可以看出：AR 谱算法、MEM 算法和 FLP 算法是完全等效的，它们均可以看成是最小均方误差意义下的谱估计算法。

图 3.5 对比了 CBF 算法和 MEM 算法的频率估计谱，仿真中设置了两个信号，采样频率为 2MHz，采样点数为 16 点，信噪比为 20dB，搜索步长为 1kHz。其中图 3.6(a)中两个信号的频率分别为 0.5MHz 和 0.8MHz，图 3.6(b)中两个信号的频率分别为 0.5MHz 和 0.55MHz。

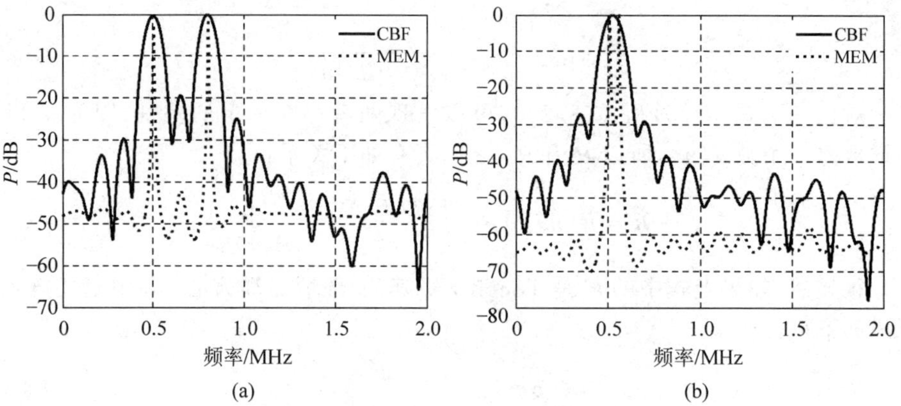

图 3.5 CBF 和 MEM 算法频谱图

(a) 0.5MHz 和 0.8MHz；(b) 0.5MHz 和 0.55MHz

从图 3.5(a)中可知，当两个信号的频率差为 0.3MHz 时，超过了频率分辨单元 0.125MHz(采样频率的十六分之一)，所以两种方法均实现了两个信号的估计，很明显 MEM 算法的分辨力要强于 CBF 算法；由于采样点数只有 16 点，所以 CBF 算法的分辨宽度要远远大于 MEM 算法。从图 3.5(b)中可以看出，当两个信号的频率差只有 0.05MHz 时，小于频率分辨单元，CBF 算法(DFT 类的算法)无法实现一个频率分辨单元内多信号的估计，而 MEM 算法还能高精度地分辨两个信号。

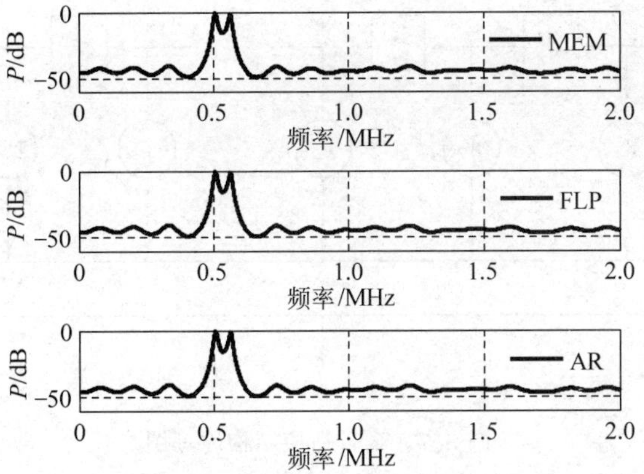

图 3.6 AR、FLP 和 MEM 算法频谱图

图 3.6 的仿真条件同图 3.5，信号为两个，频率分别为 0.5MHz 和 0.55MHz，图中对比了 AR、FLP 和 MEM 算法的频谱。虽然，这三种方法分别对应不同的公式，但从图中可以看出，这三种方法的谱线几乎一样，均能分辨在一个频率分辨单元内的两个目标，这再一次验证了本节中的理论分析。

通过本小节的分析可以得出如下结论：①AR 算法、MEM 算法和 FLP 算法是不同专家在不同时期提出的方法，但从最小均方准则的角度看它们是完全等价的，也就是说这三种方法均可得出最小均方意义下的最优权，其由式(3.22)表示；②AR 算法、MEM 算法和 FLP 算法突破了频率分辨单元的限制，实现了频率分辨单元内的多个信号同时高分辨估计；③CBF 算法只能实现频率分辨单元之外信号的分辨，所以其分辨能力是比较低的。对比图 3.5 和图 3.3 可知：CBF 类的算法提升分辨能力的方法需要在提高采样点数的同时提高 DFT 的点数。

3.2.3 最小方差算法

最小均方误差算法是一种自适应算法，它是从估计值与期望值均方误差最小的角度推出来的。Capon 则从自适应滤波的另一个角度提出了最小方差算法，自适应滤波除了图 3.4 所示的结构外，还可以采用如图 3.7 所示的结构。

仔细对比这两种结构可以发现：①最小均方误差结构的自适应属于部分自适应，即第一个数据作为期望信号其权值恒等于 1，它没有参与自适应权值计算，其他的数据均参与了自适应权值计算，所以这种结构也称为旁瓣对消结构；②图 3.7 所示的自适应结构，所有的数据均参与了自适应权值计算，所以这种结构也称为全自适应结构；③如果将由图 3.7 计算出来的权值同时除以第 1 个数据权值 w_1，则得到的结构和图 3.4 完全一样，这也说明这两种结构其实是等价的。

由图 3.7 可知，自适应的输出为

$$y(t)=\sum_{k=0}^{M-1} w_k^* u(n-k)=\boldsymbol{W}^{\mathrm{H}}\boldsymbol{u}_f \tag{3.33}$$

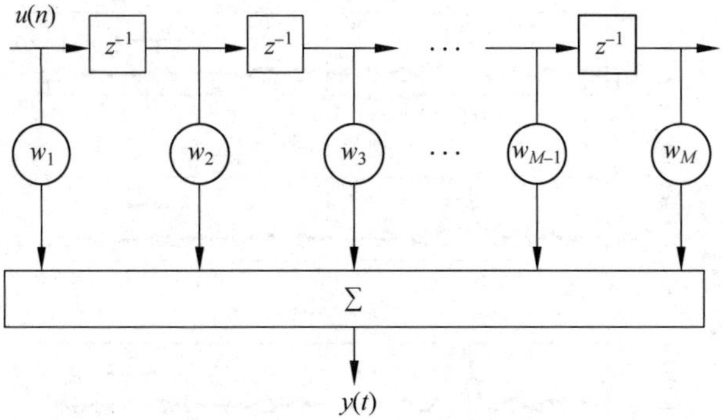

图 3.7 全自适应结构原理图

式中,数据矢量 $\boldsymbol{u}_f=[u(n),u(n-1),\cdots,u(n-M+1)]^{\mathrm{T}}$;自适应权矢量 $\boldsymbol{W}=[w_1,w_2,\cdots,w_M]^{\mathrm{T}}$。

所以,输出的平均功率为

$$P=E[y(t)y^*(t)]=\boldsymbol{W}^{\mathrm{H}}E[\boldsymbol{uu}^{\mathrm{H}}]W=\boldsymbol{W}^{\mathrm{H}}\boldsymbol{RW} \tag{3.34}$$

式中,$\boldsymbol{R}=E[\boldsymbol{uu}^{\mathrm{H}}]$为输入矢量的自协方差。

最小方差的意义在于保证来自某频率点的信号能够被正确接收,而其他频率的信号或干扰被完全抑制。用数学方法表示就是,在保证所需频率的信号输出增益为一常数的情况下,使阵列的输出功率极小化,即

$$\begin{cases}\min\limits_{\boldsymbol{W}}\boldsymbol{W}^{\mathrm{H}}\boldsymbol{RW}\\ \boldsymbol{W}^{\mathrm{H}}\boldsymbol{a}_{\mathrm{t}}(f_0)=1\end{cases} \tag{3.35}$$

式中,f_0 是已知信号的频率。上述约束的物理意义可以这样理解:输出功率包含三部分,即输出的信号功率、噪声功率和干扰功率,每一项均大于等于 0。其中噪声功率是不变的,也无法抑制;而约束条件限定了输出的信号增益为 1,即信号的输出功率不变;此时要求的输出功率最小,只能是干扰的输出功率为零。

用拉格朗日常数法求解上式。令目标函数为

$$L(\boldsymbol{W})=\boldsymbol{W}^{\mathrm{H}}\boldsymbol{RW}-\rho(\boldsymbol{W}^{\mathrm{H}}\boldsymbol{a}_{\mathrm{t}}(f_0)-1) \tag{3.36}$$

将上式对 $\boldsymbol{W}$ 求导,并令其等于 0,就可以求出最小方差意义下的最优权

$$\boldsymbol{W}=\mu\boldsymbol{R}^{-1}\boldsymbol{a}_{\mathrm{t}}(f_0) \tag{3.37}$$

其中,常数为

$$\mu=\frac{1}{\boldsymbol{a}_{\mathrm{t}}^{\mathrm{H}}(f_0)\boldsymbol{R}^{-1}\boldsymbol{a}_{\mathrm{t}}(f_0)} \tag{3.38}$$

所以,在最优权矢量下自适应的输出功率为

$$\begin{aligned}P=\boldsymbol{W}^{\mathrm{H}}\boldsymbol{RW}&=\frac{\boldsymbol{a}_{\mathrm{t}}^{\mathrm{H}}(f_0)(\boldsymbol{R}^{-1})^{\mathrm{H}}}{\boldsymbol{a}_{\mathrm{t}}^{\mathrm{H}}(f_0)(\boldsymbol{R}^{-1})^{\mathrm{H}}\boldsymbol{a}_{\mathrm{t}}(f_0)}\boldsymbol{R}\,\frac{\boldsymbol{R}^{-1}\boldsymbol{a}_{\mathrm{t}}(f_0)}{\boldsymbol{a}_{\mathrm{t}}^{\mathrm{H}}(f_0)\boldsymbol{R}^{-1}\boldsymbol{a}_{\mathrm{t}}(f_0)}\\&=\frac{1}{\boldsymbol{a}_{\mathrm{t}}^{\mathrm{H}}(f_0)\boldsymbol{R}^{-1}\boldsymbol{a}_{\mathrm{t}}(f_0)}\end{aligned} \tag{3.39}$$

由于实际测量频率过程中 f_0 是未知的，所以只能通过频率的扫描或搜索得到，此时得到的算法就是最小方差算法：

$$P=\frac{1}{\boldsymbol{a}_{\mathrm{t}}^{\mathrm{H}}(f)\boldsymbol{R}^{-1}\boldsymbol{a}_{\mathrm{t}}(f)} \tag{3.40}$$

这里有几点需要说明一下：①在早期的一些资料中，曾将式(3.40)称为最大似然谱估计，但这是不确切的，在本书中统一称之为最小方差算法。②最小方差算法输出的谱有着明确的含义，即输入数据序列经自适应滤波后的输出功率。这一点和上一小节中讨论的最小均方算法不同，其输出值不是功率，而是自适应滤波频率响应的倒数。另外，CBF 算法的输出谱也是功率。③在信号处理领域中的最小方差算法的应用面很广，所以不同的领域有不同的名称，如在自适应阵列中称之为最小方差无失真波束形成器(MVDR)，在空时二维自适应处理(STAP)领域中称之为 Capon 谱，在空间谱估计领域则称之为最小方差算法(MVM)。

图 3.8 的仿真条件同图 3.6，也是针对两个信号，其他条件相同，图中对比了 MVM、CBF 和 MEM 三种算法的频谱，只是搜索区间在 0～1MHz 之间。

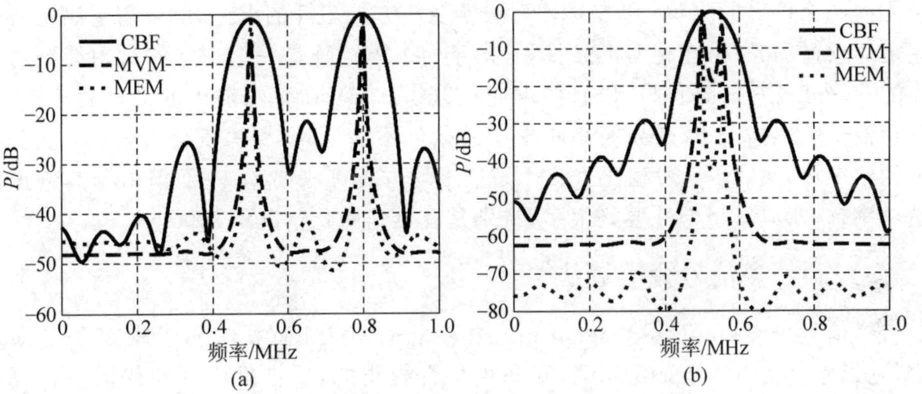

图 3.8 MVM、CBF 和 MEM 算法频谱图

(a) 频率分辨单元外两个目标：0.5MHz 和 0.8MHz 的信号；

(b) 频率分辨单元内两个目标：0.5MHz 和 0.55MHz 的信号

从图 3.8 中可以看出，CBF 算法无法估计一个频率分辨单元内的两个目标，MVM 和 MEM 算法均可以分辨，而且估计精度也很高。在非目标区搜索时(远离真实信号的频率时)，MEM 算法的起伏要大于 MVM 算法，在目标区 MEM 算法的分辨力要优于 MVM 算法。这个起伏在低信噪比的情况下是不利的，会导致起伏的伪峰大于真实的信号谱峰。

图 3.9 的仿真条件同上，针对 0.5MHz 和 0.8MHz 的两个信号，只是信号的信噪比降为了 5dB。从图中可以看出 MEM 算法的起伏很大，甚至在 1.4MHz 左右产生了一个大于真实信号的伪峰，而 MVM 算法虽然随着信噪比的降低估计精度变差，但其起伏性要比 MEM 算法小很多。

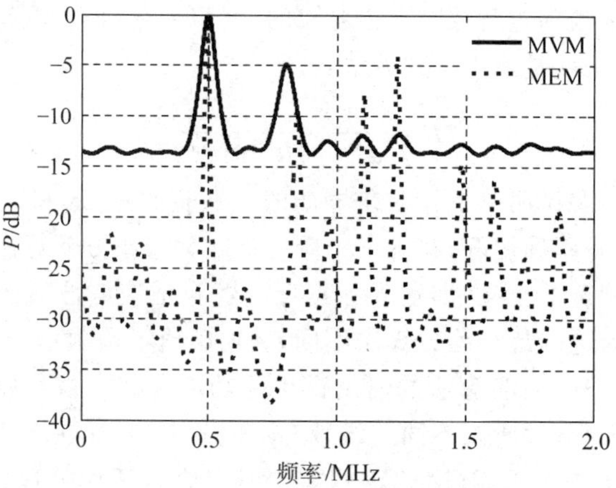

图 3.9 低信噪比下 MVM 和 MEM 算法频谱图

通过上述的理论分析和仿真可以得出如下结论：①总体上 MVM 算法的性能还是比较好的，它和前面介绍的最小均方误差类算法一样，可以实现一个频率分辨单元内两个信号的分辨；②MVM 算法涉及协方差矩阵的求逆，所以需要满足协方差矩阵求逆的条件，在正常的条件下，由于协方差矩阵是一个正定的对角线绝对占优的 Toeplitz 矩阵，所以可以直接求逆；③由于 MVM 算法输出的谱是功率谱，所以在低信噪比情况下，特别是矩阵求逆的条件不满足时，算法就会失效；④从分辨力的情况看，MVM 算法相比 MEM 等最小均方类算法要差一些，但由于其输出的是功率谱，所以其稳定性要好很多，特别是在低信噪比情况下起伏也不大。

3.2.4 多信号分类算法

多信号分类（multiple signal classification，MUSIC）算法属于噪声子空间算法，它最早是由 R. O. Schmidt 针对角度估计提出的，后被推广到现代谱估计算法中用于频率的高精度估计。

由文献[2]可知，在理想条件下，式(3.6)的 $L\times L$ 协方差矩阵为

$$\boldsymbol{R}_{xx}=E[\boldsymbol{x}(t)\boldsymbol{x}^{\mathrm{H}}(t)]=\boldsymbol{A}_{\mathrm{t}}(f)\boldsymbol{R}_{\mathrm{ss}}\boldsymbol{A}_{\mathrm{t}}^{\mathrm{H}}(f)+\boldsymbol{R}_{\mathrm{N}} \tag{3.41}$$

式中，$N\times N$ 矩阵 $\boldsymbol{R}_{\mathrm{ss}}$ 和 $L\times L$ 矩阵 $\boldsymbol{R}_N$ 分别为信号协方差矩阵和噪声协方差矩阵。对于理想的白噪声且噪声功率为 σ^2 时，则有

$$\boldsymbol{R}_{xx}=\boldsymbol{A}_{\mathrm{t}}(f)\boldsymbol{R}_{\mathrm{ss}}\boldsymbol{A}_{\mathrm{t}}^{\mathrm{H}}(f)+\sigma^2\boldsymbol{I} \tag{3.42}$$

对上式进行特征分解得

$$\boldsymbol{R}_{xx}=\boldsymbol{U\Sigma U}^{\mathrm{H}} \tag{3.43}$$

式中，$\boldsymbol{U}$ 为特征矢量矩阵；由特征值构成的对角阵 $\boldsymbol{\Sigma}$ 为

$$\boldsymbol{\Sigma}=\begin{bmatrix}\lambda_1 & 0 & \cdots & 0\\ 0 & \lambda_2 & \cdots & 0\\ \vdots & \vdots & \ddots & \vdots\\ 0 & 0 & \cdots & \lambda_L\end{bmatrix} \tag{3.44}$$

上式中的特征值满足如下关系：

$$\lambda_1 \geqslant \lambda_2 \geqslant \cdots \geqslant \lambda_N > \lambda_{N+1} = \cdots = \lambda_L = \sigma^2 \tag{3.45}$$

很显然$\boldsymbol{\Sigma}$按特征值的大小可以分成两部分：一部分由大特征值构成，其对应的特征矢量构成的矩阵定义为信号子空间；另一部分由小特征值构成，其对应的特征矢量构成的矩阵定义为噪声子空间。因此得到

$$\boldsymbol{\Sigma}_{\mathrm{S}} = \begin{bmatrix} \lambda_1 & 0 & \cdots & 0 \\ 0 & \lambda_2 & \cdots & 0 \\ \vdots & \vdots & \ddots & \vdots \\ 0 & 0 & \cdots & \lambda_N \end{bmatrix}, \quad \boldsymbol{U}_{\mathrm{S}} = [\boldsymbol{e}_1 \quad \boldsymbol{e}_2 \quad \cdots \quad \boldsymbol{e}_N]$$

$$\boldsymbol{\Sigma}_{\mathrm{N}} = \begin{bmatrix} \lambda_{N+1} & 0 & \cdots & 0 \\ 0 & \lambda_{N+2} & \cdots & 0 \\ \vdots & \vdots & \ddots & \vdots \\ 0 & 0 & \cdots & \lambda_L \end{bmatrix}, \quad \boldsymbol{U}_{\mathrm{N}} = [\boldsymbol{e}_{N+1} \quad \boldsymbol{e}_{N+2} \quad \cdots \quad \boldsymbol{e}_L] \tag{3.46}$$

则式(3.43)可以进一步化简为

$$\begin{aligned} \boldsymbol{R}_{xx} &= \sum_{i=1}^{N} \lambda_i \boldsymbol{e}_i \boldsymbol{e}_i^{\mathrm{H}} + \sum_{i=N+1}^{L} \lambda_i \boldsymbol{e}_i \boldsymbol{e}_i^{\mathrm{H}} \\ &= [\boldsymbol{U}_{\mathrm{S}} \quad \boldsymbol{U}_{\mathrm{N}}] \begin{bmatrix} \boldsymbol{\Sigma}_{\mathrm{S}} & \boldsymbol{0} \\ \boldsymbol{0} & \boldsymbol{\Sigma}_{\mathrm{N}} \end{bmatrix} [\boldsymbol{U}_{\mathrm{S}} \quad \boldsymbol{U}_{\mathrm{N}}]^{\mathrm{H}} \\ &= \boldsymbol{U}_{\mathrm{S}} \boldsymbol{\Sigma}_{\mathrm{S}} \boldsymbol{U}_{\mathrm{S}}^{\mathrm{H}} + \boldsymbol{U}_{\mathrm{N}} \boldsymbol{\Sigma}_{\mathrm{N}} \boldsymbol{U}_{\mathrm{N}}^{\mathrm{H}} \end{aligned} \tag{3.47}$$

由文献[2]可知这个协方差矩阵具有如下的二阶统计特性。

(1) 协方差矩阵的大特征值对应的特征矢量张成的空间与入射信号的导向矢量张成的空间相同，即

$$\mathrm{span}\{\boldsymbol{e}_1 \quad \boldsymbol{e}_2 \quad \cdots \quad \boldsymbol{e}_N\} = \mathrm{span}\{\boldsymbol{a}_{\mathrm{t}}(f_1) \quad \boldsymbol{a}_{\mathrm{t}}(f_2) \quad \cdots \quad \boldsymbol{a}_{\mathrm{t}}(f_N)\} \tag{3.48}$$

(2) 信号子空间与噪声子空间正交，且有$\boldsymbol{A}_{\mathrm{t}}^{\mathrm{H}} \boldsymbol{e}_i = \boldsymbol{0}$，其中$i = N+1, N+2, \cdots, L$。

(3) 信号子空间与噪声子空间满足

$$\boldsymbol{U}_{\mathrm{S}} \boldsymbol{U}_{\mathrm{S}}^{\mathrm{H}} + \boldsymbol{U}_{\mathrm{N}} \boldsymbol{U}_{\mathrm{N}}^{\mathrm{H}} = \boldsymbol{I} \tag{3.49}$$

所以，信号的导向矢量也同样与噪声子空间正交，即满足

$$\boldsymbol{a}_{\mathrm{t}}^{\mathrm{H}}(f) \boldsymbol{U}_{\mathrm{N}} = \boldsymbol{0} \tag{3.50}$$

但实际上由于上述的协方差矩阵是基于统计得到的，所以噪声子空间也是估计得到的，即导向矢量与噪声子空间不完全正交。因此，实际中通常是通过最小优化搜索得到，即

$$f_{\mathrm{MUSIC}} = \underset{f}{\mathrm{argmin}}\, \boldsymbol{a}_{\mathrm{t}}^{\mathrm{H}}(f) \boldsymbol{U}_{\mathrm{N}} \boldsymbol{U}_{\mathrm{N}}^{\mathrm{H}} \boldsymbol{a}_{\mathrm{t}}(f) \tag{3.51}$$

所以，MUSIC算法的谱估计公式为

$$P_{\mathrm{MUSIC}}(f) = \frac{1}{\boldsymbol{a}_{\mathrm{t}}^{\mathrm{H}}(f) \boldsymbol{U}_{\mathrm{N}} \boldsymbol{U}_{\mathrm{N}}^{\mathrm{H}} \boldsymbol{a}_{\mathrm{t}}(f)} \tag{3.52}$$

图3.10给出了频率分别为0.5MHz和0.6MHz的两个信号的特征谱图，其

中采样频率为 2MHz，点数采用 16 点。图 3.11 则给出 0.5MHz 和 0.7MHz 的两个信号的特征谱图，其他条件同图 3.10。

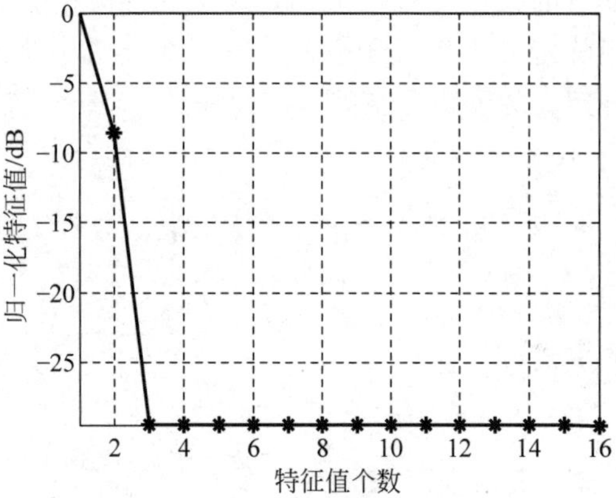

图 3.10　频率分辨单元内两个信号的特征谱

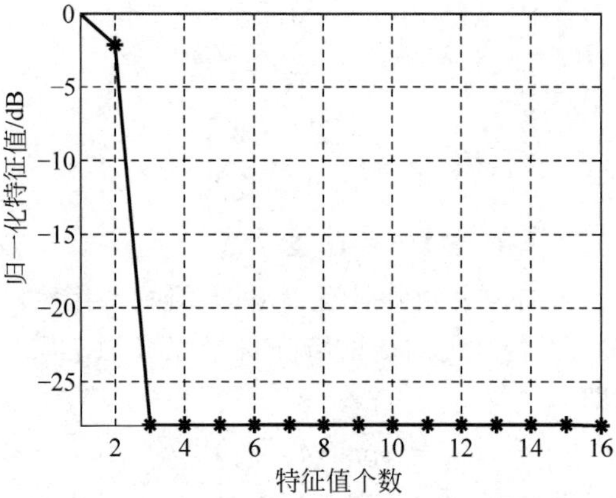

图 3.11　频率分辨单元外两个信号的特征谱

从图 3.10 和图 3.11 中可以看出：①两个信号的特征谱中均存在两个大的特征值，其他的特征值则近似相等，这和式(3.45)的分析完全一致，即大特征值数和信号源数相等，小特征值理论上相等且均为噪声功率；②当信号源频率间隔越大时，则大特征值与小特征值间的间隔越大，越容易分辨。

图 3.12 给出了频率分别为 0.5MHz 和 0.6MHz 的两个信号的 MUSIC 和 MVM 的谱图对比，其中采样频率为 2MHz，点数采用 100 点，构造的矩阵维数为 16，信噪比为 10dB。图 3.12(a)给出的是特征谱图(即特征值从大到小排列的情况)，图 3.12(b)给出搜索的谱图。图 3.13 和图 3.12 的条件相同，只是两个信号的频率分别为 0.5MHz 和 0.55MHz。图 3.14 和图 3.12 的条件相同，只是变成了 4 个信号，且频率分别为 0.5MHz、0.55MHz、1.1MHz 和 1.2MHz。

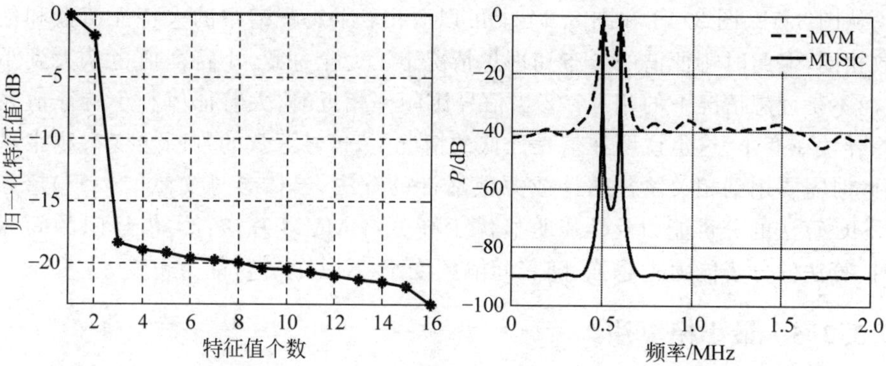

(a)　　　　(b)

图 3.12　0.5MHz 和 0.6MHz 的两个信号频谱图对比

(a) 特征谱；(b) MVM 和 MUSIC 算法频谱图

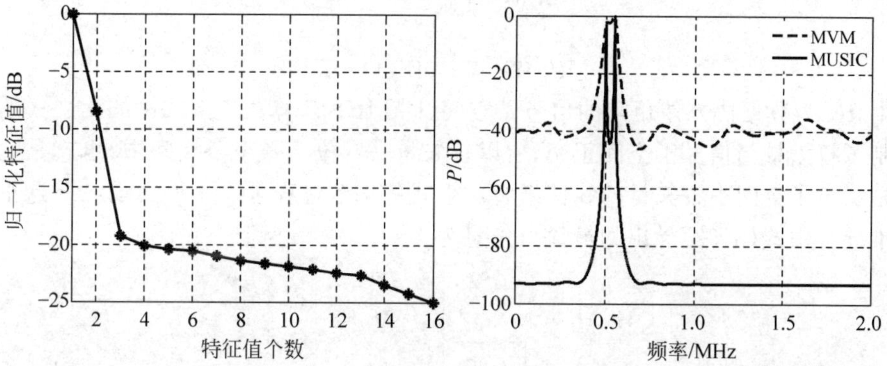

(a)　　　　(b)

图 3.13　0.5MHz 和 0.55MHz 的两个信号频谱图对比

(a) 特征谱；(b) MVM 和 MUSIC 算法频谱图

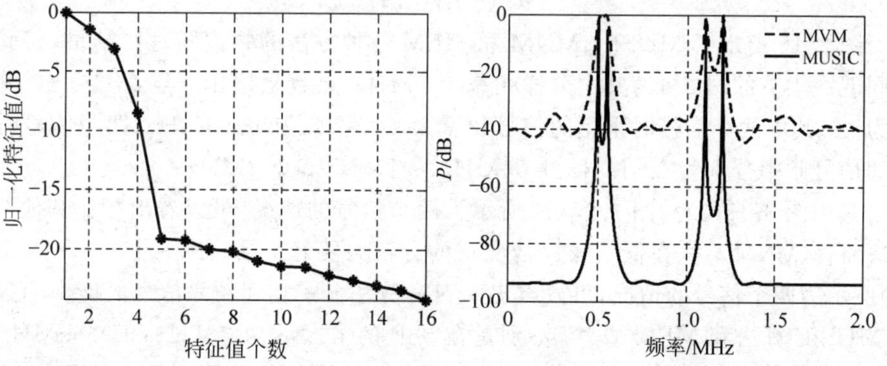

(a)　　　　(b)

图 3.14　0.5MHz，0.55MHz，1.1MHz 和 1.2MHz 的四个信号频谱图对比

(a) 特征谱；(b) MVM 和 MUSIC 算法频谱图

从图 3.12、图 3.13 和图 3.14 中可以看出：①特征谱中的大特征值数和信号源数相同，但此时特征谱的分布和理想情况下不完全一致，小特征值也从大到小分布，而不是理想情况下的相等；②当信号源频率相近时，大特征值和小特征值之间的差异性在变小，这也说明在信噪比低的情况下，信号源数的判断会变得越来越困难，此时需要用到相关阶数估计或源数估计的算法，具体参见文献[2]；③超分辨 MUSIC 算法的分辨能力及性能明显优于高分辨 MVM 算法；④信号间的间隔越大时，算法的分辨能力也越强，随着间隔的变小，算法的分辨能力也变差。

3.2.5 最小模算法

最小模(MNM)算法则是另外一种噪声子空间算法，它与 MEM、MUSIC 算法的不同在于约束的准则不同：其约束条件是权的模值最小，同时要求权矢量位于噪声子空间中，且第一个权值为 1，即

$$\begin{cases}\min\limits_{\boldsymbol{W}}\boldsymbol{W}^{\mathrm{H}}\boldsymbol{W}\\ \boldsymbol{U}_{\mathrm{S}}^{\mathrm{H}}\boldsymbol{W}=\boldsymbol{0},\quad \boldsymbol{W}(1)=1\end{cases}\tag{3.53}$$

式中，$\boldsymbol{U}_{\mathrm{S}}$ 为数据协方差矩阵的信号子空间，同 MUSIC 算法。上式中的第二式约束限制了权矢量与信号子空间正交，所以权矢量一定位于噪声子空间中，也就是它一定是噪声子空间中各矢量的线性组合。上式的求解过程可以参见文献[2]，这里不再推导。由式(3.53)导出的最优权矢量为

$$\boldsymbol{W}_{\mathrm{MNM}}=\begin{bmatrix}1\\ \dfrac{\boldsymbol{E}_{\mathrm{N}}\boldsymbol{c}^{*}}{\boldsymbol{c}^{\mathrm{H}}\boldsymbol{c}}\end{bmatrix},\quad \boldsymbol{U}_{\mathrm{N}}=\begin{bmatrix}\boldsymbol{c}^{\mathrm{T}}\\ \boldsymbol{E}_{\mathrm{N}}\end{bmatrix}\tag{3.54}$$

式中，权矢量由两部分组成，一部分是噪声子空间的第一行矢量 $\boldsymbol{c}^{\mathrm{T}}$；另一部分为噪声子空间的除第一行外的矩阵 $\boldsymbol{E}_{\mathrm{N}}$。则可以得到 MNM 算法的谱估计公式为

$$P_{\mathrm{MNM}}=\frac{1}{\boldsymbol{a}^{\mathrm{H}}(f)\boldsymbol{W}_{\mathrm{MNM}}\boldsymbol{W}_{\mathrm{MNM}}^{\mathrm{H}}\boldsymbol{a}(f)}\tag{3.55}$$

图 3.15 给出了 MUSIC、MNM 和 MEM 三种方法的频谱图对比结果，实验条件同上一小节的图 3.12，其中采样频率为 2MHz，点数采用 100 点，构造的矩阵维数为 16，其中两个信号时采用的信号频率为 0.5MHz 和 0.55MHz，四个信号时采用的信号频率分别为 0.5MHz、0.55MHz、1.1MHz 和 1.2MHz。

其中图 3.15(a)和图 3.15(b)所示为两个信号的情况，可以看出相比其他两种算法而言，MNM 算法在低信噪比情况下的分辨力要好很多。图 3.15(c)和图 3.15(d)所示为四个信号的情况，可以看出 MNM 算法分辨相邻频率信号的能力明显强于 MUSIC 算法和 MEM 算法，特别是在 0dB 的情况下，0.5MHz 和 0.55MHz 的信号采用 MUSIC 算法已经无法分辨时，MNM 算法依然有效。通过对图 3.15 中四个图的对比，也说明 MNM 算法受信噪比的影响要低于其他两种算法。

通过上述的分析和仿真可以看出：①MNM 算法和 MUSIC 算法均属于噪声

子空间算法，都是利用了噪声子空间与信号子空间的正交性，只是 MNM 算法利用的是噪声子空间中的一个矢量与信号子空间正交，而 MUSIC 算法则利用信号导向矢量与噪声子空间正交；②MNM 算法相比于 MUSIC 算法有更低的信噪比门限，即在低信噪比条件下更加适用；③MNM 算法和 MUSIC 算法的谱特性均是正交特征的体现，谱峰越高则表示正交性越好，谱峰越低则表示正交性越差；④从仿真图中的谱峰间的波谷深度可以看出，MNM 算法相比于 MUSIC 算法有更好的分辨能力。另外，由文献[2]可知，虽然 MNM 算法的分辨能力要优于 MUSIC 算法，但其估计方差的性能还是比 MUSIC 算法要差一些。

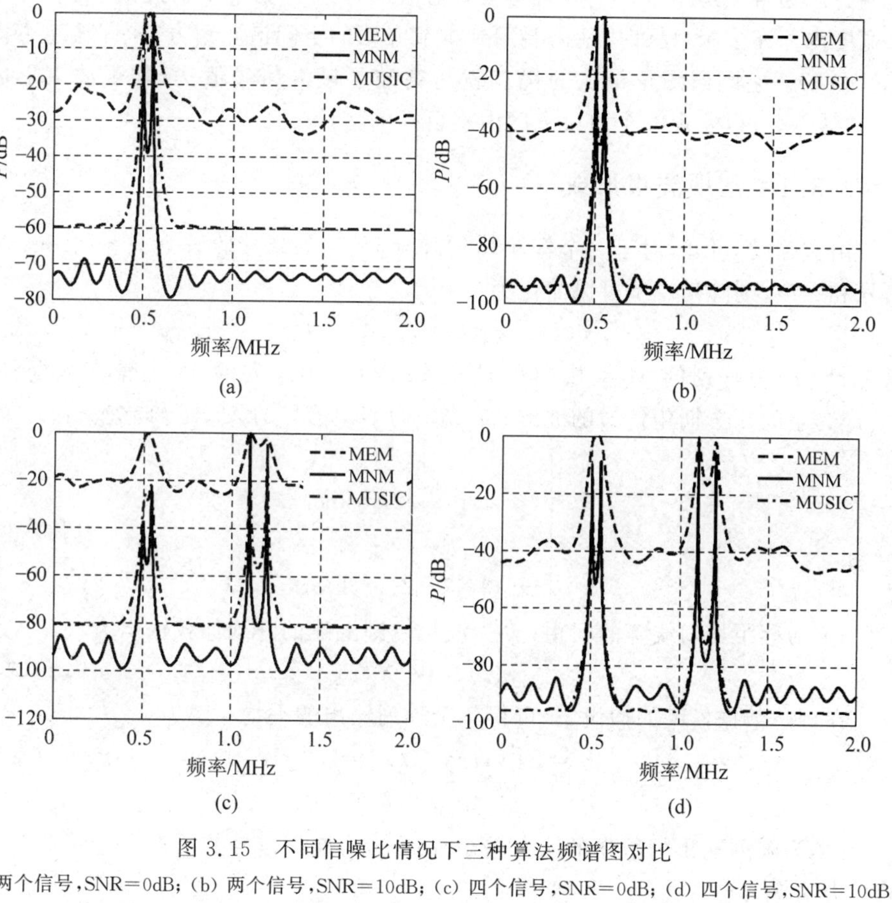

图 3.15　不同信噪比情况下三种算法频谱图对比

(a) 两个信号，SNR＝0dB；(b) 两个信号，SNR＝10dB；(c) 四个信号，SNR＝0dB；(d) 四个信号，SNR＝10dB

3.3　空域谱估计

角度参数的测量是雷达参数测量中的一个基本要求，它也是空间谱估计方向中的一项重要研究内容。目前雷达的角度测量方法通常分为三大类：一是最大信号值法；二是最小信号值法；三是等信号法。最大信号值法是通过波束扫描(可以是机械扫描，也可以是相控阵的相位扫描)的方法来实现的，最大值方向即为目标的信号方向，这在传统的雷达中比较常用，其优点是实现简单，但其精度不高。等信号法通常采用双波束(也可以采用多波束)，利用双波束(可以是和波束及差波束)的特定关系来确定真实的信号方向，它比最大信号法的精度要高很多，在当前雷达中比较常用。最小信号值法则通过零点位置来确定信号的方向，理论上由于零点处的斜率远大于最大值方向，所以其精度也最高，但由于零点处的功率很低，导致雷达的作用距离很近，所以在雷达中很少使用，而且噪声通常会把零点填平。这些方法通常只适用于一个波束宽度内存在一个目标情况下的测角，当在一个波束宽度内存在多个目标时，就需要用到本节介绍的空间谱测角方法，即波达方向估计(DOA)。空间谱测角最大的优点就是突破了最大信号值法(常规波束形成算法)的缺点，可以实现一个波束宽度内多目标的估计。

3.3.1 常规波束形成

由文献[2]可知，对于一个等距均匀阵列而言，如果接收阵列只包含一个期望信号和噪声，则阵列模型可以简化为

$$\boldsymbol{X}(t)=\boldsymbol{a}_{\mathrm{s}}(\theta_0)S_0(t)+\boldsymbol{N}(t) \tag{3.56}$$

其中，$\boldsymbol{X}(t)$为阵列的M维快拍数据矢量；$\boldsymbol{N}(t)$为阵列的M维噪声数据矢量；$S_0(t)$为空间一个期望信号的波形；$\boldsymbol{a}_{\mathrm{s}}(\theta_0)$为期望信号的$M$维导向矢量：

$$\boldsymbol{a}_{\mathrm{s}}(\theta_0)=\begin{bmatrix}1\\ \exp(-\mathrm{j}2\pi d\sin\theta_0/\lambda)\\ \vdots\\ \exp(-\mathrm{j}2\pi(M-1)d\sin\theta_0/\lambda)\end{bmatrix} \tag{3.57}$$

式中，d为等距均匀线阵的间距；λ为波长。则上述的阵列加权输出为

$$\boldsymbol{y}(t)=\boldsymbol{W}^{\mathrm{H}}\boldsymbol{X}(t) \tag{3.58}$$

在理想数据模型的假设下，可得整个阵列输出的平均功率为

$$P=E[\boldsymbol{y}(t)\boldsymbol{y}^{\mathrm{H}}(t)]=\boldsymbol{W}^{\mathrm{H}}\boldsymbol{R}\boldsymbol{W} \tag{3.59a}$$

$$\boldsymbol{R}=\boldsymbol{a}_{\mathrm{s}}(\theta_0)\sigma_{\mathrm{s0}}^2\boldsymbol{a}_{\mathrm{s}}^{\mathrm{H}}(\theta_0)+\sigma_{\mathrm{N}}^2\boldsymbol{I} \tag{3.59b}$$

式中，$\boldsymbol{R}$为阵列输出的数据的协方差矩阵；σ_{s0}^2为期望信号的功率；σ_{N}^2为阵列接收的噪声功率。

由式(3.58)可知，为使阵列对期望方向θ_0的信号同相相加，阵列权矢量应使得相加前的各信号相位相同，很显然，此时的权矢量应该满足

$$\boldsymbol{W}_{\mathrm{CBF}}=\boldsymbol{a}_{\mathrm{s}}^{\mathrm{H}}(\theta_0) \tag{3.60}$$

在阵列加上述权的情况下，会使阵列在对应的期望信号角度方向的输出信号增益最大，且满足$\boldsymbol{W}^{\mathrm{H}}\boldsymbol{a}_{\mathrm{s}}(\theta_0)=M$，因此，也称该模型为空域匹配滤波器。但在实际应用过程中，式(3.60)中的θ_0角度是未知的，所以需要对其进行搜索得到，则对应

的测角算法就是常规波束形成(CBF)算法：

$$P_{\mathrm{CBF}}(\theta)=\boldsymbol{a}_{\mathrm{s}}^{\mathrm{H}}(\theta)\boldsymbol{R}\boldsymbol{a}_{\mathrm{s}}(\theta) \tag{3.61}$$

注意上式中的角度的搜索范围对于等距均匀线阵而言通常是－90°～90°，则 $\sin\theta$ 的范围在－1～1 之间。假设在－1～1 之间要均匀形成 8 个波束，则可以得到如图 3.16 所示的波束图。从图 3.16 中可以看出，这 8 个波束中每一个都是固定指向的，权系数对应式(3.60)中的一个 $\boldsymbol{a}_{\mathrm{s}}(\theta_i)$，而且正好是对 $\sin\theta$ 进行了 8 等分(－3dB 交叠处)，每个宽度为 2/8，即分别指向－1，－6/8，…，6/8。

对比图 3.1 和图 3.16 可知，两者是完全等价的，但前者加的是 DFT 权(时域导向矢量)，是对归一化频率[0,1]的均分；后者加的是导向矢量权(空域导向矢量)，是对[－1,1]的均分。所以，在空时二维信号处理的领域中，前者称为时域的 DFT 加权，而后者则称为空域的 DFT 加权。另外，需要指出，用常规波束形成算法式(3.60)加权也称为空域匹配滤波器，所以其输出是信号的功率，也就是在搜索角度的范围内，最大输出功率对应的角度就是信号的方向，这也正是雷达测角方法中最大信号值法的体现。

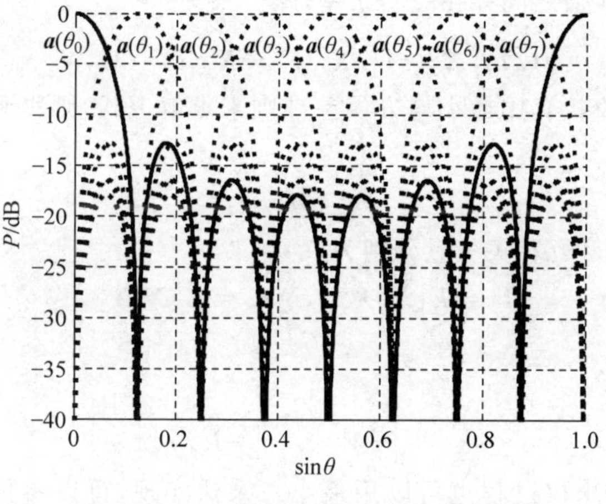

图 3.16 指向均匀分布的波束图

3.3.2 最小均方误差算法

最小均方误差算法的基本结构如图 3.17 所示，对比图 3.4 可知，空域处理中的最小均方误差和时域处理中的最小均方误差结构是完全一样的，只是图 3.17 中阵元间距带来的时延替代了图 3.4 中固定采样带来的时延。作为类比，图 3.17 中第 1 个阵元 $\boldsymbol{X}_1(t)$ 作为期望信号，滤波数据则用第 2 至 M 个阵元数据 $\boldsymbol{X}_2(t)$，$\boldsymbol{X}_3(t)$，…，$\boldsymbol{X}_M(t)$ 进行处理。

滤波或预测的估计值为

$$\hat{X}_1(t)=\sum_{k=2}^{M}w_k\boldsymbol{X}_k(t)=\boldsymbol{W}_f^{\mathrm{H}}\boldsymbol{X}_f \tag{3.62}$$

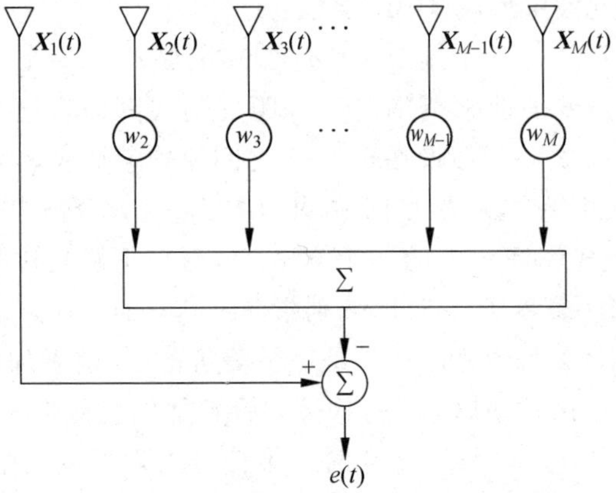

图 3.17 最小均方误差算法结构图

式中，数据矢量 $\boldsymbol{X}_f=[\boldsymbol{X}_2(t),\boldsymbol{X}_3(t),\cdots,\boldsymbol{X}_M(t)]^{\mathrm{T}}$；自适应权矢量 $\boldsymbol{W}_f=[w_2^*,w_3^*,\cdots,w_M^*]^{\mathrm{T}}$。

估计值与真实值之间存在一个误差，即

$$\boldsymbol{e}(t)=\boldsymbol{X}_1(t)-\hat{\boldsymbol{X}}_1(t)=\boldsymbol{X}_1(t)-\boldsymbol{W}_f^{\mathrm{H}}\boldsymbol{X}_f \tag{3.63}$$

很显然可以直接套用最小均方误差准则来求解上式，则得到最优的最小均方误差权矢量

$$\boldsymbol{W}_f=\boldsymbol{R}_f^{-1}\boldsymbol{r}_f \tag{3.64}$$

式中，协方差矩阵和互相关矢量分别为

$$\boldsymbol{R}_f=E[\boldsymbol{X}_f\boldsymbol{X}_f^{\mathrm{H}}],\quad \boldsymbol{r}_f=E[\boldsymbol{X}_f\boldsymbol{X}_1^{\mathrm{H}}] \tag{3.65}$$

所以，权矢量为

$$\boldsymbol{W}=\begin{bmatrix}1\\-\boldsymbol{W}_f\end{bmatrix}=\begin{bmatrix}1\\-\boldsymbol{R}_f^{-1}\boldsymbol{r}_f\end{bmatrix} \tag{3.66}$$

当然，上述的求权过程也可以用最小二乘法实现，可以参见文献[2]，得到的谱为

$$P_{\mathrm{FLP}}(\theta)=\frac{1}{\|\boldsymbol{a}_{\mathrm{s}}^{\mathrm{H}}(\theta)\boldsymbol{W}\|^2}=\frac{1}{\boldsymbol{a}_{\mathrm{s}}^{\mathrm{H}}(\theta)\boldsymbol{W}\boldsymbol{W}^{\mathrm{H}}\boldsymbol{a}_{\mathrm{s}}(\theta)} \tag{3.67}$$

经典的最大熵算法则可以由下式的最优化问题求解：

$$\begin{cases}\min\limits_{\boldsymbol{W}}\boldsymbol{W}^{\mathrm{H}}\boldsymbol{R}\boldsymbol{W}\\ \boldsymbol{u}_0^{\mathrm{T}}\boldsymbol{W}=1\end{cases} \tag{3.68}$$

式中，$\boldsymbol{u}_0=[1,0,\cdots,0]^{\mathrm{T}}$。利用拉格朗日常数法，可以求出上式定义的目标函数最优权

$$\boldsymbol{W}=\mu\boldsymbol{R}^{-1}\boldsymbol{u}_0 \tag{3.69}$$

式中，$\mu=1/(\boldsymbol{R}^{-1})_{11}$，即为协方差矩阵逆的第 1 行第 1 列元素的倒数。

因为常数不影响谱的形状，忽略常数就得到了 Burg 提出的最大熵算法(MEM)

$$P_{\mathrm{MEM}}(\theta)=\frac{1}{\|\boldsymbol{a}_{\mathrm{s}}^{\mathrm{H}}(\theta)\boldsymbol{R}^{-1}\boldsymbol{u}_0\|^2} \tag{3.70}$$

前面已经证明，最大熵算法和最小均方误差算法在 $\boldsymbol{R}$ 是 Toeplitz 矩阵(在理想阵列模型下都满足此条件)情况下完全等价。同时，它们和 AR 谱算法也是等价的，这里不再赘述。

图 3.18 给出一个仿真对比，实验条件是信噪比为 20dB，等距均匀线阵的阵元数为 10，阵元间距为 0.5 倍波长，快拍数为 100，存在 4 个信号，入射角度分别为 −50°、−20°、10°和 15°。

由于最小均方误差与最大熵等价，二者同时画也是重合的，所以图 3.18 中只画出 MEM 算法。由此图可以得出以下结论。

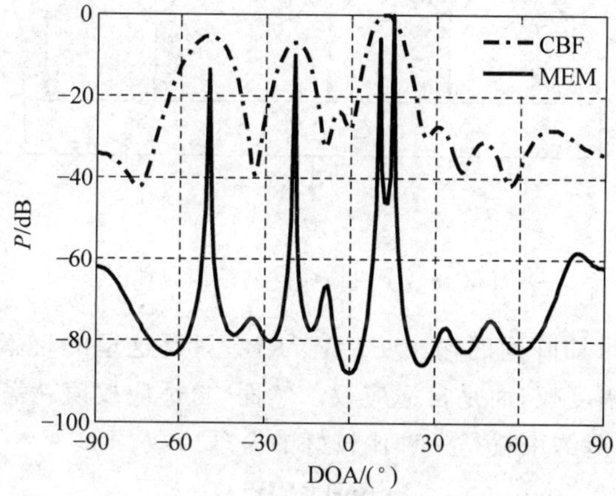

图 3.18　MEM 和 CBF 空间谱对比

(1) 对于一个波束宽度以外的信号，如 −50°和 −20°的信号，CBF 算法和 MEM 算法均能较好地分辨，并进行高精度的估计；但对于在一个波束宽度内的信号，如 10°和 15°信号，CBF 算法已经失效，但 MEM 算法还能有效分辨，并进行高精度估计。

(2) 最小均方误差、AR 和最大熵等基于最小均方误差准则导出的算法均可以实现高分辨估计，但在非目标区存在起伏，在低信噪比的情况下这些起伏会产生虚假目标。

(3) 由阵列方向图的定义(权矢量与导向矢量的内积)可以看出，式(3.67)定义的最小均方误差算法的分母项其实就是最小均方误差下的自适应方向图，所以图 3.18 给出的谱峰就是方向图的零点(倒数导致零点变成了谱峰)。这就容易理解为什么图中会有起伏，其实这些起伏点均对应方向图中的零点，只是这些零点不够深。

(4) CBF 方法输出的谱图纵坐标对应功率，而 MEM 算法的纵坐标则对应接近零的程度，越接近零则谱峰越尖锐、峰值越高。

3.3.3 最小方差算法

从雷达自适应结构的角度可以看出，上一小节介绍的最小均方误差算法也是一种自适应算法，但它是一种旁瓣对消结构，即存在一个主通道(图 3.17 中的第一个阵元)和一系列辅助通道(图 3.17 中的第 2 至 M 阵元)，通常通过辅助阵元的自适应来对消主通道中的干扰。除这种结构外，还存在如图 3.19 所示的全自适应结构，即每个阵元都需要参加自适应计算，自适应权需要作用在每个阵元上。

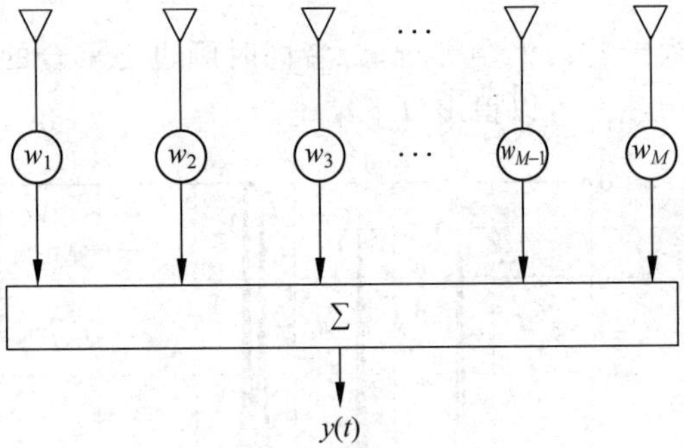

图 3.19　全自适应阵列结构原理图

由式(3.59a)可知阵列的输出 $P=\boldsymbol{W}^{\mathrm{H}}\boldsymbol{R}\boldsymbol{W}$，只是这里的权不再是 CBF 算法的导向矢量，也不是幅度权，而是自适应权。然而，自适应权值就需要有准则来约束，Capon 提出最小方差约束就是一种比较好的全适应权，即

$$\begin{cases}\min\limits_{\boldsymbol{W}}\boldsymbol{W}^{\mathrm{H}}\boldsymbol{R}\boldsymbol{W}\\ \boldsymbol{W}^{\mathrm{H}}\boldsymbol{a}_{\mathrm{s}}(\theta_0)=1\end{cases}\tag{3.71}$$

式中，θ_0 是已知信号的方向角。上述约束的物理意义可以这样理解：输出功率包含三部分，即输出的信号功率、噪声功率和干扰功率，每一项均大于等于 0。其中噪声功率是不变的，也无法抑制；而约束条件限定了输出的信号增益为 1，即信号的输出功率不变；此时要求的输出功率最小，只能是干扰的输出功率为零。所以，最小方差的含义是保证来自某方向的信号能够被正确接收，而其他方向的信号或干扰被完全抑制。

采用拉格朗日常数法就可以实现式(3.71)的求解，求解过程与频率测量的最小方差算法相同，这里不再重复，最终求出最小方差意义下的最优权

$$\boldsymbol{W}=\mu\boldsymbol{R}^{-1}\boldsymbol{a}_{\mathrm{s}}(\theta_0)\tag{3.72}$$

其中，常数为

$$\mu=\frac{1}{\boldsymbol{a}_{\mathrm{s}}^{\mathrm{H}}(\theta_0)\boldsymbol{R}^{-1}\boldsymbol{a}_{\mathrm{s}}(\theta_0)}\tag{3.73}$$

所以，在最优权矢量下自适应阵列的输出功率为

$$P = \boldsymbol{W}^{\mathrm{H}}\boldsymbol{R}\boldsymbol{W} = \frac{1}{\boldsymbol{a}_{\mathrm{s}}^{\mathrm{H}}(\theta_0)\boldsymbol{R}^{-1}\boldsymbol{a}_{\mathrm{s}}(\theta_0)} \tag{3.74}$$

由于实际测量频率过程中 θ_0 是未知的，所以只能通过方向的扫描或搜索得到，此时得到的算法就是最小方差算法：

$$P_{\mathrm{MVM}} = \frac{1}{\boldsymbol{a}_{\mathrm{s}}^{\mathrm{H}}(\theta)\boldsymbol{R}^{-1}\boldsymbol{a}_{\mathrm{s}}(\theta)} \tag{3.75}$$

图 3.20 给出一个 MVM 和 CBF 仿真的对比，实验条件同图 3.18。

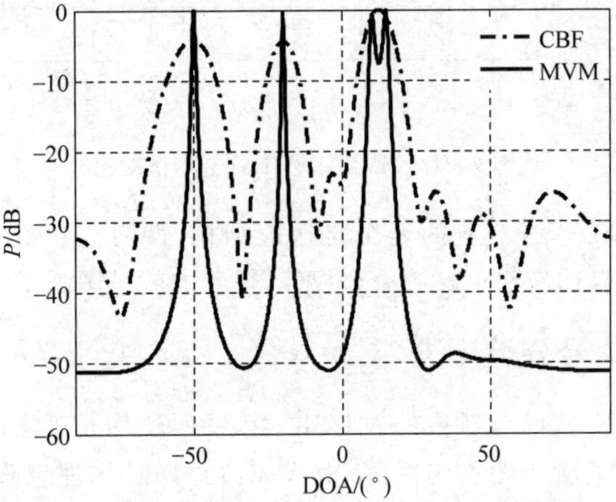

图 3.20　MVM 和 CBF 空间谱对比

由图 3.20 和图 3.18 可以得出以下结论。

(1) 对于如－50°和－20°这两个信号(角度间隔大于一个波束宽度)，CBF 算法和 MEM 算法均能较好地分辨，并进行高精度的估计；但对于在一个波束宽度内的信号，如 10°和 15°的信号，则 CBF 算法已经失效，但 MVM 算法还能有效分辨，并进行高精度估计。

(2) 对比图 3.18 可以看出，MVM 算法的空间谱曲线比 MEM 算法的空间谱曲线平稳很多，这主要是由于 MVM 算法的纵坐标给出的是自适应滤波后的阵列输出功率，即有信号的方向功率大，无信号的方向只有噪声功率输出。

(3) 对比图 3.18 可以看出，MVM 算法的分辨力其实差于 MEM 算法，这从 10°和 15°信号谱峰间波谷深度可以看出，MEM 算法的深度远大于 MVM 算法，也就是说相同条件下 MEM 的分辨能力更强。

图 3.21 进一步比较了 MEM 和 MVM 算法的性能，其仿真条件同图 3.20，只是图中只有 10°和 15°的两个信号。

最后，需要指出的是，CBF 算法和 MVM 算法的谱是功率谱，反映的是输出功率和信号方向之间的关系，而 MEM、FLP 和 AR 则是特征谱，反映的是信号角度方向接近零的程度。从自适应的角度来说，MEM、FLP 和 AR 算法对应的是旁瓣

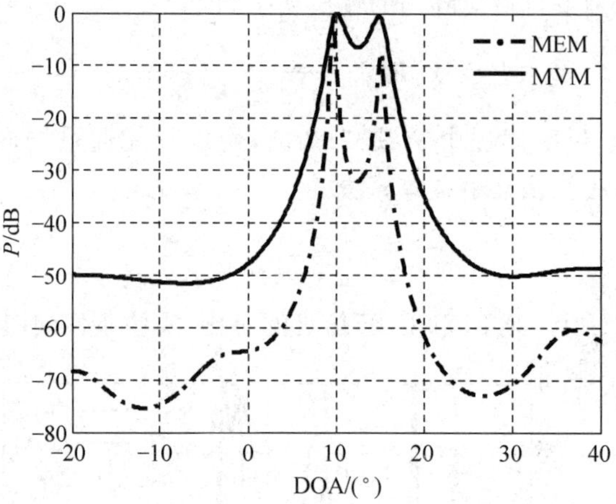

图 3.21　MVM 和 MEM 空间谱对比

对消结构，而 MVM 算法对应的是全自适应结构，两者也存在相通之处，即对由图 3.19 计算出的自适应权值除第一个权值，得到的就是图 3.17 的自适应权。

3.3.4　多信号分类算法

空域的 MUSIC 算法和频域的 MUSIC 算法一样，均属于噪声子空间算法。假设空间存在一个 M 阶等距均匀线阵，由式(3.1)可知，在理想阵列模型下 $M\times M$ 协方差矩阵为

$$\boldsymbol{R}=E[\boldsymbol{X}(t)\boldsymbol{X}^{\mathrm{H}}(t)]=\boldsymbol{A}_{\mathrm{s}}(\theta)\boldsymbol{R}_{\mathrm{ss}}\boldsymbol{A}_{\mathrm{s}}^{\mathrm{H}}(\theta)+\boldsymbol{R}_{\mathrm{N}} \tag{3.76}$$

式中，$N\times N$ 矩阵 $\boldsymbol{R}_{\mathrm{ss}}$ 是由 N 个信号构成的信号协方差矩阵；$M\times M$ 矩阵 $\boldsymbol{R}_{\mathrm{N}}$ 为噪声协方差矩阵。对于理想的白噪声且噪声功率为 σ^2 时，则有下式成立：

$$\boldsymbol{R}=\boldsymbol{A}_{\mathrm{s}}(\theta)\boldsymbol{R}_{\mathrm{ss}}\boldsymbol{A}_{\mathrm{s}}^{\mathrm{H}}(\theta)+\sigma^2\boldsymbol{I} \tag{3.77}$$

对上式进行特征分解得 $\boldsymbol{R}=\boldsymbol{U\Sigma U}^{\mathrm{H}}$，其中，$\boldsymbol{U}$ 为特征矢量矩阵，各特征值满足如下关系：

$$\lambda_1\geqslant\lambda_2\geqslant\cdots\geqslant\lambda_N>\lambda_{N+1}=\cdots=\lambda_M=\sigma^2 \tag{3.78}$$

很显然 $\boldsymbol{\Sigma}$ 按特征值的大小可以分成两部分：一部分由大特征值构成，其对应的特征矢量构成的矩阵定义为信号子空间；另一部分由小特征值构成，其对应的特征矢量构成的矩阵定义为噪声子空间。因此得到

$$\boldsymbol{\Sigma}_{\mathrm{S}}=\begin{bmatrix}\lambda_1 & 0 & \cdots & 0\\ 0 & \lambda_2 & \cdots & 0\\ \vdots & \vdots & \ddots & \vdots\\ 0 & 0 & \cdots & \lambda_N\end{bmatrix},\quad \boldsymbol{U}_{\mathrm{S}}=[\boldsymbol{e}_1\quad \boldsymbol{e}_2\quad \cdots\quad \boldsymbol{e}_N]$$

$$\boldsymbol{\Sigma}_{\mathrm{N}}=\begin{bmatrix}\lambda_{N+1} & 0 & \cdots & 0\\ 0 & \lambda_{N+2} & \cdots & 0\\ \vdots & \vdots & \ddots & \vdots\\ 0 & 0 & \cdots & \lambda_M\end{bmatrix},\quad \boldsymbol{U}_{\mathrm{N}}=[\boldsymbol{e}_{N+1}\quad \boldsymbol{e}_{N+2}\quad \cdots\quad \boldsymbol{e}_M] \tag{3.79}$$

则式(3.43)可以进一步化简为

$$\boldsymbol{R}=\boldsymbol{U\Sigma U}^{\mathrm{H}}=\boldsymbol{U}_{\mathrm{S}}\boldsymbol{\Sigma}_{\mathrm{S}}\boldsymbol{U}_{\mathrm{S}}^{\mathrm{H}}+\boldsymbol{U}_{\mathrm{N}}\boldsymbol{\Sigma}_{\mathrm{N}}\boldsymbol{U}_{\mathrm{N}}^{\mathrm{H}} \tag{3.80}$$

这个协方差矩阵具有如下的二阶统计特性。

(1) 协方差矩阵的大特征值对应的特征矢量张成的空间与入射信号的导向矢量张成的空间相同，即

$$\mathrm{span}\{\boldsymbol{e}_1\quad \boldsymbol{e}_2\quad \cdots\quad \boldsymbol{e}_N\}=\mathrm{span}\{\boldsymbol{a}_{\mathrm{s}}(\theta_1)\quad \boldsymbol{a}_{\mathrm{s}}(\theta_2)\quad \cdots\quad \boldsymbol{a}_{\mathrm{s}}(\theta_N)\} \tag{3.81}$$

(2) 信号子空间与噪声子空间正交，且有 $\boldsymbol{A}_{\mathrm{s}}^{\mathrm{H}}\boldsymbol{e}_i=0$，其中 $i=N+1,N+2,\cdots,M$。

(3) 信号子空间与噪声子空间满足

$$\boldsymbol{U}_{\mathrm{S}}\boldsymbol{U}_{\mathrm{S}}^{\mathrm{H}}+\boldsymbol{U}_{\mathrm{N}}\boldsymbol{U}_{\mathrm{N}}^{\mathrm{H}}=\boldsymbol{I} \tag{3.82}$$

所以，信号的导向矢量也同样与噪声子空间正交。因此，MUSIC 算法的谱估计公式为

$$P_{\mathrm{MUSIC}}(\theta)=\frac{1}{\boldsymbol{a}_{\mathrm{s}}^{\mathrm{H}}(\theta)\boldsymbol{U}_{\mathrm{N}}\boldsymbol{U}_{\mathrm{N}}^{\mathrm{H}}\boldsymbol{a}_{\mathrm{s}}(\theta)} \tag{3.83}$$

图 3.22 给出了特征谱的仿真结果，图中阵列是 16 元等距均匀线阵，阵元间距为半波长，信号源数分别为 1～7，信号源间相互独立，信号角度从 0°开始，角度间隔均为 5°，即 7 个信号对应的角度分别为 0°、5°、10°、15°、20°、25°、30°。图中曲线从左到右分别对应信号源数为 1～7 时的归一化特征谱。

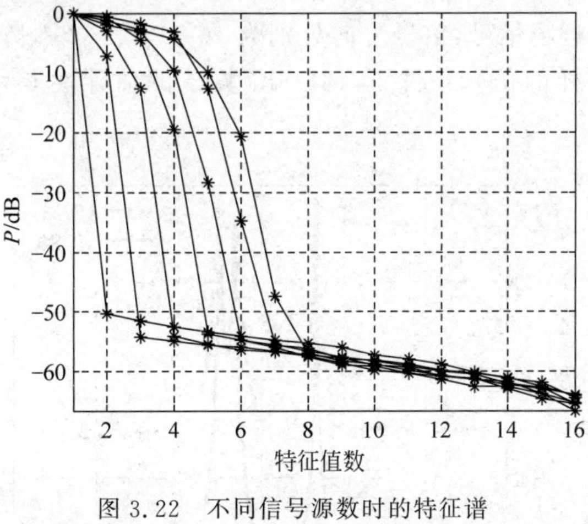

图 3.22　不同信号源数时的特征谱

从图 3.22 中可以看出，在独立源的情况下：①大特征值数和信号源数对应，有多少信号源就有多少大特征值；②理论上小特征值相等，其数量为阵元数与信号源数的差，但在实际仿真中小特征值并不完全相等，并且从特征谱上也很容易判

断出信号源数；③对于更一般的情况，如信号源相关（不是相干）、信噪比较低时，大特征值和小特征值的区分会变得困难，此时需要利用信号源数判别的算法（如AIC、MDL）来自动估计，而不是通过特征谱图来确定。

图3.23给出了8阵元均匀线阵的MUSIC谱，快拍数为100，3个独立窄带远场信号，信号方向分别为0°、5°、40°，阵元间距为半波长。由图3.23可知，随着信噪比的提高，MUSIC算法的分辨力也会提高，而在低信噪比的情况下无法分辨一个波束宽度内的两个目标，这主要是由于在低信噪比条件下，估计得到的噪声子空间与信号的导向矢量不完全正交导致的，这也充分说明MUSIC噪声子空间类的算法对信噪比有一定的要求。

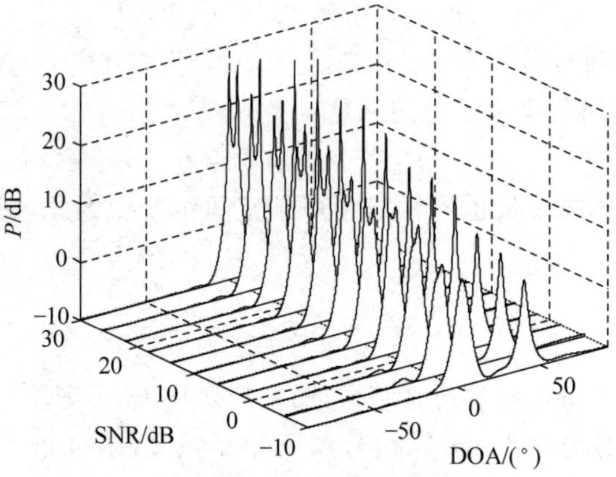

图3.23 不同信噪比时的MUSIC谱

图3.24给出了10阵元均匀线阵的MUSIC和MVM谱的对比，快拍数为100，3个独立窄带远场信号，信号方向分别为10°、15°、−20°，阵元间距为半波长。从图中可知，在同样的仿真条件下，MUSIC算法的估计性能和分辨能力均好于MVM算法。

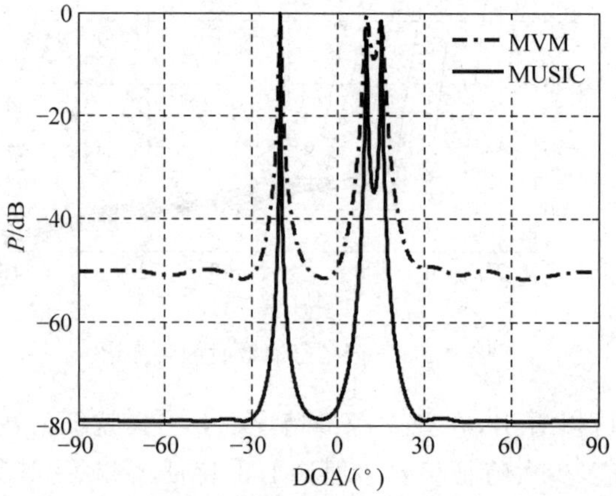

图3.24 MVM和MUSIC谱对比

3.3.5　最小模算法

最小模(MNM)算法和MUSIC算法一样,也属于噪声子空间中的一种算法,其约束条件是权的模值最小。其优化函数见式(3.53),其推导出的最优权矢量为式(3.54)。则可在最小模的约束条件下得到MNM算法的谱估计公式

$$P_{\mathrm{MNM}}=\frac{1}{\boldsymbol{a}_{\mathrm{s}}^{\mathrm{H}}(\theta)\boldsymbol{W}_{\mathrm{N}}\boldsymbol{W}_{\mathrm{N}}^{\mathrm{H}}\boldsymbol{a}_{\mathrm{s}}(\theta)} \tag{3.84}$$

图3.25给出了MUSIC、MNM和MEM三种方法的频谱图对比结果,实验中快拍数为100,阵元数为10,间距为半波长,信噪比为20dB,其中两个信号时信号的角度为10°、15°,四个信号时信号的角度为10°、15°、−20°、−15°。通过三种算法的对比可以看出,相同条件下MNM算法的分辨力最高,MUSIC和MEM次之。但MNM和MEM在非信号源区域内的谱呈现起伏特性,特别是MEM算法,所以从谱的平稳性来讲,MUSIC算法的性能最好。

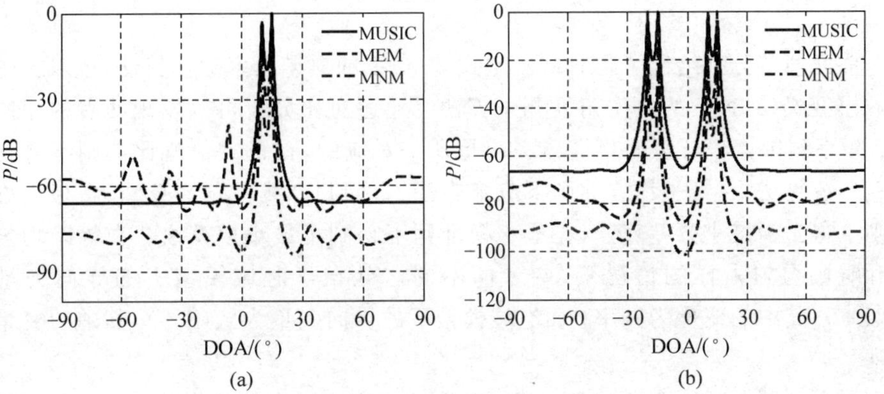

图3.25　相同信噪比情况下三种算法的频谱图对比

(a) 两个信号;(b) 四个信号

图3.26给出了不同信噪比情况下MNM算法的频谱图对比结果,实验条件同图3.23,快拍数为100,阵元数为8,间距为半波长。由图3.26可知,随着信噪比的提高,MNM算法的分辨力也会提高,在低信噪比的情况下也无法分辨一个波束宽度内的两个目标,这也充分说明MNM算法对信噪比有一定的要求。

通过上述的分析和仿真可以看出:①空间谱估计中的MNM算法和时域谱中的MNM算法具有相似的特性,它们均属于噪声子空间算法,只是MNM算法是利用噪声子空间中的一个矢量与信号子空间正交,这是其和MUSIC算法最大的区别;②MNM算法的分辨能力、信噪比门限和估计偏差均优于MUSIC算法,但其估计方差的性能则差于MUSIC算法,这在文献[2]中已经有详细的说明;③MNM算法谱的起伏特性也可以从方向图的角度来解释,因为式(3.84)的分母其实就是方向图的表达式,而方向图存在一系列零点,这些零点取倒数之后就成为起伏的点。

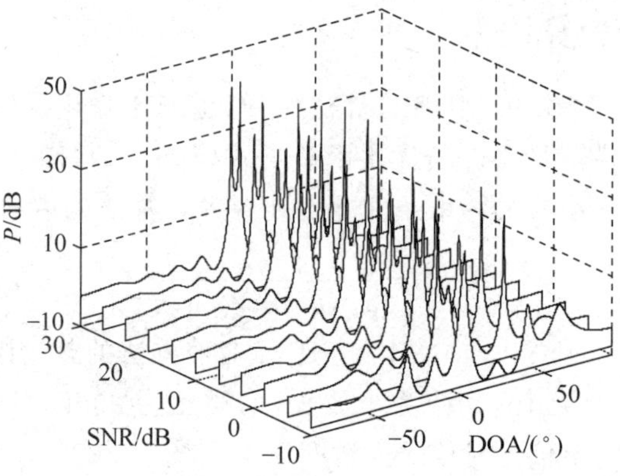

图 3.26 不同信噪比情况下 MNM 算法频谱图对比

3.4 空时二维谱估计

前面两节分别给出了在时域模型式(3.6)下的典型频率测量算法，也对比了在空域模型式(3.1)下的典型角度测量算法。通过对比分析可以发现两者的相同之处：频率测量算法与角度测量算法均是一一对应的，在最大信噪比准则下有常规波束形成算法，在最小均方准则下有最大熵、自回归和线性预测算法，在最小方差准则下得到了最小方差算法，在最小模准则下得到了最小模算法。在等距均匀阵列和时域均匀采样的情况下，两者的不同之处在于时域模型下的导向矢量为式(3.7)，其中的变量为频率；而空域模型下的导向矢量为式(3.3)，其中的变量为角度。

下面分两个部分介绍空时二维域的频率与角度联合测量算法：一是介绍前述算法在空时二维域的推广；二是介绍最大似然算法及其推广。这两大类算法除了准则之外，有个显著的差别就是求解的方法。前两节介绍的方法其实现方式通常用一维搜索就可以了，如果是等距均匀线阵，则可以采用求根类算法求解。而最大似然算法则需要多维搜索，这里的多维不是指空域维数、时域维数或空时域维数，而是特指信号源数，如空域或时域最大似然算法需要求 N 个信号角度或频率时，则涉及 N 维参数的搜索，而空时二维域需要求 N 个信号角度和频率时，则涉及 $2N$ 维的搜索(N 个信号角度和 N 个信号频率)，信号的参数越多则其搜索的维数越大。

3.4.1 一维搜索算法

这里的一维搜索算法推广是指将前面介绍的频率测量或角度测量的一维搜索类方法推广到频率与角度的空时域进行测量，所以在空时二维域上实际进行的是角度和频率二维的搜索。假设存在一个 M 元的等距均匀线阵，每个阵元均匀采样

K 个脉冲数据,则按照数据模型可得整个阵列的 MK 维接收数据为

$$\boldsymbol{X}(t)=\begin{bmatrix}\boldsymbol{x}_1(t)\\ \boldsymbol{x}_2(t)\\ \vdots\\ \boldsymbol{x}_M(t)\end{bmatrix} \tag{3.85a}$$

式中,每个阵元上的 K 次采样数据为 $\boldsymbol{x}_i(t)$,则 K 维列矢量为

$$\boldsymbol{x}_i(t)=\begin{bmatrix}x_{i1}(t)\\ x_{i2}(t)\\ \vdots\\ x_{iK}(t)\end{bmatrix},\quad i=1,2,\cdots,M \tag{3.85b}$$

另外,在窄带远场信号的模型假设下,时域采样之间和阵元之间的延迟分别为

$$s_i(t-\tau)\approx s_i(t)\mathrm{e}^{-\mathrm{j}2\pi f\tau},\quad i=1,2,\cdots,N \tag{3.86a}$$

$$x_i(t-\tau)\approx x_i(t)\mathrm{e}^{-\mathrm{j}2\pi f\tau},\quad i=1,2,\cdots,M \tag{3.86b}$$

显然,式(3.85b)就是时域模型式(3.6),如果把矢量 $\boldsymbol{x}_i(t)$ 看成一个整体,则式(3.85a)就是空域模型式(3.1)。所以很容易导出空时二维模型

$$\boldsymbol{X}(t)=\boldsymbol{A}_{\mathrm{st}}(\theta,f)\boldsymbol{S}(t)+\boldsymbol{N}(t) \tag{3.87}$$

式中,$\boldsymbol{X}(t)$ 为阵列的 MK 维快拍数据矢量;$\boldsymbol{N}(t)$ 为阵列的 MK 维噪声数据矢量;$\boldsymbol{S}(t)$ 为空间信号的 N 维矢量;$\boldsymbol{A}_{\mathrm{st}}(\theta,f)$ 为空间阵列的 $MK\times N$ 流型矩阵:

$$\boldsymbol{A}_{\mathrm{st}}(\theta,f)=[\boldsymbol{a}_{\mathrm{st}}(\theta_1,f_1)\quad \boldsymbol{a}_{\mathrm{st}}(\theta_2,f_2)\quad \cdots\quad \boldsymbol{a}_{\mathrm{st}}(\theta_N,f_N)] \tag{3.88}$$

其中,MK 维空时导向矢量为

$$\boldsymbol{a}_{\mathrm{st}}(\theta_i,f_i)=\begin{bmatrix}\boldsymbol{a}_{\mathrm{t}}(f_i)\\ \boldsymbol{a}_{\mathrm{t}}(f_i)\cdot\exp(-\mathrm{j}2\pi d\sin\theta_i/\lambda)\\ \vdots\\ \boldsymbol{a}_{\mathrm{t}}(f_i)\cdot\exp(-\mathrm{j}2\pi(M-1)d\sin\theta_i/\lambda)\end{bmatrix}=\boldsymbol{a}_{\mathrm{s}}(\theta_i)\otimes\boldsymbol{a}_{\mathrm{t}}(f_i) \tag{3.89}$$

式中,$\boldsymbol{a}_{\mathrm{s}}(\theta_i)$ 为 M 维空域导向矢量;$\boldsymbol{a}_{\mathrm{t}}(f_i)$ 为 K 维时域导向矢量;$\otimes$ 为 Kronecher 积。

在理想模型下,空时二维数据的 $MK\times MK$ 协方差矩阵为

$$\boldsymbol{R}=E[\boldsymbol{X}(t)\boldsymbol{X}^{\mathrm{H}}(t)]=\boldsymbol{A}_{\mathrm{st}}(\theta,f)\boldsymbol{R}_{\mathrm{ss}}\boldsymbol{A}_{\mathrm{st}}^{\mathrm{H}}(\theta,f)+\boldsymbol{R}_{\mathrm{N}} \tag{3.90}$$

式中,$N\times N$ 矩阵 $\boldsymbol{R}_{\mathrm{ss}}$ 是由 N 个信号构成的信号协方差矩阵;$MK\times MK$ 矩阵 $\boldsymbol{R}_{\mathrm{N}}$ 为噪声协方差矩阵。对于理想的白噪声且噪声功率为 σ^2 时,则有下式成立:

$$\boldsymbol{R}=\boldsymbol{A}_{\mathrm{st}}(\theta,f)\boldsymbol{R}_{\mathrm{ss}}\boldsymbol{A}_{\mathrm{st}}^{\mathrm{H}}(\theta,f)+\sigma^2\boldsymbol{I} \tag{3.91}$$

对上式进行特征分解得 $\boldsymbol{R}=\boldsymbol{U\Sigma U}^{\mathrm{H}}$,其中,$\boldsymbol{U}$ 为特征矢量矩阵,各特征值满足如下关系:

$$\lambda_1\geqslant\lambda_2\geqslant\cdots\geqslant\lambda_N>\lambda_{N+1}=\cdots=\lambda_{MK}=\sigma^2 \tag{3.92}$$

很显然 $\boldsymbol{\Sigma}$ 按特征值的大小可以分成两部分:一部分由大特征值构成,其对应

的特征矢量构成的矩阵定义为信号子空间；另一部分由小特征值构成，其对应的特征矢量构成的矩阵定义为噪声子空间。需要注意的是，由于在空时二维的模型下，协方差矩阵变成了 $MK\times MK$，所以，信号子空间的矩阵为 $MK\times N$，而噪声子空间矩阵变成了 $MK\times(MK-N)$。则得到

$$\boldsymbol{\Sigma}_{\mathrm{S}}=\begin{bmatrix}\lambda_1 & 0 & \cdots & 0\\ 0 & \lambda_2 & \cdots & 0\\ \vdots & \vdots & \ddots & \vdots\\ 0 & 0 & \cdots & \lambda_N\end{bmatrix},\quad \boldsymbol{U}_{\mathrm{S}}=[\boldsymbol{e}_1\quad \boldsymbol{e}_2\quad \cdots\quad \boldsymbol{e}_N]$$

$$\boldsymbol{\Sigma}_{\mathrm{N}}=\begin{bmatrix}\lambda_{N+1} & 0 & \cdots & 0\\ 0 & \lambda_{N+2} & \cdots & 0\\ \vdots & \vdots & \ddots & \vdots\\ 0 & 0 & \cdots & \lambda_{MK}\end{bmatrix},\quad \boldsymbol{U}_{\mathrm{N}}=[\boldsymbol{e}_{N+1}\quad \boldsymbol{e}_{N+2}\quad \cdots\quad \boldsymbol{e}_{MK}] \tag{3.93}$$

这样式(3.91)可以进一步化简为

$$\boldsymbol{R}=\boldsymbol{U}\boldsymbol{\Sigma}\boldsymbol{U}^{\mathrm{H}}=\boldsymbol{U}_{\mathrm{S}}\boldsymbol{\Sigma}_{\mathrm{S}}\boldsymbol{U}_{\mathrm{S}}^{\mathrm{H}}+\boldsymbol{U}_{\mathrm{N}}\boldsymbol{\Sigma}_{\mathrm{N}}\boldsymbol{U}_{\mathrm{N}}^{\mathrm{H}} \tag{3.94}$$

这个协方差矩阵具有如下的二阶统计特性。

(1) 协方差矩阵的大特征值对应的特征矢量张成的空间与入射信号的导向矢量张成的空间相同，即

$$\mathrm{span}\{\boldsymbol{e}_1\quad \boldsymbol{e}_2\quad \cdots\quad \boldsymbol{e}_N\}=\mathrm{span}\{\boldsymbol{a}_{\mathrm{st}}(\theta_1,f_1)\quad \boldsymbol{a}_{\mathrm{st}}(\theta_2,f_2)\quad \cdots\quad \boldsymbol{a}_{\mathrm{st}}(\theta_N,f_N)\} \tag{3.95}$$

(2) 信号子空间与噪声子空间正交，且有 $\boldsymbol{A}_{\mathrm{st}}^{\mathrm{H}}\boldsymbol{e}_i=\boldsymbol{0}$，其中 $i=N+1,N+2,\cdots,MK$。

(3) 信号子空间与噪声子空间满足

$$\boldsymbol{U}_{\mathrm{S}}\boldsymbol{U}_{\mathrm{S}}^{\mathrm{H}}+\boldsymbol{U}_{\mathrm{N}}\boldsymbol{U}_{\mathrm{N}}^{\mathrm{H}}=\boldsymbol{I} \tag{3.96}$$

通过上述对空时二维模型的推导和分析可以看出：①在理想情况下，空时二维模型、空域模型、时域模型的表达形式是一样的，只是其中的导向矢量表达式不同，空域导向矢量和时域导向矢量均是式(3.89)的简化形式。②在信号源相互独立，信号与噪声相互独立及噪声是高斯白噪声的假设之下，空域、时域和空时二维域的二阶统计特性也是相似的，大特征值数为信号源数，小特征值均相等且为噪声功率。③子空间特性也相似，噪声子空间与信号子空间正交，导向矢量张成的空间等于信号子空间。④在实际应用中，注意它们的自由度是不一样的，空域的自由度通常为阵元数 M；时域的自由度通常为构造协方差矩阵的维数 K，而不是采样数 L；空时二维模型的自由度通常是 MK，所以对快拍数 L 的要求是大于等于 2～3 倍的自由度。这也说明形成协方差矩阵的条件是需要数据在一定的时间内统计特性不变。⑤自由度需要满足大于信号源数，即空域的条件是 $M>N$，时域的条件是 $K>N$，空时二维域的条件是 $MK>N$，这个条件也是保证模型有解而且是唯一解的条件。

这里直接给出频率与角度联合估计的典型算法

$$P_{\mathrm{CBF}}(\theta,f)=\boldsymbol{a}_{\mathrm{st}}^{\mathrm{H}}(\theta,f)\boldsymbol{R}\boldsymbol{a}_{\mathrm{st}}(\theta,f) \tag{3.97}$$

$$P_{\mathrm{MVM}}(\theta,f)=\frac{1}{\boldsymbol{a}_{\mathrm{st}}^{\mathrm{H}}(\theta,f)\boldsymbol{R}^{-1}\boldsymbol{a}_{\mathrm{st}}(\theta,f)} \tag{3.98}$$

$$P_{\mathrm{MUSIC}}(\theta,f)=\frac{1}{\boldsymbol{a}_{\mathrm{st}}^{\mathrm{H}}(\theta,f)\boldsymbol{U}_{\mathrm{N}}\boldsymbol{U}_{\mathrm{N}}^{\mathrm{H}}\boldsymbol{a}_{\mathrm{st}}(\theta,f)} \tag{3.99}$$

$$P_{\mathrm{MEM}}(\theta,f)=\frac{1}{\|\boldsymbol{a}_{\mathrm{st}}^{\mathrm{H}}(\theta,f)\boldsymbol{R}^{-1}\boldsymbol{u}_0\|^2},\quad \boldsymbol{u}_0=[1\quad 0\quad \cdots\quad 0]^{\mathrm{T}} \tag{3.100}$$

$$P_{\mathrm{MNM}}(\theta,f)=\frac{1}{\boldsymbol{a}_{\mathrm{st}}^{\mathrm{H}}(\theta,f)\boldsymbol{W}_{\mathrm{N}}\boldsymbol{W}_{\mathrm{N}}^{\mathrm{H}}\boldsymbol{a}_{\mathrm{st}}(\theta,f)}$$

$$\boldsymbol{W}_{\mathrm{MNM}}=\begin{bmatrix}1\\ \dfrac{\boldsymbol{E}_{\mathrm{N}}\boldsymbol{c}^*}{\boldsymbol{c}^{\mathrm{H}}\boldsymbol{c}}\end{bmatrix},\quad \boldsymbol{U}_{\mathrm{N}}=\begin{bmatrix}\boldsymbol{c}^{\mathrm{T}}\\ \boldsymbol{E}_{\mathrm{N}}\end{bmatrix} \tag{3.101}$$

这里只给出三种常用的二维算法,其他算法的推广比较简单,这里不再重复。图 3.27 给出了三种算法的仿真结果,仿真条件为:采用 8 元等距均匀线阵,K 为 16,阵元间距为半波长,采样频率为 200MHz,信号的参数分别为 0°、30MHz 和 10°、20MHz,信噪比为 10dB。

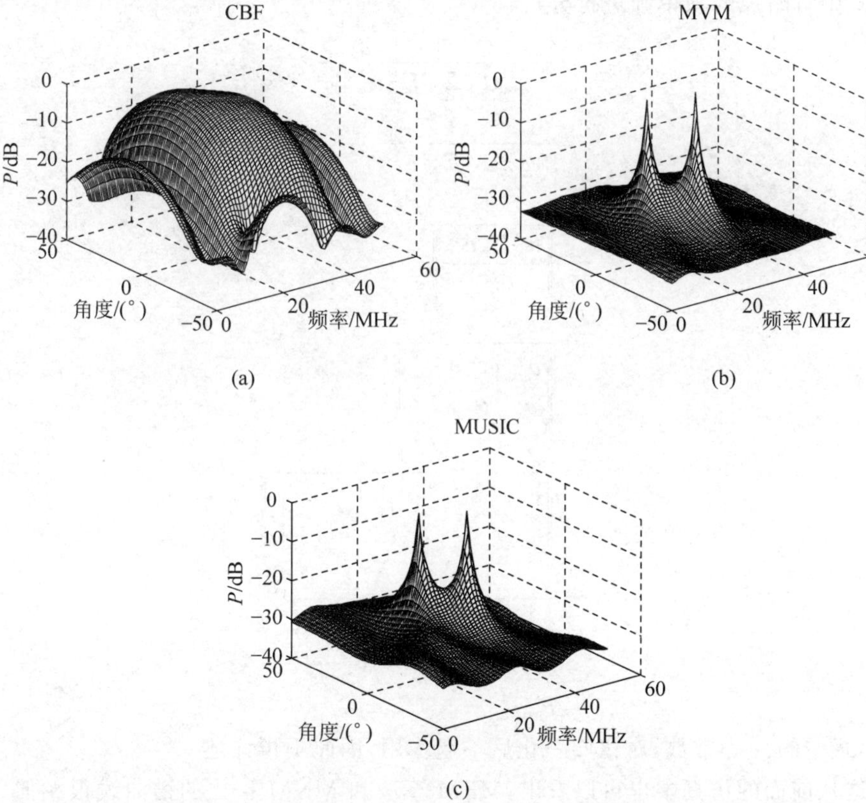

图 3.27　相同信噪比情况下三种算法空时二维谱图对比

(a) CBF 算法;(b) MVM 算法;(c) MUSIC 算法

从图 3.27 中可以清晰地看出：MVM 和 MUSIC 算法可以分辨两个信号，但 CBF 算法无法分辨，而且 MVM 算法和 MUSIC 算法在空时二维参数估计下的性能差不多。

为了进一步了解典型的 MEM 和 MVM 高分辨算法、MUSIC 和 MNM 超分辨算法之间的关系，下面从算法的表达式角度来分析一下算法之间的关系。首先看一下最大熵算法：

$$\begin{aligned}P_{\mathrm{MEM}}&=\frac{1}{\|\boldsymbol{a}_{\mathrm{st}}^{\mathrm{H}}\boldsymbol{R}^{-1}\boldsymbol{u}_0\|^2}\\&=\frac{1}{\|\boldsymbol{a}_{\mathrm{st}}^{\mathrm{H}}(\boldsymbol{U}_{\mathrm{S}}\boldsymbol{\Sigma}_{\mathrm{S}}\boldsymbol{U}_{\mathrm{S}}^{\mathrm{H}}+\boldsymbol{U}_{\mathrm{N}}\boldsymbol{\Sigma}_{\mathrm{N}}\boldsymbol{U}_{\mathrm{N}}^{\mathrm{H}})\boldsymbol{u}_0\|^2}\\&=\frac{1}{\|\boldsymbol{a}_{\mathrm{st}}^{\mathrm{H}}\boldsymbol{U}_{\mathrm{S}}\boldsymbol{\Sigma}_{\mathrm{S}}^{-1}\boldsymbol{U}_{\mathrm{S}}^{\mathrm{H}}\boldsymbol{u}_0+\boldsymbol{a}_{\mathrm{st}}^{\mathrm{H}}\boldsymbol{U}_{\mathrm{N}}\boldsymbol{\Sigma}_{\mathrm{N}}^{-1}\boldsymbol{U}_{\mathrm{N}}^{\mathrm{H}}\boldsymbol{u}_0\|^2}\\&\approx\frac{1}{\|\boldsymbol{a}_{\mathrm{st}}^{\mathrm{H}}\boldsymbol{U}_{\mathrm{S}}\boldsymbol{\Sigma}_{\mathrm{S}}^{-1}\boldsymbol{U}_{\mathrm{S}}^{\mathrm{H}}\boldsymbol{u}_0\|^2}\end{aligned}\tag{3.102}$$

上式简化过程中应用了 $\boldsymbol{a}_{\mathrm{st}}^{\mathrm{H}}\boldsymbol{U}_{\mathrm{N}}=\boldsymbol{0}$ 的特性，即信号导向矢量与噪声子空间正交，这也说明了最大熵算法其实是信号子空间类的算法。假设噪声功率为 σ^2，下面对上式中省略掉的项单独进行分析：

$$\begin{aligned}P_{\mathrm{MEM}}&=\frac{1}{\|\boldsymbol{a}_{\mathrm{st}}^{\mathrm{H}}\boldsymbol{U}_{\mathrm{N}}\boldsymbol{\Sigma}_{\mathrm{N}}^{-1}\boldsymbol{U}_{\mathrm{N}}^{\mathrm{H}}\boldsymbol{u}_0\|^2}\\&=\frac{1}{\|\boldsymbol{a}_{\mathrm{st}}^{\mathrm{H}}\boldsymbol{U}_{\mathrm{N}}\boldsymbol{\Sigma}_{\mathrm{N}}^{-1}\boldsymbol{c}^*\|^2}\\&=\frac{1}{\left\|\dfrac{\boldsymbol{a}_{\mathrm{st}}^{\mathrm{H}}\boldsymbol{U}_{\mathrm{N}}\boldsymbol{c}^*}{\sigma^2}\right\|^2}\\&=\frac{1}{\left\|\dfrac{\boldsymbol{a}_{\mathrm{st}}^{\mathrm{H}}}{\sigma^2}\begin{bmatrix}\boldsymbol{c}^{\mathrm{T}}\boldsymbol{c}^*\\\boldsymbol{E}_{\mathrm{N}}\boldsymbol{c}^*\end{bmatrix}\right\|^2}\\&=\frac{1}{\left\|\dfrac{\boldsymbol{c}^{\mathrm{T}}\boldsymbol{c}^*\boldsymbol{a}_{\mathrm{st}}^{\mathrm{H}}}{\sigma^2}\begin{bmatrix}1\\\boldsymbol{E}_{\mathrm{N}}\boldsymbol{c}^*/\boldsymbol{c}^{\mathrm{T}}\boldsymbol{c}^*\end{bmatrix}\right\|^2}\\&=\frac{1}{\mu\left\|\boldsymbol{a}_{\mathrm{st}}^{\mathrm{H}}\begin{bmatrix}1\\\boldsymbol{E}_{\mathrm{N}}\boldsymbol{c}^*/\boldsymbol{c}^{\mathrm{T}}\boldsymbol{c}^*\end{bmatrix}\right\|^2}\\&=P_{\mathrm{MNM}}\end{aligned}\tag{3.103}$$

其中，式中的 μ 为常数，对谱归一化后不起作用，因此不再详述。

这从前面的仿真中也可以看出，MEM 算法和 MNM 算法的谱曲线很相似，特别是在无目标区的起伏特性上。上述的分析也说明 MEM 算法和 MNM 算法是一对互补算法，MNM 算法属于噪声子空间算法，其刚好利用的是 MEM 算法的省略项。而对于 MEM 算法而言，在理想情况下这个省略项在真实信号的方向为 0，但是不在真实信号方向时，这一项并不等于 0；在一般情况下这个省略项均不等于 0，所以这一项对 MEM 算法是有影响的。

下面再分析一下 MVM 和 MUSIC 算法之间的关系：

$$\begin{aligned} P_{\mathrm{MVM}} &= \frac{1}{\boldsymbol{a}_{\mathrm{st}}^{\mathrm{H}}\boldsymbol{R}^{-1}\boldsymbol{a}_{\mathrm{st}}} \\ &= \frac{1}{\boldsymbol{a}_{\mathrm{st}}^{\mathrm{H}}(\boldsymbol{U}_{\mathrm{S}}\boldsymbol{\Sigma}_{\mathrm{S}}\boldsymbol{U}_{\mathrm{S}}^{\mathrm{H}}+\boldsymbol{U}_{\mathrm{N}}\boldsymbol{\Sigma}_{\mathrm{N}}\boldsymbol{U}_{\mathrm{N}}^{\mathrm{H}})^{-1}\boldsymbol{a}_{\mathrm{st}}} \\ &= \frac{1}{\boldsymbol{a}_{\mathrm{st}}^{\mathrm{H}}\boldsymbol{U}_{\mathrm{S}}\boldsymbol{\Sigma}_{\mathrm{S}}^{-1}\boldsymbol{U}_{\mathrm{S}}^{\mathrm{H}}\boldsymbol{a}_{\mathrm{st}}+\boldsymbol{a}_{\mathrm{st}}^{\mathrm{H}}\boldsymbol{U}_{\mathrm{N}}\boldsymbol{\Sigma}_{\mathrm{N}}^{-1}\boldsymbol{U}_{\mathrm{N}}^{\mathrm{H}}\boldsymbol{a}_{\mathrm{st}}} \\ &\approx \frac{1}{\boldsymbol{a}_{\mathrm{st}}^{\mathrm{H}}\boldsymbol{U}_{\mathrm{S}}\boldsymbol{\Sigma}_{\mathrm{S}}^{-1}\boldsymbol{U}_{\mathrm{S}}^{\mathrm{H}}\boldsymbol{a}_{\mathrm{st}}} \end{aligned} \tag{3.104}$$

上式简化过程中，同样应用了 $\boldsymbol{a}_{\mathrm{st}}^{\mathrm{H}}\boldsymbol{U}_{\mathrm{N}}=\boldsymbol{0}$ 的特性，即信号导向矢量与噪声子空间正交，这也说明了 MVM 方差算法其实是信号子空间类的算法。假设噪声功率为 σ^2，对上式中省略掉的项单独进行分析：

$$\begin{aligned} P &= \frac{1}{\boldsymbol{a}_{\mathrm{st}}^{\mathrm{H}}\boldsymbol{U}_{\mathrm{N}}\boldsymbol{\Sigma}_{\mathrm{N}}^{-1}\boldsymbol{U}_{\mathrm{N}}^{\mathrm{H}}\boldsymbol{a}_{\mathrm{st}}} \\ &= \frac{\sigma^2}{\boldsymbol{a}_{\mathrm{st}}^{\mathrm{H}}\boldsymbol{U}_{\mathrm{N}}\boldsymbol{U}_{\mathrm{N}}^{\mathrm{H}}\boldsymbol{a}_{\mathrm{st}}} \\ &= \frac{1}{\mu\cdot\boldsymbol{a}_{\mathrm{st}}^{\mathrm{H}}\boldsymbol{U}_{\mathrm{N}}\boldsymbol{U}_{\mathrm{N}}^{\mathrm{H}}\boldsymbol{a}_{\mathrm{st}}} \\ &= P_{\mathrm{MUSIC}} \end{aligned} \tag{3.105}$$

其中，式中的 μ 为常数，对谱归一化后不起作用，因此不再详述。

上述的分析也说明 MVM 算法和 MUSIC 算法是一对互补算法，MUSIC 算法属于噪声子空间算法，其刚好利用的是 MVM 算法的省略项。而对于 MVM 算法而言，在理想情况下这个省略项在真实信号的方向为 0，但是不在真实信号方向时，这一项并不等于 0；在一般情况下这个省略项也不等于 0，所以这一项对 MVM 算法是有影响的。

3.4.2　多维搜索算法

和上一小节中介绍的一维搜索算法推广对应，这里介绍一下多维搜索算法的推广，主要分为最大似然算法和子空间拟合类算法。

由式(3.87)所示的空时二维阵列模型可知，噪声矢量为

$$\boldsymbol{N}(t)=\boldsymbol{X}(t)-\boldsymbol{A}_{\mathrm{st}}(\theta,f)\boldsymbol{S}(t) \tag{3.106}$$

而假设中噪声的概率密度函数是高斯分布的，所以 L 次快拍的联合概率密度函数为

$$f_{\mathrm{DML}}(\boldsymbol{x}_1,\boldsymbol{x}_2,\cdots,\boldsymbol{x}_L)=\prod_{i=1}^{L}\frac{1}{\det\{\pi\sigma^2 I\}}\exp\left(-\frac{1}{\sigma^2}\mid \boldsymbol{X}(t)-\boldsymbol{A}_{\mathrm{st}}(\theta,f)\boldsymbol{S}(t)\mid^2\right) \tag{3.107}$$

式中，det{ · }表示矩阵的行列式；σ^2 为噪声功率。求上式的负对数可得

$$-\ln\boldsymbol{f}_{\mathrm{DML}}=L\ln\pi+ML\ln\sigma^2+\frac{1}{\sigma^2}\sum_{i=1}^{L}\mid \boldsymbol{X}(t)-\boldsymbol{A}_{\mathrm{st}}(\theta,f)\boldsymbol{S}(t)\mid^2 \tag{3.108}$$

从上式中可以看出，需要求的参数有四个，分别是角度 θ、频率 f、噪声功率 σ^2 和信号矢量 $\boldsymbol{S}$。显然由上式对这四个参数分别求偏导并令其等于 0 就可以求出各自参数的表达式，具体内容可见文献[2]，这里只给出结果，先对 $\boldsymbol{S}$ 求偏导，则利用最小二乘解可知

$$\boldsymbol{S}=\boldsymbol{A}_{\mathrm{st}}^{+}\boldsymbol{X} \tag{3.109}$$

式中，$\boldsymbol{A}_{\mathrm{st}}^{+}=(\boldsymbol{A}_{\mathrm{st}}^{\mathrm{H}}\boldsymbol{A}_{\mathrm{st}})^{-1}\boldsymbol{A}_{\mathrm{st}}^{\mathrm{H}}$ 为阵列流型的伪逆。再对 σ^2 求偏导得

$$\sigma^2=\frac{1}{M}\mathrm{tr}\{\boldsymbol{P}_{\boldsymbol{A}}^{\perp}\boldsymbol{R}\} \tag{3.110}$$

式中，tr{ · }为矩阵的迹，$\boldsymbol{P}_{\boldsymbol{A}}=\boldsymbol{A}\boldsymbol{A}^{+}$，$\boldsymbol{P}_{\boldsymbol{A}}^{\perp}=\boldsymbol{I}-\boldsymbol{P}_{\boldsymbol{A}}$。然后可得变量角度和频率估计

$$\{\theta,f\}_{\mathrm{DML}}=\min\{\mathrm{tr}\{\boldsymbol{P}_{\boldsymbol{A}_{\mathrm{st}}(\theta,f)}^{\perp}\boldsymbol{R}\}\}=\max\{\mathrm{tr}\{\boldsymbol{P}_{\boldsymbol{A}_{\mathrm{st}}(\theta,f)}\boldsymbol{R}\}\} \tag{3.111}$$

上式就是空时二维的确定性最大似然算法(DML)，显然空域的最大似然算法和时域的最大似然算法可以写成

$$\{\theta\}_{\mathrm{DML}}=\min\{\mathrm{tr}\{\boldsymbol{P}_{\boldsymbol{A}_{\mathrm{s}}(\theta)}^{\perp}\boldsymbol{R}\}\}=\max\{\mathrm{tr}\{\boldsymbol{P}_{\boldsymbol{A}_{\mathrm{s}}(\theta)}\boldsymbol{R}\}\} \tag{3.112}$$

$$\{f\}_{\mathrm{DML}}=\min\{\mathrm{tr}\{\boldsymbol{P}_{\boldsymbol{A}_{\mathrm{t}}(f)}^{\perp}\boldsymbol{R}\}\}=\max\{\mathrm{tr}\{\boldsymbol{P}_{\boldsymbol{A}_{\mathrm{t}}(f)}\boldsymbol{R}\}\} \tag{3.113}$$

对式(3.111)的协方差矩阵进行特征分解可得

$$\begin{aligned}\{\theta,f\}&=\max\{\mathrm{tr}\{\boldsymbol{P}_{\boldsymbol{A}_{\mathrm{st}}(\theta,f)}\boldsymbol{R}\}\}\\&=\max\{\mathrm{tr}\{\boldsymbol{P}_{\boldsymbol{A}_{\mathrm{st}}(\theta,f)}(\boldsymbol{U}_{\mathrm{S}}\boldsymbol{\Sigma}_{\mathrm{S}}\boldsymbol{U}_{\mathrm{S}}^{\mathrm{H}}+\boldsymbol{U}_{\mathrm{N}}\boldsymbol{\Sigma}_{\mathrm{N}}\boldsymbol{U}_{\mathrm{N}}^{\mathrm{H}})\}\}\\&=\max\{\mathrm{tr}\{\boldsymbol{P}_{\boldsymbol{A}_{\mathrm{st}}(\theta,f)}\boldsymbol{U}_{\mathrm{S}}\boldsymbol{\Sigma}_{\mathrm{S}}\boldsymbol{U}_{\mathrm{S}}^{\mathrm{H}}+\boldsymbol{P}_{\boldsymbol{A}_{\mathrm{st}}(\theta,f)}\boldsymbol{U}_{\mathrm{N}}\boldsymbol{\Sigma}_{\mathrm{N}}\boldsymbol{U}_{\mathrm{N}}^{\mathrm{H}}\}\}\\&\approx\max\{\mathrm{tr}\{\boldsymbol{P}_{\boldsymbol{A}_{\mathrm{st}}(\theta,f)}\boldsymbol{U}_{\mathrm{S}}\boldsymbol{\Sigma}_{\mathrm{S}}\boldsymbol{U}_{\mathrm{S}}^{\mathrm{H}}\}\}\\&=\max\{\mathrm{tr}\{\boldsymbol{P}_{\boldsymbol{A}_{\mathrm{st}}(\theta,f)}\boldsymbol{U}_{\mathrm{S}}\boldsymbol{W}\boldsymbol{U}_{\mathrm{S}}^{\mathrm{H}}\}\}\end{aligned} \tag{3.114}$$

式中，$\boldsymbol{W}$ 为权矩阵。在推导的过程中利用了阵列流型与噪声子空间正交特性，从而省略了第二项。式(3.114)给出的其实就是加权信号子空间拟合算法。只是文献[30,31]中给出了一个最优权时的加权信号子空间拟合(WSF)算法，其最优权为

$$\boldsymbol{W}=(\boldsymbol{\Sigma}_{\mathrm{S}}-\sigma^2\boldsymbol{I})^2\boldsymbol{\Sigma}_{\mathrm{S}}^{-1} \tag{3.115}$$

式(3.114)的推导过程中由于近似为 0 而被省略了的一项为

$$\begin{aligned}\{\theta,f\}&=\min\{\mathrm{tr}\{\boldsymbol{P}_{\boldsymbol{A}_{\mathrm{st}}(\theta,f)}\boldsymbol{U}_{\mathrm{N}}\boldsymbol{\Sigma}_{\mathrm{N}}\boldsymbol{U}_{\mathrm{N}}^{\mathrm{H}}\}\}\\&=\min\{\mathrm{tr}\{\boldsymbol{P}_{\boldsymbol{A}_{\mathrm{st}}(\theta,f)}\boldsymbol{U}_{\mathrm{N}}\sigma^2\boldsymbol{I}\boldsymbol{U}_{\mathrm{N}}^{\mathrm{H}}\}\}\\&=\min\{\mathrm{tr}\{\boldsymbol{P}_{\boldsymbol{A}_{\mathrm{st}}(\theta,f)}\boldsymbol{U}_{\mathrm{N}}\boldsymbol{U}_{\mathrm{N}}^{\mathrm{H}}\}\}\end{aligned} \tag{3.116}$$

上式就是多维搜索的 MUSIC 算法[2]。

需要注意的是,上面介绍的 DML、WSF 和多维 MUSIC 算法,其实现的过程和一维搜索算法不同,它们不再是通过一维搜索得到,因为其中都存在一个阵列流型的投影矩阵,而不是阵列导向矢量的投影矩阵。如果这三种算法中只存在一个信号源,此时阵列流型就是导向矢量,那么式(3.111)简化为

$$\begin{aligned}\{\theta,f\}_{\mathrm{DML}} &= \max\{\operatorname{tr}\{\boldsymbol{P}_{\boldsymbol{A}_{\mathrm{st}}(\theta,f)}\boldsymbol{R}\}\} = \max\{\operatorname{tr}\{\boldsymbol{P}_{\boldsymbol{a}_{\mathrm{st}}(\theta,f)}\boldsymbol{R}\}\} \\ &= \max\{\operatorname{tr}\{\boldsymbol{a}_{\mathrm{st}}(\boldsymbol{a}_{\mathrm{st}}^{\mathrm{H}}\boldsymbol{a}_{\mathrm{st}})^{-1}\boldsymbol{a}_{\mathrm{st}}^{\mathrm{H}}\boldsymbol{R}\}\} \\ &= \max\left\{\operatorname{tr}\left\{\frac{1}{MK}\boldsymbol{a}_{\mathrm{st}}\boldsymbol{a}_{\mathrm{st}}^{\mathrm{H}}\boldsymbol{R}\right\}\right\} \\ &= \frac{1}{MK}\max\{\operatorname{tr}\{\boldsymbol{a}_{\mathrm{st}}\boldsymbol{a}_{\mathrm{st}}^{\mathrm{H}}\boldsymbol{R}\}\} \\ &= \frac{1}{MK}\max\{\boldsymbol{a}_{\mathrm{st}}^{\mathrm{H}}\boldsymbol{R}\boldsymbol{a}_{\mathrm{st}}\} \\ &= \max\{\boldsymbol{a}_{\mathrm{st}}^{\mathrm{H}}(\theta,f)\boldsymbol{R}\boldsymbol{a}_{\mathrm{st}}(\theta,f)\} \\ &= \{\theta,f\}_{\mathrm{CBF}}\end{aligned} \tag{3.117}$$

上式的推导过程中利用了迹运算的特性,参见文献[2]中的附录。

显然,上式就是式(3.97)的空时二维常规波束形成算法,这说明在一维搜索的情况下,最大似然准则导出的 DML 算法就是最大信噪比准则下导出的常规波束形成算法,但在多维搜索情况下就不一样了。同理,还可以导出式(3.114)就是式(3.104)的多维搜索推广形式,式(3.116)就是式(3.105)的多维推广形式。由上面的分析可知:

(1) 多维搜索算法和一维搜索算法最大的区别在于:前者是利用阵列流型矩阵进行运算,而后者是利用导向矢量进行运算。因此,算法的实现过程中多维搜索算法的运算量就变得很大,以用 DML 算法测量 N 个信号的频率及角度为例,它的实现过程涉及 $2N$ 维参数的搜索问题(角度和频率各 N 维),而一维搜索算法则只需要涉及角度和频率各一维搜索即可。

(2) 多维搜索算法虽然运算量大,但其性能优越,在文献[2]中已经证明 DML、WSF 等多维搜索算法明显优于一维搜索类算法,因此针对多维搜索类算法也有很多学者进行研究,其研究的重点是快速的多维优化求解问题,包括轮换投影法、遗传算法等,详见文献[2]。

(3) 从式(3.117)的推导过程可以看出,其实每一个一维搜索方法都存在一个多维搜索的方法,所以除了上面介绍的 DML、WSF 和多维 MUSIC 算法外,还存在多维线性预测算法、多维的最大熵算法、多维最小方差算法和多维最小模算法。

3.4.3 求解类算法

求解类算法通常是在搜索类的谱估计算法基础上发展而来的,直观上讲,搜索类算法的运算量取决于步长,步长越小,则精度越高,但运算量越大,为了改进这一

问题,发展出了求解类的算法,所以它和搜索类算法的区别在于求解的实现方式。从目前的研究来看,求解类算法有两大类:一是求根类的算法;二是旋转不变子空间。下面从空时二维估计的角度简单介绍这两大类方法。假设阵元数等于脉冲数,按图2.20取出空时二维方法的数据,则取出的第 i 个数据为

$$x_{ii}=\sum_{n=1}^{N}\boldsymbol{a}_{\mathrm{t},i}(f_n)\boldsymbol{a}_{\mathrm{s},i}(\theta_n)s_n(t)+n_{ii}(t) \tag{3.118}$$

式中,$\boldsymbol{a}_{\mathrm{t},i}$ 和 $\boldsymbol{a}_{\mathrm{s},i}$ 分别表示时域导向矢量和空域导向矢量中的第 i 个元素,$i=1,2,\cdots,M$。所以,由上式构成的矢量可以表示为

$$\boldsymbol{X}(t)=\begin{bmatrix}x_{11}\\x_{22}\\\vdots\\x_{MM}\end{bmatrix}=\boldsymbol{A}_{\mathrm{st}}(\theta,f)\boldsymbol{S}(t)+\boldsymbol{N}(t) \tag{3.119}$$

其中,$\boldsymbol{X}(t)$为阵列的 M 维快拍数据矢量;$\boldsymbol{N}(t)$为阵列的 M 维噪声数据矢量;$\boldsymbol{S}(t)$为空间信号的 N 维矢量;$\boldsymbol{A}_{\mathrm{st}}(\theta,f)$为空间阵列的 $M\times N$ 流型矩阵:

$$\boldsymbol{A}_{\mathrm{st}}(\theta,f)=[\boldsymbol{a}_{\mathrm{st}}(\theta_1,f_1)\quad \boldsymbol{a}_{\mathrm{st}}(\theta_2,f_2)\quad \cdots\quad \boldsymbol{a}_{\mathrm{st}}(\theta_N,f_N)] \tag{3.120}$$

其中,M 维空时导向矢量为

$$\boldsymbol{a}_{\mathrm{st}}(\theta_i,f_i)=\begin{bmatrix}1\\ \mathrm{e}^{-\mathrm{j}2\pi\frac{d}{\lambda}\sin\theta_i}\mathrm{e}^{-\mathrm{j}2\pi f_i}\\ \vdots\\ \mathrm{e}^{-\mathrm{j}2\pi(M-1)\frac{d}{\lambda}\sin\theta_i}\mathrm{e}^{-\mathrm{j}2\pi(M-1)f_i}\end{bmatrix},\quad i=1,2,\cdots,N \tag{3.121}$$

式中,d 为等距均匀线阵的间距;λ 为波长。

需要注意的是,上式和前面讨论的空时二维导向矢量存在一个维数的差别,主要原因是这里只是按图2.20取了空时二维数据上对角线的数据,而没有取出所有空时二维数据。同样,利用式(3.119)形成数据协方差矩阵,然后进行特征分解也可以得到相应的信号子空间 $\boldsymbol{U}_{\mathrm{S}}$ 和噪声子空间 $\boldsymbol{U}_{\mathrm{N}}$,此时噪声子空间的维数为 $M\times(M-N)$。为便于计算,令

$$z=\mathrm{e}^{-\mathrm{j}2\pi\frac{d}{\lambda}\sin\theta_i}\mathrm{e}^{-\mathrm{j}2\pi f_i} \tag{3.122}$$

此时式(3.121)就可以变形为

$$\boldsymbol{p}(z)=[1\quad z\quad \cdots\quad z^{M-1}]^{\mathrm{T}} \tag{3.123}$$

从而得到此时的空时二维 MUSIC 算法为

$$f(z)=\boldsymbol{p}^{\mathrm{H}}(z)\boldsymbol{U}_{\mathrm{N}}\boldsymbol{U}_{\mathrm{N}}^{\mathrm{H}}\boldsymbol{p}(z) \tag{3.124}$$

很明显上式就是一个关于 z 的多项式,所以将上式归一化后再令 $f(z)=0$ 即可求出多项式的解

$$\hat{z}_i=\mathrm{e}^{-\mathrm{j}2\pi\frac{d}{\lambda}\sin\theta_i}\mathrm{e}^{-\mathrm{j}2\pi f_i} \tag{3.125}$$

由上式就可以得到相应信号的频率和角度,但要注意的是要保证相位是无模

糊的，如果是模糊的，则需要解模糊。另外，由第 2 章的知识可知，上式中的相位在一定的范围之内并不是唯一解(由图 2.23 可知存在多解)，此时就需要利用频率和角度进行分维估计最后确定准确解。

仔细观察一下式(3.124)，可知它其实就是下式的一维搜索 MUSIC 算法：

$$P_{\text{MUSIC}}(\theta,f)=\frac{1}{\boldsymbol{a}_{\text{st}}^{\text{H}}(\theta,f)\boldsymbol{U}_{\text{N}}\boldsymbol{U}_{\text{N}}^{\text{H}}\boldsymbol{a}_{\text{st}}(\theta,f)} \tag{3.126}$$

注意上式中的 $\boldsymbol{a}_{\text{st}}(\theta_i,f_i)$是式(3.121)所示的 M 维的，而不是式(3.99)所示的 MK 维的。只是式(3.126)是通过搜索得到最大值(对应分母最小值)确定真实的解，而式(3.123)则是通过 $f(z)=0$ 求解得到，所以算法本身没有区别，只是求解方式的差别。

如果式(3.122)中 $\theta_i=0$ 或者是一个固定的值，则式(3.124)就是求根的时域 MUSIC 算法；如果式(3.122)中 $f_i=0$ 或者是一个固定的值，则式(3.124)就是求根的空域 MUSIC 算法；而式(3.122)对应的是空时二维的求根 MUSIC 算法。这就意味着可以得到一系列求根方式：

$$f_{\text{MVM}}(z)=\boldsymbol{p}^{\text{H}}(z)\boldsymbol{R}^{-1}\boldsymbol{p}(z) \tag{3.127}$$

$$f_{\text{MEM}}(z)=\boldsymbol{p}^{\text{H}}(z)\boldsymbol{R}^{-1}\boldsymbol{u}_0(\boldsymbol{R}^{-1}\boldsymbol{u}_0)^{\text{H}}\boldsymbol{p}(z),\quad \boldsymbol{u}_0=[1,0,\cdots,0]^{\text{T}} \tag{3.128}$$

$$f_{\text{MUSIC}}(z)=\boldsymbol{p}^{\text{H}}(z)\boldsymbol{W}_{\text{N}}\boldsymbol{W}_{\text{N}}^{\text{H}}p(z),\quad \boldsymbol{W}_{\text{MNM}}=\begin{bmatrix}1\\ \dfrac{\boldsymbol{E}_{\text{N}}\boldsymbol{c}^*}{\boldsymbol{c}^{\text{H}}\boldsymbol{c}}\end{bmatrix},\quad \boldsymbol{U}_{\text{N}}=\begin{bmatrix}\boldsymbol{c}^{\text{T}}\\ \boldsymbol{E}_{\text{N}}\end{bmatrix} \tag{3.129}$$

由于算法本身是没有变化的，只是求解方式的变化，所以求根类算法和一维谱搜索类算法的性能相同，这一点在文献[2]中已经进行了详细的讨论。

另一类求解的方式是旋转不变子空间类算法，其核心思想是利用信号子空间与导向矢量张成的空间是同一个空间，所以

$$\boldsymbol{U}_{\text{S}}=\boldsymbol{A}_{\text{st}}\boldsymbol{T} \tag{3.130}$$

式中，$\boldsymbol{T}$ 是一个唯一的非奇异矩阵。所以要求解导向矢量中的频率和角度，就需要知道 $\boldsymbol{T}$，但这个矩阵是可以通过子阵的方式进行消除的，其思想就是将式(3.119)分为两个子阵，前 $M-1$ 行为子阵 1，后 $M-1$ 行为子阵 2，即可以得到

$$\boldsymbol{U}_{\text{S}}=\begin{bmatrix}\boldsymbol{U}_{\text{S1}}\\ \boldsymbol{U}_{\text{S2}}\end{bmatrix}=\begin{bmatrix}\boldsymbol{A}_{\text{st1}}\boldsymbol{T}\\ \boldsymbol{A}_{\text{st2}}\boldsymbol{T}\end{bmatrix}=\begin{bmatrix}\boldsymbol{A}_{\text{st1}}\boldsymbol{T}\\ \boldsymbol{A}_{\text{st1}}\boldsymbol{\Phi}\boldsymbol{T}\end{bmatrix} \tag{3.131}$$

显然，可以求解得到

$$\boldsymbol{U}_{\text{S2}}=\boldsymbol{U}_{\text{S1}}\boldsymbol{T}^{-1}\boldsymbol{\Phi}\boldsymbol{T}=\boldsymbol{U}_{\text{S1}}\boldsymbol{\Psi} \tag{3.132}$$

解得

$$\boldsymbol{\Psi}=\boldsymbol{U}_{\text{S1}}^{+}\boldsymbol{U}_{\text{S2}} \tag{3.133}$$

由于式(3.132)中的$\boldsymbol{\Phi}$ 是一个只与频率和角度相关的对角阵，所以直接对式(3.133)进行特征分解，其特征值就对应于$\boldsymbol{\Phi}$ 的对角元素，即式(3.122)中的 z，后续的求解就和求根方法一样了，感兴趣的可以参考文献[2]。

显然，如果式(3.130)中的 $\boldsymbol{A}_{st}$ 变成空域阵列流型 $\boldsymbol{A}_s$，则就是空域旋转不变子空间算法；如果 $\boldsymbol{A}_{st}$ 变成时域阵列流型 $\boldsymbol{A}_t$，则就是时域旋转不变子空间算法；而式(3.130)对应的是空时二维的旋转不变子空间算法。

3.5 谱估计中的空时等效性

通过前面的分析可知，在谱估计中空时谱、时域谱和空域谱都是等效的，这种等效的基础是导向矢量的等效性。其中时域谱估计的核心是频率参数估计，所有算法的基础是时域导向矢量；空域谱估计的核心是角度参数估计，所有算法的基础是空域导向矢量；空时二维谱估计的核心是频率与角度二维参数的估计，所有算法的基础是空时二维导向矢量。这种等效性导致了谱估计模型、谱估计算法、算法的准则、算法的实现都具有统一的表达方式，这也较好地体现了谱估计中的空时等效性。可以看出，一方面时域谱估计、空域谱估计都是空时二维谱估计的特例，反过来空时二维谱估计也是时域谱估计和空域谱估计的推广。

本章针对典型的测频和测角算法从两个维度进行了归纳总结：一是从频率测量、空域测量和联合测量的角度介绍了常用的典型算法，这些方法具有通用性，即方法的本质是相通的；二是对每类算法从经典方法、高分辨方法和超分辨方法方面进行了介绍，内容见表 3.1。

表 3.1 空时谱估计算法等效性对比表

项　目	空域模型	时域模型	空时二维模型
数据模型	$\boldsymbol{X}(t)=\boldsymbol{A}_s(\theta)\boldsymbol{S}(t)+\boldsymbol{N}(t)$	$\boldsymbol{X}(t)=\boldsymbol{A}_t(f)\boldsymbol{S}(t)+\boldsymbol{N}(t)$	$\boldsymbol{X}(t)=\boldsymbol{A}_{st}(\theta,f)\boldsymbol{S}(t)+\boldsymbol{N}(t)$
导向矢量	$\boldsymbol{a}_s(\theta)$	$\boldsymbol{a}_t(f)$	$\boldsymbol{a}_s(\theta)\otimes\boldsymbol{a}_t(f)$
变量	阵元数 M，快拍数 L	采样数 L，矩阵阶数 K	阵元数 M，脉冲数 K，快拍数 L
最大信噪比准则	$P_{CBF}(\theta,f)=\boldsymbol{a}^H\boldsymbol{R}\boldsymbol{a}$		
最小均方准则	$P_{MEM}=\dfrac{1}{\Vert\boldsymbol{a}^H\boldsymbol{R}^{-1}\boldsymbol{u}_0\Vert^2}$, $P_{FLP}=\dfrac{1}{\boldsymbol{a}^H\boldsymbol{W}\boldsymbol{W}^H\boldsymbol{a}}$		
最小方差准则	$P_{MVM}=\dfrac{1}{\boldsymbol{a}^H\boldsymbol{R}^{-1}\boldsymbol{a}}$		
最小模准则	$P_{MNM}=\dfrac{1}{\boldsymbol{a}^H\boldsymbol{W}_N\boldsymbol{W}_N^H\boldsymbol{a}}$		
子空间正交	$P_{MUSIC}=\dfrac{1}{\boldsymbol{a}^H\boldsymbol{U}_N\boldsymbol{U}_N^H\boldsymbol{a}}$		
最大似然准则	$\{\theta,f\}_{DML}=\min\{\mathrm{tr}\{\boldsymbol{P}_{\boldsymbol{A}_{st}}^{\perp}\boldsymbol{R}\}\}=\max\{\mathrm{tr}\{\boldsymbol{P}_{\boldsymbol{A}_{st}}\boldsymbol{R}\}\}$		

续表

项　目	空域模型	时域模型	空时二维模型
算法自由度	M	K	MK
滤波器	空域滤波：对空间某角度信号的增强或抑制	频域滤波：对某频率点信号的增强或抑制	空时二维滤波：对特定角度及频率信号的增强或抑制
测量参数	角度	频率	角度和频率
求解实现	一维搜索、求解	一维搜索、求解	多维搜索、求解

对于表3.1进行下述说明。

(1) 算法的自由度具有等效性。表中的时域矩阵阶数 K，其实就是测量频率时构造矩阵的维数，它和时域导向矢量的维数是对应的，需要满足大于等于信号源数 N，它对应空时二维模型中的脉冲数和阵元数的乘积，也对应空域中的阵元数。这也说明不管是空域、时域还是空时域，都需要满足算法的自由度大于等于信号源数。

(2) 算法对采样数的要求具有等效性。算法自由度中不管是时域的阶数 K、空域的阶数 M，还是空时域的阶数 MK，通常情况下都需要满足快拍数或采样数 L 大于2～3倍的算法的自由度，这是为了确保形成的协方差矩阵不出现奇异。从这一点上也可以看出，空域、时域和空时域算法中对采样数据的统计特性是有一定的要求的，相对来说对空域和时域的要求要宽松一些，对空时域算法的要求则更高，即2～3倍的 MK。

(3) 算法具有空时等效性。从算法的角度也可以看出，这些算法在空域、时域或者空时域具有相同的表达形式，无非是三种形式：一是协方差矩阵的直接处理，如CBF、ML算法；二是协方差矩阵的逆处理，如MVM、MEM算法；三是子空间的应用，如MUSIC、MNM、ESPRIT算法。这些算法均是在相应的准则条件下推导出来的，其物理意义具有类比性。

(4) 分辨率的门限也具有等效性。时域处理中最经典的DFT算法、空域中的CBF算法和空时域中的CBF算法三者是完全等效的，它们虽然在不同的域中，但都没有突破瑞利限的限制，即时域中的算法没有突破傅里叶限的限制，空域算法没有突破空间波束宽度的限制，而空时域中则既没有突破傅里叶限的限制，也没有突破波束宽度的限制。

(5) 多维拓展也具有等效性。空域处理中如果需要测量俯仰角，则对于空域处理的算法本身就是方位角 θ 和俯仰角 φ 的二维估计问题，此时的导向矢量需更改为 $\boldsymbol{a}(\theta,\varphi)$，此时的空时二维估计就会涉及三个参数：方位角、俯仰角和频率，导向矢量更改为 $\boldsymbol{a}(\theta,\varphi,f)$。

(6) 多维搜索算法的求解也具有等效性。最大似然算法虽然是在最大似然准则下推导出来的算法，但它可以看成是CBF算法在多维域的推广。这个推广不仅解决了相干信号源的估计问题，而且其性能优越，但缺点就是运算量巨大。因此DML、WSF和多维MUSIC算法等多维搜索算法均涉及一个多维优化的问题，这个问题其实是一个数学问题，所以数学中涉及的最优化算法均能在这里得到运用，如遗传算法、模拟退火算法、神经网络等。

空时谱估计算法的等效性也为算法的相互转化提供了方便，以求根MUSIC算法为例，它可以推广到空域或时域所有的基于等距均匀线阵的算法中，如求根MNM、求根CBF、求根MVM和求根MEM等，也可以推广到虚拟变换后的等距均匀线阵中，如模式空间变换的求根算法等。另外，旋转不变子空间算法可以推广到时域和空时二维域中，这种旋转不变性也可以用于阵列误差校正及四阶累积量等特殊场合；WSF算法可以退化成加权一维信号子空间搜索算法，也可以通过求根实现变成求根加权信号子空间算法。空间谱也可进一步推广到阵元波束混合域进行角度估计，时域谱可推广到时间频率混合域进行频率估计，空时二维谱可在阵元、波束及时间、频率混合域进行角度和频率联合估计。

3.6 小结

谱估计是信号处理中参数估计的重要手段，也是信号处理中的核心内容之一，本章从时域谱、空域谱和空时二维谱三个方面对典型的谱估计算法进行了总结和梳理，通过研究可以发现：空时二维谱估计具有等效性，这种等效不仅可以统一所有的谱估计模型、准则、算法和实现，反过来也可以为推导新的方法提供途径。从空时二维谱估计算法的角度分析可以看出，空时二维模型可以完全包含空域模型和时域模型，其核心是空时二维导向矢量，它本身就是由空域导向矢量和时域导向矢量构成的；从空时二维谱估计算法的角度来看，算法求解基本上分为三大类，即一维搜索类算法、多维搜索类算法和求解类算法。其中，一维搜索类算法是通过参数的一维搜索来实现的，多维搜索类算法通过参数的多维搜索来实现，而求解类算法则通过构造多项式或特殊的旋转不变结构来进行求解。从空时二维谱估计准则角度看，最常用的准则包括最大信噪比准则、最大似然准则、最小方差准则、最小均方准则等。从空时二维谱估计实现的角度来看，可以通过一维搜索、多维搜索和求解方法来实现，其实质是在准则约束条件下的最优化求解，所以数学中的一些优化求解方法在这里都可以得到应用，如高斯-牛顿法、最小二乘解、遗传算法等。

第4章 空时自适应处理

在信号处理中，滤波器的作用就是滤除或抑制不感兴趣的信号，保留或增强感兴趣的信号。在设计滤波器时，通常要求信号和噪声的统计特性是已知的，从而得到在此条件下的最佳滤波器，如维纳滤波器和卡尔曼滤波器。但在许多情况下，这些统计特性是时变的，所以采用某一时刻统计特性下的固定滤波器来处理时变统计特性的信号就不可能得到很好的效果，此时就需要采用自适应滤波器。现代信号处理中的自适应滤波器分为三大类：一是自适应滤波器，即传统意义上的时域自适应滤波，也就是利用时间序列进行自适应权值计算，从而滤除某些频率点上的干扰信号，其核心是频域滤波器设计；二是自适应阵列，即传统意义上的空域自适应滤波，也就是利用空间阵列进行自适应权值计算，从而滤除某些方向上的干扰信号，其核心是空域滤波器设计；三是空时自适应滤波，即同时利用空间阵列和时间序列进行自适应权值计算，从而滤除某方向上特定频率的干扰或杂波，其核心是空时二维滤波器的设计。本章从空时等效的角度探讨这三类自适应滤波器。

4.1 时间域自适应处理

最常用的时间域自适应处理就是如图 4.1 所示的最小均方误差的自适应滤波结构。从图中可知，这种结构就是一个 AR 滤波器，其原理图和图 3.4 是一致的。不同点在于图 4.1 中的权值是随时间变化的，而图 3.4 的权值是直接计算出来的，是不变的。

假设某一个特定时刻，一个输入序列为 $u(n), u(n-1), \cdots, u(n-M+1), u(n-M)$，其中 $u(n)$是要得到的期望数据，则 $u(n)$的估计值为

$$\hat{u}(n)=\sum_{k=1}^{M} w_k^* u(n-k)=\boldsymbol{W}^{\mathrm{H}}\boldsymbol{u}(n) \tag{4.1}$$

式中，当前时刻的数据矢量 $\boldsymbol{u}(n)=[u(n-1) \quad u(n-2) \quad \cdots \quad u(n-M)]^{\mathrm{T}}$；当前时刻计算得到的自适应权矢量 $\boldsymbol{W}=[w_1^* \quad w_2^* \quad \cdots \quad w_M^*]^{\mathrm{T}}$。

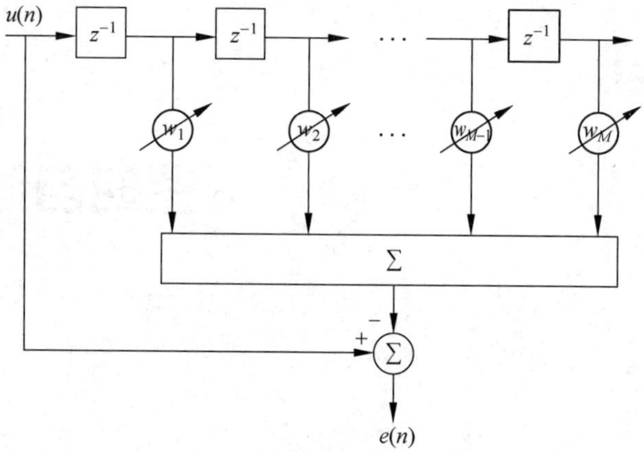

图 4.1 时间域最小均方误差自适应原理图

定义当前时刻的协方差矩阵和互相关矢量分别为

$$\boldsymbol{R}(n)=E[\boldsymbol{u}(n)\boldsymbol{u}^{\mathrm{H}}(n)],\quad \boldsymbol{r}(n)=E[\boldsymbol{u}(n)u^{*}(n)] \tag{4.2}$$

式中，$E[\cdot]$表示统计平均。

则按照 3.2.2 节的推导，可以得到当前时刻最小均方误差意义下的最优权矢量为

$$\boldsymbol{W}(n)=\boldsymbol{R}^{-1}(n)\boldsymbol{r}(n) \tag{4.3}$$

仔细对比上式和式(3.22)可以发现：两者的表达形式其实是一样的，均为数据自相关矩阵与互相关矢量的乘积。只是自适应滤波时，强调的是当前时刻输入数据矢量的自相关矩阵与当前时刻互相关矢量的乘积，即下一个时刻，$\boldsymbol{R}$ 和 $\boldsymbol{r}$ 均已发生了变化，即

$$\boldsymbol{R}(n+1)=E[\boldsymbol{u}(n+1)\boldsymbol{u}^{\mathrm{H}}(n+1)] \tag{4.4}$$

$$\boldsymbol{r}(n+1)=E[\boldsymbol{u}(n+1)u^{*}(n+1)] \tag{4.5}$$

其中，输入数据变成了 $\boldsymbol{u}(n+1)=[u(n)\quad u(n-1)\quad \cdots\quad u(n-M+1)]^{\mathrm{T}}$。

所以下一时刻的最小均方误差意义下的最优权矢量为

$$\boldsymbol{W}(n+1)=\boldsymbol{R}^{-1}(n+1)\boldsymbol{r}(n+1) \tag{4.6}$$

整个阵列的权为

$$\boldsymbol{W}_{\mathrm{LMS}}(n+1)=\begin{bmatrix}1\\-\boldsymbol{W}(n+1)\end{bmatrix} \tag{4.7}$$

除了图 4.1 所示的时间域最小均方自适应结构外，和图 3.7 对应，时间域自适应也可以采用最小方差自适应结构，如图 4.2 所示。此图和图 3.7 的不同点在于其权值是随时间变化的，而图 3.7 的权值是直接计算出来的，是不变的。图 4.2 和图 4.1 的不同点是前者所有的数据均参与自适应权值运算，而图 4.1 是部分数据参与自适应权值运算，且有部分数据(图中是 $u(n)$)作为参考数据作对消运算。

按第 3 章的方法可以很容易地求出图 4.2 的最优权表示形式

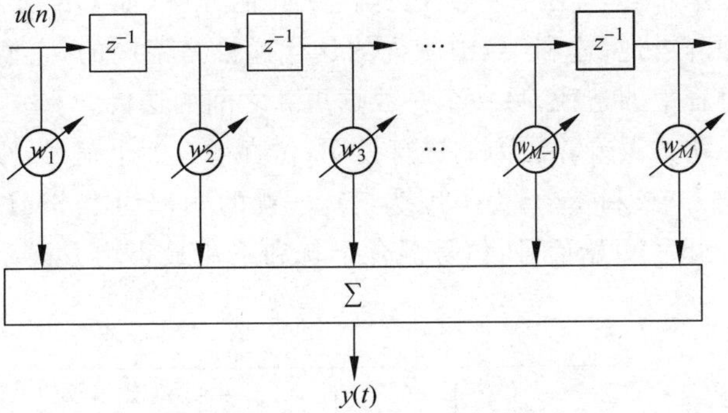

图 4.2 时间域最小方差自适应原理图

$$\boldsymbol{W}_{\mathrm{MVM}}(n)=\mu \boldsymbol{R}^{-1}(n)\boldsymbol{a}_{\mathrm{t}}(f_0) \tag{4.8}$$

其中,常数为

$$\mu=\frac{1}{\boldsymbol{a}_{\mathrm{t}}^{\mathrm{H}}(f_0)\boldsymbol{R}^{-1}(n)\boldsymbol{a}_{\mathrm{t}}(f_0)} \tag{4.9}$$

通过上述分析可以得到以下结论。

(1) 最小均方误差下的自适应权为

$$\boldsymbol{W}_{\mathrm{LMS}}=\begin{bmatrix}1\\-\boldsymbol{R}^{-1}\boldsymbol{r}\end{bmatrix} \tag{4.10}$$

上式中权的核心有两个:一是数据协方差矩阵的逆与互相关矢量的乘积;二是对消,主要体现在负号上,即期望信号数据与自适应后的输出数据相减。这里的互相关矢量是指当前数据矢量与期望信号的乘积,期望信号通常情况下可以直接取 $u(n)$,图 4.1 中权矢量维数为 $M+1$,其第一个元素值为 1。

(2) 最小方差意义下的自适应权为

$$\boldsymbol{W}_{\mathrm{MVM}}(n)=\mu \boldsymbol{R}^{-1}\boldsymbol{a}_{\mathrm{t}}(f_0) \tag{4.11}$$

即数据协方差矩阵的逆与时域导向矢量的乘积,这里的时域导向矢量见式(3.7),图 4.2 中权矢量维数为 M。

(3) 自适应滤波器的核心是在某一准则下求权矢量,其表达式很简单,但其实现过程有很多方法,如文献[20]中的最陡下降法、LMS 算法、RLS 算法、LS 算法等,这些方法通常是采用迭代递推来实现的,即通过找出 $\boldsymbol{W}(n+1)$ 和 $\boldsymbol{W}(n)$ 之间的关系进行递推,在此过程中输入数据自身随着新时刻的到来需要更新,所以还存在一个遗忘因子的问题。递推算法的优劣通常用收敛速度和精度来衡量。

(4) 除了采用递推方法之外,也可以采用直接计算式(4.7)和式(4.8)的方法来实现,称为直接计算法。显然,直接计算时需要涉及协方差矩阵的求逆,所以对协方差矩阵是有一定条件约束的,即要求这个矩阵是可以直接求逆的。通常情况下,在式(3.6)的模型下,这一条件是可以满足的,此时得到的协方差矩阵通常是正定的 Hermite 矩阵。如果不满足,则需要对协方差矩阵进行处理,如对角加载等。

(5) 直接计算方法中,还有一类用迭代或其他分解(如 QR 分解)的方法来代替直接协方差矩阵求逆,这和(3)中所说的迭代递推是不同的,它们一个是当前协方差矩阵求逆过程中的迭代,另一个是数据更新之间的迭代。

下面以最小均方误差算法为例进行说明,仿真中有 2 个信号,距离门为 300 和 500,幅度值分别为 10 和 7,干扰强度为 20,干扰的频率为 0.5MHz,采样频率为 2MHz,图 4.3 给出了原始信号、信号混合干扰和采用最小均方误差算法对消后的信号波形图。

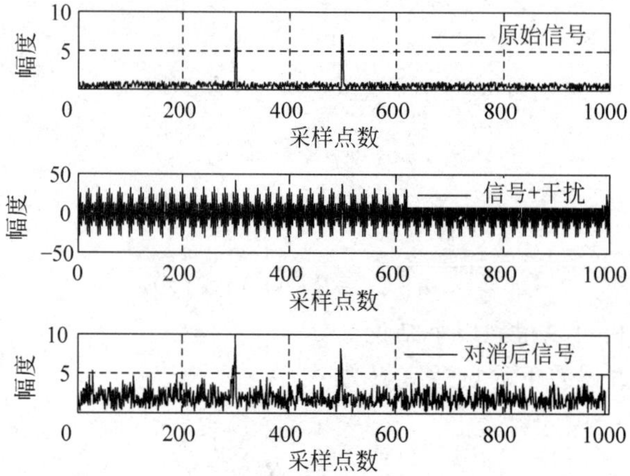

图 4.3 最小均方误差时间域自适应算法对消波形图

图 4.4 给出了 1~4 个干扰时对消滤波器的频域响应图,其中左图干噪比为 20dB,右图干噪比为 30dB。图中所示分别为干扰频率为 0.5MHz、0.6MHz、1.5MHz 和 1.2MHz 的情况。

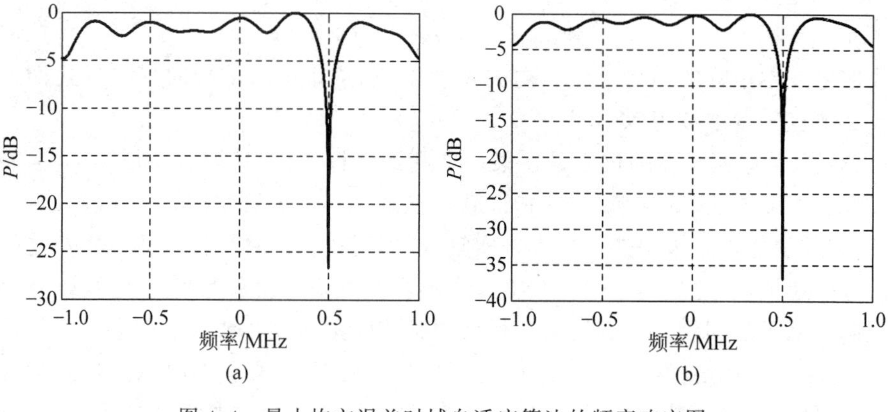

图 4.4 最小均方误差时域自适应算法的频率响应图

(a) 1 个干扰,干噪比为 20dB; (b) 1 个干扰,干噪比为 30dB; (c) 2 个干扰,干噪比为 20dB; (d) 2 个干扰,干噪比为 30dB; (e) 3 个干扰,干噪比为 20dB; (f) 3 个干扰,干噪比为 30dB; (g) 4 个干扰,干噪比为 20dB; (h) 4 个干扰,干噪比为 30dB

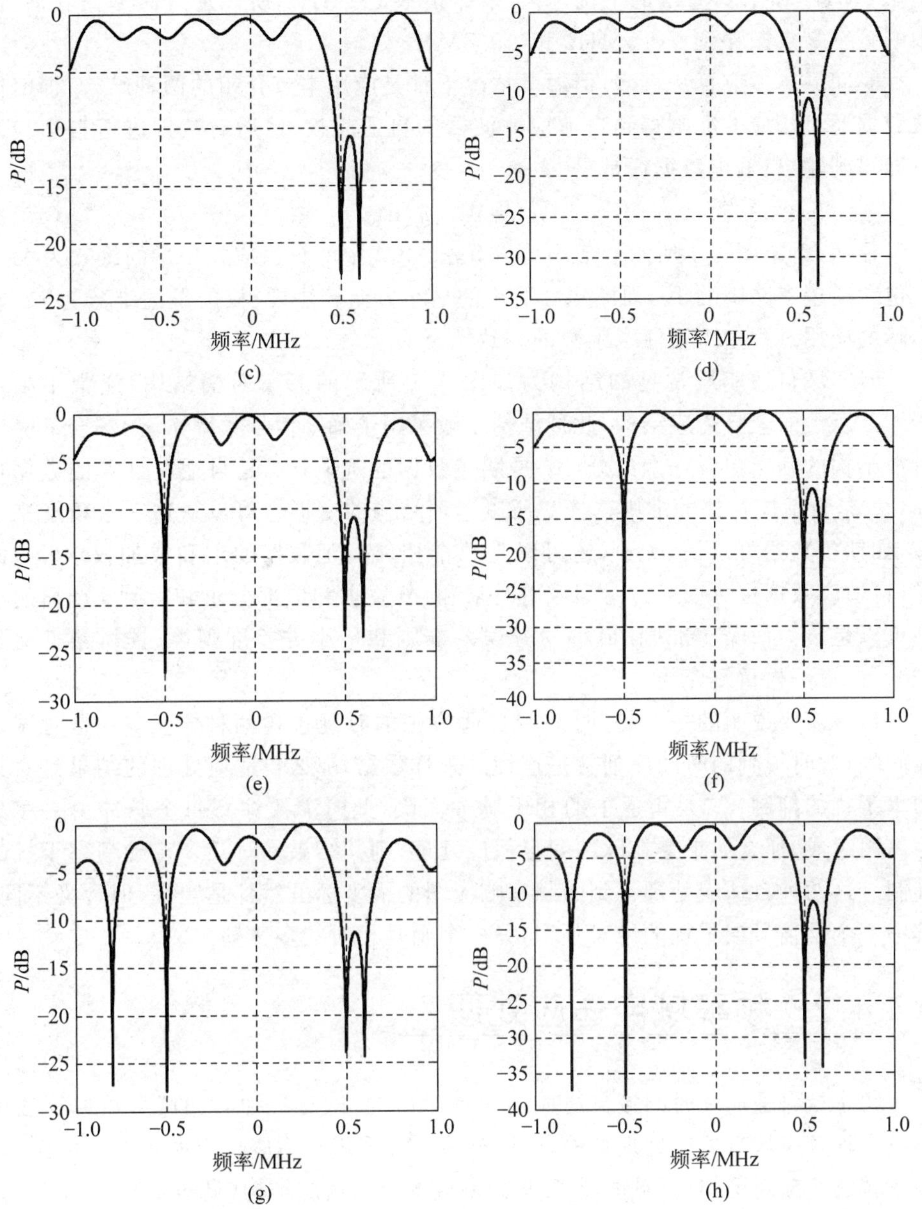

图 4.4(续)

从图 4.3 和图 4.4 中可以看出：①采用时间域自适应对消均可以实现干扰的对消，但对消的前提是信号与干扰的频率不一样，且频率差大于一定的带宽；②随着干扰强度的增加，频域滤波器的零点深度会自动加深，用于对消干扰，但总的来说干扰增多后对消后的干扰剩余通常也会增多，即对消后的信噪比会变低，所以衡量干扰对消的指标除了零点深度外，还要考虑对消剩余，可以参见文献[3]；③对于 1.5MHz 和 1.2MHz 的干扰，由于采样频率是 2MHz，所以通过频率搬移后，图中的频率零点搬移到−0.5MHz 和−0.8MHz 处。

时间域自适应算法很多，但通常情况下都是应用本节介绍的两种结构，即时间域数据通过相应的准则得到自适应滤波器的自适应权，然后对数据进行自适应滤波即得到输出，输出数据通常是

$$y(n)=\boldsymbol{W}^{\mathrm{H}}(n)\boldsymbol{u}(n) \tag{4.12}$$

显然，对于图 4.1 所示的最小均方算法，上式中的自适应权矢量的维数为 $M+1$(包含期望支路中的 1)，而图 4.2 所示的最小方差算法中，权矢量的维数为 M，在实际的应用过程中需要注意维数的一致性。

时间域自适应最常见的结构为如图 4.1 所示的旁瓣对消结构，通常不采用图 4.2 所示的全自适应结构，此种结构一般只用于确知信号频率 f_0 的场合。旁瓣对消结构的确定包含三个部分：一是期望数据的选取；二是自适应计算的数据选择；三是自适应算法的准则选择。所以这种结构的变形也可以从这三个角度来考虑，如期望数据可以是 $u(n)$，还可以是几个相邻时延数据的求和或加权求和；同样，自适应数据也可以通过时间域滑窗求和、分块求和或部分求和得到；选择的准则可以是最大信噪比准则、最小均方误差准则和最小方差准则等，具体参见文献[20]，这里不再重复介绍。

最后需要说明的一点是，时间域自适应中的时延包含两种含义：一是时域采样间隔，此时得到的时间序列就是连续的采样数据，那么自适应处理的结果是对某频率干扰的抑制；二是雷达中的相干脉冲间隔，此时需要注意每个脉冲由一序列距离门组成，那么如果是在脉冲间自适应处理，则其结果是对某多普勒频率干扰的抑制。这两种自适应处理得到的频率响应图的横坐标虽然都是频率，但含义不同，其中一个是信号或干扰的绝对频率，另一个则是相对的多普勒频率。

4.2 频率域自适应处理

频率域自适应和时间域自适应通常是对应的，即有一种时间域自适应算法就对应一种频率域自适应处理算法，所以整体上频率域自适应也有两种对应的结构：频率域的旁瓣对消结构(见图 4.5)和频率域的全自适应结构(见图 4.6)。

频率域和时间域的区别在于：频率域自适应需要对时间域数据作离散傅里叶变换，然后再进行相应的自适应处理，且通常是按频率通道进行处理。其中频域的旁瓣对消结构中需要选择信号所在的通道作为期望信号，如果不知道信号的频率，就需要按顺序将所有的频率通道处理一遍。

图 4.5 和图 4.6 中均是将时间域数据 $\boldsymbol{u}(n)=[u(n)\quad u(n-1)\quad\cdots\quad u(n-M)]^{\mathrm{T}}$ 进行 K 点离散傅里叶变换。下面以图 4.6 为例进行说明，这里采用最小方差约束，即

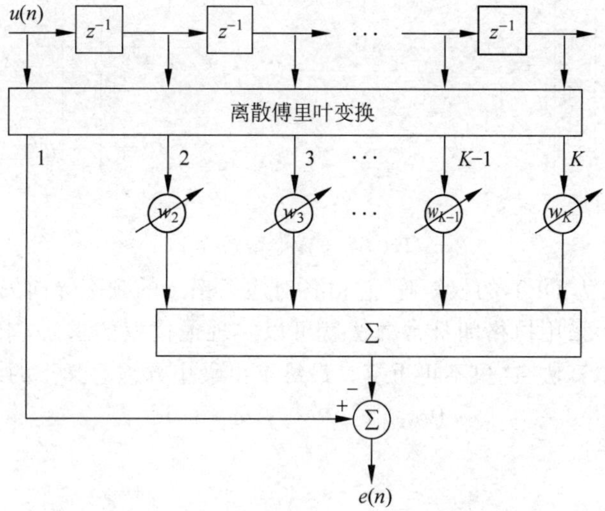

图 4.5 频率域最小均方误差自适应结构

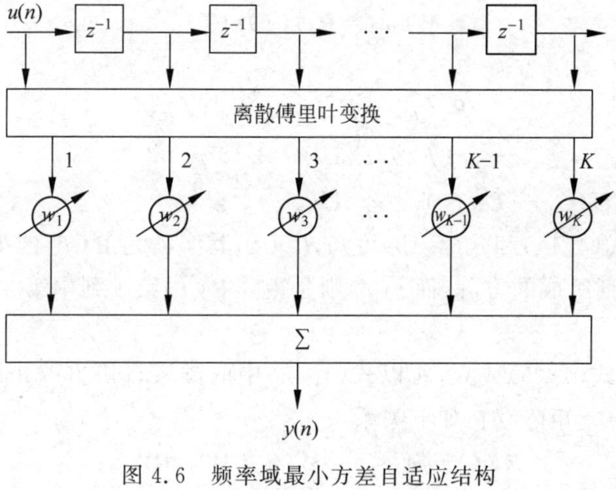

图 4.6 频率域最小方差自适应结构

$$\begin{cases} \min\limits_{\boldsymbol{W}} \boldsymbol{W}^{\mathrm{H}} \boldsymbol{R}(f) \boldsymbol{W} \\ \boldsymbol{W}^{\mathrm{H}} \boldsymbol{a}_{\mathrm{t}}(f_0) = 1 \end{cases} \tag{4.13}$$

式中，f_0 是已知信号的频率。上述约束的物理意义就是保证来自某频率的信号能够被正确接收，而其他频率的信号或干扰被完全抑制。这里的协方差矩阵为频域自协方差矩阵

$$\boldsymbol{R}(f) = E[\boldsymbol{U}(f)\boldsymbol{U}^{\mathrm{H}}(f)] \tag{4.14}$$

式中，$\boldsymbol{U}(f) = [U(f_1) \quad U(f_2) \quad \cdots \quad U(f_K)]^{\mathrm{T}}$，这里的 $U(f_i)$ 表示经 DFT 后，第 i 个频率通道的数据。由式(3.10)可得

$$\begin{bmatrix} U(0) \\ U(1) \\ \vdots \\ U(K-1) \end{bmatrix} = \begin{bmatrix} 1 & 1 & \cdots & 1 \\ e^{j2\pi \cdot 1 \cdot \frac{0}{K}} & e^{j2\pi \cdot 1 \cdot \frac{1}{K}} & \cdots & e^{j2\pi \cdot 1 \cdot \frac{K-1}{K}} \\ \vdots & \vdots & \ddots & \vdots \\ e^{j2\pi(K-1) \cdot \frac{0}{K}} & e^{j2\pi(K-1) \cdot \frac{1}{K}} & \cdots & e^{j2\pi(K-1) \cdot \frac{K-1}{K}} \end{bmatrix}^{\mathrm{H}} \begin{bmatrix} u(n) \\ u(n-1) \\ \vdots \\ u(n-K+1) \end{bmatrix}$$

即这里的数据满足下式：

$$\boldsymbol{U}(f) = \boldsymbol{W}_{\mathrm{DFT}}^{\mathrm{H}} \boldsymbol{u}(n) \tag{4.15}$$

式中，$\boldsymbol{W}_{\mathrm{DFT}}$ 定义为 DFT 的权矩阵，它由各对应频率点的频率导向矢量构成。

对式(4.13)采用拉格朗日常数法就可以实现最优权的求解，求解过程同频率测量的最小方差算法，这里不再重复。最终求出最小方差意义下的最优权

$$\boldsymbol{W}_{\mathrm{MVM}} = \mu \boldsymbol{R}^{-1}(f) \boldsymbol{a}_{\mathrm{t}}(f_0) \tag{4.16}$$

其中，常数为

$$\mu = \frac{1}{\boldsymbol{a}_{\mathrm{t}}^{\mathrm{H}}(f_0) \boldsymbol{R}^{-1}(f) \boldsymbol{a}_{\mathrm{t}}(f_0)} \tag{4.17}$$

同理，可以得出图 4.5 的最优自适应权为

$$\boldsymbol{W}(n) = \boldsymbol{R}_1^{-1}(f) \boldsymbol{r}(f) \tag{4.18}$$

式中

$$\boldsymbol{R}_1(f) = E[\boldsymbol{U}_1(f) \boldsymbol{U}_1^{\mathrm{H}}(f)] \tag{4.19a}$$

$$\boldsymbol{r}(f) = E[\boldsymbol{U}_1(f) \boldsymbol{U}^*(f_1)] \tag{4.19b}$$

其中，$\boldsymbol{U}_1(f) = [U(f_2) \quad U(f_3) \quad \cdots \quad U(f_K)]^{\mathrm{T}}$。

仔细观察式(4.14)和式(4.19)可知，$\boldsymbol{R}_1(f)$其实就是$\boldsymbol{R}(f)$的第 2 至第 K 行，及第 2 至第 K 列组成的方阵，而$\boldsymbol{r}(f)$则是矩阵$\boldsymbol{R}(f)$第 1 列中第 2 至第 K 行元素组成的矢量。

另外，由于式(4.15)成立，所以式(4.16)中的频域自协方差矩阵和式(4.2)中的时间域自协方差矩阵存在如下关系：

$$\boldsymbol{R}(f) = \boldsymbol{W}_{\mathrm{DFT}}^{\mathrm{H}} \boldsymbol{u}\boldsymbol{u}^{\mathrm{H}} \boldsymbol{W}_{\mathrm{DFT}} = \boldsymbol{W}_{\mathrm{DFT}}^{\mathrm{H}} \boldsymbol{R} \boldsymbol{W}_{\mathrm{DFT}} \tag{4.20}$$

由式(3.42)可知，理想情况下的时间域自协方差矩阵为

$$\boldsymbol{R} = \boldsymbol{A}_{\mathrm{t}}(f) \boldsymbol{R}_{\mathrm{ss}} \boldsymbol{A}_{\mathrm{t}}^{\mathrm{H}}(f) + \sigma^2 \boldsymbol{I}$$

式中，$\boldsymbol{R}_{\mathrm{ss}}$ 为信号协方差矩阵。所以式(4.20)可变化为

$$\begin{aligned} \boldsymbol{R}(f) &= \boldsymbol{W}_{\mathrm{DFT}}^{\mathrm{H}} (\boldsymbol{A}_{\mathrm{t}}(f) \boldsymbol{R}_{\mathrm{ss}} \boldsymbol{A}_{\mathrm{t}}^{\mathrm{H}}(f) + \sigma^2 \boldsymbol{I}) \boldsymbol{W}_{\mathrm{DFT}} \\ &= \boldsymbol{W}_{\mathrm{DFT}}^{\mathrm{H}} \boldsymbol{A}_{\mathrm{t}}(f) \boldsymbol{R}_{\mathrm{ss}} \boldsymbol{A}_{\mathrm{t}}^{\mathrm{H}}(f) \boldsymbol{W}_{\mathrm{DFT}} + \sigma^2 \boldsymbol{W}_{\mathrm{DFT}}^{\mathrm{H}} \boldsymbol{W}_{\mathrm{DFT}} \\ &= \boldsymbol{B}(f) \boldsymbol{R}_{\mathrm{ss}} \boldsymbol{B}^{\mathrm{H}}(f) + \sigma^2 \boldsymbol{I} \end{aligned} \tag{4.21}$$

式中，利用了 $\boldsymbol{W}_{\mathrm{DFT}}$ 的正交特性，其中变换后的流型矩阵为

$$\begin{aligned} \boldsymbol{B}(f) &= [\boldsymbol{b}(f_0) \quad \boldsymbol{b}(f_1) \quad \cdots \quad \boldsymbol{b}(f_{K-1})] \\ &= [\boldsymbol{W}_{\mathrm{DFT}}^{\mathrm{H}} \boldsymbol{a}_{\mathrm{t}}(f_0) \quad \boldsymbol{W}_{\mathrm{DFT}}^{\mathrm{H}} \boldsymbol{a}_{\mathrm{t}}(f_1) \quad \cdots \quad \boldsymbol{W}_{\mathrm{DFT}}^{\mathrm{H}} \boldsymbol{a}_{\mathrm{t}}(f_{K-1})] \end{aligned} \tag{4.22}$$

式中，$\boldsymbol{b}(f)$称为 DFT 后的导向矢量。

下面以全自适应为例进行说明。图 4.7 给出了频域自适应滤波器的响应图，仿真中干扰强度为 20dB，采样频率为 2MHz，1～4 个干扰时的干扰频率分别为 1.6MHz、1.4MHz、0.6MHz 和 0.55MHz。

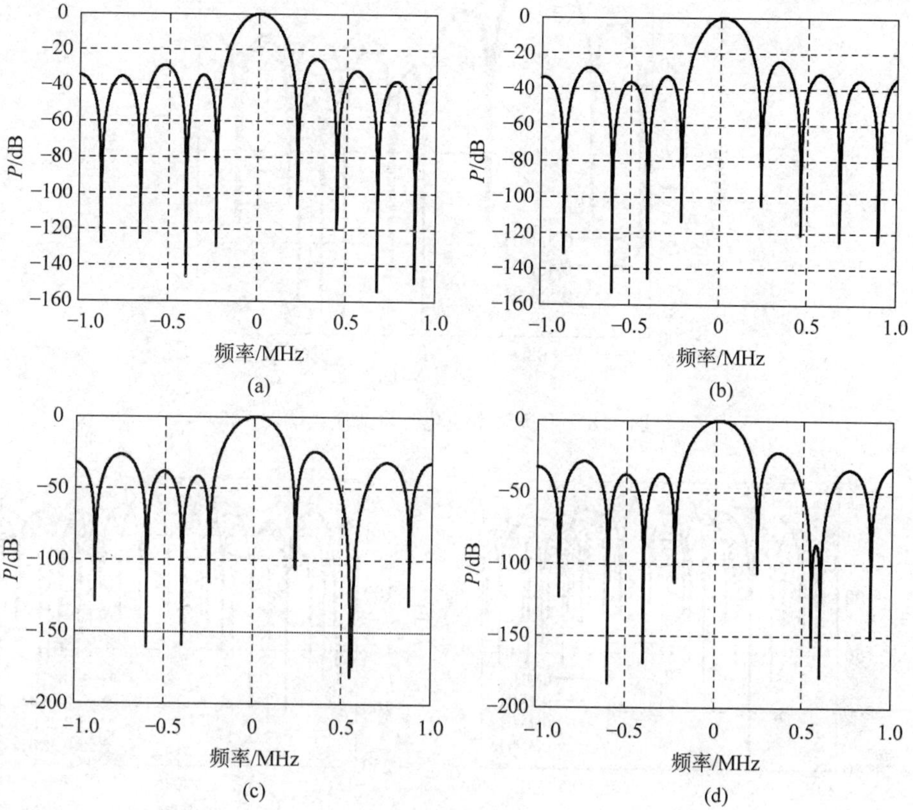

图 4.7 最小方差频率域自适应频响图

(a) 1 个干扰；(b) 2 个干扰；(c) 3 个干扰；(d) 4 个干扰

从图 4.7 中可以明显看出，信号的频率指向为零频时，随着干扰数的增加，自适应的频率响应图均能在干扰对应的频率方向形成较深的零点。另外，由于 1.6MHz、1.4MHz 的信号经 2MHz 采样后，得到的模糊信号频率分别为 −0.4MHz 和 −0.6MHz，所以图中的零点出现在模糊频率外。

图 4.8 中的仿真条件同上，只是信号的频率方向指向 1.5MHz(对应图中的 −0.5MHz)，只存在 1 个信号，而干扰存在 2 个，其中 1 个固定在零频，另 1 个则从 0.35MHz、0.45MHz 到 0.55MHz 依次变化。从图中可以明显看出，当信号频率偏离零频时，自适应零点可以随着干扰频率的变化而发生变化。

图 4.9 则给出了干扰频率固定、信号频率变化时的自适应频率响应图。其中图 4.9(a)为 1 个干扰，干扰频率固定为 1.5MHz 时的情况；图 4.9(b)为 2 个干扰，干扰频率固定为 1.4MHz 和 1.6MHz 时的情况(对应的模糊频率分别为

−0.6MHz 和−0.4MHz)。图中信号的频率分别为 0MHz、0.1MHz、0.2MHz、0.3MHz,可见信号频率的变化并不影响在干扰的频率点上形成深的零点。

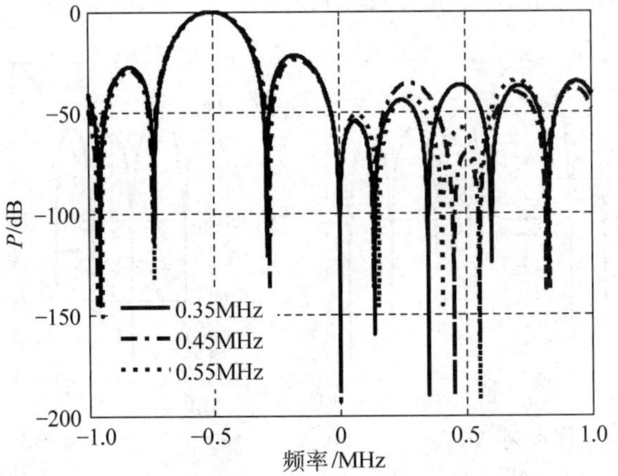

图 4.8 干扰频率变化时自适应频响图

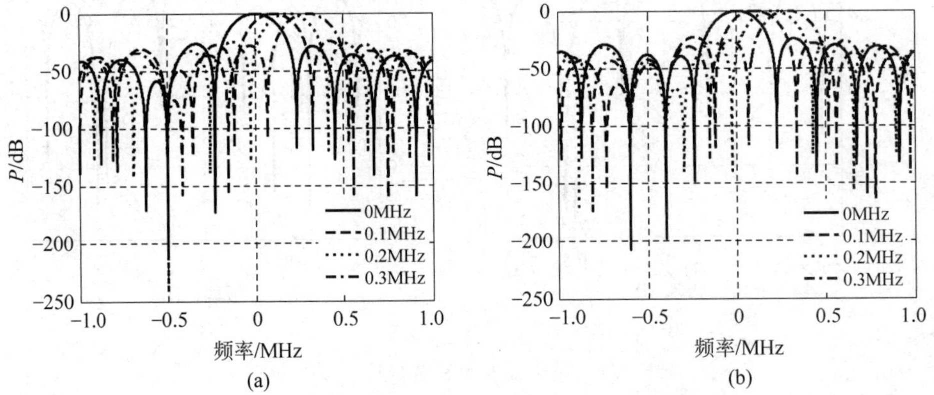

图 4.9 信号频率变化时自适应频响图

(a) 1 个干扰; (b) 2 个干扰

对比图 4.7 和图 4.4 可以发现,同样是自适应处理,由于采用不同的算法,其频率响应图有明显的差别: 图 4.7 中的频率响应图具有频率指向,在信号方向为主瓣,在其他方向为旁瓣,在干扰方向为零点; 而图 4.4 中几乎看不出信号的频率指向,主瓣不明显,差不多都是旁瓣,只在干扰方向形成零点。其实图 4.7 中的主瓣是由导向矢量 $\boldsymbol{a}_t(f_0)$决定的,主瓣的指向是由 f_0 决定的,而图 4.4 中只是采用一个采样通道 $u(n)$作为期望信号,所以其只相当于频率导向矢量中的一个元素,即可以看成一个频率全向的点,所以看不到主瓣。如果在图 4.4 中想看到明显的主瓣和旁瓣,则可以采用几个相邻时延数据的求和或加权求和方法来处理,即将 $u(n)$ 用 $\sum\limits_{i=-m}^{m} u(n-i)$来替代。如图 4.10 的仿真条件同图 4.4(a),只是期望信号

$u(n)$用相邻的 9 个数据的和来替代，干扰的频率为 0.5MHz，左图为不加权，右图为加 1.5MHz 的频率导向矢量(模糊之后指向−0.5MHz)。

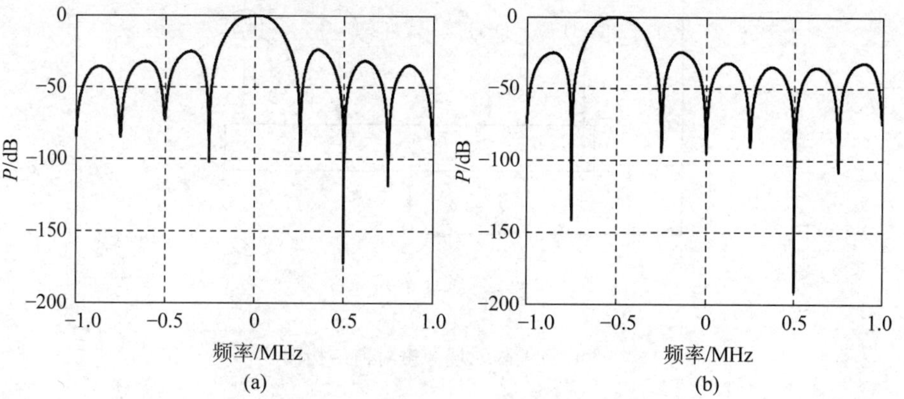

图 4.10　期望求和的时间域自适应频响图

(a) 指向为 0MHz；(b) 指向为 1.5MHz

还需要注意的是，频域的自适应和时间域自适应一样，也存在数据的更新问题。时间域的数据更新通常采用的是时间域滑窗，如当前时刻用的数据是 $u(n-1)$，$u(n-2)$，…，$u(n-M)$，则下一时刻的数据为 $u(n)$，$u(n-1)$，…，$u(n-M+1)$，再下一时刻的数据为 $u(n+1)$，$u(n)$，…，$u(n-M+2)$等；而频域自适应的数据可以是分块的，如当前 M 个数据作为一个块进行 DFT，并分到 K 个频率通道中，此时每个频率通道只有一个数据，下一个时刻则对后 M 个数据组成的块进行 DFT，再得到频率通道的第二个数据，如此循环。所以从上述的分析可以看出，数据的分块可以是重叠的，也可以是不重叠的。由式(4.22)可以看出，频域自适应的一个好处在于可以控制自适应的运算量，即使得变换的点数小于数据块的数量，从而降低协方差矩阵的求逆维数。

4.3　阵元域自适应处理

传统的自适应阵列是阵元域的自适应，即利用空间分布的全向阵元进行自适应处理。通过第 3 章的分析可知，阵元域的自适应处理也有两种基本结构：第一种是旁瓣对消结构；第二种是全自适应结构。

旁瓣对消结构通常利用最小均方误差准则进行求解，如图 4.11 所示，它和图 3.17 的不同点在于加权部分是自适应加权，且是时变的。这里同样选取第 1 个阵元 $\boldsymbol{X}_1(t)$作为期望信号，滤波数据则用第 2 至 M 个阵元数据 $\boldsymbol{X}_2(t)$，$\boldsymbol{X}_3(t)$，…，$\boldsymbol{X}_M(t)$进行处理。

可得辅助阵元的估计值

$$\hat{\boldsymbol{X}}_1(t)=\sum_{k=2}^{M} w_k \boldsymbol{X}_k(t)=\boldsymbol{W}_f^{\mathrm{H}}\boldsymbol{X}_f \tag{4.23}$$

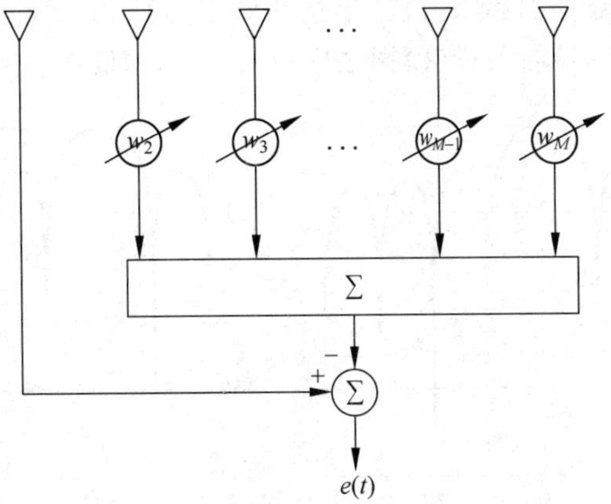

图 4.11 阵元域旁瓣对消结构图

式中，$\boldsymbol{X}_f(t)=[\boldsymbol{X}_2(t) \quad \boldsymbol{X}_3(t) \quad \cdots \quad \boldsymbol{X}_M(t)]^{\mathrm{T}}$ 为数据矩阵；$\boldsymbol{W}_f=[w_2(t) \quad w_3(t) \quad \cdots \quad w_M(t)]^{\mathrm{T}}$ 为自适应权矢量。

显然估计值与真实值之间存在一个误差

$$e(t)=\boldsymbol{X}_1(t)-\hat{\boldsymbol{X}}_1(t)=\boldsymbol{X}_1(t)-\boldsymbol{W}_f^{\mathrm{H}}\boldsymbol{X}_f \tag{4.24}$$

直接套用最小均方误差准则来求解，则得到最优的最小均方误差权矢量

$$\boldsymbol{W}_f=\boldsymbol{R}_f^{-1}\boldsymbol{r}_f \tag{4.25}$$

式中，协方差矩阵和互相关矢量分别为

$$\boldsymbol{R}_f=E[\boldsymbol{X}_f\boldsymbol{X}_f^{\mathrm{H}}], \quad \boldsymbol{r}_f=E[\boldsymbol{X}_f\boldsymbol{X}_1^{\mathrm{H}}] \tag{4.26}$$

所以，阵元域旁瓣对消结构的最优自适应权矢量为

$$\boldsymbol{W}=\begin{bmatrix}1\\-\boldsymbol{W}_f\end{bmatrix}=\begin{bmatrix}1\\-\boldsymbol{R}_f^{-1}\boldsymbol{r}_f\end{bmatrix} \tag{4.27}$$

此时整个阵列的输出为

$$\boldsymbol{Y}(t)=\boldsymbol{W}^{\mathrm{H}}\boldsymbol{X}=\begin{bmatrix}1\\-\boldsymbol{R}_f^{-1}\boldsymbol{r}_f\end{bmatrix}^{\mathrm{H}}\begin{bmatrix}\boldsymbol{X}_1\\\boldsymbol{X}_f\end{bmatrix}=\boldsymbol{X}_1-(\boldsymbol{R}_f^{-1}\boldsymbol{r}_f)^{\mathrm{H}}\boldsymbol{X}_f \tag{4.28}$$

整个阵列的自适应方向图，即空域响应为

$$\boldsymbol{F}(\theta)=\boldsymbol{W}^{\mathrm{H}}\boldsymbol{a}_{\mathrm{s}}(\theta)=\begin{bmatrix}1\\-\boldsymbol{R}_f^{-1}\boldsymbol{r}_f\end{bmatrix}^{\mathrm{H}}\begin{bmatrix}1\\\boldsymbol{a}_{\mathrm{s1}}(\theta)\end{bmatrix}=1-(\boldsymbol{R}_f^{-1}\boldsymbol{r}_f)^{\mathrm{H}}\boldsymbol{a}'(\theta) \tag{4.29}$$

式中，$\boldsymbol{a}_{\mathrm{s1}}(\theta)$为 $\boldsymbol{a}_{\mathrm{s}}(\theta)$的后 $M-1$ 元素构成的列矢量。

对于图 4.12 所示的阵元域的全自适应结构，很多文献(如文献[3])已经详细推导了自适应权值，所以这里只进行简单介绍。最小方差准则情况下的约束条件为

$$\begin{cases}\min\limits_{\boldsymbol{W}}\boldsymbol{W}^{\mathrm{H}}\boldsymbol{R}\boldsymbol{W}\\ \boldsymbol{W}^{\mathrm{H}}\boldsymbol{a}_{\mathrm{s}}(\theta_0)=1\end{cases} \tag{4.30}$$

式中，θ_0 是已知信号的方向。上述约束的物理意义可以这样理解：限定输出的信

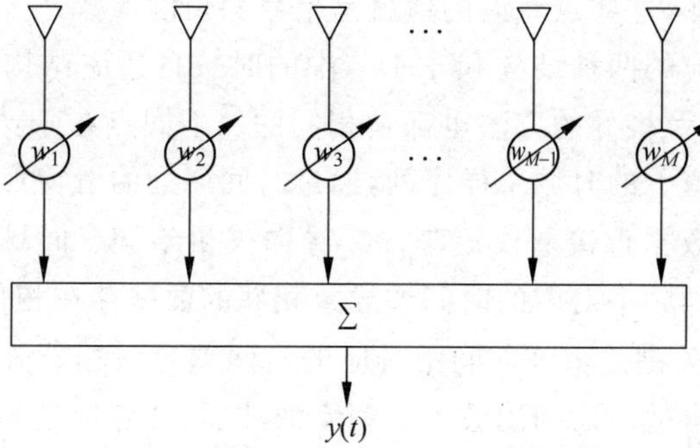

图 4.12 阵元域全自适应结构图

号增益为 1 的情况下，阵列的输出功率最小，从而保证来自 θ_0 方向的信号能够被正确接收且增益恒为 1，而其他方向的干扰被完全抑制。得到的最小方差意义下的最优权

$$\boldsymbol{W}=\mu\boldsymbol{R}^{-1}\boldsymbol{a}_{\mathrm{s}}(\theta_0) \tag{4.31}$$

其中，常数为

$$\mu=\frac{1}{\boldsymbol{a}_{\mathrm{s}}^{\mathrm{H}}(\theta_0)\boldsymbol{R}^{-1}\boldsymbol{a}_{\mathrm{s}}(\theta_0)} \tag{4.32}$$

所以，在最优权矢量下自适应阵列的输出功率为

$$P=\boldsymbol{W}^{\mathrm{H}}\boldsymbol{R}\boldsymbol{W}=\frac{1}{\boldsymbol{a}_{\mathrm{s}}^{\mathrm{H}}(\theta_0)\boldsymbol{R}^{-1}\boldsymbol{a}_{\mathrm{s}}(\theta_0)} \tag{4.33}$$

整个阵列的自适应方向图，即空域响应为

$$\boldsymbol{F}(\theta)=\boldsymbol{W}^{\mathrm{H}}\boldsymbol{a}_{\mathrm{s}}(\theta)=\boldsymbol{a}_{\mathrm{s}}^{\mathrm{H}}(\theta_0)\boldsymbol{R}^{-1}\boldsymbol{a}_{\mathrm{s}}(\theta) \tag{4.34}$$

由上面的分析，再对照第 3 章的角度测量部分，可以发现自适应和角度测量空间谱估计算法结构相同、准则相同，所以推导过程和权的表达式也是相同的。但两者存在一些区别：①数据的时变性不同。自适应阵列的自适应权是时变的，可以是每次快拍数据间变化，也可以是一段时间变化，所以实际应用过程中需要形成数据流。而空间谱的估计则是节拍式的，通常是一个数据块处理一次。②权值更新不同。由于数据的变化会导致权值的更新，这是自适应处理的最大特点，这种更新可以利用当前权值和下一权值之间的关系递推，也可以每次重新计算。而空间谱通常是一次性的计算。③目的不同。自适应处理的目的是在不知道干扰方向的情况下自适应对消掉干扰，这种对消充分体现在式(4.28)中，用期望信号减去辅助通道的加权输出。而空间谱则是估计入射到阵元上所有信号的参数，即包括感兴趣的信号和不感兴趣的干扰(事实上无信号与干扰的区别)。④空域滤波器的利用形式不同。阵元域自适应是利用式(4.29)得到自适应的空域滤波器，从而实现对所有数据的空域自适应滤波。而空间谱则是利用空域滤波器的倒数得到空间入射信号的参数，如式(4.29)和式(3.74)是一对倒数，而式(4.34)和式(3.75)也是一对倒数，其原理就是所有入射的信号在空域滤波器的对应方向上形成了零点，其倒数就

是空间谱的最大值点,这些点对应的值就是信号的角度参数。

将阵元域自适应的两种结构和 4.1 节中的时域自适应结构进行对比,可以发现两者的结构、准则及推导的方法也都是相同的。不同点在于:①输入数据不同。时域是单个空域通道下的时域采样序列,通过时间序列的滑窗形成矩阵,而阵元域是各阵元上的快拍数据直接形成矩阵。②导向矢量不同。时域对应的是 $\boldsymbol{a}_t(f)$,其中的关键是由采样频率对应的时间差导致相邻的数据存在相位差。而空域对应的是 $\boldsymbol{a}_s(\theta)$,其中的关键是由阵元间距对应的时间差导致相邻阵元间存在相位差。③变量不同。时域自适应后的滤波器是频率滤波器,其变量是频率,即使得某些频率的信号增强或抑制。而阵元域自适应滤波器是空域滤波器,其变量是角度,即使得某些角度入射的信号增强或抑制。

从图 4.13 和图 4.14 中可以明显看出,阵元域的自适应处理可以在干扰方向自适应形成比较深的零点,这些零点是自适应的,主要体现在 3 个方面:一是零点的位置随着干扰方向变化而变化;二是零点的数量随着干扰数的增加而增加;三是零点的深度随着干扰的强度增大而变深。

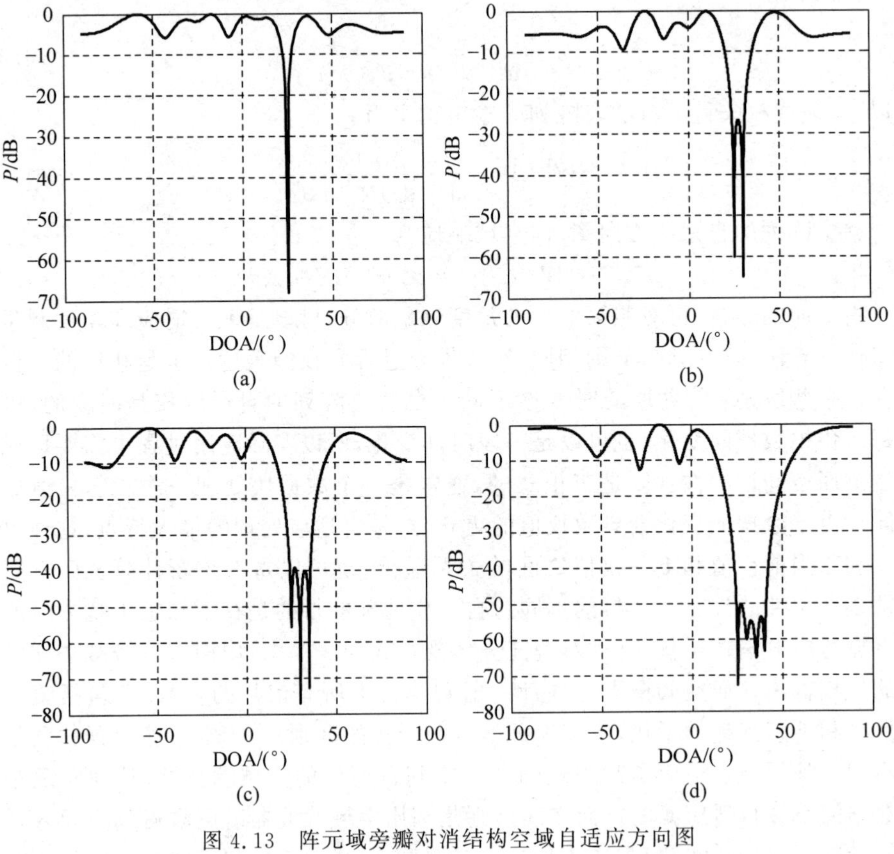

图 4.13 阵元域旁瓣对消结构空域自适应方向图

(a) 1 个干扰;(b) 2 个干扰;(c) 3 个干扰;(d) 4 个干扰

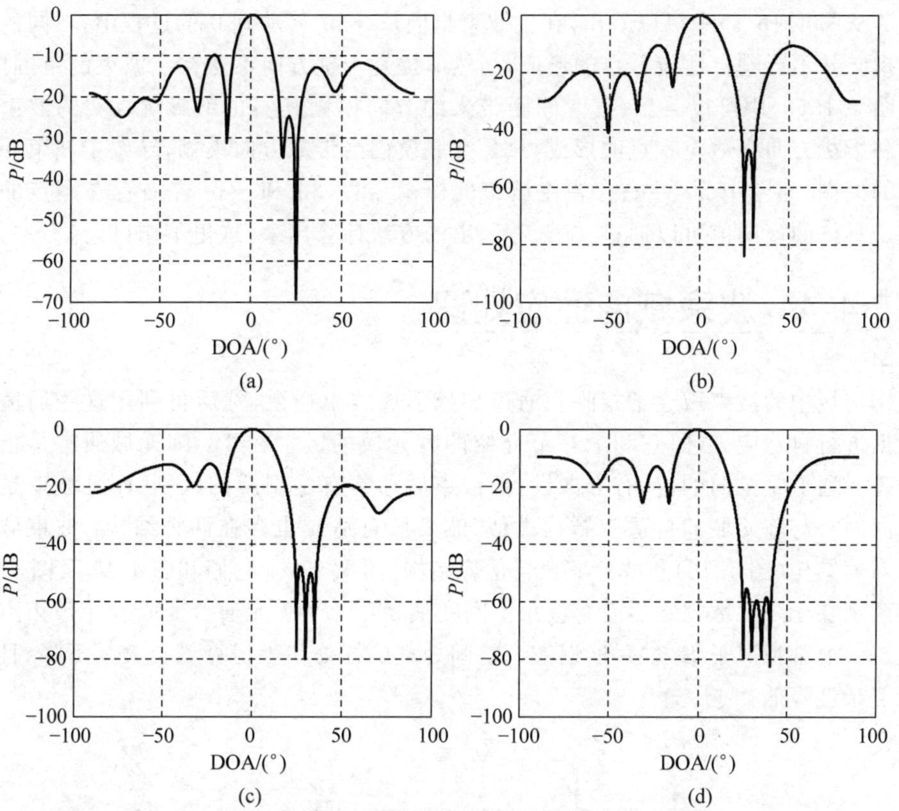

图 4.14　阵元域全自适应结构空域自适应方向图

(a) 1 个干扰；(b) 2 个干扰；(c) 3 个干扰；(d) 4 个干扰

由于图 4.13 的仿真中只采用一个全向阵元作为期望信号，所以其没有方向性，这个特性和图 4.4 相似。图 4.14 中由于 $\theta_0=0°$，所以主波束的指向为 0°。

图 4.15 给出了不同波束指向时的自适应方向图，干扰固定为两个干扰，方向为 25°和 35°，主波束指向分别为 −20°、−15°和 −10°。

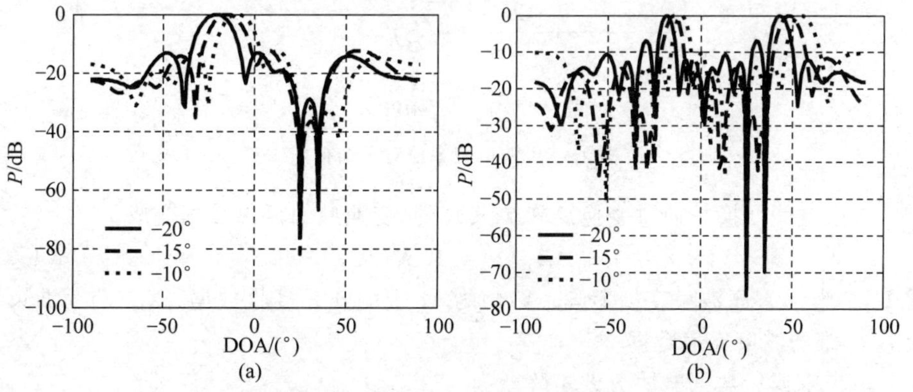

图 4.15　不同波束指向时空域自适应方向图

(a) 阵元间距半波长；(b) 阵元间距 1 倍波长

从图 4.15(a)中可以看出,在主波束指向从$-30°$移动到 0°的过程中,不同的波束指向并不影响自适应零点的形成,当然前提是干扰方向不落在主波束的范围内。从图 4.15(b)中可以看出,阵元间距带来的方向模糊其实也不影响真实的波束指向和干扰方向自适应零点的形成,只是空域模糊会带来方向模糊,导致主波束和零点的模糊,即图中 50°左右存在主波束的模糊,在$-30°$和$-40°$左右存在零点的模糊。具体的模糊值可以通过文献[2]给出的方法计算出来,这里不作讨论。

4.4 波束域自适应处理

空域中的波束域通常指阵元通过加权形成波束通道,然后再利用这些通道的数据进行自适应处理,它和上一节介绍的阵元域的区别在于:阵元域通常是指每个阵元通道是全向的,没有方向性,而波束域通常有主副瓣的区别,而且波束是有指向的。与阵元域的自适应结构类似,波束域自适应也存在两种结构:波束域旁瓣对消结构(图 4.16)和波束域全自适应结构(图 4.17)。它们和图 4.11 及图 4.12 的区别在于阵元数据之后有个波束空间变换,将 M 个阵元通道变成 B 个波束空间通道。通常情况下 $B \ll M$,所以波束空间处理的好处在于运算量会大幅下降,且系统复杂性降低。

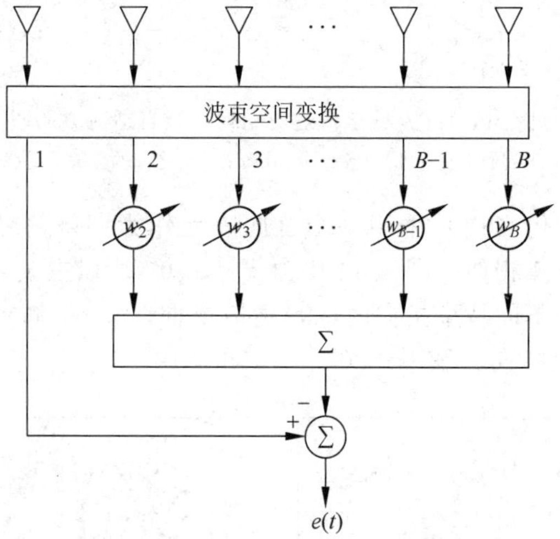

图 4.16 波束域旁瓣对消结构图

波束空间变换是通过变换矩阵 $\boldsymbol{T}$ 实现的,变换后的输出数据变成了

$$\boldsymbol{X}_B(t) = \boldsymbol{T}^{\mathrm{H}} \boldsymbol{X}(t) \tag{4.35}$$

式中,$\boldsymbol{T}$ 为 $M \times B$ 波束变换矩阵;$\boldsymbol{X}(t)$为 M 维的阵元接收数据;$\boldsymbol{X}_B(t)$为波束变换后 B 维的波束通道数据。

波束变换后数据的协方差矩阵变为

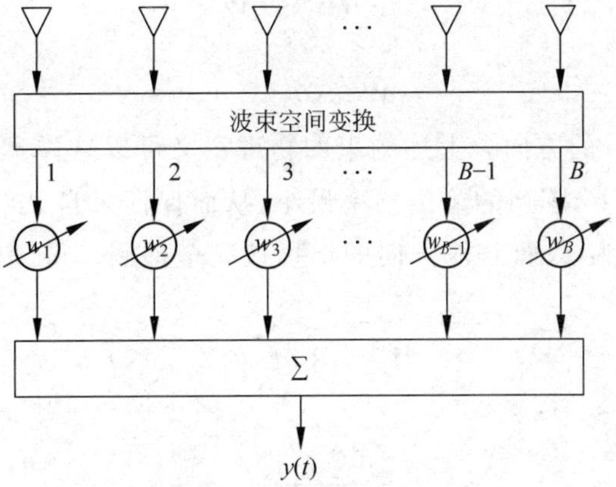

图 4.17　波束域全自适应结构图

$$\begin{aligned}\boldsymbol{R}_B &= \boldsymbol{X}_B(t)\boldsymbol{X}_B^{\mathrm{H}}(t) = \boldsymbol{T}^{\mathrm{H}}\boldsymbol{X}(t)\boldsymbol{X}^{\mathrm{H}}(t)\boldsymbol{T} = \boldsymbol{T}^{\mathrm{H}}\boldsymbol{R}_{\mathrm{xx}}\boldsymbol{T} \\ &= \boldsymbol{T}^{\mathrm{H}}(\boldsymbol{A}_{\mathrm{s}}\boldsymbol{R}_{\mathrm{ss}}\boldsymbol{A}_{\mathrm{s}}^{\mathrm{H}} + \sigma^2\boldsymbol{I})\boldsymbol{T} = \boldsymbol{T}^{\mathrm{H}}\boldsymbol{A}_{\mathrm{s}}\boldsymbol{R}_{\mathrm{ss}}\boldsymbol{A}_{\mathrm{s}}^{\mathrm{H}}\boldsymbol{T} + \sigma^2\boldsymbol{T}^{\mathrm{H}}\boldsymbol{T} \\ &= \boldsymbol{B}\boldsymbol{R}_{\mathrm{ss}}\boldsymbol{B}^{\mathrm{H}} + \sigma^2\boldsymbol{T}^{\mathrm{H}}\boldsymbol{T}\end{aligned} \tag{4.36}$$

式中，$\boldsymbol{B}$ 为波束空间的阵列流型，

$$\begin{aligned}\boldsymbol{B}(\theta) &= [\boldsymbol{T}^{\mathrm{H}}\boldsymbol{a}_{\mathrm{s}}(\theta_1) \quad \boldsymbol{T}^{\mathrm{H}}\boldsymbol{a}_{\mathrm{s}}(\theta_2) \quad \cdots \quad \boldsymbol{T}^{\mathrm{H}}\boldsymbol{a}_{\mathrm{s}}(\theta_N)] \\ &= [\boldsymbol{b}(\theta_1) \quad \boldsymbol{b}(\theta_2) \quad \cdots \quad \boldsymbol{b}(\theta_N)]\end{aligned} \tag{4.37}$$

式中，$\boldsymbol{b}(\theta)$称为波束空间的导向矢量。

从式(4.36)中可知，变换矩阵 $\boldsymbol{T}$ 的选取很重要，如果满足

$$\boldsymbol{T}^{\mathrm{H}}\boldsymbol{T} = \boldsymbol{I} \tag{4.38}$$

则式(4.36)可以简化为

$$\boldsymbol{R}_B = \boldsymbol{B}\boldsymbol{R}_{\mathrm{ss}}\boldsymbol{B}^{\mathrm{H}} + \sigma^2\boldsymbol{I} \tag{4.39}$$

下面先推导图 4.16 所示的波束域旁瓣对消结构的自适应权，取波束空间变换后的数据矢量 $\boldsymbol{X}_{Bf} = [\boldsymbol{X}_{B2}(t) \quad \boldsymbol{X}_{B3}(t) \quad \cdots \quad \boldsymbol{X}_{BB}(t)]^{\mathrm{T}}$，自适应权矢量 $\boldsymbol{W}_{Bf} = [w_2 \quad w_3 \quad \cdots \quad w_B]^{\mathrm{T}}$。

很显然可以直接套用最小均方误差准则来求解，则得到最优权矢量

$$\boldsymbol{W}_{Bf} = \boldsymbol{R}_{Bf}^{-1}\boldsymbol{r}_{Bf} \tag{4.40}$$

式中，协方差矩阵和互相关矢量分别为

$$\boldsymbol{R}_{Bf} = E[\boldsymbol{X}_{Bf}\boldsymbol{X}_{Bf}^{\mathrm{H}}], \quad \boldsymbol{r}_{Bf} = E[\boldsymbol{X}_{Bf}\boldsymbol{X}_{B1}^{\mathrm{H}}] \tag{4.41}$$

所以，阵元域旁瓣对消结构的最优自适应权矢量为

$$\boldsymbol{W} = \begin{bmatrix} 1 \\ -\boldsymbol{W}_{Bf} \end{bmatrix} = \begin{bmatrix} 1 \\ -\boldsymbol{R}_{Bf}^{-1}\boldsymbol{r}_{Bf} \end{bmatrix} \tag{4.42}$$

整个阵列的自适应方向图，即空域响应为

$$\boldsymbol{F}(\theta) = \boldsymbol{W}^{\mathrm{H}}\boldsymbol{b}(\theta) = \boldsymbol{W}^{\mathrm{H}}\boldsymbol{T}^{\mathrm{H}}\boldsymbol{a}_{\mathrm{s}}(\theta) = (\boldsymbol{T}\boldsymbol{W})^{\mathrm{H}}\boldsymbol{a}_{\mathrm{s}}(\theta) \tag{4.43}$$

同理，波束域全自适应结构的约束函数变为

$$\begin{cases}\min\limits_{\boldsymbol{W}} \boldsymbol{W}^{\mathrm{H}} \boldsymbol{R}_B \boldsymbol{W} \\ \boldsymbol{W}^{\mathrm{H}} \boldsymbol{b}(\theta_0) = 1\end{cases} \tag{4.44}$$

式中，θ_0 是已知信号的方向。上述约束的物理意义可以这样理解：限定输出的信号增益为1的情况下，阵列的输出功率最小，从而保证来自 θ_0 方向的信号能够被正确接收且增益恒为1，而其他方向的干扰被完全抑制。得到的最小方差意义下的最优权为

$$\boldsymbol{W} = \mu \boldsymbol{R}_B^{-1} \boldsymbol{b}(\theta_0) \tag{4.45}$$

其中，常数为

$$\mu = \frac{1}{\boldsymbol{b}^{\mathrm{H}}(\theta_0) \boldsymbol{R}_B^{-1} \boldsymbol{b}(\theta_0)} \tag{4.46}$$

所以，在最优权矢量下自适应阵列的输出功率为

$$P = \boldsymbol{W}^{\mathrm{H}} \boldsymbol{R} \boldsymbol{W} = \frac{1}{\boldsymbol{b}^{\mathrm{H}}(\theta_0) \boldsymbol{R}_B^{-1} \boldsymbol{b}(\theta_0)} \tag{4.47}$$

整个阵列的自适应方向图，即空域响应为

$$\boldsymbol{F}(\theta) = \boldsymbol{W}^{\mathrm{H}} \boldsymbol{b}(\theta) = (\boldsymbol{T}\boldsymbol{W})^{\mathrm{H}} \boldsymbol{a}_{\mathrm{s}}(\theta) \tag{4.48}$$

最常用的波束空间变换有两种：第一种是分块波束形成方法，即将阵列划分为几块，每一块形成一个波束，这是工程上最常用的方法；第二种是基于DFT的波束形成方法，这是一种比较好的波束形成方法，因为它满足式(4.38)。这里简单介绍一下DFT波束形成法。当阵元间距为半波长时，空域导向矢量可以表示成

$$\boldsymbol{a}_{\mathrm{s}}(\theta) = \begin{bmatrix} 1 \\ \exp(\mathrm{j}\pi u) \\ \vdots \\ \exp(\mathrm{j}(M-1)\pi u) \end{bmatrix}^{\mathrm{T}} \tag{4.49}$$

显然，上式可以表示成一个关于 $u=\sin\theta$ 的函数，且式中 u 的周期为2，即 $-1\leqslant u\leqslant 1$，这就对应线阵的观察范围为 $-90°\leqslant\theta\leqslant 90°$。

定义如下一个 $M\times M$ 的波束形成矩阵：

$$\boldsymbol{W} = \left[\boldsymbol{a}_{\mathrm{s}}(0) \quad \boldsymbol{a}_{\mathrm{s}}\left(\frac{2}{M}\right) \quad \cdots \quad \boldsymbol{a}_{\mathrm{s}}\left((M-2)\frac{2}{M}\right) \quad \boldsymbol{a}_{\mathrm{s}}\left((M-1)\frac{2}{M}\right)\right] \tag{4.50}$$

通过上面的分析可以知道，上式中的每一列表示波束主瓣指向 $u=\sin(2k/M)$ 的波束形成器，其中 $k=0,1,2,\cdots,M$，则上式共有 M 个波束形成器，各相邻主瓣指向的间隔为 $\Delta=2/M$。式(4.50)的划分方法，在文献[2]中称为等弦划分，有时也可以采用等角划分，即 $-90°\sim90°$ 范围等分成 M 份，波束空间变换中通常选择等弦划分。采用式(4.50)的波束形成在空时二维自适应中也称为空域DFT。

可以通过选择式(4.50)中相邻的 B 个波束形成器来形成我们需要的归一化加权矩阵：

$$\boldsymbol{T}=\frac{1}{\sqrt{M}}\left[\boldsymbol{a}_{\mathrm{s}}\left(m\frac{2}{M}\right)\quad \boldsymbol{a}_{\mathrm{s}}\left((m+1)\frac{2}{M}\right)\quad \cdots\quad \boldsymbol{a}_{\mathrm{s}}\left((m+B-1)\frac{2}{M}\right)\right] \tag{4.51}$$

很显然,式(4.51)满足式(4.38)的正交条件,由文献[2]中的分析可知,当变换矩阵满足正交特性时,变换不会导致性能的损失,当不满足时就会带来性能的损失。关于其他变换矩阵的介绍,感兴趣的读者可以参考文献[2]。

下面通过一些仿真实验来说明波束域自适应处理的性能。仿真条件为16个等距均匀线阵,阵元间距为半波长,空间存在两个干扰,方向分别为40°和50°,干扰强度为20dB。图4.18给出了旁瓣对消结构的对消结果,其中主通道由第1~8号阵元静态加权形成主波束,第9~16号8个阵元作为辅助通道。这相当于图4.16中只形成了一个波束,波束变换矩阵为

$$\boldsymbol{T}=\begin{bmatrix}\boldsymbol{v}_1 & 0 & \cdots & 0\\ 0 & 1 & \cdots & 0\\ \vdots & \vdots & \ddots & \vdots\\ 0 & 0 & \cdots & 1\end{bmatrix} \tag{4.52}$$

式中,$\boldsymbol{T}$ 的维数是 16×9;$\boldsymbol{v}_1=[1\quad 1\quad \cdots\quad 1]^{\mathrm{T}}$ 是一个元素全为1的列矢量,其维数为8。

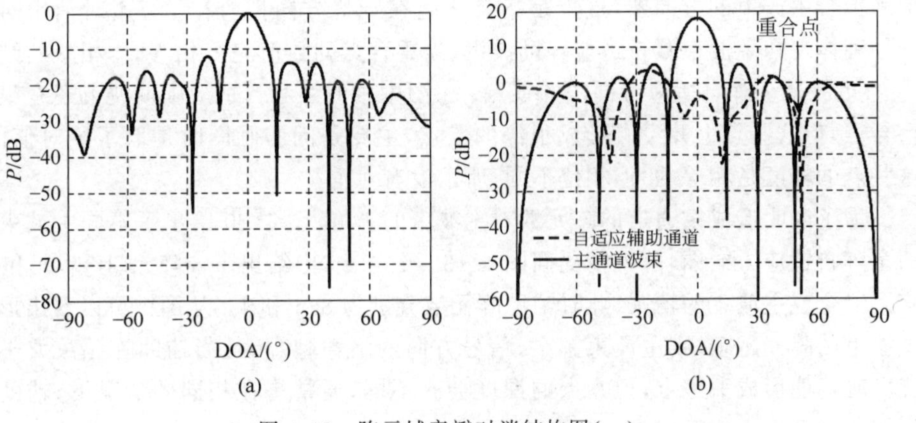

图4.18 阵元域旁瓣对消结构图(一)

(a) 全阵的自适应方向图;(b) 主波束和辅助通道自适应方向图

很显然,这就是实际工程中常用的旁瓣对消结构,它是波束域自适应的一个特例,主波束由8个阵元合成,8个辅助通道是全向的阵元。图4.18(a)给出了整个阵列的自适应方向图,图4.18(b)给出了主通道方向和辅助通道自适应方向图,图中箭头所标为两个方向图的重合点。从图中可以看出,图4.18(a)中的深零点其实就是由图(b)中两个方向图的重合点相减形成的,也就是对消的结果。

图4.19和图4.18的仿真条件是相同的,只是主波束由12个阵元合成,4个辅助通道是全向的阵元,即 $\boldsymbol{T}$ 的维数是 16×5,$\boldsymbol{v}_1=[1\quad 1\quad \cdots\quad 1]^{\mathrm{T}}$ 是一个元素全为1的列矢量,其维数为12。图4.19(a)给出了整个阵列的自适应方向图,图4.19(b)给

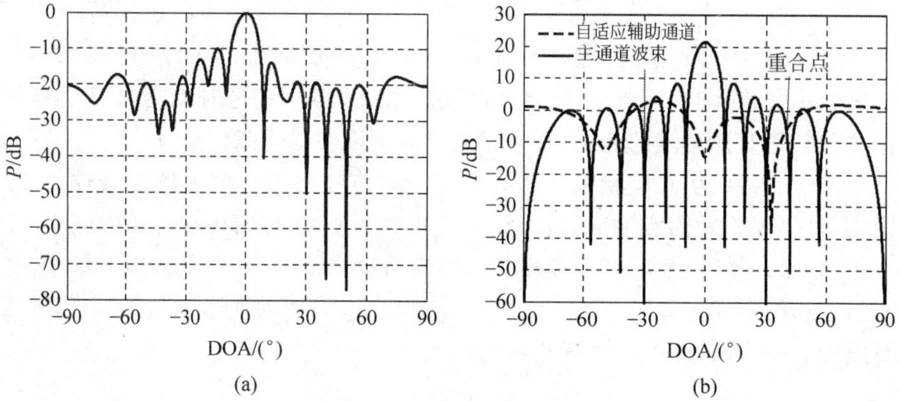

图 4.19 阵元域旁瓣对消结构图(二)

(a) 全阵的自适应方向图；(b) 主波束和辅助通道自适应方向图

出了主通道波束和辅助通道自适应方向图,图中箭头所标为两个方向图的重合点。

由图 4.18 和图 4.19 可知：①旁瓣对消结构中,形成主波束的阵元越多,则主波束越窄,方位分辨率越高；②自适应处理的结果是自适应调整辅助通道的方向图来拟合主波束的方向图,这里是指自适应在干扰方向拟合；③旁瓣对消中对消的处理体现在主波束减自适应辅助波束,当重合点的数值完全相等时,相减的结果为 0,也就是全阵自适应方向图的零点；④图中主波束和自适应辅助波束还有很多重合点,但这些点上并没有形成很深的零点,主要是因为画图时是取了绝对值的,这些点的幅度是相等的,但相位不同,所以没有对消。

为了说明形成主通道的阵元数对主波束的影响,图 4.20 给出了不同主波束时的全阵自适应方向图,阵列情况同图 4.18。图 4.20 中给出了 8 阵元、10 阵元和 12 阵元时合成主波束的情况,此时辅助阵元数分别为 8、6 和 4。从图中可以看出形成主波束的阵元越多,则主波束越窄,信号方向的增益越高,且当辅助阵元数大于干扰数时均能形成深零点,但零点的深度会有不同,通常是在相同的情况下,辅助通道越多越利于生成深零点。

除了旁瓣对消结构外,这里再给出一个分块的波束域自适应方向图,仿真也是针对 16 元等距均匀线阵,阵元间距为半波长,干扰的情况同图 4.18,仿真结果见图 4.21。图中全自适应是指 16 个阵元采用阵元域自适应的结构进行处理；分块自适应 1 是将 16 元阵分成 4 块,每块的阵元数分别为 7、5、3 和 1,每块形成一个波束；分块自适应 2 是将 16 元阵分成 5 块,每块的阵元数分别为 5、3、1、3 和 4,每块形成一个波束。

需要说明的是：①阵列的分块方法很多,图 4.21 只是随机选择了两种,如何更有效地分块,感兴趣的读者可以自己做下实验；②通常波束域自适应处理可以均匀分块,也可以如图 4.21 一样非均匀分块,均匀分块存在的主要问题是自适应方向图的旁瓣太高；③波束域自适应波束变换矩阵的选择种类很多，要根据实际应用情况来确定，但最好满足式(4.38)的要求，此时阵元空间到波束空间的变换是一种无损失变换，最简单的情况就是 M 个阵元通过式(4.50)变换成 M 个波束，此时对 M 个阵元进行全自适应处理和对 M 个波束进行全自适应处理是完全等价的。

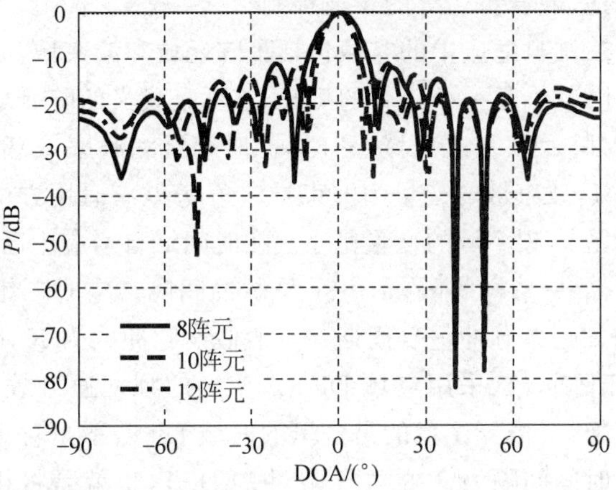

图 4.20　不同主波束合成时旁瓣对消对比图

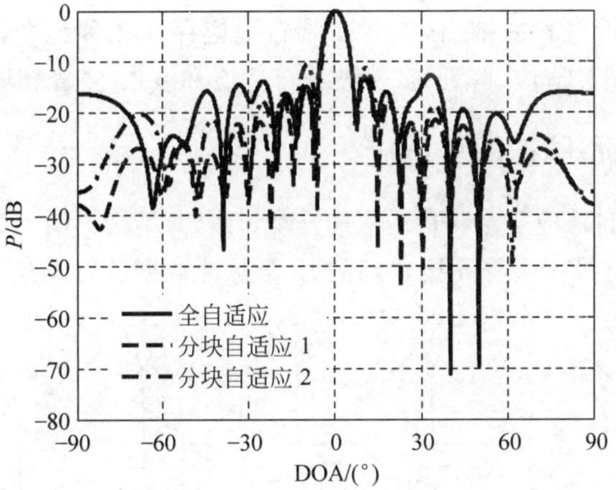

图 4.21　不同分块时的波束自适应方向图对比

4.5　空时二维自适应处理

前面几节分别介绍了时域自适应、频域自适应、阵元域自适应和波束域自适应，无论从结构还是算法的推导均可以看出，这 4 种算法之间存在很多的相似性：①旁瓣对消和全自适应结构均是通用的；②最优权的表达形式类似；③最小均方误差、最小方差等准则的选取和意义是相似的；④最后得到的自适应滤波器的形状也类似。它们的不同点在于：时域和频域自适应得到的是某些频率信号或干扰的增强或抑制，而阵元域和波束域自适应得到的是某些方向干扰的增强或抑制。由上面的分析也很容易将自适应推广到空时二维域上，空时二维自适应[1]的概念最早由美国的 Brennan 与 Reed 提出，它主要用于运动平台上雷达的杂波抑制，如机载雷达、星载雷达、舰载雷达等的杂波抑制。

很明显，空时二维自适应中的空域包括了阵元域和波束域，时域包括了时间域和频率域，所以空时二维是一个广义的概念，它不是狭义的阵元域和时间域的联合自适应，而是空域(阵元域和波束域)和时域(时间域和频率域)的自适应。阵元域的变量为阵元数 M，波束域的变量为波束指向角度 θ，有时用方位俯仰联合角 ψ 表示，时间域的变量是 t，频率域的变量是 f。在时间域自适应中已经说过，时间域包含了两个含义：一个是采样间隔，另一个是脉冲间隔。空时二维自适应处理中相干脉冲间隔 T，通常是指脉冲重复周期。一般假设脉冲数为 K，阵元数为 M，变换的波束数通常等于阵元数(采用空域 DFT)，变换的频率通道数等于脉冲数(通常采用时域 DFT 变换)。需要注意的是这里的时域 DFT，不是对每个脉冲内采样数据的变换，而是对时间间隔为 T 的相干脉冲的 DFT，也就是将相干脉冲变换到了频率域，此时频率是反映相对速度的多普勒频率，所以在空时二维自适应中通常说的频率域就是多普勒域。

由上面的分析很容易推出，空时二维自适应存在 4 种组合，即阵元-脉冲域自适应、波束-脉冲域自适应、阵元-多普勒域自适应和波束-多普勒域自适应。

4.5.1 阵元-脉冲域自适应

阵元-脉冲域自适应是空时自适应的基本形式，其结构见图 4.22，图中“自适应处理”模块的作用是对 M 个阵元接收到的 K 个脉冲数据进行 MK 维的自适应处理。

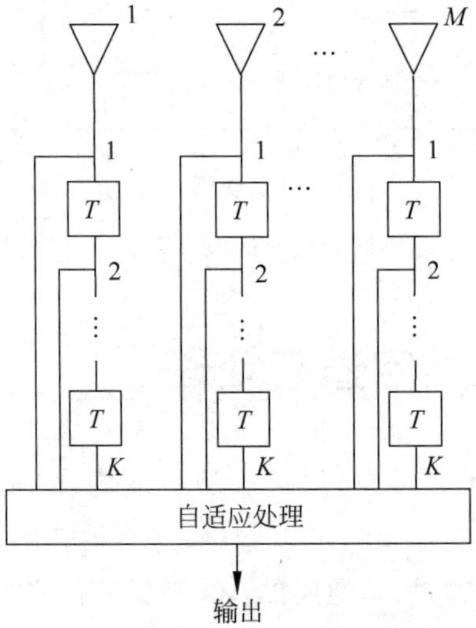

图 4.22 阵元-脉冲域处理系统结构图

假设 $x_{mk}(t)$表示在 t 时刻，第 m 个单元第 k 个脉冲接收到的空时二维数据，通常 $m=1,2,\cdots,M,k=1,2,\cdots,K$，距离门采样时间 $t=1,2,\cdots,L$。令在特定脉冲 k 时刻所有通道接收到的 M 个阵元组成的空域数据矢量为 $\boldsymbol{X}_{sk}(t)$，设第 m 个通道接收到的 K 个脉冲数据矢量为 $\boldsymbol{X}_{tm}(t)$，则

$$\boldsymbol{X}_{sk}(t)=\begin{bmatrix} x_{1k}(t) \\ x_{2k}(t) \\ \vdots \\ x_{Mk}(t) \end{bmatrix},\quad \boldsymbol{X}_{tm}(t)=\begin{bmatrix} x_{m1}(t) \\ x_{m2}(t) \\ \vdots \\ x_{mK}(t) \end{bmatrix} \tag{4.53}$$

所以，在空时二维处理时，阵列接收到的数据是一个数据立方体，见图 4.23。从图中可以看到，这个数据块由阵元、脉冲和距离门组成，其维数为 $M\times K\times L$，通常情况下距离维在形成协方差矩阵时是用来进行统计平均的，为了简化，后续讲述的空时二维数据通常按 $MK\times 1$ 维的数据切片来描述(图 4.23 的右图)。

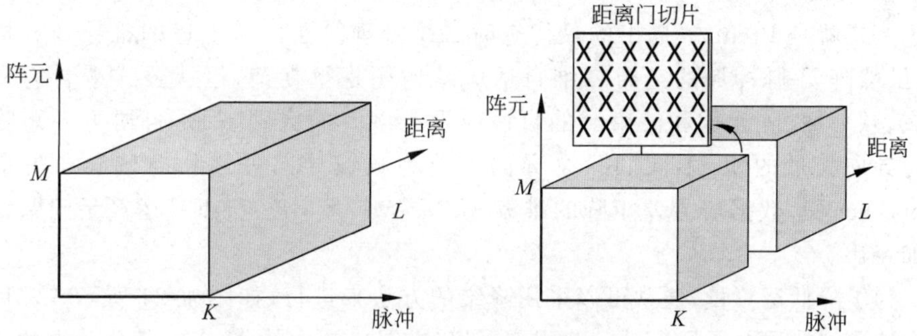

图 4.23 阵元-脉冲域数据立方体

将图 4.23 中的 $MK\times 1$ 维的数据切片组成的矢量：

$$\begin{aligned}\boldsymbol{X}_{st}(t)=\begin{bmatrix} \boldsymbol{x}_{1t}(t) \\ \boldsymbol{x}_{2t}(t) \\ \vdots \\ \boldsymbol{x}_{Mt}(t) \end{bmatrix}&=\begin{bmatrix}\begin{bmatrix} x_{11}(t) \\ x_{12}(t) \\ \vdots \\ x_{1K}(t) \end{bmatrix}^{\mathrm{T}} \begin{bmatrix} x_{21}(t) \\ x_{22}(t) \\ \vdots \\ x_{2K}(t) \end{bmatrix}^{\mathrm{T}} \cdots \begin{bmatrix} x_{M1}(t) \\ x_{M2}(t) \\ \vdots \\ x_{MK}(t) \end{bmatrix}^{\mathrm{T}}\end{bmatrix}^{\mathrm{T}} \\ &=\boldsymbol{X}_{s}(t)\otimes\boldsymbol{X}_{t}(t)\end{aligned} \tag{4.54}$$

由于上述数据矢量由 M 个 $K\times 1$ 数据块组成，即每个阵元上 K 个脉冲组成，对照第 3 章的空域数据模型和时域数据模型可以得到空时二维数据模型

$$\boldsymbol{X}_{st}(t)=\boldsymbol{A}_{st}(\theta,f)\boldsymbol{S}(t)+\boldsymbol{N}(t) \tag{4.55}$$

式中，$\boldsymbol{N}(t)$为所有阵元和脉冲接收到的噪声矢量；$\boldsymbol{S}(t)$通常指机载雷达接收到的地海杂波和目标信号，有时也包含电磁干扰；f 通常是杂波的多普勒频率；θ 为杂波的方向。其中空时二维阵列流型为

$$\boldsymbol{A}_{st}(\theta,f)=[\boldsymbol{a}_{st}(\theta_1,f_1)\quad \boldsymbol{a}_{st}(\theta_2,f_2)\quad \cdots\quad \boldsymbol{a}_{st}(\theta_P,f_P)] \tag{4.56}$$

上式中的 P 表示杂波自由度，空时二维导向矢量为

$$\boldsymbol{a}_{\mathrm{st}}(\theta,f)=\boldsymbol{a}_{\mathrm{s}}(\theta)\otimes\boldsymbol{a}_{\mathrm{t}}(f) \tag{4.57}$$

式中，$\boldsymbol{a}_{\mathrm{s}}(\theta)$为 M 维空域导向矢量，$\boldsymbol{a}_{\mathrm{t}}(f)$为 K 维时域导向矢量。

与时间域和阵元域自适应处理相同，图 4.22 所示的最小方差准则为

$$\begin{cases}\min\limits_{\boldsymbol{W}_{\mathrm{st}}}\boldsymbol{W}_{\mathrm{st}}^{\mathrm{H}}\boldsymbol{R}\boldsymbol{W}_{\mathrm{st}}\\ \boldsymbol{W}_{\mathrm{st}}^{\mathrm{H}}\boldsymbol{a}_{\mathrm{st}}(\theta_0,f_0)=1\end{cases} \tag{4.58}$$

式中，$\boldsymbol{R}$ 为 $\boldsymbol{X}_{\mathrm{st}}$ 的自协方差矩阵；波束指向多普勒频率 f_0 和方向 θ_0。上述约束的物理意义可以这样理解：限定输出的信号增益为 1 的情况下，阵列的输出功率最小，从而保证来自(θ_0,f_0)参数的信号能够被正确接收且增益恒为 1，而其他参数的干扰或杂波输出功率为零。

根据拉格朗日常数法可以求得

$$\boldsymbol{W}_{\mathrm{st}}=\mu\boldsymbol{R}^{-1}\boldsymbol{a}_{\mathrm{st}}(\theta_0,f_0) \tag{4.59}$$

式中，μ 为常数。

上式就是 Brennan 提出的最优空时二维处理算法。从上述的推导及分析来看，虽然阵元-脉冲域的空时二维自适应结构还是很复杂，但从公式来看它和时间域、频率域、阵元域和波束域的自适应没有多大的区别，都是自协方差矩阵的逆与导向矢量的积，不同的只是导向矢量为频域导向矢量和空域导向矢量的 Kronecher 积，数据协方差矩阵的维数变成了 $MK\times MK$，所以其运算量问题变得更加突出。

为了降低运算量，通常可以采用降维的方法来进行，如图 4.24 所示。常用的数据抽取如非重叠子组(左图)和重叠子组(右图)，图中的 X 表示某阵元上的一个脉冲数据。数据抽取的实质是对数据矢量的抽取，如果图 4.24(a)中按 3×3 抽取，且假设空域加权为 1、2、1，时域加权为 1、−2、1，则构造两个变换矩阵 $\boldsymbol{Q}_{\mathrm{s}}$ 和 $\boldsymbol{Q}_{\mathrm{t}}$：

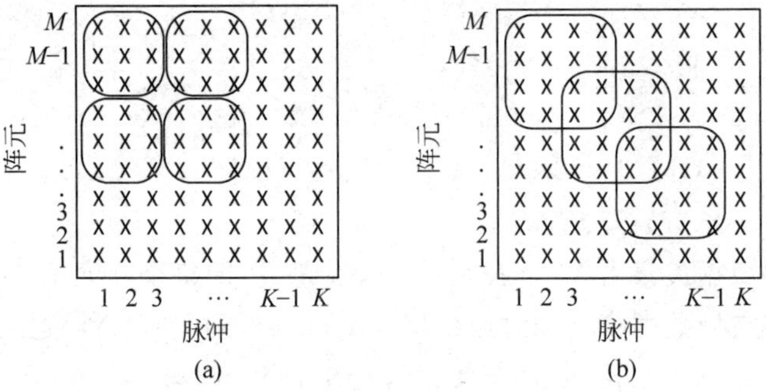

图 4.24 阵元-脉冲域数据降维示意图

(a) 非重叠子阵；(b) 重叠子阵

$$\boldsymbol{Q}_{\mathrm{s}}^{\mathrm{H}}=\begin{bmatrix}1 & 2 & 1 & & & \\ & 1 & 2 & 1 & & \\ & & \ddots & \ddots & \ddots & \\ & & & 1 & 2 & 1\end{bmatrix}_{(M-2)\times M} \tag{4.60a}$$

$$\boldsymbol{Q}_{\mathrm{t}}^{\mathrm{H}}=\begin{bmatrix}1 & -2 & 1 & & & \\ & 1 & -2 & 1 & & \\ & & \ddots & \ddots & \ddots & \\ & & & 1 & -2 & 1\end{bmatrix}_{(K-2)\times K} \tag{4.60b}$$

式(4.60a)和式(4.60b)的矩阵中未写出的元素均为0,抽取的脉冲域数据和阵元数据分别变成

$$\boldsymbol{Y}_{\mathrm{s}}(t)=\boldsymbol{Q}_{\mathrm{s}}^{\mathrm{H}}\boldsymbol{X}_{\mathrm{s}}(t),\quad \boldsymbol{Y}_{\mathrm{t}}(t)=\boldsymbol{Q}_{\mathrm{t}}^{\mathrm{H}}\boldsymbol{X}_{\mathrm{t}}(t) \tag{4.61}$$

所以,式(4.59)中的协方差矩阵和导向矢量分别修正为

$$\boldsymbol{R}_{Y}=(\boldsymbol{Y}_{\mathrm{s}}\otimes\boldsymbol{Y}_{\mathrm{t}})(\boldsymbol{Y}_{\mathrm{s}}\otimes\boldsymbol{Y}_{\mathrm{t}})^{\mathrm{H}}=(\boldsymbol{Q}_{\mathrm{s}}\otimes\boldsymbol{Q}_{\mathrm{t}})^{\mathrm{H}}\boldsymbol{R}(\boldsymbol{Q}_{\mathrm{s}}\otimes\boldsymbol{Q}_{\mathrm{t}}) \tag{4.62a}$$

$$\boldsymbol{a}_{\mathrm{st}}(f_0,\theta_0)=(\boldsymbol{Q}_{\mathrm{s}}^{\mathrm{H}}\boldsymbol{a}_{\mathrm{s}}(\theta_0))\otimes(\boldsymbol{Q}_{\mathrm{t}}^{\mathrm{H}}\boldsymbol{a}_{\mathrm{t}}(f_0)) \tag{4.62b}$$

因此,可以得到 $\boldsymbol{Q}_{\mathrm{t}}=\boldsymbol{I}$,$\boldsymbol{Q}_{\mathrm{s}}=\boldsymbol{I}$ 时,最优阵元-脉冲域自适应权为

$$\begin{aligned}\boldsymbol{W}_{\mathrm{st}}&=\mu((\boldsymbol{Q}_{\mathrm{s}}\otimes\boldsymbol{Q}_{\mathrm{t}})^{\mathrm{H}}\boldsymbol{R}(\boldsymbol{Q}_{\mathrm{s}}\otimes\boldsymbol{Q}_{\mathrm{t}}))^{-1}(\boldsymbol{Q}_{\mathrm{s}}^{\mathrm{H}}\boldsymbol{a}_{\mathrm{s}}(\theta_0))\otimes(\boldsymbol{Q}_{\mathrm{t}}^{\mathrm{H}}\otimes\boldsymbol{a}_{\mathrm{t}}(f_0))\\&=\mu\boldsymbol{R}^{-1}(\boldsymbol{a}_{\mathrm{s}}(\theta_0)\otimes\boldsymbol{a}_{\mathrm{t}}(f_0))\end{aligned} \tag{4.63}$$

对比式(4.62)和式(4.59)可以发现:

(1) 式(4.62)是通用的阵元-脉冲域降维处理的数学表达式,显然当 $\boldsymbol{Q}_{\mathrm{s}}$ 和 $\boldsymbol{Q}_{\mathrm{t}}$ 均为单位阵时,$\boldsymbol{Q}_{\mathrm{s}}\otimes\boldsymbol{Q}_{\mathrm{t}}$ 也为单位阵,则式(4.62)就等于式(4.59),即相当于没有降维。

(2) 当采用式(4.60)所示的变换矩阵时,其每次运算时协方差矩阵的维数为9,即3个连续脉冲和3个连续的阵元数据进行自适应处理。如果要遍历所有的阵元和脉冲,则需要计算$(M-2)\times(K-2)$次;如果不遍历,则可以按对角方向选取,这样运算次数可以更少。当然由于每次计算时相干脉冲和阵元没有完全利用,所以其性能会有所下降。

(3) 降维运算的实质是协方差矩阵求逆矩阵的降维,因为矩阵求逆的运算量和维数是三次方的关系,所以维数的下降可以极大地降低运算量,但运算次数是增加的。以图4.24为例,最优处理需要一次 MK 维矩阵的求逆运算,而降成3×3之后,则需要$(M-2)\times(K-2)$次9维矩阵的求逆运算,即运算量近似从三次方降成了二次方。

(4) 不同 $\boldsymbol{Q}_{\mathrm{s}}$ 和 $\boldsymbol{Q}_{\mathrm{t}}$ 的选取对应不同维数的矩阵,对应不同结构的阵元-脉冲域处理方法,如果 $\boldsymbol{Q}_{\mathrm{s}}=\boldsymbol{I}$,$\boldsymbol{Q}_{\mathrm{t}}$ 如式(4.60b)所示,则表示的是每次只计算一个阵元,每个阵元需要对相邻的3个脉冲进行MTI处理,此时 $\boldsymbol{Q}_{\mathrm{s}}$ 的维数是 $M\times M$,而 $\boldsymbol{Q}_{\mathrm{t}}$ 的维数是$(K-2)\times K$。

如果 $\boldsymbol{Q}_{\mathrm{s}}$ 如式(4.60a)所示,$\boldsymbol{Q}_{\mathrm{t}}=\boldsymbol{I}$,则表示每次计算需对相邻的3个阵元的同

一个脉冲进行积累处理；如果 $\boldsymbol{Q}_t=\boldsymbol{I}$，则 $\boldsymbol{Q}_s$ 如下式所示：

$$\boldsymbol{Q}_s=[\boldsymbol{W}\quad \boldsymbol{W}\quad \cdots\quad \boldsymbol{W}]_{M\times M}=\begin{bmatrix} w_1 & w_1 & \cdots & w_1 \\ w_2 & w_2 & \cdots & w_2 \\ \vdots & \vdots & \ddots & \vdots \\ w_M & w_M & \cdots & w_M \end{bmatrix}_{M\times M} \tag{4.64}$$

式中，$\boldsymbol{W}$ 矢量为常用的加权函数，如切比雪夫、海明、汉宁、泰勒权等。此时，相当于所有的空域阵元合成了一个通道，即图 4.24 中的每一列进行了加权求和，这就是常用的地面警戒雷达单通道的工作方式。此时，如果 $\boldsymbol{Q}_t$ 如式(4.60b)所示，则相当于单通道雷达的 MTI 处理，此时再做自适应就是自适应 MTI 处理。

4.5.2 波束-脉冲域自适应

波束-脉冲域自适应结构图见图 4.25，它和图 4.22 最大的不同在于阵元需要经过波束形成网络形成多波束，图中 M 个阵元形成 M_1 个波束，在理论分析过程中通常考虑 $M=M_1$ 的情形。

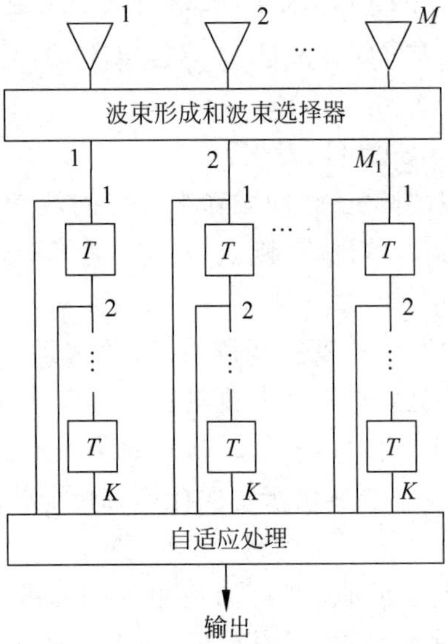

图 4.25 波束-脉冲域处理系统结构图

由于不知道空间的目标是在哪个方位，所以波束空间变换通常需要覆盖整个空域，一般就可以直接采用式(4.50)所示的 DFT 波束加权，让波束的指向均匀覆盖整个空域。仔细观察式(4.50)中的每一列权矢量，可以发现，加权矢量其实就是空域导向矢量，只是空域导向矢量的指向固定为其中的某个方向，也就是

$$\boldsymbol{Q}_s=[\boldsymbol{a}_s(\theta_1)\quad \boldsymbol{a}_s(\theta_2)\quad \cdots\quad \boldsymbol{a}_s(\theta_M)]_{M\times M} \tag{4.65}$$

式中，$\theta_1,\theta_2,\cdots,\theta_M$ 为归一化的方向范围[-1,1]之间，对应下视角(包含方位角和俯仰角)的范围，见文献[1]。

另外，由于脉冲域没有进行处理，所以 $\boldsymbol{Q}_t=\boldsymbol{I}$，则波束-脉冲域的数据协方差为

$$\boldsymbol{R}_Y=(\boldsymbol{Q}_s\otimes\boldsymbol{I})^H\boldsymbol{R}(\boldsymbol{Q}_s\otimes\boldsymbol{I}) \tag{4.66}$$

空时二维导向矢量为

$$\boldsymbol{a}_{st}(f_0,\theta_0)=(\boldsymbol{Q}_s^H\boldsymbol{a}_s(\theta_0))\otimes\boldsymbol{a}_t(f_0) \tag{4.67}$$

式中，$\boldsymbol{Q}_s^H\boldsymbol{a}_s(\theta_0)=[\boldsymbol{a}_s^H(\theta_1)\boldsymbol{a}_s(\theta_0),\boldsymbol{a}_s^H(\theta_2)\boldsymbol{a}_s(\theta_0),\cdots,\boldsymbol{a}_s^H(\theta_M)\boldsymbol{a}_s(\theta_0)]_{M\times M}$。

当 $\theta_i=\theta_0$ 时，$\boldsymbol{a}_s^H(\theta_i)\boldsymbol{a}_s(\theta_0)=M$；当 $\theta_i\neq\theta_0$ 时，$\boldsymbol{a}_s^H(\theta_i)\boldsymbol{a}_s(\theta_0)<M$。所以，不同指向相对主通道的增益为

$$\beta_{si}=\begin{cases}\dfrac{\boldsymbol{a}_s^H(\theta_i)\boldsymbol{a}_s(\theta_0)}{\boldsymbol{a}_s^H(\theta_0)\boldsymbol{a}_s(\theta_0)}, & \theta_i\neq\theta_0\\ 1, & \theta_i=\theta_0\end{cases} \tag{4.68}$$

则得波束-脉冲域的最优自适应权的表达式为

$$\boldsymbol{W}_{st}=\mu((\boldsymbol{Q}_s\otimes\boldsymbol{I})^H\boldsymbol{R}(\boldsymbol{Q}_s\otimes\boldsymbol{I}))^{-1}((\boldsymbol{Q}_s^H\boldsymbol{a}_s(\theta_0))\otimes\boldsymbol{a}_t(f_0)) \tag{4.69}$$

当然，由于相位加权形成的波束副瓣电平很高，所以可以在相位加权的同时再加上幅度加权，如切比雪夫、海明、汉宁、泰勒权等，在空时二维处理领域中，理论分析时通常采用的是切比雪夫加权。对波束-脉冲域数据作波束变换后，图 4.23 的数据立方体变成了图 4.26(a)所示的立方体，只是阵元数变成了波束数，图中的“△”表示特定波束上的特定脉冲。图 4.26(b)给出了波束-脉冲域的距离切片图，图中左边的波束数对应右边归一化的波束指向。

对比波束-脉冲域和阵元-脉冲域可以发现：

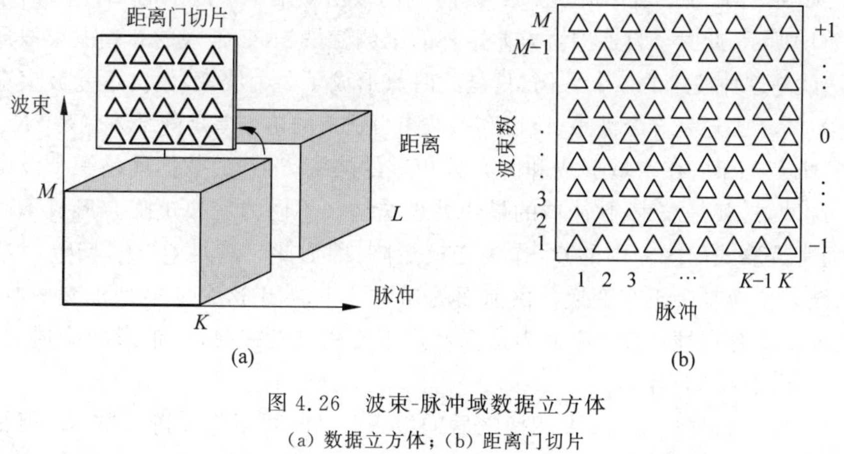

图 4.26 波束-脉冲域数据立方体

(a) 数据立方体；(b) 距离门切片

(1) 其数据立方体的结构是一致的，只是阵元维换成了波束维，而波束则是由阵元加权形成的，加权矢量一般为空域导向矢量加权，也可以结合幅度加权一起形成波束；

(2) 波束-脉冲域自适应处理除最优自适应处理外，还可以选择一些降维方法，如参考图 4.24 进行，取一些波束和脉冲进行自适应处理，这类降维处理方法和阵

元-脉冲域处理方法类似，其性能损失还是比较大的；

(3) 波束-脉冲域最适合的降维方法就是降波束数，即 $M_1 \leqslant M$，波束的减少可以有效降低协方差矩阵的维数。

当 $M_1=1$ 时，只形成 1 个波束，那么波束的指向就是主波束指向，此时得到的数据就是 1 个波束的 K 个脉冲，如图 4.27(a)所示，此时全自适应协方差矩阵的维数就是 K，这种情况也对应时间域的自适应处理。如果这个波束在指向范围 $[-1,1]$ 之间不停扫描，系统就相当于一个单通道的脉冲多普勒(pulse doppler, PD)体制雷达。

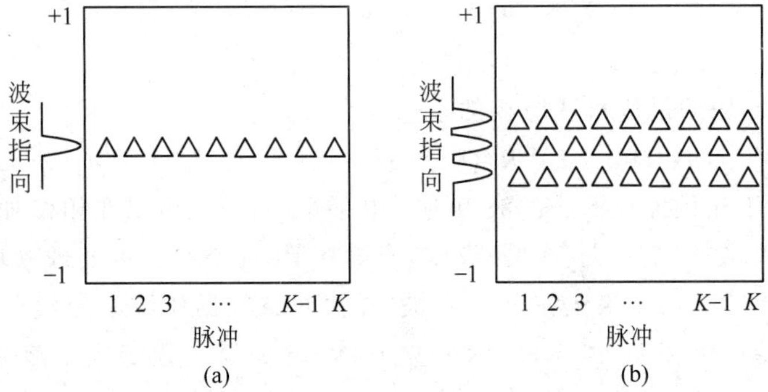

图 4.27 波束-脉冲域数据降维示意图

(a) 1 个波束；(b) 相邻 2 个波束

当 $M_1=3$ 时，在空域形成 3 个波束，得到的数据就是 1 个波束的 $3K$ 个脉冲，如图 4.27(b)所示，此时全自适应协方差矩阵的维数就是 $3K$。常规的和差波束双通道 PD 雷达就是这种模式的 1 个特例，只是此时只形成了 2 个波束，但由于差波束存在 2 个谱峰，看上去还是 3 个波束，所以和差波束自适应的协方差矩阵维数就是 $2K$。

当 $M_1=M$ 时，在空域形成和阵元数相等的波束，得到的数据就是一个波束的 MK 个脉冲，这就是波束-脉冲域的最优处理结构。不同的变换矩阵会形成不同的波束，通常选取式(4.63)中的 $\boldsymbol{Q}_s$ 作为变换矩阵，因为此时满足 $\boldsymbol{Q}_s^{H}\boldsymbol{Q}_s/M=\boldsymbol{I}$，这说明这个波束变换是个正交变换。由前面的知识可知，如果这个变换是正交变换，则理想情况下不存在性能损失；而当这个变换不是正交变换时，会带来性能损失，损失量可以用式(4.66)计算。

另外，需要说明的是，波束变换之后的波束数 M_1 可以大于阵元数 M，但在空时二维处理中主要是降维，所以不考虑这种情况。

4.5.3 阵元-多普勒域自适应

阵元-多普勒域自适应的结构如图 4.28 所示，它是在图 4.22 的基础上变换来的，即对每个阵元接收到的 K 个脉冲进行多普勒变换，常用的就是 DFT，通常考虑变换的多普勒通道数 $K_1 \leqslant K$，理论分析时一般取 $K_1=K$。

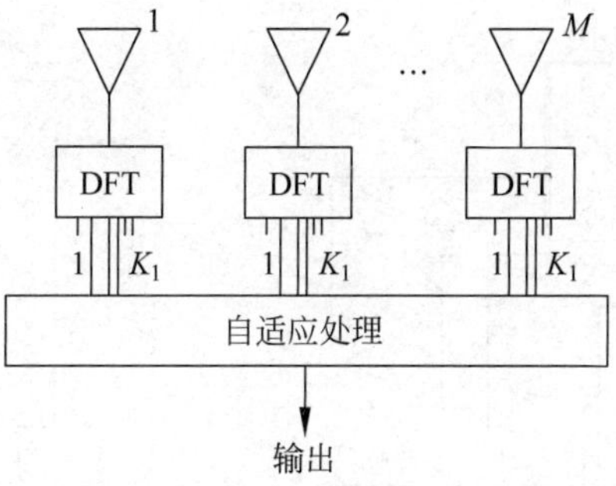

图 4.28　阵元-多普勒域系统结构图

由式(3.10)可知，DFT 就是对数据的加权，权矢量为

$$\boldsymbol{Q}_{\mathrm{t}}=\boldsymbol{W}_{\mathrm{DFT}}=[\boldsymbol{a}(f_1)\quad \boldsymbol{a}(f_2)\quad \cdots\quad \boldsymbol{a}(f_K)] \tag{4.70}$$

式中，$\boldsymbol{W}_{\mathrm{DFT}}$ 定义为 DFT 的权矩阵，它由各对应频率点的时域导向矢量构成，其中 $f_1,f_2,\cdots,f_K$ 为归一化的多普勒频率，取值范围在[−1,1]之间。

此时，由于阵元域没有处理，所以 $\boldsymbol{Q}_{\mathrm{s}}=\boldsymbol{I}$，则阵元-多普勒域的数据协方差为

$$\boldsymbol{R}_Y=(\boldsymbol{I}\otimes\boldsymbol{Q}_{\mathrm{t}})^{\mathrm{H}}\boldsymbol{R}(\boldsymbol{I}\otimes\boldsymbol{Q}_{\mathrm{t}}) \tag{4.71}$$

空时二维导向矢量为

$$\boldsymbol{a}_{\mathrm{st}}(f_0,\theta_0)=\boldsymbol{a}_{\mathrm{s}}(\theta_0)\otimes(\boldsymbol{Q}_{\mathrm{t}}^{\mathrm{H}}\boldsymbol{a}_{\mathrm{t}}(f_0)) \tag{4.72}$$

式中，$\boldsymbol{Q}_{\mathrm{t}}^{\mathrm{H}}\boldsymbol{a}_{\mathrm{t}}(f_0)=[\boldsymbol{a}_{\mathrm{t}}^{\mathrm{H}}(f_1)\boldsymbol{a}_{\mathrm{t}}(f_0),\boldsymbol{a}_{\mathrm{t}}^{\mathrm{H}}(f_2)\boldsymbol{a}_{\mathrm{t}}(f_0),\cdots,\boldsymbol{a}_{\mathrm{t}}^{\mathrm{H}}(f_K)\boldsymbol{a}_{\mathrm{t}}(f_0)]$。

当 $f_i=f_0$ 时，$\boldsymbol{a}_{\mathrm{t}}^{\mathrm{H}}(f_i)\boldsymbol{a}_{\mathrm{t}}(f_0)=K$；当 $f_i\neq f_0$ 时，$\boldsymbol{a}_{\mathrm{t}}^{\mathrm{H}}(f_i)\boldsymbol{a}_{\mathrm{t}}(f_0)<K$。所以，不同多普勒频率对应的通道相对主通道的增益为

$$\beta_{\mathrm{t}i}=\begin{cases}\dfrac{\boldsymbol{a}_{\mathrm{t}}^{\mathrm{H}}(f_i)\boldsymbol{a}_{\mathrm{t}}(f_0)}{\boldsymbol{a}_{\mathrm{t}}^{\mathrm{H}}(f_0)\boldsymbol{a}_{\mathrm{t}}(f_0)}, & f_i\neq f_0\\ 1, & f_i=f_0\end{cases} \tag{4.73}$$

则得阵元-多普勒域的最优自适应权的表达式为

$$\boldsymbol{W}_{\mathrm{st}}=\mu((\boldsymbol{I}\otimes\boldsymbol{Q}_{\mathrm{t}})^{\mathrm{H}}\boldsymbol{R}(\boldsymbol{I}\otimes\boldsymbol{Q}_{\mathrm{t}}))^{-1}(\boldsymbol{a}_{\mathrm{s}}(\theta_0)\otimes(\boldsymbol{Q}_{\mathrm{t}}^{\mathrm{H}}\boldsymbol{a}_{\mathrm{t}}(f_0))) \tag{4.74}$$

需要注意的是，采用式(4.70)进行 DFT，其多普勒的旁瓣是比较高的，可以采用幅度加权的方法降低旁瓣，如切比雪夫、海明、汉宁、泰勒权等，在空时二维处理领域中，理论分析时通常采用的是切比雪夫加权。对阵元-多普勒域数据作波束变换后，图 4.23 所示的数据立方体变成了图 4.29(a)所示的立方体，只是脉冲数变成了多普勒通道数，图中的"◊"表示特定阵元上的特定多普勒通道的数据。图 4.29(b)给出了阵元-多普勒域的距离门切片图，图中下边的多普勒通道数对应上边归一化的多普勒通道频率。

对比阵元-多普勒域和阵元-脉冲域可以发现：

(1) 它们的数据立方体的结构基本是一致的，只是脉冲维换成了多普勒维，多

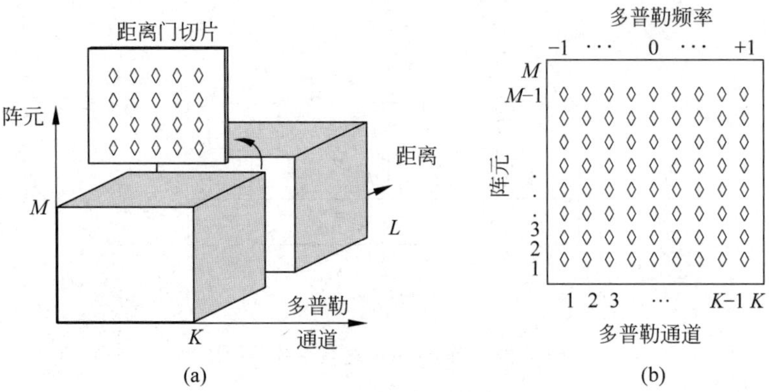

图 4.29 阵元-多普勒域数据立方体

(a) 数据立方体；(b) 距离门切片

普勒通道是通过 DFT 加权形成，加权矢量一般为时域导向矢量，也可以结合幅度加权一起形成多普勒通道；

(2) 阵元-多普勒域自适应处理除最优自适应处理外，还可以选择一些降维方法，如参考图 4.24 进行，取一些阵元和多普勒通道进行自适应处理，这类降维处理方法和阵元-脉冲域处理方法类似，其性能损失还是比较大的；

(3) 阵元-多普勒域最适合的降维方法就是降多普勒通道数，即 $K_1 \leqslant K$，多普勒通道的减少可以有效降低协方差矩阵的维数。

当 $K_1=1$ 时，只形成一个多普勒通道，多普勒通道的指向如图 4.30(a)所示，得到的数据就是所有阵元上对应的相同多普勒频率的 M 个阵元通道数据，此时全自适应协方差矩阵的维数就是 M，这种情况也对应阵元域的自适应处理，此种方法也称为 1C 法。只是在不知道信号所在的多普勒通道时，需要在所有多普勒频率范围[−1,1]之间进行扫描。

当 $K_1=3$ 时，在多普勒域形成 3 个多普勒通道，得到的数据就是所有阵元上相同的 3 个多普勒通道的数据，如图 4.30(b)所示，此时全自适应协方差矩阵的维数就是 $3M$。此时就是经典的 3C 法(也称 3DT 法)。

当 $K_1=K$ 时，在多普勒域形成和脉冲数相等的多普勒通道，即采用等脉冲数的 DFT 变换即可得到，数据的维数是 MK，这就是阵元-多普勒域的最优处理结构。通常选取式(4.70)中的 $\boldsymbol{Q}_{\mathrm{t}}$ 作为变换矩阵，因为此时满足 $\boldsymbol{Q}_{\mathrm{t}}^{\mathrm{H}}\boldsymbol{Q}_{\mathrm{t}}/K=\boldsymbol{I}$，这说明这个变换是个正交变换。由前面的知识可知，如果这个变换是正交变换，则理想情况下不存在性能损失，而当这个变换不是正交变换时，会带来性能损失，如幅度加权的损失量可以用式(4.72)计算。

另外，需要说明的是，多普勒变换后的多普勒通道数 K_1 可以大于脉冲数 K，但在空时二维处理中主要是降维，所以不考虑这种情况。

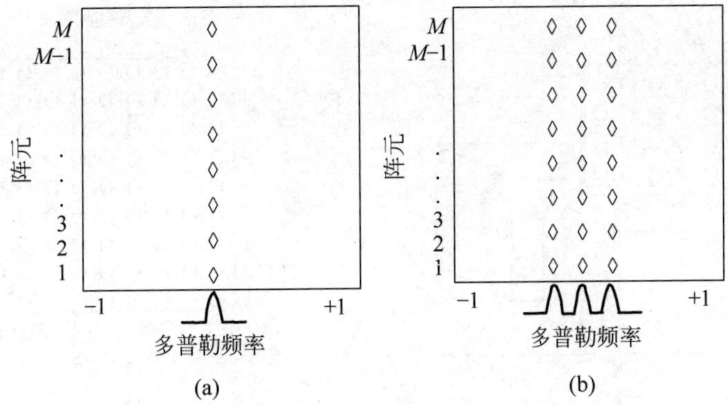

图 4.30　阵元-多普勒域数据降维示意图

(a) 单个多普勒通道；(b) 相邻三个多普勒通道

4.5.4　波束-多普勒域自适应

最后一种空时二维自适应处理结构就是波束-多普勒域自适应结构，其结构图见图 4.31。它和阵元-多普勒域的区别在于阵元域要先进行波束变换，再对每个波束通道进行 DFT；它和波束-脉冲域的区别在于形成波束后，还要对同一波束通道的脉冲进行 DFT。这里先假设形成的波束为 M_1 个，形成的多普勒通道数为 K_1，通常 $K_1 \leqslant K, M_1 \leqslant M$，进行理论分析时一般取 $K_1 = K, M_1 = M$。

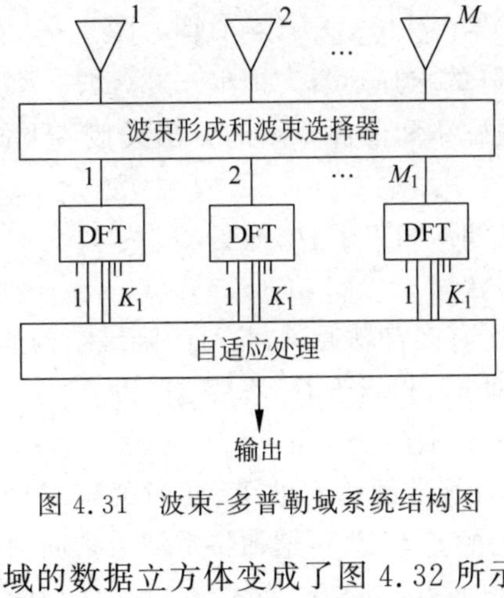

图 4.31　波束-多普勒域系统结构图

这样，波束-多普勒域的数据立方体变成了图 4.32 所示的结构，其横坐标和纵坐标分别变为多普勒通道和波束。右图为其距离门的切片，图中“O”表示一个波束指向的某特定多普勒频率的数据，图中右边标出了对应波束的归一化波束指向，上边标出了对应多普勒通道的归一化多普勒频率。

显然，当 $K_1 = K$ 和 $M_1 = M$ 时，波束-多普勒域形成了 MK 个“O”形的二维波束通道，即此时得到的数据协方差矩阵为

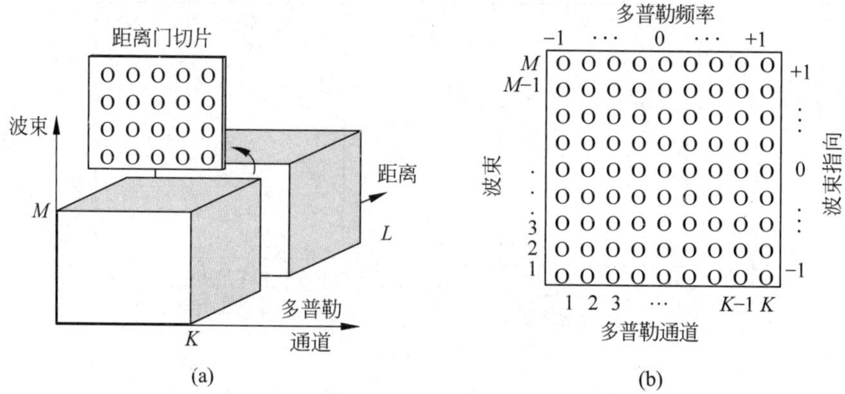

图 4.32 波束-多普勒域数据立方体

(a) 数据立方体；(b) 距离门切片

$$\boldsymbol{R}_Y=(\boldsymbol{Q}_{\mathrm{s}}\otimes\boldsymbol{Q}_{\mathrm{t}})^{\mathrm{H}}\boldsymbol{R}(\boldsymbol{Q}_{\mathrm{s}}\otimes\boldsymbol{Q}_{\mathrm{t}}) \tag{4.75}$$

式中，采用式(4.63)所示的 $\boldsymbol{Q}_{\mathrm{s}}$ 进行 M 个空域波束形成，采用式(4.69)所示的 $\boldsymbol{Q}_{\mathrm{t}}$ 进行 K 个多普勒通道形成。此时，空时二维导向矢量为

$$\boldsymbol{a}_{\mathrm{st}}(f_0,\theta_0)=(\boldsymbol{Q}_{\mathrm{s}}^{\mathrm{H}}\boldsymbol{a}_{\mathrm{s}}(\theta_0))\otimes(\boldsymbol{Q}_{\mathrm{t}}^{\mathrm{H}}\boldsymbol{a}_{\mathrm{t}}(f_0)) \tag{4.76}$$

式中，$\boldsymbol{Q}_{\mathrm{s}}^{\mathrm{H}}\boldsymbol{a}_{\mathrm{s}}(\theta_0)$ 和 $\boldsymbol{Q}_{\mathrm{t}}^{\mathrm{H}}\boldsymbol{a}_{\mathrm{t}}(f_0)$ 分别对应多普勒通道增益和波束增益，可以参见式(4.68)和式(4.73)，这里不再重复。

此时得到的波束-多普勒域最优自适应权为

$$\boldsymbol{W}_{\mathrm{st}}=\mu((\boldsymbol{Q}_{\mathrm{s}}\otimes\boldsymbol{Q}_{\mathrm{t}})^{\mathrm{H}}\boldsymbol{R}(\boldsymbol{Q}_{\mathrm{s}}\otimes\boldsymbol{Q}_{\mathrm{t}}))^{-1}((\boldsymbol{Q}_{\mathrm{s}}^{\mathrm{H}}\boldsymbol{a}_{\mathrm{s}}(\theta_0))\otimes(\boldsymbol{Q}_{\mathrm{t}}^{\mathrm{H}}\boldsymbol{a}_{\mathrm{t}}(f_0))) \tag{4.77}$$

上式涉及 $MK\times MK$ 矩阵的求逆运算，如图 4.33(a)所示，其运算量巨大，通常需要降维处理，降维处理的思路和前面介绍的方法类似。下面介绍几种常用的降维方法。

当 $K_1=K$ 和 $M_1=3$ 时，相当于 $\boldsymbol{Q}_{\mathrm{t}}$ 不变，$\boldsymbol{Q}_{\mathrm{s}}$ 为

$$\boldsymbol{Q}_{\mathrm{s}}=[0,\cdots,0,\boldsymbol{a}_{\mathrm{s}}(\theta_{m-1}),\boldsymbol{a}_{\mathrm{s}}(\theta_m),\boldsymbol{a}_{\mathrm{s}}(\theta_{m+1}),0,\cdots,0]_{M\times M} \tag{4.78}$$

即选取 3 个波束对应的所有多普勒通道，此时的降维结构如图 4.33(b)所示。

当 $K_1=3$ 和 $M_1=M$ 时，相当于 $\boldsymbol{Q}_{\mathrm{s}}$ 不变，$\boldsymbol{Q}_{\mathrm{t}}$ 为

$$\boldsymbol{Q}_{\mathrm{t}}=[0,\cdots,0,\boldsymbol{a}_{\mathrm{t}}(f_{k-1}),\boldsymbol{a}_{\mathrm{t}}(f_k),\boldsymbol{a}_{\mathrm{t}}(f_{k+1}),0,\cdots,0]_{K\times K} \tag{4.79}$$

即选取 3 个相邻的多普勒通道的所有波束，此时的降维结构如图 4.33(c)所示。图 4.33(d)则是在此结构的基础上，再增加特定波束指向的辅助波束。

当 $K_1=3$ 和 $M_1=3$ 时，相当于 $\boldsymbol{Q}_{\mathrm{s}}$ 为式(4.78)，$\boldsymbol{Q}_{\mathrm{t}}$ 为式(4.79)，相当于只选取了图 4.33(e)所示的 9 个空时二维波束，其导向矢量变成了 9 维矢量：

$$\boldsymbol{a}_{\mathrm{st}}(f_0,\theta_0)=\begin{bmatrix}\boldsymbol{a}_{\mathrm{s}}^{\mathrm{H}}(\theta_{m-1})\boldsymbol{a}_{\mathrm{s}}(\theta_0)\\ \boldsymbol{a}_{\mathrm{s}}^{\mathrm{H}}(\theta_m)\boldsymbol{a}_{\mathrm{s}}(\theta_0)\\ \boldsymbol{a}_{\mathrm{s}}^{\mathrm{H}}(\theta_{m+1})\boldsymbol{a}_{\mathrm{s}}(\theta_0)\end{bmatrix}\otimes\begin{bmatrix}\boldsymbol{a}_{\mathrm{t}}^{\mathrm{H}}(f_{m-1})\boldsymbol{a}_{\mathrm{t}}(f_0)\\ \boldsymbol{a}_{\mathrm{t}}^{\mathrm{H}}(f_m)\boldsymbol{a}_{\mathrm{t}}(f_0)\\ \boldsymbol{a}_{\mathrm{t}}^{\mathrm{H}}(f_{m+1})\boldsymbol{a}_{\mathrm{t}}(f_0)\end{bmatrix} \tag{4.80}$$

上式就是经典的JDL算法。当然采用JDL算法除了选取3×3的数据块外，还可以选取3×4，或者更多的数据块。

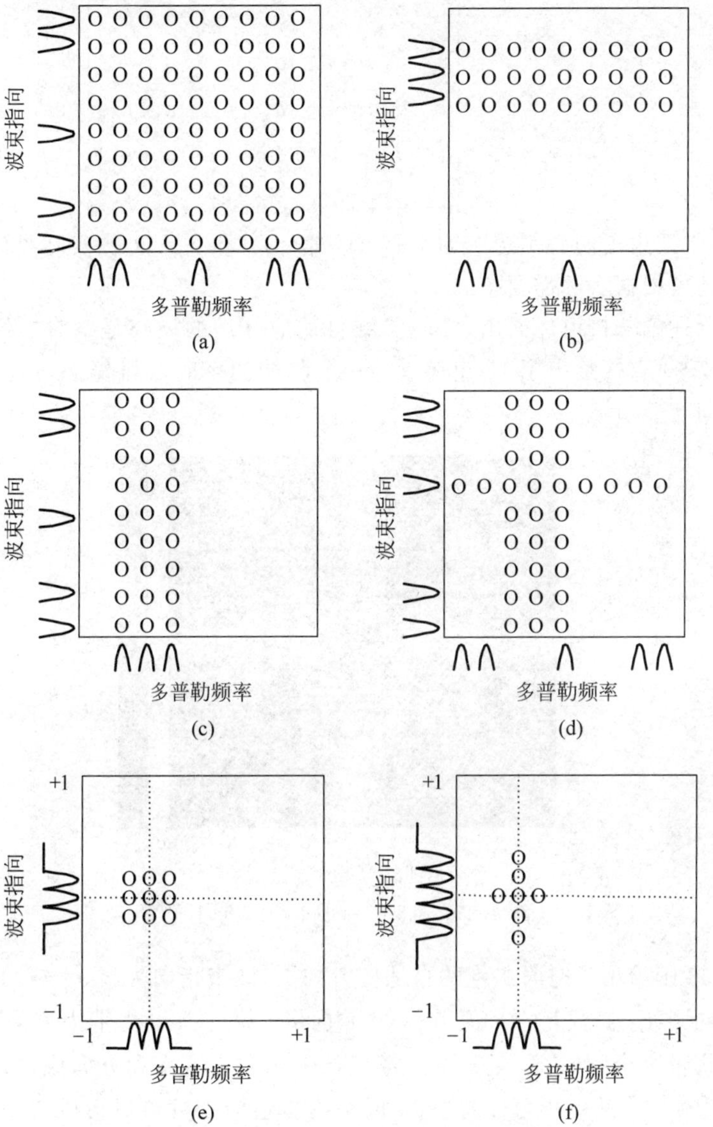

图4.33 阵元-多普勒域数据降维示意图

(a) M个波束K个多普勒通道；(b) 3个波束K个多普勒通道；(c) M个波束3个多普勒通道；(d) M个波束3个多普勒通道+辅助波束；(e) 分块型二维波束；(f) 十字形二维波束

除了上述的几种降维结构外，还有一种十字形的结构，即STMB方法。如图4.33(f)所示，选取中心波束左右的十字形结构，其导向矢量变成了7维矢量：

$$
\boldsymbol{a}_{\mathrm{st}}(f_0,\theta_0)=\begin{bmatrix}\boldsymbol{a}_{\mathrm{s}}^{\mathrm{H}}(\theta_{m-2})\boldsymbol{a}_{\mathrm{s}}(\theta_0)\boldsymbol{a}_{\mathrm{t}}^{\mathrm{H}}(f_k)\boldsymbol{a}_{\mathrm{t}}(f_0)\\ \boldsymbol{a}_{\mathrm{s}}^{\mathrm{H}}(\theta_{m-1})\boldsymbol{a}_{\mathrm{s}}(\theta_0)\boldsymbol{a}_{\mathrm{t}}^{\mathrm{H}}(f_k)\boldsymbol{a}_{\mathrm{t}}(f_0)\\ \boldsymbol{a}_{\mathrm{s}}^{\mathrm{H}}(\theta_m)\boldsymbol{a}_{\mathrm{s}}(\theta_0)\boldsymbol{a}_{\mathrm{t}}^{\mathrm{H}}(f_{k-1})\boldsymbol{a}_{\mathrm{t}}(f_0)\\ \boldsymbol{a}_{\mathrm{s}}^{\mathrm{H}}(\theta_m)\boldsymbol{a}_{\mathrm{s}}(\theta_0)\boldsymbol{a}_{\mathrm{t}}^{\mathrm{H}}(f_k)\boldsymbol{a}_{\mathrm{t}}(f_0)\\ \boldsymbol{a}_{\mathrm{s}}^{\mathrm{H}}(\theta_m)\boldsymbol{a}_{\mathrm{s}}(\theta_0)\boldsymbol{a}_{\mathrm{t}}^{\mathrm{H}}(f_{k+1})\boldsymbol{a}_{\mathrm{t}}(f_0)\\ \boldsymbol{a}_{\mathrm{s}}^{\mathrm{H}}(\theta_{m+1})\boldsymbol{a}_{\mathrm{s}}(\theta_0)\boldsymbol{a}_{\mathrm{t}}^{\mathrm{H}}(f_k)\boldsymbol{a}_{\mathrm{t}}(f_0)\\ \boldsymbol{a}_{\mathrm{s}}^{\mathrm{H}}(\theta_{m+2})\boldsymbol{a}_{\mathrm{s}}(\theta_0)\boldsymbol{a}_{\mathrm{t}}^{\mathrm{H}}(f_k)\boldsymbol{a}_{\mathrm{t}}(f_0)\end{bmatrix} \tag{4.81}
$$

上式中，通常波束指向就是选取的中心，即 $f_k=f_0$ 和 $\theta_m=\theta_0$。实际纵向波束与横向多普勒还可根据实际需要拓展。

通过上述的分析可以看出，空时二维自适应处理的核心是空时二维方向图的设计。图 4.34 直接给出了 16 个阵元、16 个脉冲的空时二维静态方向图，归一化的波束指向 $f_0=0,\theta_0=0$。

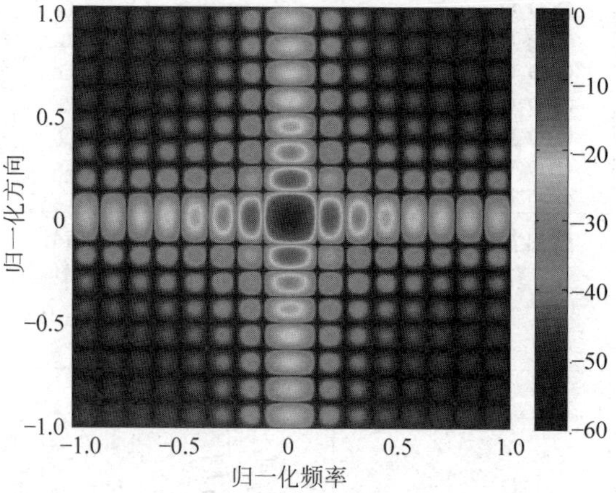

图 4.34 空时二维波束静态方向图

图 4.35 则给出了空时二维的自适应方向图，波束指向为 $f_0=-0.5,\theta_0=0.5$，其他条件同图 4.34，只是图中存在 3 个干扰带：第一条干扰带为全向，$f_0=0.5$；第二条干扰带为全频向，$\theta_0=-0.5$；第三条干扰带为频率和方向成对角的线性关系向，即 $f_0=\theta_0$。从图中可以看出，空时二维自适应处理可以形成三条零点带，正好对着干扰带的方向。通常情况下一个空域干扰对应第二条干扰带，正侧面阵的杂波对应第三条干扰带，第一条干扰带通常是瞄准式的多普勒频率干扰。需要说明的是，空时二维自适应通常是用来抑制杂波的，为了进一步说明抑制杂波的能力，图 4.36 和图 4.37 中的左图仿真了圆形分布和椭圆形分布的杂波，右图给出了波束指向 $f_0=0,\theta_0=0$ 时对应杂波抑制后的空时二维自适应方向图。

从图 4.36 和图 4.37 中可以看出，不管左图中的杂波带如何分布，空时二维自适应均能够形成相应的凹口(右图)，从而抑制对应频率和方向的杂波，其中圆形杂波带对应前向阵和后向阵机载雷达的杂波，椭圆形杂波对应左侧视和右侧视机载雷达的杂波。感兴趣的读者可进一步阅读文献[1]。

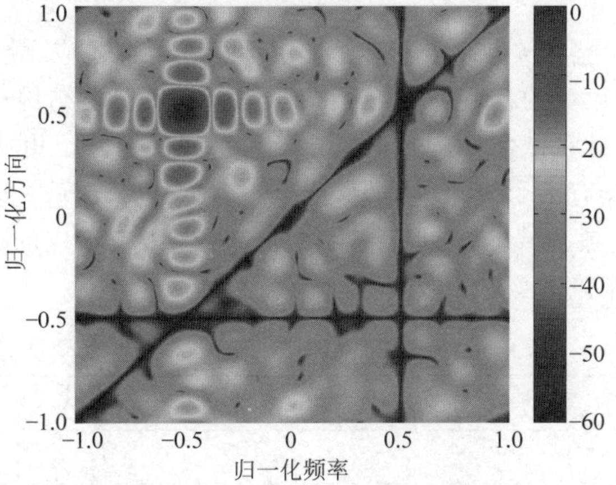

图 4.35　空时二维自适应方向图

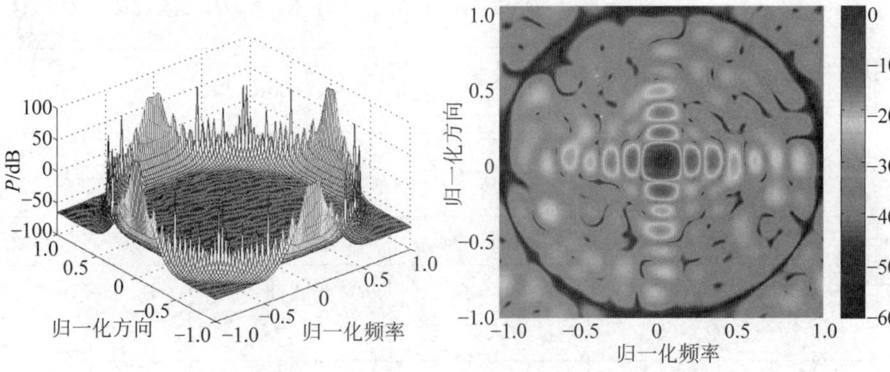

图 4.36　圆形杂波带的空时二维波束自适应方向图

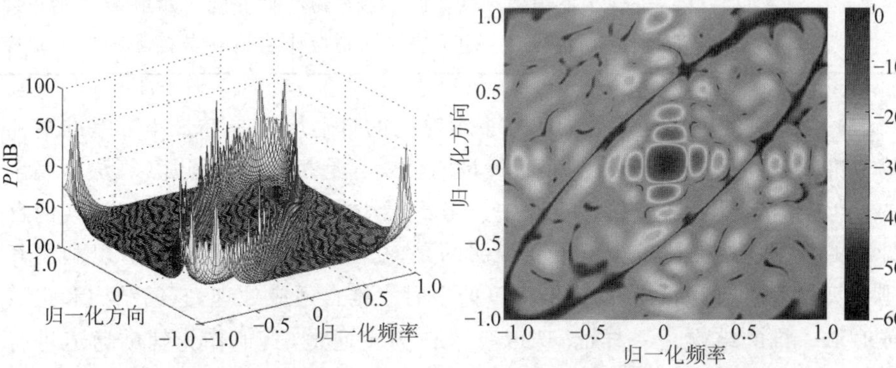

图 4.37　椭圆形杂波带的空时二维波束自适应方向图

4.6 自适应中的空时等效性

通过前面的分析可知，在自适应滤波中时间域的自适应、频率域的自适应、阵元域的自适应、波束域的自适应和空时二维自适应，其算法结构和权矢量都是等效的，这种等效的基础和谱估计一样都是导向矢量间的等效。由文献[1]可知，空时二维自适应处理具有一个统一的框架，这里不再详述。本章主要从空时等效的角度来分析时间域、频率域、阵元域、波束域和空时二维自适应的关系，见表 4.1，从中可以得出以下结论。

表 4.1 自适应处理中的空时等效性对比表

<table>
<tr><td>数据模型</td><td colspan="5">$\boldsymbol{X}(t)=\boldsymbol{A}_{st}(\theta,f)\boldsymbol{S}(t)+\boldsymbol{N}(t)$</td><td colspan="3">$\boldsymbol{R}_{XX}=\boldsymbol{A}_{st}(\theta,f)\boldsymbol{R}_{ss}\boldsymbol{A}_{st}^{H}(\theta,f)+\boldsymbol{R}_{N}$</td></tr>
<tr><td>导向矢量</td><td colspan="8">$\boldsymbol{a}_{s}(\theta)\otimes\boldsymbol{a}_{t}(f)$</td></tr>
<tr><td>变量</td><td colspan="8">阵元数 M，脉冲数 K，快拍数 L</td></tr>
<tr><td>数据变换或抽取</td><td colspan="5">$\boldsymbol{Y}(t)=(\boldsymbol{Q}_{s}\otimes\boldsymbol{Q}_{t})^{H}\boldsymbol{X}(t)$</td><td colspan="3">$\boldsymbol{R}_{YY}=(\boldsymbol{Q}_{s}\otimes\boldsymbol{Q}_{t})^{H}\boldsymbol{R}_{XX}(\boldsymbol{Q}_{s}\otimes\boldsymbol{Q}_{t})$</td></tr>
<tr><td>变换后的导向矢量</td><td colspan="8">$\boldsymbol{a}_{st}(\theta,f)=(\boldsymbol{Q}_{s}^{H}\boldsymbol{a}_{s}(\theta))\otimes(\boldsymbol{Q}_{t}^{H}\boldsymbol{a}_{t}(f))$</td></tr>
<tr><td>最小方差自适应权</td><td colspan="8">$\boldsymbol{W}_{st}=\mu((\boldsymbol{Q}_{s}\otimes\boldsymbol{Q}_{t})^{H}\boldsymbol{R}_{XX}(\boldsymbol{Q}_{s}\otimes\boldsymbol{Q}_{t}))^{-1}(\boldsymbol{Q}_{s}^{H}\boldsymbol{a}_{s}(\theta_{0}))\otimes(\boldsymbol{Q}_{t}^{H}\otimes\boldsymbol{a}_{t}(f_{0}))$</td></tr>
<tr><td rowspan="2">四大类算法</td><td colspan="2">阵元-脉冲域</td><td colspan="2">波束-脉冲域</td><td colspan="2">阵元-多普勒域</td><td colspan="2">波束-多普勒域</td></tr>
<tr><td colspan="2">$\boldsymbol{Q}_{t}=\boldsymbol{I}$
$\boldsymbol{Q}_{s}=\boldsymbol{I}$</td><td colspan="2">$\boldsymbol{Q}_{t}=\boldsymbol{I}$
$\boldsymbol{Q}_{s}$ 为式(4.65)</td><td colspan="2">$\boldsymbol{Q}_{t}$ 为式(4.70)
$\boldsymbol{Q}_{s}=\boldsymbol{I}$</td><td colspan="2">$\boldsymbol{Q}_{t}$ 为式(4.70)
$\boldsymbol{Q}_{s}$ 为式(4.75)</td></tr>
<tr><td rowspan="2">算法特例</td><td>$M_1=1$
$K_1=K$</td><td>$M_1=M$
$K_1=1$</td><td>$M_1=1$
$K_1=K$</td><td>$M_1=M$
$K_1=1$</td><td>$M_1=1$
$K_1=K$</td><td>$M_1=M$
$K_1=1$</td><td>$M_1=1$
$K_1=K$</td><td>$M_1=M$
$K_1=1$</td></tr>
<tr><td>时间域自适应</td><td>阵元域自适应</td><td>时间域自适应</td><td>波束域自适应</td><td>频率域自适应</td><td>阵元域自适应</td><td>频率域自适应</td><td>波束域自适应</td></tr>
</table>

(1) 自适应的算法是等效的。本章中讨论的自适应都是在最小方差准则和最小均方准则条件下推导出来的，其权矢量的公式都是相同的，所以其算法是完全等效的。但空时二维自适应处理算法中只考虑最小方差自适应权的形式，其他自适应处理的准则使用的比较少。需要说明的是，在实际处理过程中也可以利用其他准则计算自适应数，如最小均方准则下的空时二维自适应处理，它的结构和空域一维或时域一维的结构是一样的，选取一个作为主通道，其他作为辅助通道进行处理。对此在后续章节中还会讨论。

(2) 自适应的自由度要求是等效的。时域自适应包含时间域自适应和频率域自适应，自适应的自由度由脉冲数或变换后的多普勒通道数来决定，其自由度的多少决定可以抑制频率旁瓣干扰的数目和性能。空域自适应包含阵元域自适应和波束域自适应，自适应的自由度由阵元数或变换后的波束数决定，其自由度的多少决定可以抑制空域旁瓣干扰的数目和性能。对于空时自适应自由度的要求也是一样的，如果是降维的算法，则也需要满足降维后的算法自由度大于杂波或干扰自由度。

(3) 自适应的性能具有等效性。空时二维自适应其实就是空域自适应和时域自适应的组合，所以它有 4 种基本形式，即阵元-脉冲域、波束-脉冲域、阵元-多普勒域和波束-多普勒域，这也意味着在最小方差准则下可以得到 4 种求最优空时自适应权的方法，在满足式(4.63)和式(4.69)的情况下，这 4 种方法的性能是完全一样的。需要注意的是，此时变换后的波束数等于阵元数，多普勒通道数等于脉冲数，且不存在幅度加权。但当变换过程中存在幅度加权时，会带来性能损失，空域的损失量可以由式(4.68)计算，时域的损失量则由式(4.73)计算。除此之外，两种时域和两种空域自适应处理的性能在不加权的情况下也是一样的。

(4) 自适应的应用条件是等效的。通过自适应的空时等效性，可以将同一个算法在空域、时域和空时域进行转换，但需要注意自适应原理和应用条件。自适应的原理是学习到相应的干扰或杂波数据从而自适应产生零陷，以实现对干扰或杂波的抑制。自适应的应用条件为：①必须学习到干扰或杂波的数据。只有学习到相应的数据，自适应滤波器才能起到相应的作用，否则无法对消干扰或杂波。②统计特性需要满足要求。如果数据的统计特性在一定的时间内不发生变化，则取样部分数据学习得到的权可以应用到不发生变化的数据上，如果数据的统计特性是时变的，则学习得到的权只能用于学习的数据上。③学习的样本数需要满足要求。通常需要满足大于等于算法自由度的 2～3 倍，所以，如果采用空时自适应算法，则需要注意算法本身的自由度。

自适应中的空时等效性，为读者理解算法之间的关系提供了一个很好的途径，也为算法之间的相互转换提供了思路，特别是在空时二维自适应处理中，为了降低算法的运算量需要对算法进行降维，不同的降维方法其性能的优劣通过转换就可以直接分析出来，如 3 个脉冲的自适应、3 个多普勒通道的自适应、3 个阵元的自适应、3 个波束的自适应、空时二维中的 $3C$ 法和空时二维的和差波束法等的差异性。这种等效性也进一步说明了在存在空时耦合杂波的情况下，空时二维自适应更加适用，其相对空域或时域一维处理的优点在于：自由度多，更有利于抑制杂波和干扰；可抑制空域或时域一维处理无法对消的干扰，如可以抑制对准主瓣方向但多普勒通道分离的杂波和干扰，也可抑制对准主多普勒通道但空域分离的杂波和干扰。另外，需要说明的是，空时频三维自适应其实就是空时二维自适应，它只是把时域分成了时间域和频率域。这也说明,空时二维自适应除了 4 种基本形式之外,还存在一些混合形式,如阵元波束-脉冲域、阵元波束-多普勒域、阵元-脉冲多普勒域、波束-脉冲多普勒域、阵元波束-脉冲多普勒的情况。另外,空时二维自适应也存在旁瓣相消结构,我们将在第 6 章中进行介绍。

4.7 小结

本章从空时等效的角度出发,分别从空时信号处理的时间域、频率域、阵元域和波束域 4 个维度介绍了各自的自适应滤波算法,其中时间域和频率域属于时域自适应滤波,阵元域和波束域属于空域自适应滤波。算法的分析过程中贯穿了算法结构和准则两条主线,从算法实现的结构来看,自适应滤波有旁瓣对消和全自适应两种结构;从算法的准则角度,介绍了最小均方误差和最小方差两种准则下的权矢量。在此基础上,介绍了空时二维自适应滤波,给出了 4 种空时二维自适应滤波的技术,并从空时等效的角度将其与空域、时域自适应滤波进行了总结、对比、分析和推广。

第5章 空时平滑

本章主要研究空时信号中的平滑处理算法，在阵列信号处理中平滑处理的主要目的是实现对相干信号源的参数估计。一般在空域处理中叫空间平滑，在时域处理中叫滑窗处理。本章中研究的平滑是指在划分的空域或时域上的数据块之间的联合处理，并不指划分之后的单次处理，如上一章的空时二维处理中的降维处理是针对划分数据块的单次处理。它们的区别在于：前者是数据块之间的联合处理，数据块之间常见的处理是加减乘除，如阵列信号处理中的前向空间平滑就是数据块之间的和、空间平滑差分就是数据块之间的差等；而后者则是一次处理，但需要遍历所有的数据，如雷达信号处理中的恒虚警处理，空时二维处理中的3C法等。这里所用的平滑这个概念主要来源于空域中的空间平滑，其主要目的是为了解相干，即实现相干信号源的参数测量或自适应滤波。所以，本章安排上先以空间平滑引入，介绍其基本原理及相应的算法，再对比分析时间平滑中的原理和算法，最后拓展到空时平滑算法。

5.1 相干信号源模型

由第3章的知识可知，在远场窄带信号的假设下，信号与噪声相互独立，当阵元数为 M、脉冲数为 K、信号源数为 N 时，理想的空时二维阵列模型为

$$\boldsymbol{X}(t)=\boldsymbol{A}_{\mathrm{st}}(\theta,f)\boldsymbol{S}(t)+\boldsymbol{N}(t) \tag{5.1}$$

式中，$\boldsymbol{X}(t)$为阵列的 MK 维快拍数据矢量；$\boldsymbol{N}(t)$为阵列的 MK 维噪声数据矢量；$\boldsymbol{S}(t)$为空间信号的 N 维矢量；$\boldsymbol{A}_{\mathrm{st}}(\theta,f)$为阵列的 $MK\times N$ 维空时二维流型矩阵，

$$\boldsymbol{A}_{\mathrm{st}}(\theta,f)=[\boldsymbol{a}_{\mathrm{st}}(\theta_1,f_1)\quad \boldsymbol{a}_{\mathrm{st}}(\theta_2,f_2)\quad \cdots\quad \boldsymbol{a}_{\mathrm{st}}(\theta_N,f_N)] \tag{5.2}$$

其中，MK 维空时导向矢量

$$\boldsymbol{a}_{\mathrm{st}}(\theta_i,f_i)=\begin{bmatrix}\boldsymbol{a}_{\mathrm{t}}(f_i)\\ \boldsymbol{a}_{\mathrm{t}}(f_i)\cdot\exp(-\mathrm{j}2\pi d\sin(\theta_i)/\lambda)\\ \vdots\\ \boldsymbol{a}_{\mathrm{t}}(f_i)\cdot\exp(-\mathrm{j}2\pi(M-1)d\sin(\theta_i)/\lambda)\end{bmatrix}=\boldsymbol{a}_{\mathrm{s}}(\theta_i)\otimes\boldsymbol{a}_{\mathrm{t}}(f_i) \tag{5.3}$$

式中,$\boldsymbol{a}_{\mathrm{s}}(\theta_i)$为 M 维空域导向矢量;$\boldsymbol{a}_{\mathrm{t}}(f_i)$为 K 维时域导向矢量;$\otimes$为 Kronecher 积。需要注意的是,空时导向矢量其实是和 $\boldsymbol{X}(t)$中的数据排列密切相关的,两者之间为一一对应关系。如式(5.3)表明先排同一阵元上的不同快拍数据,再按阵元顺序排。如果先排同一快拍时的不同阵元上的数据,则式(5.3)中的空域导向矢量和时域导向矢量应该互相交换。

此时,空时二维数据的 $MK\times MK$ 维协方差矩阵为

$$\boldsymbol{R}=\boldsymbol{A}_{\mathrm{st}}(\theta,f)\boldsymbol{R}_{\mathrm{ss}}\boldsymbol{A}_{\mathrm{st}}^{\mathrm{H}}(\theta,f)+\sigma^2\boldsymbol{I} \tag{5.4}$$

式中,$N\times N$ 维矩阵 $\boldsymbol{R}_{\mathrm{ss}}$ 是由 N 个信号构成的信号协方差矩阵。这里假设 $MK\times MK$ 维矩阵 $\boldsymbol{R}_N$ 为理想的白噪声,且噪声功率为 σ^2。

由第 3 章的知识可知,当信号源完全独立时,则信号协方差矩阵满足下式:

$$\boldsymbol{R}_{\mathrm{ss}}=\begin{bmatrix}P_1 & 0 & \cdots & 0\\ 0 & P_2 & \cdots & 0\\ \vdots & \vdots & \ddots & \vdots\\ 0 & 0 & \cdots & P_N\end{bmatrix} \tag{5.5}$$

式中,P_i 为第 i 个信号的功率,$i=1,2,\cdots,N$。$\boldsymbol{R}_{\mathrm{ss}}$ 是一个对角阵,即其秩为 N,所以对 $\boldsymbol{R}$ 进行特征分解可以得到 N 个大特征值。当信号源相干时,所有信号源都可以看成由同一个信号源生成的,信号之间只是相差一个固定的复常数,即

$$\boldsymbol{s}_i(t)=\alpha_i\boldsymbol{s}_0(t),\quad i=1,2,\cdots,N \tag{5.6}$$

式中,$\boldsymbol{s}_0(t)$为生成信号源。此时,阵列接收的信号矢量为

$$\boldsymbol{S}(t)=\begin{bmatrix}\boldsymbol{s}_1(t)\\ \boldsymbol{s}_2(t)\\ \vdots\\ \boldsymbol{s}_N(t)\end{bmatrix}=\begin{bmatrix}\alpha_1\\ \alpha_2\\ \vdots\\ \alpha_N\end{bmatrix}\boldsymbol{s}_0(t)=\boldsymbol{\rho}\boldsymbol{s}_0(t) \tag{5.7}$$

式中,$\boldsymbol{\rho}$ 是由一系列复常数组成的 N 维矢量。此时,信号协方差矩阵 $\boldsymbol{R}_{\mathrm{ss}}=\boldsymbol{\rho}\boldsymbol{s}_0(t)\times\boldsymbol{s}_0^{\mathrm{H}}(t)\boldsymbol{\rho}^{\mathrm{H}}=\boldsymbol{\rho}P_0\boldsymbol{\rho}^{\mathrm{H}}$,其中 P_0 为生成信号源 $\boldsymbol{s}_0(t)$的功率。

显然,当信号源全相干时,信号协方差矩阵的秩变成了 1,不再等于信号源数 N。这就意味着,对阵列接收的数据协方差矩阵 $\boldsymbol{R}$ 进行特征分解,按特征值的大小可以分成两部分:一部分由大特征值构成,其对应的特征矢量构成的矩阵定义为信号子空间,$\boldsymbol{U}_{\mathrm{S}}=\boldsymbol{e}_1$;另一部分由小特征值构成,其对应的特征矢量构成的矩阵定义为噪声子空间,$\boldsymbol{U}_{\mathrm{N}}=[\boldsymbol{e}_2\quad \boldsymbol{e}_3\quad\cdots\quad\boldsymbol{e}_M]$。此时,有 N 个信号,但信号子空间只有一维,而噪声子空间扩展到 $M-1$ 维。

定理 5.1　设有 $N \leqslant M-1$ 个窄带远场信号入射到 M 个阵元组成的阵列上，阵列流型矩阵的秩为 N，信号协方差矩阵的秩为 $K_1(K_1 \leqslant N)$，噪声协方差矩阵 $\boldsymbol{R}_{\mathrm{N}}$ 为满秩矩阵，则有如下线性关系成立：

$$\boldsymbol{R}_{\mathrm{N}}\boldsymbol{e}_k = \sum_{n=1}^{N} \alpha_k(n)\boldsymbol{a}_{\mathrm{s}}(\theta_n) \tag{5.8}$$

其中，$1 \leqslant k \leqslant K_1$；$\boldsymbol{e}_k$ 为特征矢量；$\alpha_k(n)$ 为线性组合因子。

证明见文献[32]。

由定理 5.1 可知当噪声协方差矩阵为理想白噪声时，式(5.8)即简化为

$$\boldsymbol{e}_k = \sum_{n=1}^{N} \alpha_k(n)\boldsymbol{a}_{\mathrm{s}}(\theta_n),\quad 1 \leqslant k \leqslant K \tag{5.9}$$

上式说明无论信号源是否相干，对应大特征值的特征矢量均是各信号源导向矢量的一个线性组合。考虑最极端的情况，如 $K=1$(信号源完全相干)时，则上式左边只有一个最大特征值对应的特征矢量

$$\boldsymbol{e}_1 = \sum_{n=1}^{N} \alpha_k(n)\boldsymbol{a}_{\mathrm{s}}(\theta_n) \tag{5.10}$$

上式表明：最大特征矢量是通过对接收数据的协方差矩阵进行分解得到的，这个过程只涉及信号的接收数据，和其他参数没有关系。所以在信号源相干的情况下，对于空域模型、时域模型、空时二维模型，这一结论均成立，即只存在一个最大的特征矢量，且为空时域、空域和时域导向矢量的线性组合，即

$$\boldsymbol{e}_1 = \sum_{n=1}^{N} \beta_n(n)\boldsymbol{a}_{\mathrm{st}}(\theta_n, f_n) \tag{5.11a}$$

$$\boldsymbol{e}_1 = \sum_{n=1}^{N} \beta_n(n)\boldsymbol{a}_{\mathrm{s}}(\theta_n) \tag{5.11b}$$

$$\boldsymbol{e}_1 = \sum_{n=1}^{N} \beta_n(n)\boldsymbol{a}_{\mathrm{t}}(f_n) \tag{5.11c}$$

式中，β_n 为线性组合因子。上式也充分说明，在理想的阵列模型之下，不管是空域、时域还是空时二维域，信号相干时的最大特征矢量分别是空域导向矢量、时域导向矢量或者空时二维导向矢量的线性组合，即最大特征矢量包含了所有信号源的角度、频率或者角度/频率的信息。

由数字信号处理的知识可知：信号源之间的相关系数确定了信号源间的三种状态，分别是不相关、相关和相干。

(1) 当相关系数为 0 时，信号源不相关，$\boldsymbol{R}_{\mathrm{ss}}$ 是个对角阵，此时所有非对角线元素均为 0，此时采用子空间类的算法得到的信号参数性能估计通常是最优的。

(2) 当相关系数在 0 和 1 之间时，即信号源相关，$\boldsymbol{R}_{\mathrm{ss}}$ 不再是对角阵，但它的秩通常和对角阵一样，即它也是一个满秩阵。但由于非对角线元素不为 0，从而导致算法的性能会下降，通常是随着相关系数的提高而降低，见文献[2]。

(3) 当相关系数等于 1 时，信号源完全相干。实际上当相关系数接近 1 时，此

时信号协方差矩阵 $\boldsymbol{R}_{ss}$ 不是对角阵，且其秩开始下降，当相关系数为 1 即完全相干时，信号协方差矩阵的秩降成了 1，此时很多算法失效，特别是子空间类算法已经无法实现参数估计。因此，解相干算法是阵列信号处理中最重要的预处理算法之一，相干带来的问题就是信号协方差矩阵的秩损，导致许多算法无法得到正确的信号子空间或噪声子空间而失效。但信号相干有时不一定是坏事，在无须估计参数的场合，有时相干会带来好处。如在自适应的场合下，干扰源的相干会使得多个干扰组合成一个干扰，也就意味着自适应的时候只需要形成一个零点，即所需的阵列自由度降低了，但当干扰和主瓣指向的信号相干时，则会导致信号也被对消。另外，在雷达信号处理中相干脉冲串可以实现相参积累，从而大大提升目标的信噪比。

5.2 空间平滑处理

在阵列信号处理领域中，相干信号源的解相干方法可以分为两大类：一类是非降维类，如频域平滑算法、Toeplitz 方法、虚拟阵列变换等，这类算法的最大优点是阵列孔径没有损失，但其往往适用于某些特定的信号环境，处理后由于变换的损失问题会导致算法性能变差；另一类是空间平滑类算法，如前后向平滑算法、矩阵重构算法、矢量奇异值法等。平滑类算法是空域处理中最经典的处理方法，其实现简单，解相干的效果好，所以在相干信号源的场合被广泛应用，当然其适用的条件是等距均匀线阵。在非等距均匀线阵的场合，通常需要经过阵列设置或虚拟变换再应用空间平滑类算法，如均匀圆阵的模式空间变换。

5.2.1 空间平滑算法的原理

前向空间平滑处理的原理如图 5.1 所示，将一 M 个阵元的半波长等距均匀线阵分成 p 个子阵，子阵之间通常只滑动一个阵元，每个子阵的阵元数为 m，显然 $M=p+m-1$。

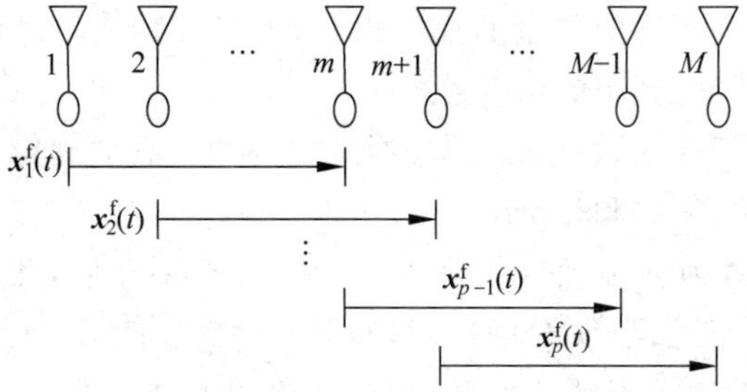

图 5.1 前向空间平滑原理图

假设以左手边第一个阵元为参考点，第一个子阵为参考子阵，则第 k 个子阵的数据模型为

$$\boldsymbol{x}_k^{\mathrm{f}}(t)=[x_k \quad x_{k+1} \quad \cdots \quad x_{k+m-1}]^{\mathrm{T}}, \quad k=1,2,\cdots,p \tag{5.12}$$

式中，x_i 为第 i 个阵元上接收的数据，$i=1,2,\cdots,M$。

将空域阵列模型代入式(5.12)可得

$$\boldsymbol{x}_k^{\mathrm{f}}(t)=\boldsymbol{A}_k\boldsymbol{S}(t)+\boldsymbol{N}_k(t) \tag{5.13}$$

式中，$\boldsymbol{A}_k$ 和 $\boldsymbol{N}_k$ 分别为第 k 个子阵的阵列流型和子阵阵元上接收到的噪声矢量。另外，由阵列模型可知：第 k 个子阵的阵列流型满足

$$\boldsymbol{A}_k=\boldsymbol{A}_1\boldsymbol{D}_{\mathrm{s}}^{k-1} \tag{5.14}$$

$$\boldsymbol{D}_{\mathrm{s}}=\begin{bmatrix} \mathrm{e}^{-\mathrm{j}\beta_1} & 0 & \cdots & 0 \\ 0 & \mathrm{e}^{-\mathrm{j}\beta_2} & \cdots & 0 \\ \vdots & \vdots & \ddots & \vdots \\ 0 & 0 & \cdots & \mathrm{e}^{-\mathrm{j}\beta_N} \end{bmatrix} \tag{5.15}$$

式中，$\boldsymbol{A}_1$ 为图 5.1 中第 1 个子阵的阵列流型；$\boldsymbol{D}_{\mathrm{s}}$ 为空间对角阵，其中，$\beta_i=\dfrac{2\pi d}{\lambda}\sin\theta_i$，$\theta_i$ 为信号的入射角度，其中 $i=1,2,\cdots,N$，d 为阵元间距，λ 为信号波长。如果阵元间距为半波长，则 $\beta_i=\pi\sin\theta_i$。

于是第 k 个子阵数据 $\boldsymbol{x}_k^{\mathrm{f}}$ 的协方差矩阵为

$$\begin{aligned}\boldsymbol{R}_k&=\begin{bmatrix} x_k x_k^* & x_k x_{k+1}^* & \cdots & x_k x_{k+m-1}^* \\ x_{k+1} x_k^* & x_{k+1} x_{k+1}^* & \cdots & x_{k+1} x_{k+m-1}^* \\ \vdots & \vdots & \ddots & \vdots \\ x_{k+m-1} x_k^* & x_{k+m-1} x_{k+1}^* & \cdots & x_{k+m-1} x_{k+m-1}^* \end{bmatrix} \\ &=\boldsymbol{A}_1\boldsymbol{D}_{\mathrm{s}}^{k-1}\boldsymbol{R}_{\mathrm{ss}}(\boldsymbol{D}_{\mathrm{s}}^{k-1})^{\mathrm{H}}\boldsymbol{A}_1^{\mathrm{H}}+\sigma^2\boldsymbol{I}\end{aligned} \tag{5.16}$$

需要注意该矩阵中的各元素其实是各阵元上接收数据的互相关的统计平均，即

$$x_i x_j^*=\frac{1}{L}\sum_{k=1}^{L}x_i(k)x_j^*(k)$$

式中，L 为阵列的快拍数。

前向空间平滑的思想就是将这 k 个数据协方差矩阵进行求均值，即得到前向平滑修正后的数据协方差矩阵

$$\begin{aligned}\boldsymbol{R}_{\mathrm{s}}^{\mathrm{f}}&=\frac{1}{p}\sum_{i=1}^{p}\boldsymbol{R}_i=\boldsymbol{A}_1\left(\frac{1}{p}\sum_{i=1}^{p}\boldsymbol{D}_{\mathrm{s}}^{i-1}\boldsymbol{R}_{\mathrm{ss}}\boldsymbol{D}_{\mathrm{s}}^{1-i}\right)\boldsymbol{A}_1^{\mathrm{H}}+\sigma^2\boldsymbol{I} \\ &=\boldsymbol{A}_1\boldsymbol{R}_{\mathrm{ss}}^{\mathrm{f}}\boldsymbol{A}_1^{\mathrm{H}}+\sigma^2\boldsymbol{I}\end{aligned} \tag{5.17}$$

其中，前向平滑修正后的信号协方差矩阵为

$$\boldsymbol{R}_{\mathrm{ss}}^{\mathrm{f}}=\frac{1}{p}\sum_{i=1}^{p}\boldsymbol{D}_{\mathrm{s}}^{i-1}\boldsymbol{R}_{\mathrm{ss}}\boldsymbol{D}_{\mathrm{s}}^{1-i} \tag{5.18}$$

定理 5.2 如果子阵数目 $m\geqslant N$，则当 $p\geqslant N$ 时前向空间平滑数据协方差矩阵 $\boldsymbol{R}_{\mathrm{ss}}^{\mathrm{f}}$ 是满秩的，且秩数为信号源数。

证明见文献[33]。

通过上述的前向平滑过程及式(5.15)可见,$\boldsymbol{R}_{\mathrm{s}}^{\mathrm{f}}$ 秩恢复的过程实质是 $\boldsymbol{R}_{\mathrm{ss}}^{\mathrm{f}}$ 的秩恢复过程,也就是空间平滑处理的原理是信号协方差矩阵的秩恢复。这里强调的是秩恢复,也就是恢复后的信号间互相关项,即非对角线元素并不一定等于0,如果等于0则表示相干源经处理后变成了独立源,这是很多解相干算法追求的目标。

参考图5.1所示的前向空间平滑原理图,也可以将参考阵元选择为右手边第1个阵元,则得到图5.2所示的后向空间平滑原理图。假设第一个子阵为参考子阵,则第 k 个子阵的数据模型为

$$\boldsymbol{x}_k^{\mathrm{b}}(t)=[x_{M-k+1} \quad x_{M-k} \quad \cdots \quad x_{M-k-m+1}]^{\mathrm{H}}, \quad k=1,2,\cdots,p \tag{5.19}$$

式中,x_i 为第 i 个阵元上接收的数据。

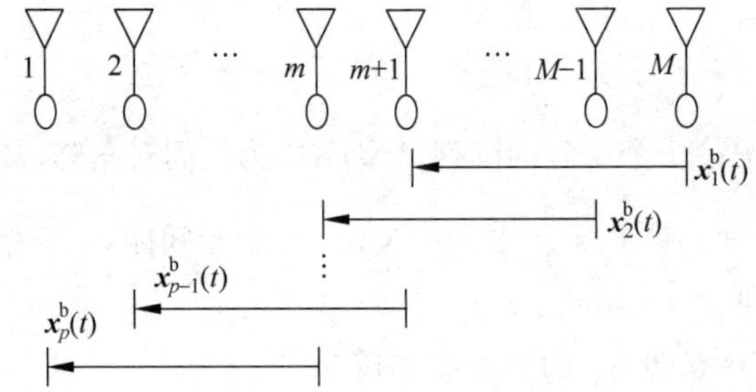

图5.2 后向空间平滑原理图

显然,将空域阵列模型代入上式得到

$$\boldsymbol{x}_{p-k+1}^{\mathrm{b}}(t)=\boldsymbol{J}_m\boldsymbol{x}_k^{\mathrm{f}*}(t)=\boldsymbol{J}_m\boldsymbol{A}_1^*\boldsymbol{D}_{\mathrm{s}}^{-(k-1)}\boldsymbol{S}^*(t)+\boldsymbol{J}_m\boldsymbol{N}_k^*(t) \tag{5.20}$$

式中,$\boldsymbol{J}_m$ 为 $m\times m$ 的交换矩阵。

因此,后向平滑第 $p-k+1$ 个子阵的数据协方差矩阵为

$$\boldsymbol{R}_{p-k+1}^{\mathrm{b}}=\boldsymbol{J}_m\boldsymbol{A}_1^*\boldsymbol{D}_{\mathrm{s}}^{1-k}\boldsymbol{R}_{\mathrm{ss}}^*\boldsymbol{D}_{\mathrm{s}}^{k-1}\boldsymbol{A}_1^{\mathrm{T}}\boldsymbol{J}_m+\sigma^2\boldsymbol{I} \tag{5.21}$$

由于 $\boldsymbol{J}_m$ 是个特殊的矩阵,只在反对角线上元素为1,所以有下式成立:

$$\boldsymbol{J}_m\boldsymbol{A}_1^*=\boldsymbol{A}_1\boldsymbol{D}_{\mathrm{s}}^{-(m-1)} \tag{5.22}$$

因此,式(5.21)可以进一步简化为

$$\boldsymbol{R}_{p-k+1}^{\mathrm{b}}=\boldsymbol{A}_1\boldsymbol{D}_{\mathrm{s}}^{-(m+k-2)}\boldsymbol{R}_{\mathrm{ss}}^*\boldsymbol{D}_{\mathrm{s}}^{(m+k-2)}\boldsymbol{A}_1^{\mathrm{H}}+\sigma^2\boldsymbol{I} \tag{5.23}$$

后向空间平滑的思想就是将这 p 个数据协方差矩阵进行求均值,即得到后向平滑修正后的数据协方差矩阵

$$\begin{aligned}\boldsymbol{R}_{\mathrm{s}}^{\mathrm{b}}&=\frac{1}{p}\sum_{i=1}^{p}\boldsymbol{R}_{p-i+1}^{\mathrm{b}}=\boldsymbol{A}_1\left(\frac{1}{p}\sum_{i=1}^{p}\boldsymbol{D}_{\mathrm{s}}^{-(m+i-2)}\boldsymbol{R}_{\mathrm{ss}}^*\boldsymbol{D}_{\mathrm{s}}^{(m+i-2)}\right)\boldsymbol{A}_1^{\mathrm{H}}+\sigma^2\boldsymbol{I}\\&=\boldsymbol{A}_1\boldsymbol{R}_{\mathrm{ss}}^{\mathrm{b}}\boldsymbol{A}_1^{\mathrm{H}}+\sigma^2\boldsymbol{I}\end{aligned} \tag{5.24}$$

其中,后向平滑修正后的信号协方差矩阵为

$$\boldsymbol{R}_{\mathrm{ss}}^{\mathrm{b}}=\frac{1}{p}\sum_{i=1}^{p}\boldsymbol{D}_{\mathrm{s}}^{-(m+i-2)}\boldsymbol{R}_{\mathrm{ss}}^*\boldsymbol{D}_{\mathrm{s}}^{(m+i-2)} \tag{5.25}$$

定理5.3 如果子阵数目 $m\geqslant N$,则当 $p\geqslant N$ 时后向空间平滑数据协方差矩

阵 $\boldsymbol{R}_{ss}^{b}$ 是满秩的，且秩数为信号源数。

证明见文献[33]。

由上述的原理分析可以看出，后向空间平滑和前向空间平滑是一样的，其解相干过程是通过协方差矩阵的秩恢复来实现的，其实质是修正后的信号协方差矩阵的秩恢复。不管是前向空间平滑还是后向空间平滑，秩恢复的过程是牺牲阵列孔径换来的，即通过将阵列划分成一系列子阵，通过子阵的协方差矩阵求和来实现，最后修正的子阵的数据维数降低了，即相当于阵列自由度降低了，也意味着能够估计的信号源数目变少了。

5.2.2 经典的空间平滑算法

由上述空间平滑算法的原理可知：空间平滑的实质是，将一个等距均匀线阵分成一系列子阵，每个子阵都是相同的，所以子阵之间存在一个固定的对角阵 $\boldsymbol{D}_{s}$。这个对角阵只和阵元的间距和信号方向有关，反映了子阵间的相位关系，从而利用这个对角阵实现对相干信号源的解相干。

(1) 前向空间平滑算法

前向空间平滑算法是直接利用前向空间平滑的原理进行解相干，即采用式(5.17)得到修正后的前向平滑数据协方差矩阵，对 $\boldsymbol{R}_{s}^{f}$ 进行特征分解，得到相应的信号子空间和噪声子空间，然后利用空间谱估计算法，如 MUSIC、MVM、MNM 等就可以得到相干信号源角度估计。

可以把整个空间阵列的数据协方差矩阵 $\boldsymbol{R}$ 分成如图 5.3 所示的 $p\times p$ 个相互重叠的子矩阵，子阵的维数为 $m\times m$，图中 $\boldsymbol{R}_{ij}$ 表示矩阵 $\boldsymbol{R}$ 中第 i 行到第 $m+i-1$ 行及第 j 列到第 $m+j-1$ 列的一个子阵，即 $\boldsymbol{R}_{ij}=\boldsymbol{R}(i:m+i-1, j:m+j-1)$。

对照图 5.3 和式(5.17)可知，前向空间平滑其实就是图中沿对角线方向的子矩阵和的平均。所以，前向空间平滑的公式可以改写成

$$\boldsymbol{R}_{s}^{f}=\frac{1}{p}\sum_{i=1}^{p}\boldsymbol{R}_{ii} \tag{5.26}$$

实际应用时采用上式比采用式(5.17)要简单多了，而且计算过程中也避免了子阵间重合阵元的重复运算，从而运算量也更小。

(2) 后向空间平滑算法

后向空间平滑算法则是直接利用后向空间平滑的原理进行解相干，即采用式(5.24)得到修正后的后向平滑数据协方差矩阵，对 $\boldsymbol{R}_{s}^{b}$ 进行特征分解，得到相应的信号子空间和噪声子空间，然后利用空间谱估计算法，如 MUSIC、MVM、MNM 等就可以得到相干信号源角度估计。

显然，后向空间平滑各子协方差矩阵与原始阵列协方差矩阵的关系见图 5.4，仔细对比图 5.3 发现：前向空间平滑和后向空间平滑都是利用对角线方向的子矩阵；两者的编号方式不同，前向空间平滑是从左上角向右下角进行，而后向空间平

滑则是从右下角向左上角进行，这是参考阵元不同导致的，这个过程并不影响协方差矩阵的运算数值。

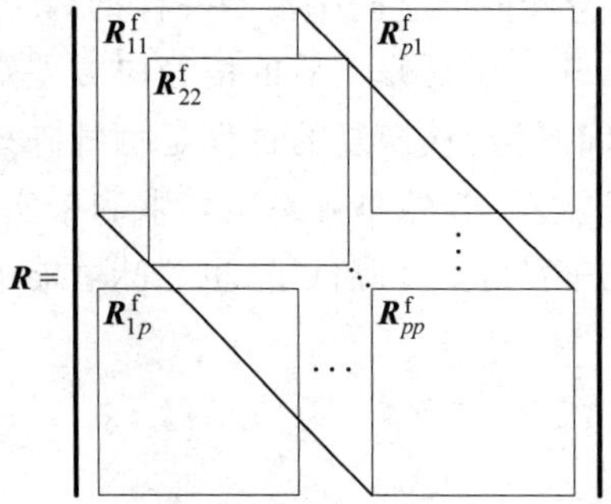

图 5.3　协方差矩阵中前向空间平滑子协方差矩阵的关系

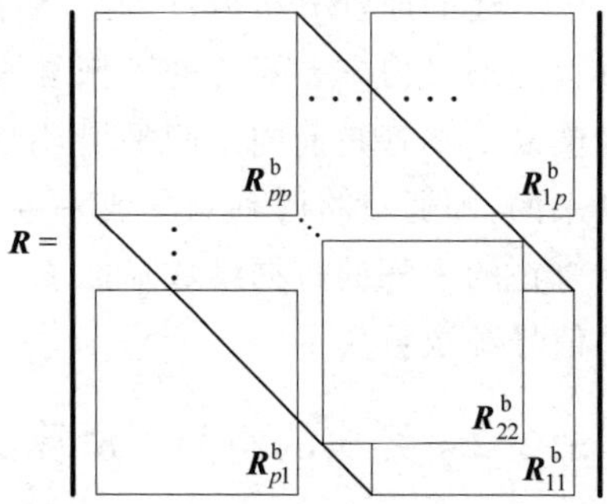

图 5.4　协方差矩阵中后向空间平滑子协方差矩阵的关系

对照图 5.4 和式(5.24)可知，后向空间平滑其实也是图中沿对角线方向的子矩阵和的平均。所以，后向空间平滑的公式可以改写成

$$\boldsymbol{R}_{\mathrm{s}}^{\mathrm{b}}=\frac{1}{p}\sum_{i=1}^{p}\boldsymbol{R}_{ii}^{\mathrm{b}} \tag{5.27}$$

在推导后向空间平滑时可以发现第 $p-k+1$ 个子阵和前向空间平滑第 k 个子阵是同一个子阵，它们之间的协方差矩阵从图 5.3 或图 5.4 中看也只是数据的排序不一样，很明显两者之间只相差一个共轭翻转关系，即

$$\boldsymbol{R}_{p-k+1}^{\mathrm{b}}=\boldsymbol{J}_m\boldsymbol{R}_k^{*}\boldsymbol{J}_m \tag{5.28}$$

因此式(5.27)也可以写成如下形式：

$$\boldsymbol{R}_{\mathrm{s}}^{\mathrm{b}}=\frac{1}{p}\sum_{i=1}^{p}\boldsymbol{R}_{ii}^{\mathrm{b}}=\frac{1}{p}\sum_{i=1}^{p}\boldsymbol{J}_m\boldsymbol{R}_i^{*}\boldsymbol{J}_m=\boldsymbol{J}_m(\boldsymbol{R}_{\mathrm{s}}^{\mathrm{f}})^{*}\boldsymbol{J}_m \tag{5.29}$$

这说明后向空间平滑实际上和前向空间平滑是等价的，后向各个数据块的和就是前向对应数据块取共轭之后，再进行列翻转后得到数据协方差矩阵的和，所以它们的解相干需要的条件和约束都是一样的，在同等条件下性能几乎相同。

(3) 前后向空间平滑算法

对比图 5.1 和图 5.2 可以看出，前向平滑的子阵和后向平滑的子阵虽然编号不同，但它们是完全相同的子阵。对比图 5.3 和图 5.4 也可以发现，计算过程中所涉及的子阵的协方差矩阵其实是同一个数据块。很明显，这两种平滑完全可以结合起来用，这就是文献[34,35]提出的前后向平滑算法。

所以，由式(5.17)和式(5.24)可得前后向空间平滑的协方差矩阵为

$$\begin{aligned}\boldsymbol{R}_{\mathrm{s}}^{\mathrm{fb}}&=\frac{1}{2}(\boldsymbol{R}_{\mathrm{s}}^{\mathrm{f}}+\boldsymbol{R}_{\mathrm{s}}^{\mathrm{b}})\\&=\frac{1}{2}(\boldsymbol{A}_1\boldsymbol{R}_{\mathrm{ss}}^{\mathrm{f}}\boldsymbol{A}_1^{\mathrm{H}}+\sigma^2\boldsymbol{I}+\boldsymbol{A}_1\boldsymbol{R}_{\mathrm{ss}}^{\mathrm{b}}\boldsymbol{A}_1^{\mathrm{H}}+\sigma^2\boldsymbol{I})\end{aligned}$$

$$=\boldsymbol{A}_1\times\frac{1}{2p}\Big(\sum_{i=1}^{p}\boldsymbol{D}_{\mathrm{s}}^{i-1}\boldsymbol{R}_{\mathrm{ss}}\boldsymbol{D}_{\mathrm{s}}^{-(i-1)}+\sum_{i=1}^{p}\boldsymbol{D}_{\mathrm{s}}^{-(m+i-2)}\boldsymbol{R}_{\mathrm{ss}}^{*}\boldsymbol{D}_{\mathrm{s}}^{m+i-2}\Big)\times\boldsymbol{A}_1^{\mathrm{H}}+\sigma^2\boldsymbol{I}$$

$$=\boldsymbol{A}_1\boldsymbol{R}_{\mathrm{ss}}^{\mathrm{fb}}\boldsymbol{A}_1^{\mathrm{H}}+\sigma^2\boldsymbol{I}\tag{5.30}$$

式中，$\boldsymbol{R}_{\mathrm{ss}}^{\mathrm{fb}}$ 为前后向空间平滑修正的信号协方差矩阵。

定理 5.4 如果子阵数目 $m\geqslant N$，则当 $2p\geqslant N$ 时，前后向空间平滑数据协方差矩阵 $\boldsymbol{R}_{\mathrm{ss}}^{\mathrm{fb}}$ 是满秩的，且秩数为信号源数。

证明见文献[34,35]。

另外，结合图 5.4 和式(5.29)可知，前后向平滑中后向平滑的修正矩阵也可以表示为

$$\boldsymbol{R}_{\mathrm{s}}^{\mathrm{fb}}=\frac{1}{2p}\sum_{i=1}^{p}(\boldsymbol{R}_{ii}+\boldsymbol{J}_m\boldsymbol{R}_{ii}^{*}\boldsymbol{J}_m)\tag{5.31}$$

上式表示前后向空间平滑算法可以通过前向空间平滑的各子阵块直接计算得到，即将阵列接收数据划分为图 5.3 所示的 p 个矩阵块，然后对每个数据块按式(5.31)处理即可得到修正后的前后向空间平滑修正矩阵。当然，也可以先进行全阵列的一次双向平滑，即

$$\boldsymbol{R}'=\frac{1}{2}(\boldsymbol{R}+\boldsymbol{J}_M\boldsymbol{R}^{*}\boldsymbol{J}_M)\tag{5.32}$$

式中，$\boldsymbol{J}_M$ 为 $M\times M$ 的交换矩阵。然后对式(5.31)中的 $\boldsymbol{R}_{\mathrm{s}}^{\mathrm{fb}}$ 按图 5.3 划分，再对所有的对角线上的数据块进行平均，即

$$\boldsymbol{R}_{\mathrm{s}}^{\mathrm{fb}}=\frac{1}{p}\sum_{i=1}^{p}\boldsymbol{R}'_{ii}\tag{5.33}$$

很明显，采用式(5.31)和式(5.33)的处理方式在 $\boldsymbol{R}$ 是 Toeplitz 矩阵的情况下是相同的，在实际处理过程中由于噪声等的影响两者稍有差别，但解相干性能总体上接近。

(4) 加权空间平滑算法

从上面的描述中可以看出，前向空间平滑、后向空间平滑和前后向空间平滑只是利用了整个阵列接收数据协方差矩阵、沿对角线分块的数据矩阵，对于非对角线上的大量数据块没有利用，因此，有些学者提出了加权的空间平滑思想，可以归纳为下式：

$$\boldsymbol{R}_W^{\mathrm{fb}}=\sum_{i=1}^{p}\sum_{j=1}^{p}\boldsymbol{R}_{ij}\boldsymbol{W}_{ij}^{\mathrm{f}}+\sum_{i=1}^{p}\sum_{j=1}^{p}\boldsymbol{J}_m(\boldsymbol{R}_{ij})^{*}\boldsymbol{J}_m\boldsymbol{W}_{ij}^{\mathrm{b}}$$

$$=\sum_{i=1}^{p}\sum_{j=1}^{p}\boldsymbol{Z}_i\hat{\boldsymbol{R}}\boldsymbol{Z}_j^{\mathrm{H}}\boldsymbol{W}_{ij}^{\mathrm{f}}+\sum_{i=1}^{p}\sum_{j=1}^{p}\boldsymbol{Q}_i\hat{\boldsymbol{R}}^{*}\boldsymbol{Q}_j^{\mathrm{H}}\boldsymbol{W}_{ij}^{\mathrm{b}}=\boldsymbol{R}_W^{\mathrm{f}}+\boldsymbol{R}_W^{\mathrm{b}}\tag{5.34}$$

式中，$\boldsymbol{W}^{\mathrm{f}}$、$\boldsymbol{W}^{\mathrm{b}}$ 均是 $p\times p$ 的加权矩阵；$\boldsymbol{R}_W^{\mathrm{f}}$ 为前向加权的修正矩阵；$\boldsymbol{R}_W^{\mathrm{b}}$ 为后向加权的修正矩阵。上面算法的实质就是对数据协方差矩阵的各子阵进行加权求和，从而实现对相干信号源的解相干。下面分析其对应的几种特例。

当 $\boldsymbol{R}_W^{\mathrm{b}}=\boldsymbol{0}$ 时，式(5.34)对应的是加权的前向空间平滑，其中 $\boldsymbol{W}^{\mathrm{f}}=\boldsymbol{I}$ 时就是

式(5.26)所示的前向空间平滑算法；当 $\boldsymbol{W}^{\mathrm{f}}\neq\boldsymbol{I}$ 时，就是加权前向空间平滑。

当 $\boldsymbol{R}_W^{\mathrm{f}}=\boldsymbol{0}$ 时，式(5.34)对应的是加权的后向空间平滑，其中 $\boldsymbol{W}^{\mathrm{b}}=\boldsymbol{I}$ 时就是式(5.27)所示的后向空间平滑算法；当 $\boldsymbol{W}^{\mathrm{b}}\neq\boldsymbol{I}$ 时，就是加权后向空间平滑。

当 $\boldsymbol{W}^{\mathrm{f}}=\boldsymbol{I}$，且 $\boldsymbol{W}^{\mathrm{b}}=\boldsymbol{I}$ 时就是对应式(5.30)的前后向空间平滑方法，其他情况则对应加权的前后向空间平滑，也可以推广到最优加权空间平滑算法。

通过仿真分析可以看出：加权的空间平滑算法性能相比不加权的空间平滑算法的估计性能，及算法间的解相干源的数目都没有显著性的提高，所以在大部分应用背景下还是采用不加权的空间平滑算法。

(5) 平滑差分算法

通常的空间平滑类算法均是子阵间协方差矩阵的求和，文献[36～38]介绍了一种子阵间求差的方法，定义差分矩阵

$$\boldsymbol{R}_{\mathrm{s}}^{\mathrm{d}}=\boldsymbol{R}_{\mathrm{s}}^{\mathrm{b}}-\boldsymbol{R}_{\mathrm{s}}^{\mathrm{f}} \tag{5.35}$$

上式也可以看成式(5.34)的一个特例，即前向加权矩阵 $\boldsymbol{W}^{\mathrm{f}}=-\boldsymbol{I}$，而后向加权矩阵$\boldsymbol{W}^{\mathrm{b}}=\boldsymbol{I}$ 时的情况。但需要说明的是，在理想的情况下 $\boldsymbol{R}_{\mathrm{s}}^{\mathrm{d}}$ 是一个负反对称矩阵，即对于 $m\times m$ 矩阵，它满足下式：

$$\boldsymbol{R}_{\mathrm{s}}^{\mathrm{d}}(i,j)=-\boldsymbol{R}_{\mathrm{s}}^{\mathrm{d}}(m-j+1,m-i+1) \tag{5.36}$$

差分处理时有时也对式(5.35)作如下修正：

$$\boldsymbol{R}_{\mathrm{s}}^{\mathrm{d1}}=\boldsymbol{R}_{\mathrm{s}}^{\mathrm{fb}}-\boldsymbol{J}_m\boldsymbol{R}_{\mathrm{s}}^{\mathrm{fb}}\boldsymbol{J}_m \tag{5.37}$$

显然，$\boldsymbol{R}_{\mathrm{s}}^{\mathrm{d1}}$ 是一个负反对称矩阵。

负反对称矩阵的特点就是特征值总是正负成对出现，即 $\boldsymbol{R}_{\mathrm{s}}^{\mathrm{d}}$、$\boldsymbol{R}_{\mathrm{s}}^{\mathrm{d1}}$ 的非零特征值必然是偶数个，也就是说当对应相干信号源数为 N 时的大特征值为 $2N$ 个，如何才能从中判断正确的信号源方向？文献[38]提出对差分矩阵进行如下修正：

$$\begin{cases}\boldsymbol{R}_{\mathrm{s}}^{\mathrm{d2}}=\boldsymbol{R}_{11}^{\mathrm{d}}+\boldsymbol{R}_{22}^{\mathrm{d}}+\boldsymbol{R}_{12}^{\mathrm{d}}\boldsymbol{R}_{21}^{\mathrm{d}}/m^2\\[2mm]\boldsymbol{R}_{ij}^{\mathrm{d}}=\boldsymbol{R}_{\mathrm{s}}^{\mathrm{d}}(i:m+i-2,j:m+j-2)\end{cases} \tag{5.38}$$

另外，文献[39]提出了另外一种差分修正，即

$$\begin{cases}\boldsymbol{R}_{\mathrm{s}}^{\mathrm{d2}}=\boldsymbol{R}_{11}^{\mathrm{g}}+\boldsymbol{R}_{22}^{\mathrm{g}}+\boldsymbol{R}_{12}^{\mathrm{g}}+\boldsymbol{R}_{21}^{\mathrm{g}}+(\boldsymbol{R}_{11}^{\mathrm{g}}\boldsymbol{R}_{22}^{\mathrm{g}}+\boldsymbol{R}_{12}^{\mathrm{g}}\boldsymbol{R}_{21}^{\mathrm{g}})/m^4\\\boldsymbol{R}_{ij}^{\mathrm{g}}=\boldsymbol{R}^{\mathrm{g}}(i:m+i-2,j:m+j-2)\\\boldsymbol{R}^{\mathrm{g}}=(\boldsymbol{R}_{\mathrm{s}}^{\mathrm{d}})^2\end{cases} \tag{5.39}$$

利用上式中的 $\boldsymbol{R}_{\mathrm{s}}^{\mathrm{d2}}$ 就可采用 MUSIC 等谱估计方法正确估计信号源的方向。另外，可以通过后验判断来确定正确的信号源方向，即利用平滑差分矩阵估计出信号源后，再加如下判断准则[40]：

$$\boldsymbol{T}=(\boldsymbol{A}^{\mathrm{H}}\boldsymbol{A})^{-1}\boldsymbol{A}\boldsymbol{R}_{\mathrm{s}}^{\mathrm{d1}}\boldsymbol{A}(\boldsymbol{A}^{\mathrm{H}}\boldsymbol{A})^{-1} \tag{5.40}$$

式中，阵列流型中的导向矢量对应于利用 $\boldsymbol{R}_{\mathrm{s}}^{\mathrm{d1}}$ 估计得到的信号源方向，因此，得到的 $\boldsymbol{T}$ 是一个一维矢量，这个一维矢量中的值与阵列流型中的估计信号方向是一一对应的。当矢量中各项的值远大于 0 时，其对应信号方向为真实信号方向，相反则

不是真实信号方向。

关于空间平滑算法有几点说明：①空间平滑类算法的应用条件是平滑的次数大于相干源数，同时要求子阵的阵元数大于相干源数；②空间平滑类算法的解相干是以损失阵列孔径为代价换来的，所以解相干后的角度估计性能会有所下降，因而在应用条件满足的情况下，应该优先确保子阵的阵元数尽量大，这样才能保证解相干后的角度估计性能好；③前向空间平滑和后向空间平滑通常能够解$\lfloor M/2 \rfloor$个相干源，而双向空间平滑则可以解$\lfloor 2M/3 \rfloor$个相干源，这里$\lfloor \cdot \rfloor$表示向下取整；④在条件允许的情况下，应该优先选择前后向空间平滑算法，相对来说它的解相干能力好，且孔径损失小。

5.2.3 空间平滑算法的推广

经典的空间平滑是通过将一个均匀阵列分成一系列相同的子阵，然后通过子阵的数据协方差矩阵的平滑来实现解相干。除了经典的平滑算法外，这里再介绍几种空域解相干方法，通过分析可以发现，这些方法的思想其实和空间平滑算法的思想是类似的。

(1) 矩阵分解法

矩阵分解算法是一类协方差数据矩阵的重构算法，它也是一种比较经典的解相干方法。在介绍该方法之前，先介绍后面会用到的一个矩阵组合的特性。

定理 5.5 设 $\boldsymbol{G}$ 是 $K\times M$ 维无零行矢量的矩阵($K<M$)，$\boldsymbol{D}$ 是 $K\times K$ 维对角阵，其对角元素互不相等，若秩 $\mathrm{rank}\{\boldsymbol{G}\}=r<K$，则有 $\mathrm{rank}\{[\boldsymbol{G}\quad \boldsymbol{DG}]\}=r+1$，也就是新的矩阵$[\boldsymbol{G}\quad \boldsymbol{DG}]$的秩为 $r+1$。

证明见文献[41,42]。

假设等距均匀线阵接收的数据协方差矩阵为 $\boldsymbol{R}$，其维数是 $M\times M$，则构造如下数据协方差矩阵：

$$\boldsymbol{R}_{\mathrm{Ds}}^{\mathrm{f}}=[\boldsymbol{R}^{(1)}\quad \boldsymbol{R}^{(2)}\quad \cdots\quad \boldsymbol{R}^{(p)}] \tag{5.41}$$

式中，$m\times M$ 维矩阵 $\boldsymbol{R}^{(i)}$ 表示取出矩阵 $\boldsymbol{R}$ 的第 i 行到第 $i+m-1$ 行，显然阵元数 M、平滑次数 p 和子阵阵元数 m 满足阵元数 $M=p+m-1$。

定理 5.6 如果 $\boldsymbol{R}^{(i)}$ 数据的行数 $m\geqslant N$，且 $p\geqslant N$，则式(5.41)构造的 $m\times mM$ 维协方差矩阵 $\boldsymbol{R}_{\mathrm{Ds}}^{\mathrm{f}}$ 的秩等于信号源数 N。

证明见文献[41]。

由式(5.41)的定义可知，构成式(5.41)所示矩阵中的子阵 $\boldsymbol{R}^{(i)}$ 的就是矩阵 $\boldsymbol{R}$ 的第 i 行到第 $i+m-1$ 行元素，则由图 5.3 可知 $\boldsymbol{R}^{(i)}$ 就是第 i 个子阵与整个阵列的互协方差，即

$$\boldsymbol{R}^{(i)}=\boldsymbol{x}_i\boldsymbol{X}^{\mathrm{H}}=\boldsymbol{A}_i\boldsymbol{R}_{\mathrm{ss}}\boldsymbol{A}^{\mathrm{H}}+\sigma^2\boldsymbol{I}=\boldsymbol{A}_1\boldsymbol{D}_{\mathrm{s}}^{i-1}\boldsymbol{R}_{\mathrm{ss}}\boldsymbol{A}^{\mathrm{H}}+\sigma^2\boldsymbol{I} \tag{5.42}$$

式中，$\boldsymbol{A}_i$ 为第 i 个子阵的阵列流型，$i=1,2,\cdots,p$，而 $\boldsymbol{A}$ 是整个阵列的阵列流型。

上式也说明 $\boldsymbol{R}^{(i)}$ 与整个阵列数据协方差矩阵的关系如图 5.5 所示，它和图 5.3 的区别在于：前向空间平滑处理过程就是对角线上方阵的平滑(求和取平均)，而前向的矩阵分解法则是沿行方向的长方阵重构。式(5.42)表明，$\boldsymbol{R}^{(i)}$ 也体现了子阵的平滑，但不是子阵与子阵互相关的平滑，而是子阵与大阵列互相关的平滑。

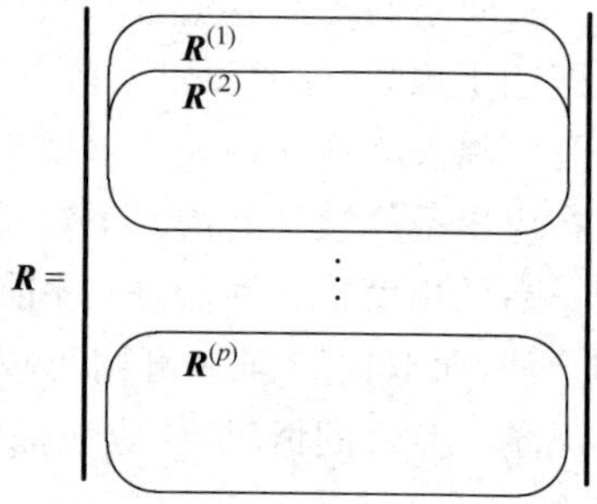

图 5.5　矩阵分解法中子协方差矩阵关系

由于 $\boldsymbol{R}_{\mathrm{Ds}}^{\mathrm{f}}$ 是个长方阵，那么得到其信号子空间有两种方法：一是直接进行奇异值分解(SVD)；二是进行自相关处理形成方阵后再进行特征分解。为了说明矩阵分解法和前向空间平滑的关系，这里采用后者进行分析。式(5.41)可以写成：

$$\begin{aligned}\boldsymbol{R}_{\mathrm{Ds}}^{\mathrm{f}}&=\begin{bmatrix}\boldsymbol{R}^{(1)} & \boldsymbol{R}^{(2)} & \cdots & \boldsymbol{R}^{(p)}\end{bmatrix}\\&=\begin{bmatrix}\boldsymbol{A}_1\boldsymbol{D}_{\mathrm{s}}^{0}\boldsymbol{R}_{\mathrm{ss}}\boldsymbol{A}^{\mathrm{H}} & \boldsymbol{A}_1\boldsymbol{D}_{\mathrm{s}}^{1}\boldsymbol{R}_{\mathrm{ss}}\boldsymbol{A}^{\mathrm{H}} & \cdots & \boldsymbol{A}_1\boldsymbol{D}_{\mathrm{s}}^{p-1}\boldsymbol{R}_{\mathrm{ss}}\boldsymbol{A}^{\mathrm{H}}\end{bmatrix}\\&=\boldsymbol{A}_1\begin{bmatrix}\boldsymbol{D}_{\mathrm{s}}^{0}\boldsymbol{R}_{\mathrm{ss}} & \boldsymbol{D}_{\mathrm{s}}^{1}\boldsymbol{R}_{\mathrm{ss}} & \cdots & \boldsymbol{D}_{\mathrm{s}}^{p-1}\boldsymbol{R}_{\mathrm{ss}}\end{bmatrix}\boldsymbol{A}^{\mathrm{H}}\\&=\boldsymbol{A}_1\boldsymbol{R}_{\mathrm{DSS}}^{\mathrm{f}}\boldsymbol{A}^{\mathrm{H}}\end{aligned}\tag{5.43}$$

式中，$\boldsymbol{R}_{\mathrm{DSS}}^{\mathrm{f}}=\begin{bmatrix}\boldsymbol{D}_{\mathrm{s}}^{0}\boldsymbol{R}_{\mathrm{ss}} & \boldsymbol{D}_{\mathrm{s}}^{1}\boldsymbol{R}_{\mathrm{ss}} & \cdots & \boldsymbol{D}_{\mathrm{s}}^{p-1}\boldsymbol{R}_{\mathrm{ss}}\end{bmatrix}$。

上式说明，$\boldsymbol{R}_{\mathrm{Ds}}^{\mathrm{f}}$ 的秩取决于矩阵 $\boldsymbol{R}_{\mathrm{DSS}}^{\mathrm{f}}$。由定理 5.5 可知 $\boldsymbol{R}_{\mathrm{ss}}$ 的秩虽然为 1，但在行数 $m\geqslant N$，且 $p\geqslant N$ 时，其秩为信号源数。对这个矩阵取自相关，得到

$$\begin{aligned}\boldsymbol{R}_{\mathrm{DSS}}^{\mathrm{f}}(\boldsymbol{R}_{\mathrm{DSS}}^{\mathrm{f}})^{\mathrm{H}}&=\begin{bmatrix}\boldsymbol{D}_{\mathrm{s}}^{0}\boldsymbol{R}_{\mathrm{ss}} & \boldsymbol{D}_{\mathrm{s}}^{1}\boldsymbol{R}_{\mathrm{ss}} & \cdots & \boldsymbol{D}_{\mathrm{s}}^{p-1}\boldsymbol{R}_{\mathrm{ss}}\end{bmatrix}\begin{bmatrix}\boldsymbol{R}_{\mathrm{ss}}^{\mathrm{H}}\\ \boldsymbol{R}_{\mathrm{ss}}^{\mathrm{H}}\boldsymbol{D}_{\mathrm{s}}^{-1}\\ \vdots\\ \boldsymbol{R}_{\mathrm{ss}}^{\mathrm{H}}\boldsymbol{D}_{\mathrm{s}}^{1-p}\end{bmatrix}\\&=\sum_{i=1}^{p}\boldsymbol{D}_{\mathrm{s}}^{i-1}\boldsymbol{R}_{\mathrm{ss}}\boldsymbol{R}_{\mathrm{ss}}^{\mathrm{H}}\boldsymbol{D}_{\mathrm{s}}^{1-i}=\sum_{i=1}^{p}\boldsymbol{D}_{\mathrm{s}}^{i-1}\boldsymbol{\rho}P_0\boldsymbol{\rho}^{\mathrm{H}}\boldsymbol{\rho}P_0\boldsymbol{\rho}^{\mathrm{H}}\boldsymbol{D}_{\mathrm{s}}^{1-i}\\&=\sum_{i=1}^{p}\boldsymbol{D}_{\mathrm{s}}^{i-1}\boldsymbol{\rho}P_0\alpha_{\rho}P_0\boldsymbol{\rho}^{\mathrm{H}}\boldsymbol{D}_{\mathrm{s}}^{1-i}=\alpha_{\rho}P_0\sum_{i=1}^{p}\boldsymbol{D}_{\mathrm{s}}^{i-1}\boldsymbol{\rho}P_0\boldsymbol{\rho}^{\mathrm{H}}\boldsymbol{D}_{\mathrm{s}}^{1-i}\\&=\alpha_{\rho}P_0\sum_{i=1}^{p}\boldsymbol{D}_{\mathrm{s}}^{i-1}\boldsymbol{R}_{\mathrm{ss}}\boldsymbol{D}_{\mathrm{s}}^{1-i}\end{aligned}\tag{5.44}$$

式中，$\alpha_{\rho}=\boldsymbol{\rho}^{\mathrm{H}}\boldsymbol{\rho}$ 是一个常数，$\boldsymbol{\rho}$ 的含义见式(5.7)。

对比式(5.44)和式(5.18)可以发现：①矩阵 $\boldsymbol{R}_{\mathrm{DSS}}^{\mathrm{f}}$ 的秩和前向空间平滑后修正的信号协方差矩阵 $\boldsymbol{R}_{\mathrm{ss}}^{\mathrm{f}}$ 的秩是一样的，两者只差一个常数，这也说明式(5.41)重构的矩阵分解法其实质就是前向空间平滑方法，或者可以说它和前向空间平滑类似；②前向空间平滑法是将大阵列划分成子阵，然后对子阵自身(各子阵自相关矩阵的和)进行处理，而矩阵分解法则是对各子阵与大阵列的互相关矩阵的处理。那么很

容易将式(5.41)进行推广。

定理 5.7 当 $\boldsymbol{R}^{(i)}$ 数据的行数 $m \geqslant N$，且 $p \geqslant N$ 时，构造如下的数据协方差矩阵：

$$\boldsymbol{R}_{\mathrm{Ds}}^{\mathrm{b}}=\left[\boldsymbol{J}_1 \boldsymbol{R}^{(1)*} \boldsymbol{J}_2 \quad \boldsymbol{J}_1 \boldsymbol{R}^{(2)*} \boldsymbol{J}_2 \quad \cdots \quad \boldsymbol{J}_1 \boldsymbol{R}^{(p)*} \boldsymbol{J}_2\right] \tag{5.45}$$

则式(5.45)构造的 $m \times mM$ 维协方差矩阵 $\boldsymbol{R}_{\mathrm{Ds}}^{\mathrm{b}}$ 的秩等于信号源数 N，式中 $\boldsymbol{J}_1$ 和 $\boldsymbol{J}_2$ 分别为对应子矩阵行数和列数的置换阵。

定理 5.8 当 $\boldsymbol{R}^{(i)}$ 数据的行数 $m \geqslant N$，且 $2p \geqslant N$ 时，构造如下的数据协方差矩阵：

$$\boldsymbol{R}_{\mathrm{Ds}}^{\mathrm{fb}}=\left[\boldsymbol{R}^{(1)} \quad \boldsymbol{R}^{(2)} \quad \cdots \quad \boldsymbol{R}^{(p)} \quad \boldsymbol{J}_1 \boldsymbol{R}^{(1)*} \boldsymbol{J}_2 \quad \boldsymbol{J}_1 \boldsymbol{R}^{(2)*} \boldsymbol{J}_2 \quad \cdots \quad \boldsymbol{J}_1 \boldsymbol{R}^{(p)*} \boldsymbol{J}_2\right] \tag{5.46}$$

则式(5.46)构造的 $m \times 2mM$ 维协方差矩阵 $\boldsymbol{R}_{\mathrm{Ds}}^{\mathrm{fb}}$ 的秩等于信号源数 N。

上述两个定理的证明同定理 5.5。

除了以上 3 种和空间平滑对应的矩阵分解法外，还可以直接利用前向空间平滑和后向空间平滑来修正矩阵：

$$\boldsymbol{R}_{\mathrm{Ds}}^{\mathrm{fb1}}=\left[\boldsymbol{R}_{\mathrm{s}}^{\mathrm{f}} \quad \boldsymbol{R}_{\mathrm{s}}^{\mathrm{b}}\right] \tag{5.47}$$

上式就是文献[2]中介绍的 SMD 算法。采用上式的好处：一是解相干能力和前后向空间平滑及式(5.46)相当；二是对修正矩阵的奇异值分解计算量明显小于式(5.41)、式(5.45)和式(5.46)所示的奇异值分解。同理也可以得到差分矩阵重构：

$$\boldsymbol{R}_{\mathrm{Ds}}^{\mathrm{d}}=\left[\boldsymbol{R}_{\mathrm{s}}^{\mathrm{f}} \quad -\boldsymbol{R}_{\mathrm{s}}^{\mathrm{b}}\right] \tag{5.48}$$

关于矩阵分解算法有几点需要说明：①矩阵分解算法的应用条件是重构矩阵的行数大于相干信号源数，且子阵数大于相干源数；②重构矩阵的行数大小也体现了阵列孔径的损失，所以在相干信号源已知的情况下，行数取值应该尽量大，才能保证解相干后的角度估计性能好；③矩阵分解类算法能够解相干源的数目和对应的空间平滑算法是一样的，即由式(5.41)和式(5.45)能够解 $\lfloor M/2 \rfloor$ 个相干源，而由式(5.46)和式(5.47)可以解 $\lfloor 2M/3 \rfloor$ 个相干源。

(2) 矢量奇异值法

在相干信号源的模型下，由式(5.9)可知，此时只能得到一个大特征值对应的特征矢量，而且它是所有相干信号源导向矢量的线性组合，这也说明了信号的所有角度信息都包含在这个大特征矢量中。为此文献[43]利用定理 5.1 提出了矢量奇异值法，其思想就是将最大特征矢量进行重构，重构的目的就是通过最大特征矢量恢复出数据协方差矩阵的秩，进而实现所有信号的角度估计。其构造式如下：

$$\boldsymbol{Y}_{\mathrm{s}}^{\mathrm{f}}=\begin{bmatrix} e_{11} & e_{12} & \cdots & e_{1p} \\ e_{12} & e_{13} & \cdots & e_{1p+1} \\ \vdots & \vdots & \ddots & \vdots \\ e_{1m} & e_{1m+1} & \cdots & e_{1M} \end{bmatrix} \tag{5.49}$$

式中，e_{1i} 表示最大特征矢量 $\boldsymbol{e}_1$ 中第 i 个元素，$i=1,2,\cdots,M$；$m\geqslant N$，$p\geqslant N$，且 $M=p+m-1$。

定理 5.9 式(5.49)所示的协方差矩阵可以表示为如下形式：

$$\boldsymbol{Y}_{\mathrm{s}}^{\mathrm{f}}=\boldsymbol{A}_1\boldsymbol{R}_d\boldsymbol{A}_2^{\mathrm{H}} \tag{5.50}$$

式中，$\boldsymbol{R}_d=\mathrm{diag}[s_1(t)\quad s_2(t)\quad\cdots\quad s_N(t)]$；矩阵 $\boldsymbol{A}_1$、$\boldsymbol{A}_2$ 分别为 N 个信号组成的维数为 $m\times N$ 和 $p\times N$ 的阵列流型。对 $\boldsymbol{Y}_{\mathrm{s}}^{\mathrm{f}}$ 进行奇异值分解得

$$\boldsymbol{Y}_{\mathrm{s}}^{\mathrm{f}}=\boldsymbol{U\Lambda V}^{\mathrm{H}} \tag{5.51}$$

式中，$\boldsymbol{\Lambda}$ 为一个 $m\times p$ 维的由奇异值组成的对角矩阵；$\boldsymbol{U}$ 为左奇异矩阵；$\boldsymbol{V}$ 为右奇异矩阵。则理想情况下矩阵 $\boldsymbol{Y}_{\mathrm{s}}^{\mathrm{f}}$ 的非零奇异值为 N 个，也就是小奇异值对应的左奇异矩阵中的矢量组成的空间即是噪声子空间，大奇异值对应的奇异矢量组成的空间即是信号子空间。

证明见文献[43]。

定理 5.8 提出的方法在文献[2]中称为特征矢量奇异值(ESVD)方法，和这个方法类似，文献[43]也提出了一种数据矢量奇异值法(DSVD)，其首先得到如下 M 维数据矢量：

$$\boldsymbol{X}_1=\boldsymbol{X}\boldsymbol{x}_0^{\mathrm{H}} \tag{5.52}$$

式中，$\boldsymbol{x}_0$ 是参考阵元的接收数据矢量，可以选择整个阵列接收数据 $\boldsymbol{X}$ 中任意一个阵元。

式(5.52)实质就是阵列中的一个阵元和整个阵列的互相关矢量，对这个矢量进行如下重构：

$$\boldsymbol{Y}_{\mathrm{s}}^{\mathrm{f1}}=\begin{bmatrix} x_{11} & x_{12} & \cdots & x_{1p} \\ x_{12} & x_{13} & \cdots & x_{1p+1} \\ \vdots & \vdots & \ddots & \vdots \\ x_{1m} & x_{1m+1} & \cdots & x_{1M} \end{bmatrix} \tag{5.53}$$

式中，x_{1i} 表示式(5.52)中 $\boldsymbol{X}_1$ 的第 i 个元素，$i=1,2,\cdots,M$。

另外，文献[43]也提出了一种基于信号先验信息的矢量奇异值法(PSVD)。其思想是先用波束进行扫描确定信号的大致方向，然后对某特定区域内的目标进行超分辨处理。假设信号源的大致方向为 θ_0，则通过下式对数据进行预处理：

$$\boldsymbol{B}(k)=\frac{1}{M}\boldsymbol{a}^{\mathrm{H}}(\theta_0)\boldsymbol{X}(k),\quad k=1,2,\cdots,L \tag{5.54}$$

通过 $\boldsymbol{B}(k)$ 可求得一矢量

$$\boldsymbol{X}_2=\frac{1}{L}\sum_{k=1}^{L}\boldsymbol{B}(k)\boldsymbol{X}(k) \tag{5.55}$$

用矢量 $\boldsymbol{X}_2$ 代替式(5.52)中的矢量 $\boldsymbol{X}_1$ 重构数据矩阵得

$$\boldsymbol{Y}_{\mathrm{s}}^{\mathrm{f2}}=\begin{bmatrix} x_{21} & x_{22} & \cdots & x_{2p} \\ x_{22} & x_{23} & \cdots & x_{2p+1} \\ \vdots & \vdots & \ddots & \vdots \\ x_{2m} & x_{2m+1} & \cdots & x_{2M} \end{bmatrix} \tag{5.56}$$

式中，x_{2i} 表示式(5.55)中 $\boldsymbol{X}_2$ 的第 i 个元素，$i=1,2,\cdots,M$。

套用定理 5.8 就可以证明式(5.53)和式(5.56)重构的矩阵在满足 $m\geqslant N$，且 $p\geqslant N$ 的条件下也有 N 个大特征值，即也实现了解相干。

下面深入分析矢量奇异值法。假设式(5.49)中的每一列表示成一个矢量：

$$\boldsymbol{Y}_{\mathrm{s}}^{\mathrm{f}}=[\boldsymbol{y}_1 \quad \boldsymbol{y}_2 \quad \cdots \quad \boldsymbol{y}_p] \tag{5.57}$$

由式(5.9)可知最大特征矢量是导向矢量的线性组合，所以式(5.9)可以改写成下式：

$$\boldsymbol{e}_1=[\boldsymbol{a}(\theta_1) \quad \boldsymbol{a}(\theta_2) \quad \cdots \quad \boldsymbol{a}(\theta_N)]\begin{bmatrix}\alpha_1\\ \alpha_2\\ \vdots\\ \alpha_N\end{bmatrix}=\boldsymbol{A}\begin{bmatrix}\alpha_1\\ \alpha_2\\ \vdots\\ \alpha_N\end{bmatrix}=\boldsymbol{A\rho} \tag{5.58}$$

式中，$\boldsymbol{A}$ 就是图 5.1 中整个阵列的流型；$\boldsymbol{\rho}$ 为线性组合系数组成的矢量。则最大特征矢量的前 m 行元素构成的矢量为

$$\boldsymbol{y}_1=\begin{bmatrix}e_{11}\\ e_{12}\\ \vdots\\ e_{1m}\end{bmatrix}=\begin{bmatrix}a_{11} & a_{21} & \cdots & a_{N1}\\ a_{12} & a_{22} & \cdots & a_{N2}\\ \vdots & \vdots & \ddots & \vdots\\ a_{1m} & a_{2m} & \cdots & a_{Nm}\end{bmatrix}\begin{bmatrix}\alpha_1\\ \alpha_2\\ \vdots\\ \alpha_N\end{bmatrix}=\boldsymbol{A}_1\boldsymbol{\rho} \tag{5.59}$$

式中，$\boldsymbol{A}_1$ 就是图 5.1 中对应的第 1 个子阵的阵列流型。那么很容易推导出式(5.57)第 i 列元素构成的矢量

$$\boldsymbol{y}_i=\begin{bmatrix}e_{1i}\\ e_{1i+1}\\ \vdots\\ e_{1i+m-1}\end{bmatrix}=\begin{bmatrix}a_{1i} & a_{2i} & \cdots & a_{Ni}\\ a_{1i+1} & a_{2i+1} & \cdots & a_{Ni+1}\\ \vdots & \vdots & \ddots & \vdots\\ a_{1i+m-1} & a_{2i+m-1} & \cdots & a_{Ni+m-1}\end{bmatrix}\boldsymbol{\rho}=\boldsymbol{A}_i\boldsymbol{\rho}=\boldsymbol{A}_1\boldsymbol{D}_{\mathrm{s}}^{i-1}\boldsymbol{\rho} \tag{5.60}$$

则式(5.57)可以改写成

$$\begin{aligned}\boldsymbol{Y}_{\mathrm{s}}^{\mathrm{f}}&=[\boldsymbol{A}_1\boldsymbol{p} \quad \boldsymbol{A}_1\boldsymbol{D}_{\mathrm{s}}^{1}\boldsymbol{\rho} \quad \cdots \quad \boldsymbol{A}_1\boldsymbol{D}_{\mathrm{s}}^{p-1}\boldsymbol{\rho}]\\ &=\boldsymbol{A}_1[\boldsymbol{\rho} \quad \boldsymbol{D}_{\mathrm{s}}^{1}\boldsymbol{\rho} \quad \cdots \quad \boldsymbol{D}_{\mathrm{s}}^{p-1}\boldsymbol{\rho}]\end{aligned} \tag{5.61}$$

对比上式和式(5.41)可以发现：构造矩阵的形式是一样的，只是式(5.61)中的元素是矢量，而式(5.41)中的元素是矩阵；两式中秩恢复的本质也是一样的，都是利用定理 5.5 的特性来实现解相干。

另外，再计算一下 $\boldsymbol{Y}_{\mathrm{s}}^{\mathrm{f}}$ 矩阵的互相关：

$$\boldsymbol{R}_Y^{\mathrm{f}}=\boldsymbol{Y}_{\mathrm{s}}^{\mathrm{f}}(\boldsymbol{Y}_{\mathrm{s}}^{\mathrm{f}})^{\mathrm{H}}=\boldsymbol{A}_1\left(\sum_{i=1}^{p}\boldsymbol{D}_{\mathrm{s}}^{i-1}\boldsymbol{\rho}\boldsymbol{\rho}^{\mathrm{H}}\boldsymbol{D}_{\mathrm{s}}^{1-i}\right)\boldsymbol{A}_1^{\mathrm{H}} \tag{5.62}$$

将式(5.18)代入上式可得

$$\boldsymbol{R}_Y^{\mathrm{f}}=\boldsymbol{A}_1\left(\sum_{i=1}^{p}\boldsymbol{D}_{\mathrm{s}}^{i-1}\boldsymbol{R}_{\mathrm{ss}}\boldsymbol{D}_{\mathrm{s}}^{1-i}\right)=p\boldsymbol{A}_1\boldsymbol{R}_{\mathrm{ss}}^{\mathrm{f}}\boldsymbol{A}_1^{\mathrm{H}} \tag{5.63}$$

显然不考虑噪声时，上式和前向空间平滑算法只差了一个常数 p(列数或平滑

次数)，且由于上式是通过最大特征矢量重构得来的，所以噪声对其的影响应该小于前向空间平滑算法，因此在相同的阵元数、子阵数和平滑次数的情况下，其性能应该优于前向空间平滑。

另外，由奇异值分解和特征值分解的关系也可以得到，式(5.49)的左奇异矩阵和式(5.63)的特征矩阵是相等的，所以其分解之后得到的信号子空间及噪声子空间也是相同的。

既然矢量奇异值分解法和前向空间平滑算法对应，那么就很容易导出基于最大特征矢量的后向和前后向奇异值分解法。首先在全相干模型下得到协方差矩阵的最大特征矢量 $\boldsymbol{e}_1$，再计算特征矢量翻转共轭之后的矢量 $\boldsymbol{J}\boldsymbol{e}_1^*$，对这个矢量按式(5.49)进行重排，得到如下矩阵：

$$\boldsymbol{Y}_{\mathrm{s}}^{\mathrm{b}}=\begin{bmatrix} e_{1M}^* & e_{1M-1}^* & \cdots & e_{1m}^* \\ e_{1M-1}^* & e_{1M-2}^* & \cdots & e_{1m-1}^* \\ \vdots & \vdots & \ddots & \vdots \\ e_{1p}^* & e_{1p-1}^* & \cdots & e_{11}^* \end{bmatrix} \tag{5.64}$$

计算上式的自相关矩阵可得

$$\boldsymbol{R}_Y^{\mathrm{b}}=\boldsymbol{Y}_{\mathrm{s}}^{\mathrm{b}}(\boldsymbol{Y}_{\mathrm{s}}^{\mathrm{b}})^{\mathrm{H}} \tag{5.65}$$

显然，对式(5.64)直接进行奇异值分解，或者对式(5.65)进行特征值分解就可以得到后向特征矢量奇异值方法，其性能和式(5.49)或式(5.63)所示的前向特征矢量奇异值方法是一样的。

如果定义

$$\boldsymbol{Y}_{\mathrm{s}}^{\mathrm{fb}}=[\boldsymbol{Y}_{\mathrm{s}}^{\mathrm{f}}\quad \boldsymbol{Y}_{\mathrm{s}}^{\mathrm{b}}] \tag{5.66}$$

或者

$$\boldsymbol{R}_{\mathrm{s}}^{\mathrm{fb}}=\boldsymbol{R}_Y^{\mathrm{f}}+\boldsymbol{R}_Y^{\mathrm{b}} \tag{5.67}$$

则可以得到前向后的特征矢量奇异值法(FBSVD)。和空间平滑及矩阵分解方法类似可得如下结论：①矢量奇异值法的应用条件是重构矩阵的行数大于相干信号源数，且子阵数大于相干源数；②重构矩阵的行数大小也体现了阵列孔径的损失，所以在相干信号源已知的情况下，行数取值应该尽量大，才能保证解相干后的角度估计性能好；③前向或后向矢量奇异值法和前向或后向的空间平滑及矩阵分解方法是一样的，只能够解 $\lfloor M/2 \rfloor$ 个相干源，而前后向矢量奇异值法和前后向的空间平滑及矩阵分解方法一样，可以解 $\lfloor 2M/3 \rfloor$ 个相干源。

另外，还可以定义差分奇异值分解法(FDSVD)，则矩阵修正为

$$\boldsymbol{Y}_{\mathrm{s}}^{\mathrm{d}}=[\boldsymbol{Y}_{\mathrm{s}}^{\mathrm{f}}-\boldsymbol{Y}_{\mathrm{s}}^{\mathrm{b}}]\quad 或\quad \boldsymbol{R}_{\mathrm{s}}^{\mathrm{d}}=\boldsymbol{R}_Y^{\mathrm{f}}-\boldsymbol{R}_Y^{\mathrm{b}} \tag{5.68}$$

需要注意的是上式和式(5.35)的特性是一样的，均为负反对称矩阵，所以采用式(5.38)或式(5.39)对其进行修正就可以实现信号源的解相干。

为了说明空间平滑类算法的性能，下面给出一个仿真实验。实验中采用的是12元的等距均匀线阵，间距为半波长，存在三个信号源，信号的信噪比为20dB，角

度分别为 0°、10°、30°,其中前两个信号相干,且和第三个信号独立,数据的快拍数长度为 200。

图 5.6(a)比较了空间平滑算法的性能,其中 FSS 是前向空间平滑算法,BSS 是后向空间平滑算法,FBSS 是前后向空间平滑算法,DSS 是空间平滑差分算法。仿真中 FSS、FBSS、DSS 的平滑次数为 2,即子阵的阵元数均为 11,BSS 的平滑次数为 3。从图中可以明显看出 FBSS 算法的分辨能力(波束宽度内波峰与波谷的深度)是最好的; FSS 和 BSS 算法的性能相同,在同等条件下两种算法的曲线是重合的,仿真中为了区分,所以取了不同的平滑次数; DSS 算法的性能也是比较好的,但从图中可以看出它很好地分辨了两个相干源,但独立源的信号被对消了,这在文献[2]中作了详细的说明,其原因在于独立源的数据协方差矩阵存在 Toeplitz 特性,所以差分重构时正好将独立源对消了。

图 5.6(b)比较了矩阵分解算法的性能,其中 FMD 是前向矩阵分解算法,BMD 是后向矩阵分解算法,FBMD 是前后向矩阵分解算法,FDMD 是前后向矩阵差分分解算法。仿真中 FMD、FBMD、FDMD 的平滑次数为 2,即重构的矩阵行数为 11,BMD 的平滑次数为 3。从图中可以明显看出 FBMD 算法的分辨能力是最好

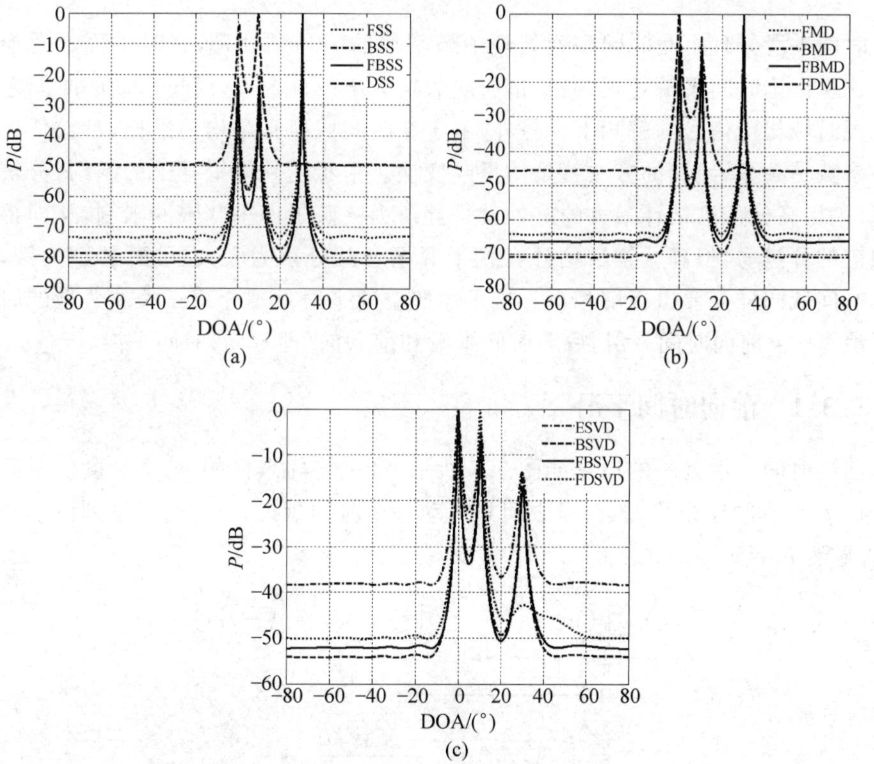

图 5.6 空间平滑类算法比较

(a) 空间平滑算法比较; (b) 矩阵分解算法比较; (c) 矢量奇异值法比较

的；FMD 和 BMD 算法的性能相同，在同等条件下两种算法的曲线是重合的，仿真中为了区分，所以取了不同的平滑次数；FDMD 算法也能很好地解相干，但它的特性和 DSS 算法一样，可以对消独立源，只对相干源进行解相干。

图 5.6(c)比较了矢量奇异值的性能，其中 ESVD 是前向算法，BSVD 是后向算法，FBSVD 是前后向算法，FDSVD 是前后向差分算法。仿真中 ESVD、FBSVD、FDSVD 的子阵数为 11(重构矩阵的行数)，BSVD 重构时的行数为 9。从图中可以明显看出 FBSVD 算法的分辨能力是最好的；ESVD 和 BSVD 算法的性能相同，在同等条件下两种算法的曲线是重合的，仿真中为了区分，所以取了不同的矩阵维数；FDSVD 算法也能很好地解相干，但它的特性和 DSS、FBMD 算法一样，可以对消独立源，只对相干源进行解相干。

这个仿真的结论和本节中的理论分析是一致的，即解相干能力方面双向的平滑类算法优于单向的平滑类算法，双向的差分算法的性能差于双向求和类算法，但它可以适用于相干源与独立源混合情况下的多相干源估计，即估计更多的信号源。

5.3 时间平滑处理

时间平滑处理也是时间序列处理中最常用的一种预处理，有时也称为滑窗处理。这里讨论时间平滑处理，通常指窗函数均为 1 的情况下，通过滑动的时间序列来实现时域相干信号的解相干。另外，由于在时间域通常是均匀采样，参数估计的主要参数是频率，经典的方法就是傅里叶变换。由于受到傅里叶限的制约，分辨力不高，采用高分辨谱估计最大的好处就是分辨力突破了傅里叶限的限制，从而提高了频谱的分辨力，但高分辨谱估计在相干源场合其分辨力大大下降，甚至失效，所以在时间域同样需要进行解相干。这里参照空间平滑处理介绍三大类典型的时间域平滑算法：前向时间平滑、后向时间平滑和前后向(即双向)时间平滑。

5.3.1 前向时间平滑

前向时间平滑处理的原理如图 5.7 所示，将一均匀采样的 K 个长度的时间序列分成 p 个时间序列段，段与段之间只滑动一个时间延迟，每个时间序列段的长度为 k，显然 $K=p+k-1$。

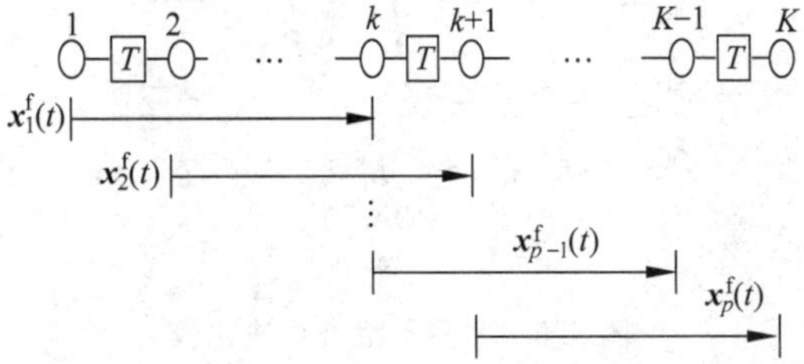

图 5.7　前向时间平滑原理图

假设以左手边第一个采样点为参考点，则整个数据序列为

$$\boldsymbol{x}(t)=[x_1 \quad x_2 \quad \cdots \quad x_K]^{\mathrm{T}} \tag{5.69}$$

式中，x_i 为第 i 个时间点上接收到的数据，$i=1,2,\cdots,K$。则数据的协方差矩阵

$$\boldsymbol{R}_{\mathrm{t}}=\boldsymbol{x}(t)\boldsymbol{x}^{\mathrm{H}}(t) \tag{5.70}$$

第 i 个时间序列段的数据矢量为

$$\boldsymbol{x}_i^{\mathrm{f}}(t)=[x_i \quad x_{i+1} \quad \cdots \quad x_{i+k-1}]^{\mathrm{T}},\quad i=1,2,\cdots,p \tag{5.71}$$

由式(3.6)的时域模型可知，第 i 个时间序列段可写成

$$\boldsymbol{x}_i(t)=\boldsymbol{A}_i(f)\boldsymbol{S}(t)+\boldsymbol{N}_i(t)=\boldsymbol{A}_1(f)\boldsymbol{D}_{\mathrm{t}}^{i-1}\boldsymbol{S}(t)+\boldsymbol{N}_i(t) \tag{5.72}$$

式中，$\boldsymbol{A}_i(f)$和 $\boldsymbol{N}_i$ 分别为第 i 个数据段的阵列流型和噪声矢量；$\boldsymbol{A}_1(f)$为第 1 个数据段的阵列流型矩阵。其中时间对角阵

$$\boldsymbol{D}_{\mathrm{t}}=\begin{bmatrix} \mathrm{e}^{-\mathrm{j}\beta_1} & 0 & \cdots & 0 \\ 0 & \mathrm{e}^{-\mathrm{j}\beta_2} & \cdots & 0 \\ \vdots & \vdots & \ddots & \vdots \\ 0 & 0 & \cdots & \mathrm{e}^{-\mathrm{j}\beta_N} \end{bmatrix} \tag{5.73}$$

式中，$\beta_i=2\pi f_i T$，f_i 为信号的频率，其中 $i=1,2,\cdots,N$，T 通常为时间序列的采样间隔(也可以是雷达中的脉冲间隔)。

于是第 i 个子阵的数据协方差矩阵为

$$\begin{aligned}\boldsymbol{R}_i&=\begin{bmatrix} x_i x_i^* & x_i x_{i+1}^* & \cdots & x_i x_{i+k-1}^* \\ x_{i+1} x_i^* & x_{i+1} x_{i+1}^* & \cdots & x_{i+1} x_{i+k-1}^* \\ \vdots & \vdots & \ddots & \vdots \\ x_{i+k-1} x_i^* & x_{i+k-1} x_{i+1}^* & \cdots & x_{i+k-1} x_{i+k-1}^* \end{bmatrix} \\ &=\boldsymbol{A}_1(f)\boldsymbol{D}_{\mathrm{t}}^{i-1}\boldsymbol{R}_{\mathrm{ss}}\boldsymbol{D}_{\mathrm{t}}^{1-i}\boldsymbol{A}_1^{\mathrm{H}}(f)+\sigma^2\boldsymbol{I}\end{aligned} \tag{5.74}$$

前向时间平滑的思想和前向空间平滑一样，就是将这 p 个数据协方差矩阵进行求均值，即得到前向平滑修正后的数据协方差矩阵

$$\begin{aligned}\boldsymbol{R}_{\mathrm{t}}^{\mathrm{f}}&=\frac{1}{p}\sum_{i=1}^{p}\boldsymbol{R}_i=\boldsymbol{A}_1(f)\left(\frac{1}{p}\sum_{i=1}^{p}\boldsymbol{D}_{\mathrm{t}}^{i-1}\boldsymbol{R}_{\mathrm{ss}}\boldsymbol{D}_{\mathrm{t}}^{1-i}\right)\boldsymbol{A}_1^{\mathrm{H}}(f)+\sigma^2\boldsymbol{I} \\ &=\boldsymbol{A}_1(f)\boldsymbol{R}_{\mathrm{TSS}}^{\mathrm{f}}\boldsymbol{A}_1^{\mathrm{H}}(f)+\sigma^2\boldsymbol{I}\end{aligned} \tag{5.75}$$

其中，前向平滑修正后的信号协方差矩阵为

$$\boldsymbol{R}_{\mathrm{TSS}}^{\mathrm{f}}=\frac{1}{p}\sum_{i=1}^{p}\boldsymbol{D}_{\mathrm{t}}^{i-1}\boldsymbol{R}_{\mathrm{ss}}\boldsymbol{D}_{\mathrm{t}}^{1-i} \tag{5.76}$$

显然，参照定理 5.2 可知：如果数据段的长度 $k\geqslant N$，则当 $p\geqslant N$ 时前向时间平滑数据协方差矩阵 $\boldsymbol{R}_{\mathrm{TSS}}^{\mathrm{f}}$ 是满秩的，且秩数即为信号源数，这说明通过时间平滑也是可以实现解相干的，即采用式(5.75)得到修正后的前向平滑数据协方差矩阵 $\boldsymbol{R}_{\mathrm{t}}^{\mathrm{f}}$，对其进行特征分解，得到相应的信号子空间和噪声子空间，然后利用高分辨谱估计算法，如 MUSIC、MVM、MNM 等就可以得到相干信号源的频率估计。需要

注意的是，这里的导向矢量和空间平滑的导向矢量结构一样，只是变量不同。

由式(5.70)可知，时域数据的协方差矩阵为 $\boldsymbol{R}_{\mathrm{t}}$，其维数是 $K\times K$，则构造如下的数据协方差矩阵：

$$\boldsymbol{R}_{\mathrm{Dt}}^{\mathrm{f}}=\begin{bmatrix}\boldsymbol{R}^{(1)} & \boldsymbol{R}^{(2)} & \cdots & \boldsymbol{R}^{(p)}\end{bmatrix} \tag{5.77}$$

式中，$k\times K$ 维矩阵 $\boldsymbol{R}^{(i)}$ 表示取出矩阵 $\boldsymbol{R}_{\mathrm{t}}$ 的第 i 行到第 $i+k-1$ 行，且 $K=p+k-1$。

由前面的推导可知，式(5.77)中的每个子矩阵 $\boldsymbol{R}^{(i)}$ 是第 i 个时间序列段的数据矢量和整个数据序列矢量的互相关，即可以转化成

$$\begin{aligned}\boldsymbol{R}_{\mathrm{Dt}}^{\mathrm{f}}&=\begin{bmatrix}\boldsymbol{x}_1\boldsymbol{x}^{\mathrm{H}} & \boldsymbol{x}_2\boldsymbol{x}^{\mathrm{H}} & \cdots & \boldsymbol{x}_p\boldsymbol{x}^{\mathrm{H}}\end{bmatrix}\\&=\begin{bmatrix}\boldsymbol{x}_1 & \boldsymbol{x}_2 & \cdots & \boldsymbol{x}_p\end{bmatrix}\boldsymbol{x}^{\mathrm{H}}\\&=\boldsymbol{A}_1(f)\begin{bmatrix}\boldsymbol{D}_{\mathrm{t}}^0 & \boldsymbol{D}_{\mathrm{t}}^1 & \cdots & \boldsymbol{D}_{\mathrm{t}}^{p-1}\end{bmatrix}\boldsymbol{R}_{\mathrm{ss}}\boldsymbol{A}^{\mathrm{H}}(f)\end{aligned} \tag{5.78}$$

参照定理5.5和5.6可知，当 $\boldsymbol{R}^{(i)}$ 数据的行数 $k\geqslant N$，且 $p\geqslant N$ 时，则式(5.77)构造的 $k\times Kk$ 维协方差矩阵 $\boldsymbol{R}_{\mathrm{Dt}}^{\mathrm{f}}$ 的秩等于信号源数 N。

参照式(5.43)的推导，也很容易导出，前向矩阵重构的实质还是平滑，只是式(5.77)重构的是子数据块和整个数据互相关矩阵的平滑，而式(5.75)是子数据块自身协方差矩阵的平滑，所以从理论角度看，采用矩阵重构和平滑的解相干性能接近。

显然，在信号源完全相干的情况下，式(5.70)中的数据协方差矩阵 $\boldsymbol{R}_{\mathrm{t}}$ 只有一个大特征值 λ_1，其对应的特征矢量为 $\boldsymbol{e}_1^{\mathrm{f}}$，同样按式(5.49)构造，得到如下的构造式：

$$\boldsymbol{Y}_{\mathrm{t}}^{\mathrm{f}}=\begin{bmatrix}e_{11}^{\mathrm{f}} & e_{12}^{\mathrm{f}} & \cdots & e_{1p}^{\mathrm{f}}\\ e_{12}^{\mathrm{f}} & e_{13}^{\mathrm{f}} & \cdots & e_{1p+1}^{\mathrm{f}}\\ \vdots & \vdots & \ddots & \vdots\\ e_{1k}^{\mathrm{f}} & e_{1k+1}^{\mathrm{f}} & \cdots & e_{1K}^{\mathrm{f}}\end{bmatrix} \tag{5.79}$$

式中，e_{1i}^{f} 表示最大特征矢量 $\boldsymbol{e}_1^{\mathrm{f}}$ 的第 i 个元素，$i=1,2,\cdots,K$；$k\geqslant N$，且 $p\geqslant N$。由定理5.9可以证明构造的式(5.79)是个满秩矩阵，协方差矩阵可以表示为如下形式：

$$\boldsymbol{Y}_{\mathrm{t}}^{\mathrm{f}}=\boldsymbol{A}_1\boldsymbol{R}_d\boldsymbol{A}_2^{\mathrm{T}} \tag{5.80}$$

式中，$\boldsymbol{R}_d=\mathrm{diag}[s_1(t) \quad s_2(t) \quad \cdots \quad s_N(t)]$，$\boldsymbol{A}_1$、$\boldsymbol{A}_2$ 分别为 N 个信号组成的维数为 $k\times N$ 和 $p\times N$ 的阵列流型。对 $\boldsymbol{Y}_{\mathrm{t}}^{\mathrm{f}}$ 进行奇异值分解得

$$\boldsymbol{Y}_{\mathrm{t}}^{\mathrm{f}}=\boldsymbol{U\Lambda V}^{\mathrm{H}} \tag{5.81}$$

式中，$\boldsymbol{\Lambda}$ 为一个 $k\times p$ 的由奇异值组成的对角矩阵；$\boldsymbol{U}$ 为左奇异矩阵；$\boldsymbol{V}$ 为右奇异矩阵。则理想情况下矩阵 $\boldsymbol{Y}_{\mathrm{t}}^{\mathrm{f}}$ 的非零奇异值有 N 个，也就是小奇异值对应的左奇异矩阵中的矢量组成的空间即是噪声子空间，大奇异值对应的奇异矢量组成的空间即是信号子空间。

从式(5.79)可以看出，其算法的实质也是平滑，只是此时平滑的是特征矢量

$\boldsymbol{e}_1^{\mathrm{f}}$，即把特征矢量看成时间序列进行平滑，而不是采样数据矢量。但很明显，特征矢量是通过对采样数据矢量协方差阵进行特征分解得到的，所以它们之间存在映射关系，即对数据的平滑和对特征矢量的平滑从本质上讲是一回事。另外，由于特征矢量是信号子空间中的矢量，而数据矢量则包含信号子空间和噪声子空间，所以由特征矢量构造的矩阵，相当于对数据进行了去噪处理，理论上应该具有更好的性能。

5.3.2　后向时间平滑

后向时间平滑处理的原理如图 5.8 所示，将一均匀采样的 K 个长度的时间序列分成 p 个时间序列段，段与段之间只滑动一个时间延迟，每个时间序列段的长度为 k，显然 $K=p+k-1$。

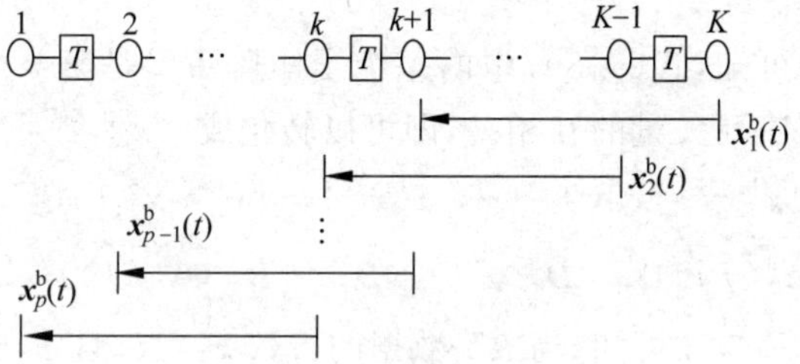

图 5.8　后向时间平滑原理图

对比图 5.7 可知，图 5.8 所示的后向时间平滑原理图与前向的差别其实是参考点的问题，一个是沿将来的时间方向平滑，另一个是沿过去的时间方向平滑。假设以右手边第一个采样数据为参考点，则整个数据序列为

$$\boldsymbol{x}(t)=[x_K \quad x_{K-1} \quad \cdots \quad x_1]^{\mathrm{H}} \tag{5.82}$$

式中，x_i 为第 i 个时间点上接收到的数据，$i=1,2,\cdots,K$。则数据的协方差矩阵

$$\boldsymbol{R}_{\mathrm{t}}^{\mathrm{b}}=\boldsymbol{x}(t)\boldsymbol{x}^{\mathrm{H}}(t) \tag{5.83}$$

第 i 个子阵的数据模型为

$$\boldsymbol{x}_i^{\mathrm{b}}(t)=[x_{K-i+1} \quad x_{K-i} \quad \cdots \quad x_{K-k-i+2}]^{\mathrm{H}}, \quad i=1,2,\cdots,p \tag{5.84}$$

式中，x_i 为第 i 个时间点上接收的数据。

显然，将时域阵列模型代入上式得到

$$\boldsymbol{x}_{p-i+1}^{\mathrm{b}}(t)=\boldsymbol{J}_m\boldsymbol{x}_i^{\mathrm{f}*}(t)=\boldsymbol{J}_m\boldsymbol{A}_1^*\boldsymbol{D}_{\mathrm{t}}^{-(i-1)}\boldsymbol{S}^*(t)+\boldsymbol{J}_m\boldsymbol{N}_i^*(t) \tag{5.85}$$

因此，后向平滑第 $p-i+1$ 个子阵的数据协方差矩阵为

$$\begin{aligned}\boldsymbol{R}_{p-i+1}^{\mathrm{b}}&=\boldsymbol{J}_m\boldsymbol{A}_1^*\boldsymbol{D}_{\mathrm{t}}^{1-i}\boldsymbol{R}_{\mathrm{ss}}^*\boldsymbol{D}_{\mathrm{t}}^{i-1}\boldsymbol{A}_1^{\mathrm{T}}\boldsymbol{J}_m+\sigma^2\boldsymbol{I}\\&=\boldsymbol{A}_1\boldsymbol{D}_{\mathrm{t}}^{-(m+i-2)}\boldsymbol{R}_{\mathrm{ss}}^*\boldsymbol{D}_{\mathrm{t}}^{m+i-2}\boldsymbol{A}_1+\sigma^2\boldsymbol{I}\end{aligned} \tag{5.86}$$

对比上式和式(5.75)可以发现，前向和后向的表达形式是类似的，都是第 1 个子阵乘一个对角阵的形式，但后向的对角阵和前向的对角阵之间差了一个共轭。后向空间平滑的思想就是对这 p 个数据协方差矩阵求均值，即得到后向平滑修正

后的数据协方差矩阵

$$\boldsymbol{R}_{\mathrm{t}}^{\mathrm{b}}=\frac{1}{p}\sum_{i=1}^{p}\boldsymbol{R}_{i}^{\mathrm{b}}=\boldsymbol{A}_{1}\left(\frac{1}{p}\sum_{i=1}^{p}\boldsymbol{D}_{\mathrm{t}}^{-(m+i-2)}\boldsymbol{R}_{\mathrm{ss}}^{*}\boldsymbol{D}_{\mathrm{t}}^{m+i-2}\right)\boldsymbol{A}_{1}^{\mathrm{H}}+\sigma^{2}\boldsymbol{I}$$
$$=\boldsymbol{A}_{1}^{\mathrm{b}}\boldsymbol{R}_{\mathrm{TSS}}^{\mathrm{b}}(\boldsymbol{A}_{1}^{\mathrm{b}})^{\mathrm{H}}+\sigma^{2}\boldsymbol{I} \tag{5.87}$$

其中，后向平滑修正后的信号协方差矩阵为

$$\boldsymbol{R}_{\mathrm{TSS}}^{\mathrm{b}}=\frac{1}{p}\sum_{i=1}^{p}\boldsymbol{D}_{\mathrm{t}}^{-(m+i-2)}\boldsymbol{R}_{\mathrm{ss}}^{*}\boldsymbol{D}_{\mathrm{t}}^{m+i-2} \tag{5.88}$$

参照前向时间平滑中的矩阵重构法，也可以得到后向矩阵重构法，即将式(5.83)的矩阵进行重构，则构造如下的数据协方差矩阵：

$$\boldsymbol{R}_{\mathrm{Dt}}^{\mathrm{b}}=[\boldsymbol{R}^{(1)}\quad \boldsymbol{R}^{(2)}\quad \cdots\quad \boldsymbol{R}^{(p)}] \tag{5.89}$$

式中，$k\times K$ 维矩阵 $\boldsymbol{R}^{(i)}$ 表示取出矩阵 $\boldsymbol{R}_{\mathrm{t}}^{\mathrm{b}}$ 的第 i 行到第 $i+k-1$ 行，矩阵维数 $K=p+k-1$。

由前面的推导可知，式(5.89)中的每个子矩阵 $\boldsymbol{R}^{(i)}$ 是第 i 个时间序列段的数据矢量和整个数据序列矢量的互相关，即可以转化成

$$\boldsymbol{R}_{\mathrm{Dt}}^{\mathrm{b}}=[\boldsymbol{x}_{1}^{\mathrm{b}}\boldsymbol{x}^{\mathrm{H}}\quad \boldsymbol{x}_{2}^{\mathrm{b}}\boldsymbol{x}^{\mathrm{H}}\quad \cdots\quad \boldsymbol{x}_{p}^{\mathrm{b}}\boldsymbol{x}^{\mathrm{H}}]=[\boldsymbol{x}_{1}^{\mathrm{b}}\quad \boldsymbol{x}_{2}^{\mathrm{b}}\quad \cdots\quad \boldsymbol{x}_{p}^{\mathrm{b}}]\boldsymbol{x}^{\mathrm{H}}$$
$$=\boldsymbol{A}_{1}^{\mathrm{b}}(f)[\boldsymbol{D}_{\mathrm{t}}^{0}\quad \boldsymbol{D}_{\mathrm{t}}^{-1}\quad \cdots\quad \boldsymbol{D}_{\mathrm{t}}^{1-p}]\boldsymbol{R}_{\mathrm{ss}}^{*}(\boldsymbol{A}^{\mathrm{b}}(f))^{\mathrm{H}} \tag{5.90}$$

参照定理 5.5 和 5.6 可知，当 $\boldsymbol{R}^{(i)}$ 数据的行数 $k\geqslant N$，且 $p\geqslant N$ 时，则式(5.90)构造的 $k\times Kk$ 维协方差矩阵 $\boldsymbol{R}_{\mathrm{Dt}}^{\mathrm{b}}$ 的秩等于信号源数 N。

类比前向时间平滑和前向矩阵重构的关系，可以看出后向时间平滑和后向矩阵重构的实质还是平滑，只是式(5.90)的重构是后向子数据块和整个数据互相关矩阵的平滑，而式(5.87)是子数据块自身协方差矩阵的平滑。

显然，在信号源完全相干的情况下，式(5.83)中的数据协方差矩阵 $\boldsymbol{R}_{\mathrm{t}}^{\mathrm{b}}$ 也只有一个大特征值 λ_1，定义其对应的特征矢量为 $\boldsymbol{e}_{1}^{\mathrm{b}}$，同样按式(5.49)构造，得到如下构造式：

$$\boldsymbol{Y}_{\mathrm{t}}^{\mathrm{b}}=\begin{bmatrix} e_{11}^{\mathrm{b}} & e_{12}^{\mathrm{b}} & \cdots & e_{1p}^{\mathrm{b}} \\ e_{12}^{\mathrm{b}} & e_{13}^{\mathrm{b}} & \cdots & e_{1p+1}^{\mathrm{b}} \\ \vdots & \vdots & \ddots & \vdots \\ e_{1k}^{\mathrm{b}} & e_{1k+1}^{\mathrm{b}} & \cdots & e_{1K}^{\mathrm{b}} \end{bmatrix} \tag{5.91}$$

式中，e_{1i}^{b} 表示最大特征矢量 $\boldsymbol{e}_{1}^{\mathrm{b}}$ 中第 i 个元素，$i=1,2,\cdots,K$；$k\geqslant N$，且 $p\geqslant N$。由定理 5.9 可以证明构造的式(5.91)是个满秩矩阵，协方差矩阵可以表示为如下形式：

$$\boldsymbol{Y}_{\mathrm{t}}^{\mathrm{b}}=\boldsymbol{A}_{1}^{\mathrm{b}}\boldsymbol{R}_{d}^{*}\boldsymbol{A}_{2}^{\mathrm{bT}} \tag{5.92}$$

式中，$\boldsymbol{R}_{d}=\mathrm{diag}[s_1(t)\quad s_2(t)\quad \cdots\quad s_N(t)]$，矩阵 $\boldsymbol{A}_{1}^{\mathrm{b}}$、$\boldsymbol{A}_{2}^{\mathrm{b}}$ 分别为 N 个信号组成的维数为 $k\times N$ 和 $p\times N$ 的阵列流型。对 $\boldsymbol{Y}_{\mathrm{t}}^{\mathrm{b}}$ 进行奇异值分解得

$$\boldsymbol{Y}_{\mathrm{t}}^{\mathrm{b}}=\boldsymbol{U}\boldsymbol{\Lambda}\boldsymbol{V}^{\mathrm{H}} \tag{5.93}$$

式中，$\boldsymbol{\Lambda}$ 为一个 $k\times p$ 维的由奇异值组成的对角矩阵；$\boldsymbol{U}$ 为左奇异矩阵；$\boldsymbol{V}$ 为右奇异矩阵。则理想情况下矩阵 $\boldsymbol{Y}_{\mathrm{t}}^{\mathrm{b}}$ 的非零奇异值有 N 个，即小奇异值对应的左奇异矩阵中的矢量组成的空间即是噪声子空间，大奇异值对应的奇异矢量组成的空间即是信号子空间。

同样，从式(5.91)可以看出，其算法的实质也是平滑，只是此时平滑的是后向协方差矩阵的特征矢量 $\boldsymbol{e}_1^{\mathrm{b}}$，而不是后向采样数据矢量，但它们之间存在映射关系，即对数据的平滑和对特征矢量的平滑从本质上讲是一回事。

5.3.3　双向时间平滑

双向时间平滑和双向空间平滑一样，它是前向时间平滑和后向时间平滑的组合。由前向空间平滑和后向空间平滑的关系可知，前向时间平滑和后向时间平滑数据矢量之间是共轭行翻转的关系，即前向时间平滑中的某一个数据矢量对应后向时间平滑中一个数据矢量的行翻转，这个翻转关系也对应时域导向矢量之间的关系。

显然，前向时间平滑中的数据协方差矩阵 $\boldsymbol{R}_{\mathrm{t}}^{\mathrm{f}}$ 和后向时间平滑中的数据协方差矩阵 $\boldsymbol{R}_{\mathrm{t}}^{\mathrm{b}}$ 之间也是共轭翻转的关系。所以，双向时间平滑算法的修正矩阵为

$$\boldsymbol{R}_{\mathrm{t}}^{\mathrm{fb}}=\frac{1}{2}(\boldsymbol{R}_{\mathrm{t}}^{\mathrm{f}}+\boldsymbol{R}_{\mathrm{t}}^{\mathrm{b}})=\frac{1}{2}(\boldsymbol{R}_{\mathrm{t}}^{\mathrm{f}}+\boldsymbol{J}\boldsymbol{R}_{\mathrm{t}}^{\mathrm{f}*}\boldsymbol{J})\tag{5.94}$$

由双向空间协方差矩阵重构算法，可以很容易地推导出双向时间协方差矩阵重构修正为

$$\boldsymbol{R}_{\mathrm{Dt}}^{\mathrm{fb}}=[\boldsymbol{R}_{\mathrm{Dt}}^{\mathrm{f}}\quad \boldsymbol{R}_{\mathrm{Dt}}^{\mathrm{b}}]\tag{5.95}$$

式中，矩阵 $\boldsymbol{R}_{\mathrm{Dt}}^{\mathrm{f}}$ 和矩阵 $\boldsymbol{R}_{\mathrm{Dt}}^{\mathrm{b}}$ 分别为式(5.77)和式(5.89)所示的前后向矩阵重构后的修正矩阵，只是前向后修正后的矩阵列数变成了原来的2倍。

同理，双向时间矢量重构算法的修正矩阵为

$$\boldsymbol{Y}_{\mathrm{t}}^{\mathrm{fb}}=[\boldsymbol{Y}_{\mathrm{t}}^{\mathrm{f}}\quad \boldsymbol{Y}_{\mathrm{t}}^{\mathrm{b}}]\tag{5.96}$$

式中，矩阵 $\boldsymbol{Y}_{\mathrm{t}}^{\mathrm{f}}$ 和矩阵 $\boldsymbol{Y}_{\mathrm{t}}^{\mathrm{b}}$ 分别为式(5.79)和式(5.91)所示的前后向矢量重构后的修正矩阵，此时矩阵的行数没有变化，只是矩阵的列数变成了原来的2倍。

当然，采用双向时间矢量重构算法时，也可以利用其他方法得到修正后的矩阵：一是直接对式(5.94)进行特征分解，得到最大特征矢量，再按式(5.79)或者式(5.91)的结构进行重构；二是得到 $\boldsymbol{e}_1^{\mathrm{f}}$ 后直接进行修正，$\boldsymbol{e}_1^{\mathrm{fb}}=\boldsymbol{e}_1^{\mathrm{f}}+\boldsymbol{J}(\boldsymbol{e}_1^{\mathrm{f}})^*$，然后再对 $\boldsymbol{e}_1^{\mathrm{fb}}$ 按式(5.79)或者式(5.91)的结构进行重构；三是得到前向和后向时间平滑的最大特征矢量后进行修正，$\boldsymbol{e}_1^{\mathrm{fb}}=\boldsymbol{e}_1^{\mathrm{f}}+\boldsymbol{e}_1^{\mathrm{b}}$，然后再对 $\boldsymbol{e}_1^{\mathrm{fb}}$ 按式(5.79)或者式(5.91)的结构进行重构。

双向时间平滑中除了上述的求和之外，也可以求差，这样就可以得到差分类的时间平滑算法。参照空间的平滑差分算法，可以得到如下时间平滑差分算法：

$$\boldsymbol{R}_{\mathrm{t}}^{\mathrm{d}}=\boldsymbol{R}_{\mathrm{t}}^{\mathrm{f}}-\boldsymbol{R}_{\mathrm{t}}^{\mathrm{b}}=\boldsymbol{R}_{\mathrm{t}}^{\mathrm{f}}-\boldsymbol{J}(\boldsymbol{R}_{\mathrm{t}}^{\mathrm{f}})^*\boldsymbol{J}\tag{5.97}$$

同理，双向时间差分协方差矩阵修正为

$$\boldsymbol{R}_{\mathrm{Dt}}^{\mathrm{d}}=[\boldsymbol{R}_{\mathrm{D}}^{\mathrm{f}} \quad -\boldsymbol{R}_{\mathrm{D}}^{\mathrm{b}}] \tag{5.98}$$

双向时间差分矢量重构算法的修正矩阵为

$$\boldsymbol{Y}_{\mathrm{t}}^{\mathrm{d}}=[\boldsymbol{Y}_{\mathrm{t}}^{\mathrm{f}} \quad -\boldsymbol{Y}_{\mathrm{t}}^{\mathrm{b}}] \tag{5.99}$$

当然,双向时间差分矢量重构算法和双向时间求和具有相通性,也可以利用其他方法得到修正后的矩阵:一是直接对式(5.97)进行特征分解,得到最大特征矢量,再按式(5.79)或者式(5.91)的结构进行重构;二是得到 $\boldsymbol{e}_1^{\mathrm{f}}$ 后直接进行修正,$\boldsymbol{e}_1^{\mathrm{D}}=\boldsymbol{e}_1^{\mathrm{f}}-\boldsymbol{J}(\boldsymbol{e}_1^{\mathrm{f}})^*$,然后再对 $\boldsymbol{e}_1^{\mathrm{D}}$ 按式(5.79)或者式(5.91)的结构进行重构;三是得到前向和后向时间平滑的最大特征矢量后进行修正,$\boldsymbol{e}_1^{\mathrm{D}}=\boldsymbol{e}_1^{\mathrm{f}}-\boldsymbol{e}_1^{\mathrm{b}}$,然后再对 $\boldsymbol{e}_1^{\mathrm{D}}$ 按式(5.79)或者式(5.91)的结构进行重构。

5.4 空时平滑处理

通过前两节的介绍,可以看出空间平滑和时间平滑的共同特点是数据矢量、协方差矩阵或特征矢量的分块求和,其表现形式为采样点数据或阵元数之间的平滑,实质是空间或时间导向矢量的平滑。平滑解相干的理论基础是平滑的数据块之间存在一个固定的关系,对于空间平滑,这个关系就是式(5.14)所示的 $\boldsymbol{D}_{\mathrm{s}}$,对于时间平滑,这个关系就是式(5.73)所示的 $\boldsymbol{D}_{\mathrm{t}}$。通过上述分析也可以看出这个数据间的固定关系其实就是和数据对应的导向矢量之间的关系,空间平滑对应的是空域导向矢量,时间平滑对应的是时域导向矢量。

下面我们结合第4章介绍的空时二维结构来探讨一下空时二维平滑处理,参见阵元-脉冲域的结构图,得到图5.9所示的前向空时平滑结构图和图5.10所示的后向空时平滑结构图。

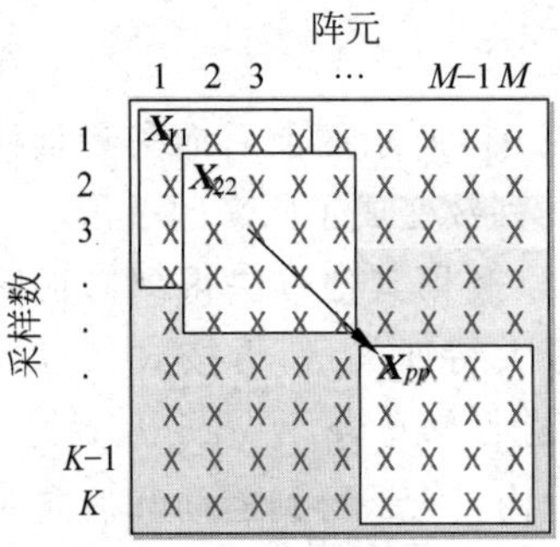

图5.9 前向空时平滑结构图

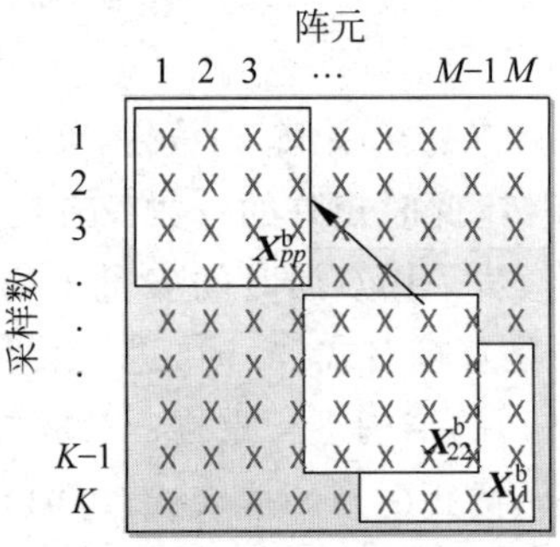

图5.10 后向空时平滑结构图

图5.9中的行表示空域维度,图中有 M 个阵元,列表示时间维度,即图中的时域采样数为 K。假设前向空时平滑共平滑了 p 次,分别得到 p 个数据矢量 $\boldsymbol{X}_{ii}$,其维数为 km,其中 k 为时间平滑的矢量维数,m 为空间平滑的子阵维数,即满足 $m+p-1=M$ 和 $k+p-1=K$。另外,假设前向空间平滑得到的子阵数据为 $\boldsymbol{x}_{si}$,

前向时间平滑矢量为 $\boldsymbol{x}_{ti}$，则

$$\begin{aligned}\boldsymbol{X}_{i,i} &= \boldsymbol{x}_{si} \otimes \boldsymbol{x}_{ti} = \boldsymbol{A}_{st}\boldsymbol{s}(t) + \boldsymbol{N}(t) \\ &= [\boldsymbol{a}_s(\theta_1) \otimes \boldsymbol{a}_t(f_1) \quad \cdots \quad \boldsymbol{a}_s(\theta_N) \otimes \boldsymbol{a}_t(f_N)]\boldsymbol{s}(t) + \boldsymbol{N}(t)\end{aligned} \tag{5.100}$$

式中，$\boldsymbol{a}_s(\theta)$为 m 维空域导向矢量；$\boldsymbol{a}_t(f)$为 k 维频域导向矢量；$\otimes$为 Kronecher 积。

平滑后的下一个数据矩阵

$$\begin{aligned}\boldsymbol{X}_{i+1,i+1} = \boldsymbol{x}_{si+1} \otimes \boldsymbol{x}_{ti+1} = [&(\boldsymbol{a}_s(\theta_1)\boldsymbol{D}_s(\theta_1)) \otimes (\boldsymbol{a}_t(f_1)\boldsymbol{D}_t(f_1)) \\ &\cdots(\boldsymbol{a}_s(\theta_N)\boldsymbol{D}_s(\theta_N)) \otimes (\boldsymbol{a}_t(f_N)\boldsymbol{D}_t(f_N))]\boldsymbol{s}(t) + \boldsymbol{N}(t)\end{aligned} \tag{5.101}$$

式中，$\boldsymbol{D}_s(\theta_i)$为空域对角阵 $\boldsymbol{D}_s$ 的第 i 行第 i 列的元素；$\boldsymbol{D}_t(f_i)$为时域对角阵 $\boldsymbol{D}_t$ 的第 i 行第 i 列的元素。

由于 $\boldsymbol{D}_s$ 和 $\boldsymbol{D}_t$ 均为对角阵，所以上式可以简化为

$$\boldsymbol{X}_{i+1,i+1} = \boldsymbol{A}_{st}\boldsymbol{D}_{st}\boldsymbol{s}(t) + \boldsymbol{N}(t) = \boldsymbol{A}_{st}\boldsymbol{D}_s\boldsymbol{D}_t\boldsymbol{s}(t) + \boldsymbol{N}(t) \tag{5.102}$$

将上式和式(5.13)及式(5.72)进行对照，就可以发现前向空时二维平滑算法和前向的空间平滑算法及前向的时间平滑算法结构形式是一样的，都是导向矢量和一个对角矩阵的乘积，只是前向空间平滑是空域对角阵 $\boldsymbol{D}_s$，时间平滑是时域对角阵 $\boldsymbol{D}_t$，空时二维平滑是空时二维域的对角阵 $\boldsymbol{D}_{st} = \boldsymbol{D}_s\boldsymbol{D}_t$，即为空间平滑与时间平滑固定关系的乘积。

这样得到各个子阵的自协方差矩阵为

$$\boldsymbol{R}_i = \boldsymbol{X}_{i,i}\boldsymbol{X}_{i,i}^{\mathrm{H}} = \boldsymbol{A}_{st}\boldsymbol{D}_{st}^{i-1}\boldsymbol{R}_{ss}(\boldsymbol{D}_{st}^{i-1})^{\mathrm{H}}\boldsymbol{A}_{st}^{\mathrm{H}} + \sigma^2\boldsymbol{I} \tag{5.103}$$

则前向空时二维平滑算法为

$$\boldsymbol{R}_{st}^{f} = \frac{1}{p}\sum_{i=1}^{p}\boldsymbol{R}_i = \boldsymbol{A}_{st}\left(\frac{1}{p}\sum_{i=1}^{p}\boldsymbol{D}_{st}^{k-1}\boldsymbol{R}_{ss}\boldsymbol{D}_{st}^{1-k}\right)\boldsymbol{A}_{st}^{\mathrm{H}} + \sigma^2\boldsymbol{I} \tag{5.104}$$

由上式可以看出，空时的平滑其实质还是对信号协方差矩阵进行修正，此时修正后的信号协方差矩阵为

$$\boldsymbol{R}_{stSS}^{f} = \frac{1}{p}\sum_{i=1}^{p}\boldsymbol{D}_{st}^{i-1}\boldsymbol{R}_{ss}\boldsymbol{D}_{st}^{1-i} \tag{5.105}$$

后向空时平滑的定义参照后向空间平滑和后向时间平滑也很容易推导出来，这里不再赘述。则后向空时平滑算法为

$$\boldsymbol{R}_{st}^{b} = \frac{1}{p}\sum_{i=1}^{p}\boldsymbol{X}_{ii}^{b}\boldsymbol{X}_{ii}^{b\mathrm{H}} = \boldsymbol{A}_{st}\left(\frac{1}{p}\sum_{i=1}^{p}\boldsymbol{D}_{st}^{1-k}\boldsymbol{R}_{ss}^{*}\boldsymbol{D}_{st}^{k-1}\right)\boldsymbol{A}_{st}^{\mathrm{H}} + \sigma^2\boldsymbol{I} \tag{5.106}$$

后向空时平滑时可得修正后的信号协方差矩阵为

$$\boldsymbol{R}_{stSS}^{b} = \frac{1}{p}\sum_{i=1}^{p}\boldsymbol{D}_{st}^{1-i}\boldsymbol{R}_{ss}^{*}\boldsymbol{D}_{st}^{i-1} \tag{5.107}$$

利用定理 5.2 和定理 5.3 很容易证明，前向或后向的空时平滑与空间平滑一样可以实现解相干，其解相干的理论基础是一样的，解相干的能力也是一样的，只是其表达形式更为复杂。为此很容易推广到前后向空时解相干算法，其公式为

$$\boldsymbol{R}_{st}^{fb} = \frac{1}{2}(\boldsymbol{R}_{st}^{f} + \boldsymbol{R}_{st}^{b}) = \frac{1}{2}(\boldsymbol{R}_{st}^{f} + \boldsymbol{J}(\boldsymbol{R}_{st}^{f})^{*}\boldsymbol{J}) \tag{5.108}$$

同理可得差分的空时解相干算法，其公式为

$$\boldsymbol{R}_{\mathrm{st}}^{\mathrm{d}}=\frac{1}{2}(\boldsymbol{R}_{\mathrm{st}}^{\mathrm{f}}-\boldsymbol{R}_{\mathrm{st}}^{\mathrm{b}})=\frac{1}{2}(\boldsymbol{R}_{\mathrm{st}}^{\mathrm{f}}-\boldsymbol{J}(\boldsymbol{R}_{\mathrm{st}}^{\mathrm{f}})^{*}\boldsymbol{J}) \tag{5.109}$$

通过 5.2 节和 5.3 节的分析，可以很容易地将平滑类算法推广到矩阵分解类算法。矩阵重构的核心是原阵列数据与子阵的互相关矩阵的重构，所以前向空时数据的重构可以变成下式：

$$\boldsymbol{R}_{\mathrm{Dst}}^{\mathrm{f}}=[\boldsymbol{X}_{11}\boldsymbol{X}^{\mathrm{H}} \quad \boldsymbol{X}_{22}\boldsymbol{X}^{\mathrm{H}} \quad \cdots \quad \boldsymbol{X}_{pp}\boldsymbol{X}^{\mathrm{H}}] \tag{5.110}$$

式中，$\boldsymbol{X}$ 为整个阵列的空时二维数据。上式中右边每个互相关矩阵维数 $km\times KM$ 表示的是每个平滑子阵与原始空时二维数据的互相关。

后向空时二维数据的重构矩阵为

$$\boldsymbol{R}_{\mathrm{Dst}}^{\mathrm{b}}=[\boldsymbol{X}_{11}^{\mathrm{b}}\boldsymbol{X}^{\mathrm{H}} \quad \boldsymbol{X}_{22}^{\mathrm{b}}\boldsymbol{X}^{\mathrm{H}} \quad \cdots \quad \boldsymbol{X}_{pp}^{\mathrm{b}}\boldsymbol{X}^{\mathrm{H}}] \tag{5.111}$$

前后向空时数据重构矩阵为

$$\boldsymbol{R}_{\mathrm{Dst}}^{\mathrm{fb}}=[\boldsymbol{R}_{\mathrm{Dst}}^{\mathrm{f}} \quad \boldsymbol{R}_{\mathrm{Dst}}^{\mathrm{b}}] \tag{5.112}$$

差分空时数据重构矩阵为

$$\boldsymbol{R}_{\mathrm{Dst}}^{\mathrm{d}}=[\boldsymbol{R}_{\mathrm{Dst}}^{\mathrm{f}} \quad -\boldsymbol{R}_{\mathrm{Dst}}^{\mathrm{b}}] \tag{5.113}$$

由于空时矩阵重构类算法的原理和空域矩阵重构及时域矩阵重构是一样的，这里不再重新证明，其核心是子阵间存在对角矩阵 $\boldsymbol{D}_{\mathrm{st}}$，从而使得定理 5.5 成立。所以空时重构类的解相干算法能力和空域一维或时域一维相同。

下面再探讨一下基于最大特征矢量的空时重构算法。因为空时二维数据为 KM 维矢量，M 为阵元数，时域采样数为 K（在空时二维处理中，更确切地说它是脉冲数），参见 4.5 节可以发现还有一个参数即快拍数 L，由于快拍数的作用只是用于计算协方差矩阵的统计平均，它并不改变阵元和脉冲数平面上数据块之间的相位关系，所以在本节中只研究 $L=1$ 的情况。将这个数据矢量按阵元数和采样数进行划分可以得到图 5.9。对比图 5.1 和图 5.7 可以看出，空时平滑是同时在阵元方向和时间方向上的平滑，而图 5.1 中的空间平滑则只是在阵元方向，图 5.7 中的时间平滑只是在时间方向。这里需要特别注意的是：空时平滑不是沿着 KM 维矢量从头到尾的平滑，而是如图 5.9 所示的空时二维数据子阵间的平滑。反过来说，只取图 5.9 中的一行进行平滑，得到的就是图 5.1 所示的空间平滑；只取图 5.9 中一列进行平滑，得到的就是图 5.7 所示的时间平滑。

图 5.9 也表明，图中的每个“×”表示某阵元某脉冲的数据，它本身是一个 L 维的矢量，只是上面的讨论过程中只研究 $L=1$ 的情况。所以由空时二维的阵列模型可知，在相干信号源的情况下，对图 5.9 所示的整个数据构成的协方差矩阵进行特征分解，也只能得到一个 KM 维的特征矢量，对这个特征矢量构造如图 5.11 所示的 $K\times M$ 矩阵，则按图 5.9 或图 5.10 划分平滑，就可以得到空时矢量重构解相干算法，其原理见图 5.12 和图 5.13。

图 5.11 表明，图中的每一个 e_{ij} 均为特征矢量中的某个特定数，它对应于某阵元某脉冲的数据，所以按图 5.12 或图 5.13 划分后，各数据矩阵间的区别同图 5.9 或图 5.10 是一样的，只是差了一个固定的空时对角阵。另外，需要注意的是 $\boldsymbol{E}_{ii}$ 和 $\boldsymbol{E}_{ii}^{\mathrm{b}}$ 是数据块按式(5.100)构造的 km 维矢量，而不是 $k\times m$ 矩阵。

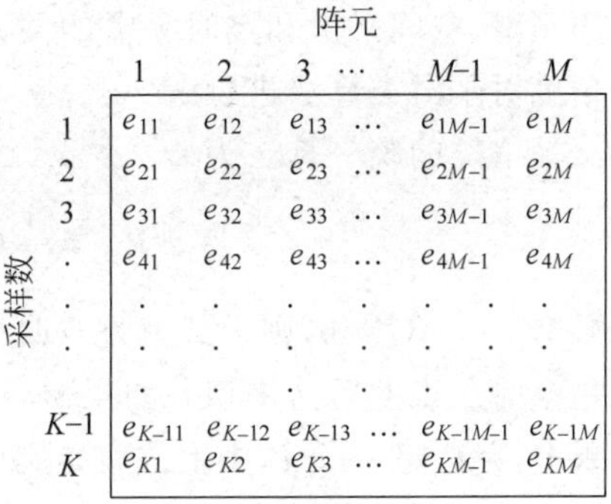

图 5.11　特征矢量重构矩阵

这样，可以得到基于特征矢量重构的前向和后向空时平滑算法

$$\boldsymbol{Y}_{\mathrm{st}}^{\mathrm{f}}=[\boldsymbol{E}_{11}^{\mathrm{f}}\quad \boldsymbol{E}_{22}^{\mathrm{f}}\quad \cdots\quad \boldsymbol{E}_{pp}^{\mathrm{f}}] \tag{5.114}$$

$$\boldsymbol{Y}_{\mathrm{st}}^{\mathrm{b}}=[\boldsymbol{E}_{11}^{\mathrm{b}}\quad \boldsymbol{E}_{22}^{\mathrm{b}}\quad \cdots\quad \boldsymbol{E}_{pp}^{\mathrm{b}}] \tag{5.115}$$

为此，基于特征矢量重构的前后向空时解相干算法，其公式为

$$\boldsymbol{Y}_{\mathrm{st}}^{\mathrm{fb}}=[\boldsymbol{Y}_{\mathrm{st}}^{\mathrm{f}}\quad \boldsymbol{Y}_{\mathrm{st}}^{\mathrm{b}}] \tag{5.116}$$

基于特征矢量重构的差分空时解相干算法，其公式为

$$\boldsymbol{Y}_{\mathrm{st}}^{\mathrm{d}}=[\boldsymbol{Y}_{\mathrm{st}}^{\mathrm{f}}\quad -\boldsymbol{Y}_{\mathrm{st}}^{\mathrm{b}}] \tag{5.117}$$

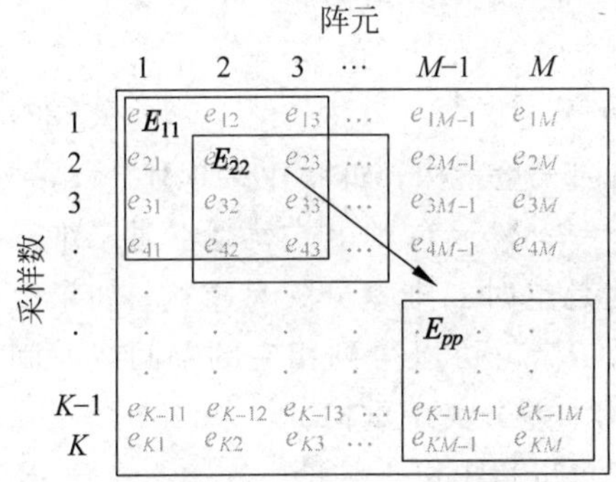

图 5.12　前向矢量重构空时平滑结构图

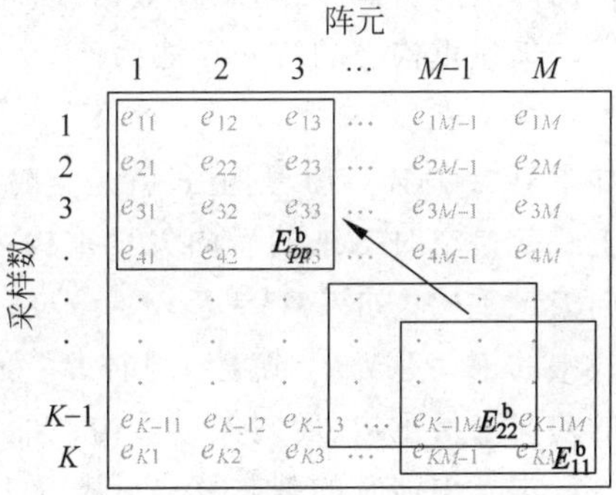

图 5.13　后向矢量重构空时平滑结构图

通过上述的重构，结合空域矢量重构和时域矢量重构可以发现，算法能够解相干的实质还是子阵间对角矩阵 $\boldsymbol{D}_{\mathrm{st}}$ 的存在。因为图 5.11 所示为特征矢量构成的矩阵，由定理 5.1 可知，特征矢量与阵列导向矢量之间存在一一对应关系，所以按图 5.11 构造的各相邻子矩阵之间只差一个对角矩阵 $\boldsymbol{D}_{\mathrm{st}}$，这种关系和图 5.9 构造的各子矩阵是一样的。

5.5　平滑中的空时等效性

由前面的分析可知，平滑处理作为空时信号处理中的一种预处理算法，由于适用条件宽、处理方式简单、运算量小而被广泛应用。本章从空时等效的角度分析了时间平滑、空间平滑和空时平滑的关系，并从平滑类、矩阵重构类和矢量重构类三个角度对平滑类算法进行统一。

平滑类的统一算法为

$$\boldsymbol{R}_{\mathrm{st}}=\frac{1}{2}(\boldsymbol{W}^{\mathrm{f}}\boldsymbol{R}_{\mathrm{st}}^{\mathrm{f}}+\boldsymbol{W}^{\mathrm{b}}\boldsymbol{R}_{\mathrm{st}}^{\mathrm{b}}) \tag{5.118}$$

如果 $\boldsymbol{W}^{\mathrm{f}}=\boldsymbol{I},\boldsymbol{W}^{\mathrm{b}}=\boldsymbol{0}$，则上式就是空时二维的前向平滑；如果 $\boldsymbol{W}^{\mathrm{f}}=\boldsymbol{0},\boldsymbol{W}^{\mathrm{b}}=\boldsymbol{I}$，则上式就是空时二维的后向平滑；如果 $\boldsymbol{W}^{\mathrm{f}}=\boldsymbol{I},\boldsymbol{W}^{\mathrm{b}}=\boldsymbol{I}$，则上式就是空时二维双向平滑；如果 $\boldsymbol{W}^{\mathrm{f}}=\boldsymbol{I},\boldsymbol{W}^{\mathrm{b}}=-\boldsymbol{I}$，则上式就是空时二维差分平滑；如果上式中的 $\boldsymbol{R}_{\mathrm{st}}^{\mathrm{f}}$ 变成 $\boldsymbol{R}_{\mathrm{s}}^{\mathrm{f}}$ 或 $\boldsymbol{R}_{\mathrm{t}}^{\mathrm{f}}$，同时 $\boldsymbol{R}_{\mathrm{st}}^{\mathrm{b}}$ 变成 $\boldsymbol{R}_{\mathrm{s}}^{\mathrm{b}}$ 或 $\boldsymbol{R}_{\mathrm{t}}^{\mathrm{b}}$，就可以得到相应的空间或时间的前向平滑、后向平滑、双向平滑和差分平滑。

矩阵重构类的统一算法为

$$\boldsymbol{R}_{\mathrm{Dst}}^{\mathrm{fb}}=[\boldsymbol{W}^{\mathrm{f}}\boldsymbol{R}_{\mathrm{Dst}}^{\mathrm{f}}\quad \boldsymbol{W}^{\mathrm{b}}\boldsymbol{R}_{\mathrm{Dst}}^{\mathrm{b}}] \tag{5.119}$$

如果 $\boldsymbol{W}^{\mathrm{f}}=\boldsymbol{I},\boldsymbol{W}^{\mathrm{b}}=\boldsymbol{0}$，则上式就是空时二维的前向矩阵重构；如果 $\boldsymbol{W}^{\mathrm{f}}=\boldsymbol{0},\boldsymbol{W}^{\mathrm{b}}=\boldsymbol{I}$，则上式就是空时二维的后向矩阵重构；如果 $\boldsymbol{W}^{\mathrm{f}}=\boldsymbol{I},\boldsymbol{W}^{\mathrm{b}}=\boldsymbol{I}$，则上式就是空时二维双向矩阵重构；如果 $\boldsymbol{W}^{\mathrm{f}}=\boldsymbol{I},\boldsymbol{W}^{\mathrm{b}}=-\boldsymbol{I}$，则上式就是空时二维差分矩阵重构；如果上式中的 $\boldsymbol{R}_{\mathrm{st}}^{\mathrm{f}}$ 变成 $\boldsymbol{R}_{\mathrm{s}}^{\mathrm{f}}$ 或 $\boldsymbol{R}_{\mathrm{t}}^{\mathrm{f}}$，同时 $\boldsymbol{R}_{\mathrm{st}}^{\mathrm{b}}$ 变成 $\boldsymbol{R}_{\mathrm{s}}^{\mathrm{b}}$ 或 $\boldsymbol{R}_{\mathrm{t}}^{\mathrm{b}}$，就可以得到相应的空间或时间的前向矩阵重构、后向矩阵重构、双向矩阵重构和差分矩阵重构。

矢量重构类的统一算法为

$$\boldsymbol{Y}_{\mathrm{st}}^{\mathrm{fb}}=[\boldsymbol{W}^{\mathrm{f}}\boldsymbol{Y}_{\mathrm{st}}^{\mathrm{f}}\quad \boldsymbol{W}^{\mathrm{b}}\boldsymbol{Y}_{\mathrm{st}}^{\mathrm{b}}] \tag{5.120}$$

如果 $\boldsymbol{W}^{\mathrm{f}}=\boldsymbol{I},\boldsymbol{W}^{\mathrm{b}}=\boldsymbol{0}$，则上式就是空时二维的前向矢量重构；如果 $\boldsymbol{W}^{\mathrm{f}}=\boldsymbol{0},\boldsymbol{W}^{\mathrm{b}}=\boldsymbol{I}$，则上式就是空时二维的后向矢量重构；如果 $\boldsymbol{W}^{\mathrm{f}}=\boldsymbol{I},\boldsymbol{W}^{\mathrm{b}}=\boldsymbol{I}$，则上式就是空时二维双向矢量重构；如果 $\boldsymbol{W}^{\mathrm{f}}=\boldsymbol{I},\boldsymbol{W}^{\mathrm{b}}=-\boldsymbol{I}$，则上式就是空时二维差分矢量重构；如果上式中的 $\boldsymbol{R}_{\mathrm{st}}^{\mathrm{f}}$ 变成 $\boldsymbol{R}_{\mathrm{s}}^{\mathrm{f}}$ 或 $\boldsymbol{R}_{\mathrm{t}}^{\mathrm{f}}$，同时 $\boldsymbol{R}_{\mathrm{st}}^{\mathrm{b}}$ 变成 $\boldsymbol{R}_{\mathrm{s}}^{\mathrm{b}}$ 或 $\boldsymbol{R}_{\mathrm{t}}^{\mathrm{b}}$，就可以得到相应的空间或时间的前向矢量重构、后向矢量重构、双向矢量重构和差分矢量重构。

本章中涉及的基本算法见表 5.1。从该表可以得出以下结论。

表 5.1　平滑处理算法的空时等效性对比表

算法类别		前向	后向	前后向	差分
平滑类	空间	式(5.17)$\boldsymbol{R}_{\mathrm{s}}^{\mathrm{f}}$	式(5.24)$\boldsymbol{R}_{\mathrm{s}}^{\mathrm{b}}$	式(5.30)$\boldsymbol{R}_{\mathrm{s}}^{\mathrm{fb}}$	式(5.35)$\boldsymbol{R}_{\mathrm{s}}^{\mathrm{d}}$
	时间	式(5.75)$\boldsymbol{R}_{\mathrm{t}}^{\mathrm{f}}$	式(5.87)$\boldsymbol{R}_{\mathrm{t}}^{\mathrm{b}}$	式(5.94)$\boldsymbol{R}_{\mathrm{t}}^{\mathrm{fb}}$	式(5.97)$\boldsymbol{R}_{\mathrm{t}}^{\mathrm{d}}$
	空时	式(5.104)$\boldsymbol{R}_{\mathrm{st}}^{\mathrm{f}}$	式(5.106)$\boldsymbol{R}_{\mathrm{st}}^{\mathrm{b}}$	式(5.108)$\boldsymbol{R}_{\mathrm{st}}^{\mathrm{fb}}$	式(5.109)$\boldsymbol{R}_{\mathrm{st}}^{\mathrm{d}}$
矩阵重构类	空间	式(5.41)$\boldsymbol{R}_{\mathrm{Ds}}^{\mathrm{f}}$	式(5.45)$\boldsymbol{R}_{\mathrm{Ds}}^{\mathrm{b}}$	式(5.46)$\boldsymbol{R}_{\mathrm{Ds}}^{\mathrm{fb}}$	式(5.48)$\boldsymbol{R}_{\mathrm{Ds}}^{\mathrm{d}}$
	时间	式(5.78)$\boldsymbol{R}_{\mathrm{Dt}}^{\mathrm{f}}$	式(5.89)$\boldsymbol{R}_{\mathrm{Dt}}^{\mathrm{b}}$	式(5.95)$\boldsymbol{R}_{\mathrm{Dt}}^{\mathrm{fb}}$	式(5.98)$\boldsymbol{R}_{\mathrm{Dt}}^{\mathrm{d}}$
	空时	式(5.110)$\boldsymbol{R}_{\mathrm{Dst}}^{\mathrm{f}}$	式(5.111)$\boldsymbol{R}_{\mathrm{Dst}}^{\mathrm{b}}$	式(5.112)$\boldsymbol{R}_{\mathrm{Dst}}^{\mathrm{fb}}$	式(5.113)$\boldsymbol{R}_{\mathrm{Dst}}^{\mathrm{d}}$
矢量重构类	空间	式(5.49)$\boldsymbol{Y}_{\mathrm{s}}^{\mathrm{f}}$	式(5.64)$\boldsymbol{Y}_{\mathrm{s}}^{\mathrm{b}}$	式(5.66)$\boldsymbol{Y}_{\mathrm{s}}^{\mathrm{fb}}$	式(5.68)$\boldsymbol{Y}_{\mathrm{s}}^{\mathrm{d}}$
	时间	式(5.79)$\boldsymbol{Y}_{\mathrm{t}}^{\mathrm{f}}$	式(5.91)$\boldsymbol{Y}_{\mathrm{t}}^{\mathrm{b}}$	式(5.96)$\boldsymbol{Y}_{\mathrm{t}}^{\mathrm{fb}}$	式(5.99)$\boldsymbol{Y}_{\mathrm{t}}^{\mathrm{d}}$
	空时	式(5.114)$\boldsymbol{Y}_{\mathrm{st}}^{\mathrm{f}}$	式(5.115)$\boldsymbol{Y}_{\mathrm{st}}^{\mathrm{b}}$	式(5.116)$\boldsymbol{Y}_{\mathrm{st}}^{\mathrm{fb}}$	式(5.117)$\boldsymbol{Y}_{\mathrm{st}}^{\mathrm{d}}$

(1) 平滑算法具有等效性。空间平滑算法是将阵列分成一系列相同的子阵，利用子阵内部的协方差矩阵求和来实现解相干；时间平滑算法是将采样数据或脉冲串分成一系列相同的子脉冲串，利用子脉冲串数据的协方差矩阵求和来实现解相干；空时平滑算法则是将数据按阵元和脉冲来分块，分成二维子数据块，再利用分块数据的协方差矩阵求和来实现解相干。不管是从公式还是模型的角度来看，空间平滑、时间平滑和空时平滑解相干的本质都是一样的，其解相干的性能和解相干的能力也是相当的。

(2) 矩阵重构算法具有等效性。从表面上看矩阵重构类算法与平滑类算法不同，但通过本章的分析可以看出，重构类算法利用的是子阵、子脉冲串或二维子数据块与原始数据的互协方差来重构，对这个重构矩阵再计算其协方差就可以发现，矩阵重构后得到的修正矩阵其实只是平滑类算法的一个特例，而且它和平滑类算法一一对应。

(3) 矢量重构算法具有等效性。从算法的实现过程来看，矢量重构类算法和平滑类算法不同，但从本章的分析中可以看出，在信号源完全相干的情况下，由特征矢量重构的数据矩阵其实质就是对原协方差矩阵最大特征矢量的平滑，本质上还是子阵间的平滑。原因在于，由定理5.1可知，特征矢量与导向矢量存在对应关系，所以对特征矢量的平滑其实就是对子阵的平滑，而导向矢量直接由阵列或脉冲串数据决定，所以对子阵、子脉冲串或二维子数据块的平滑其实就是对导向矢量的平滑。

(4) 空时平滑算法具有等效性。正是因为平滑类、矩阵重构类和矢量重构类算法的本质都是平滑处理，而且每一类算法具有空时等效性，所以本章采用空时平滑处理作为标题。也可以这样理解：平滑类利用的是子数据块内的协方差矩阵，矩阵重构类利用的是子数据块与原始数据的协方差矩阵，矢量重构类则是利用最大特征矢量，所以从数据角度出发，同一类算法的解相干能力是一样的，但由于特征分解的过程相当于进行了去噪处理，特征矢量比数据更接近于导向矢量(因为它是导向矢量的线性组合)，所以从性能上来看在相同的条件下矢量重构类算法应该是最优的。

(5) 空时平滑的处理过程具有等效性。前向处理与后向处理的过程完全一样，所分块的数据也是一样的，两者的区别在于参考点不同。以空间平滑为例，前向的参考点是第一个阵元，后向的参考点是最后一个阵元。而前后向求和或差分处理则是充分利用前向和后向进行联合处理，从而实现解更多的相干源。为了进行前后向处理，需要将两者统一在一个参数点下，所以在推导过程中前向与后向协方差矩阵之间存在一个翻转和共轭的问题，这个处理过程刚好实现了平滑次数的累加，所以前后向处理在相同的条件下能够解更多的相干源，阵列孔径损失也最小。前后向的差分和求和处理有很大的不同，差分处理得到的修正矩阵具有负反对称特性，所以需要进行再次修正才能去除对称的模糊值。除了能够解相干之外，差分处理还有其他好处，如可以消除数据协方差矩阵具有 Toeplitz 特性的信号或噪声；如存在独立信号源，可以利用差分处理实现相干源与独立源混合时的信号源数估计，在特定的条件下此时估计的信号源数可以大于阵元数或脉冲数；如存在 Toeplitz 矩阵特性的噪声，则可以通过差分处理实现去噪。

正是因为空时平滑处理具有等效性，所以这些算法可以相互转化和推广。表 5.1 已经列出了三大类空时平滑处理算法，实质上空时平滑处理算法还可以进一步推广。

(1) 可用于多空时延迟结构。平滑处理表面上是子阵或数据块的平滑，它是利用数据或特征矢量的分块，核心是导向矢量的分块平滑，利用的都是阵元位置(空域采样)或脉冲串(时域采样)之间存在的固定相位关系，即空时对角阵。这个对角阵有更一般的形式：

$$\boldsymbol{D}_{\mathrm{st}} = \boldsymbol{D}_{\mathrm{s}}^{i}\boldsymbol{D}_{\mathrm{t}}^{j} \tag{5.121}$$

式中，$\boldsymbol{D}_{\mathrm{s}}$ 为空间平滑对角阵；$\boldsymbol{D}_{\mathrm{t}}$ 为时间平滑对角阵；i 和 j 为非负整数。

显然，前向空间平滑就是 $i=1$ 和 $j=0$ 的特例，后向空间平滑就是 $i=m$ 和 $j=0$ 的特例，其中 m 为子阵的阵元数；前向时间平滑就是 $i=0$ 和 $j=1$ 的特例，后向时间平滑就是 $i=0$ 和 $j=k$ 的特例，其中 k 为子脉冲串的脉冲数；前向空时平滑就是 $i=1$ 和 $j=1$ 的特例，后向空时平滑就是 $i=m$ 和 $j=k$ 时的特例。从这个对角阵出发可以发现图 5.9 比较好地统一了平滑处理的框架：如果固定脉冲数(大于等于 1)，只沿着阵元数方向分块处理，这就是空间平滑；如果固定阵元数(大于等于 1)，只沿着脉冲数或采样数方向分块处理，这就是时间平滑；既有阵元方向也有脉冲方向的处理就是空时平滑。另外，在雷达信号处理中，如果一个脉冲采样了 L 个距离门，当 $j=L$ 时，其实就是对应每次平滑阵元方向移动 1 个阵元，采样方向移动了 L 个距离门，也就是脉冲方向移动 1 个脉冲。

(2) 可用于频域平滑或波束域平滑。从空时一维处理的角度来看，本章只讨论了阵元、时间平滑两种情况下的平滑，没有考虑频域(或多普勒域)和波束域的一维平滑，原因在于本章主要是针对远场窄带信号进行研究。频域平滑在宽带信号的波达方向估计中有比较深入的讨论，详见文献[2]，其思想就是宽带聚焦，即利用 DFT 将宽带分成一系列窄带，利用导向矢量或子空间之间的关系将其变换到某一中心频率的导向矢量或子空间上去，再对这些变换后的数据进行平滑处理。而波束域平滑在分布式信号源的参数估计中有深入的应用，其思想就是波束聚焦，即利用导向矢量之间的关系，将同一信号不同方向的数据变换到某一特定方向，从而实现波束平滑。

(3) 可用于空时二维平滑。由第 4 章讨论的空时二维自适应的结构可知，空时二维处理可以存在 4 种不同的结构，即阵元-脉冲域、波束-脉冲域、阵元-多普勒域和波束-多普勒域，本章中讨论的空时平滑只涉及了阵元-脉冲域，而其他几种域中也存在空时二维平滑的算法，如阵元-多普勒域中前向平滑、后向平滑、前后向平滑及前后向差分算法等。

5.6 小结

平滑处理作为解相干的基本方法被广泛用于阵列信号处理中。本章从空时等效的角度分别对空间平滑、时间平滑和空时平滑进行了研究和分析，着重围绕平滑处理的过程和相互之间的关系进行展开，介绍了平滑类、矩阵重构类和矢量重构类算法，其中每一类算法又按照前向、后向、双向和差分来进行介绍。通过分析对比可知：空时平滑处理具有等效性，空间平滑和时间平滑是空时平滑的特例，平滑处理的实质是信号协方差矩阵的秩恢复过程，三大类平滑算法形式上都是子阵或数据块之间的平滑，不同的算法表面上体现了对数据协方差矩阵、数据矢量或特征矢量的不同处理，但实质上都等价于对空时导向矢量的平滑处理，所以不同大类算法中的同一种算法其解相干能力其实是相同的，只是最后的性能有所差别，这个差别主要体现在平滑过程中带来的噪声抑制能力上。另外，根据本章的等效性原理还推导出一些新的空时平滑算法，如基于特征矢量重构的前后向空时平滑算法和空时平滑差分算法、基于矩阵重构的前后向空时平滑和平滑差分算法等。

第6章

空时线性预测

线性预测是时域信号处理中一种常用的方法，在经典的时域滤波器设计和现代谱估计的相关内容中都有介绍。线性预测主要指利用采样得到的一系列数据来预测将来或过去的数据。预测将来称为前向预测，预测过去称为后向预测。但不管哪种预测，其本质都是预测滤波器的设计问题，所以它和维纳滤波器、AR 滤波器等的结构和作用是一样的，算法的准则通常采用最小均方误差准则。线性预测从阶数的角度分为一阶预测和多阶预测；从预测的方向分为前向预测、后向预测和前后向预测；从处理域的角度分为时域线性预测、空域线性预测、空时域线性预测。所以在不同的信号处理书籍中组合后的算法会有很多。本章主要探讨空域、时域和空时域的线性预测算法，从空时等效性的角度来说明算法之间的关系，包括一阶和多阶、单向与前后向、线性预测与平滑处理之间存在的内在联系。

6.1 线性预测的基本原理

线性预测的原理图如图 6.1 所示，它是根据已知的数据来估计未来或过去的数据，其核心是借助线性预测滤波器来外推数据，然后利用外推的估计值与期望值之间的误差来调整预测滤波器的权系数。

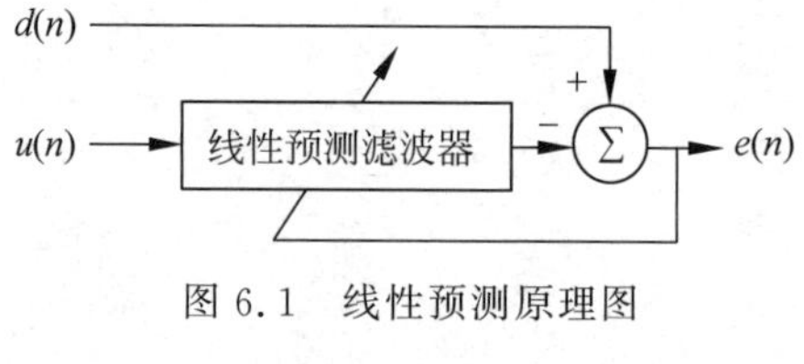

图 6.1　线性预测原理图

由图 6.1 可知，如果已知的数据矢量是 $u(n-1), u(n-2), \cdots, u(n-M+1)$, $u(n-M)$，要预测的是数据 $u(n)$，期望数据是 $d(n)$，则时域线性预测滤波器如图 6.2 所示。

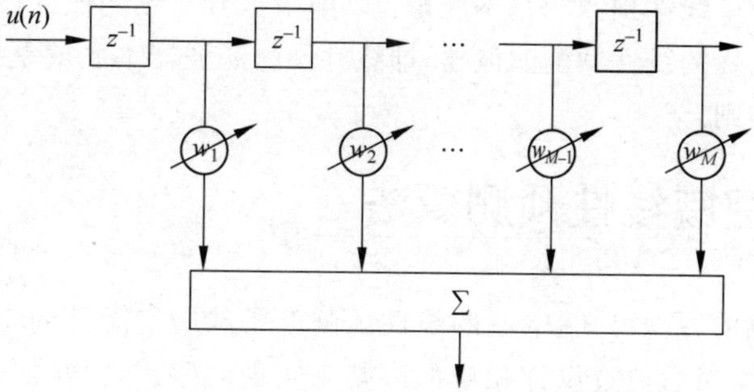

图 6.2 时域线性预测滤波器结构图

如果假设已知 M 个阵元的空域数据，要预测的是阵元数据 $d(n)$，则空域线性预测滤波器如图 6.3 所示。

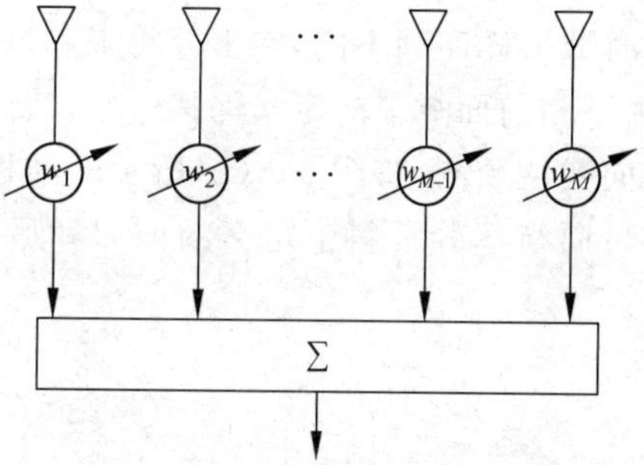

图 6.3 空域线性预测滤波器结构图

将图 6.1 和图 6.2 结合起来，可以发现结合后的图和图 4.1 所示的时域自适应结构图是一样的，只是期望数据 $d(n)$ 由数据 $u(n)$ 来替换。而将图 6.1 和图 6.3 结合起来，就可以发现结合后的图和空域自适应结构图 4.11 是一样的，只是期望数据 $d(n)$ 由第 1 个阵元数据来替换。

图 6.1 所示的线性预测滤波器是带反馈的，很显然，它也是自适应滤波器的一种，所以可以用它来抑制杂波或干扰。如果它不带反馈，则其结构如图 6.4 所示。

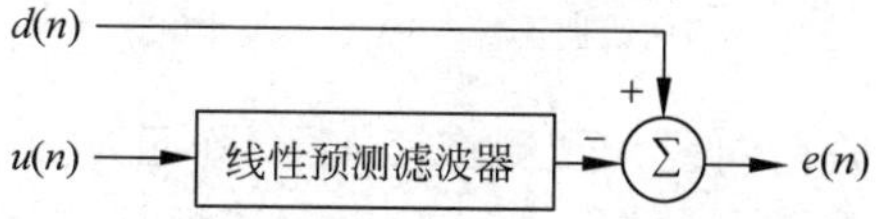

图 6.4 非自适应的线性预测原理图

图 6.4 所示为非自适应的线性预测原理图，就是在已知数据下计算最优滤波器系数，所以其实质是一维纳滤波器。如果图 6.2 中的权值不变，再和图 6.4 结合起来，得到的就是图 3.4 所示的时域最小均方算法，此时的期望数据 $d(n)$ 由数据 $u(n)$ 来替换。如果图 6.3 中的权值不变，也和图 6.4 结合起来，得到的就是图 3.17 所示的空域最小均方算法，此时的期望数据 $d(n)$ 由第 1 个阵元数据来替换。

这充分说明了线性预测的基本原理：以期望信号与预测值的误差均方值最小为准则来设计最优的线性预测滤波器，即线性预测滤波器本质就是维纳滤波器，准则是最小均方准则。

6.2 空域线性预测算法

由线性预测的原理可知，空域的线性预测就是利用空间阵列中的部分阵元来预测另外的阵元，然后通过设计相应的准则来实现对感兴趣信号的检测和不感兴趣信号的滤除，也可以直接估计接收信号的参数。这里主要从预测的方向分析探讨空域线性预测算法，具体内容再按一阶线性预测和多阶线性预测进行展开。

6.2.1 一阶单向线性预测

空间阵列的位置和时域采样序列不同，它不分将来和过去，只是通过选择参考点的不同来定义前后，为了和前面章节的定义保持一致，将图 6.5(a)所示的结构图定义为空域处理中的前向线性预测，将图 6.5(b)所示的结构图定义为后向线性预测。这里定义的前向和后向与部分资料中定义的前向和后向不一样，但其实质是相同的。

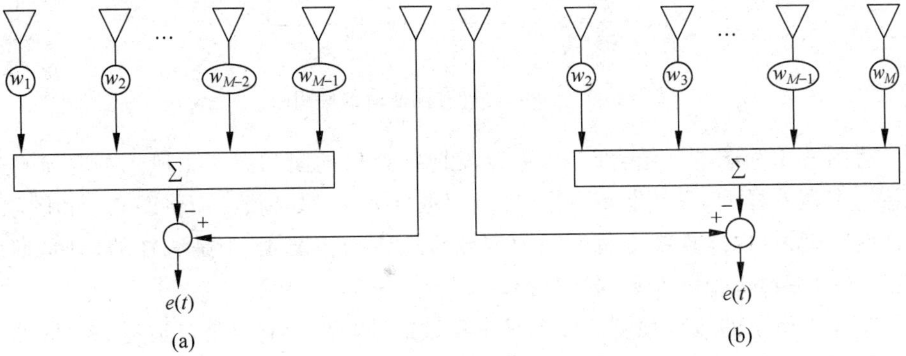

图 6.5　空域一阶线性预测结构图

(a) 前向线性预测；(b) 后向线性预测

由图 6.5 可知：一阶前向线性预测将第 M 个阵元 $\boldsymbol{X}_M(t)$ 作为期望信号，滤波数据则用第 1 至 $M-1$ 个阵元数据；而一阶后向线性预测将第 1 个阵元 $\boldsymbol{X}_1(t)$ 作为期望信号，滤波数据则用第 2 至 M 个阵元数据。定义

$$\boldsymbol{X}_{s1}^{f}=\begin{bmatrix}\boldsymbol{X}_1(t)\\ \boldsymbol{X}_2(t)\\ \vdots\\ \boldsymbol{X}_{M-1}(t)\end{bmatrix},\quad \boldsymbol{W}_{s1}^{f}=\begin{bmatrix}w_1\\ w_2\\ \vdots\\ w_{M-1}\end{bmatrix},\quad \boldsymbol{X}_{s1}^{b}=\begin{bmatrix}\boldsymbol{X}_M(t)\\ \boldsymbol{X}_{M-1}(t)\\ \vdots\\ \boldsymbol{X}_2(t)\end{bmatrix},\quad \boldsymbol{W}_{s1}^{b}=\begin{bmatrix}w_M\\ w_{M-1}\\ \vdots\\ w_2\end{bmatrix} \tag{6.1}$$

由于空域一阶线性预测和图 3.17 完全相同，所以其相关的推导这里不再重复，下面只是简单地给出一阶前向和一阶后向的权值计算过程及结果。

前向线性预测利用式(6.1)估计第 M 个阵元的估计值，后向线性预测则利用式(6.1)估计第 1 个阵元的估计值：

$$\hat{\boldsymbol{X}}_M(t)=\sum_{k=1}^{M-1}w_k\boldsymbol{X}_k(t)=(\boldsymbol{W}_{s1}^{f})^{H}\boldsymbol{X}_{s1}^{f} \tag{6.2a}$$

$$\hat{\boldsymbol{X}}_1(t)=\sum_{k=2}^{M}w_k\boldsymbol{X}_k(t)=(\boldsymbol{W}_{s1}^{b})^{H}\boldsymbol{X}_{s1}^{b} \tag{6.2b}$$

很显然，利用最小均方准则，可以很容易地估计出最优的最小均方误差权矢量

$$\boldsymbol{W}_{s1}^{f}=(\boldsymbol{R}_{s1}^{f})^{-1}\boldsymbol{r}_{s1}^{f} \tag{6.3a}$$

$$\boldsymbol{W}_{s1}^{b}=(\boldsymbol{R}_{s1}^{b})^{-1}\boldsymbol{r}_{s1}^{b} \tag{6.3b}$$

式中，协方差矩阵和互相关矢量分别为

$$\boldsymbol{R}_{s1}^{f}=E[\boldsymbol{X}_{s1}^{f}(\boldsymbol{X}_{s1}^{f})^{H}],\quad \boldsymbol{r}_{s1}^{f}=E[\boldsymbol{X}_{s1}^{f}\boldsymbol{X}_{M}^{H}] \tag{6.4a}$$

$$\boldsymbol{R}_{s1}^{b}=E[\boldsymbol{X}_{s1}^{b}(\boldsymbol{X}_{s1}^{b})^{H}],\quad \boldsymbol{r}_{s1}^{b}=E[\boldsymbol{X}_{s1}^{b}\boldsymbol{X}_{1}^{H}] \tag{6.4b}$$

所以，整个阵列的权矢量为

$$\boldsymbol{W}_{FLP}=\begin{bmatrix}-\boldsymbol{W}_{s1}^{f}\\ 1\end{bmatrix}=\begin{bmatrix}-(\boldsymbol{R}_{s1}^{f})^{-1}\boldsymbol{r}_{s1}^{f}\\ 1\end{bmatrix} \tag{6.5a}$$

$$\boldsymbol{W}_{BLP}=\begin{bmatrix}1\\ -\boldsymbol{W}_{s1}^{b}\end{bmatrix}=\begin{bmatrix}1\\ -(\boldsymbol{R}_{s1}^{b})^{-1}\boldsymbol{r}_{s1}^{b}\end{bmatrix} \tag{6.5b}$$

则利用上述的线性预测权得到的谱分别为

$$P_{LP}(\theta)=\frac{1}{\|\boldsymbol{a}_s^{H}(\theta)\boldsymbol{W}\|^2}=\frac{1}{\boldsymbol{a}_s^{H}(\theta)\boldsymbol{W}\boldsymbol{W}^{H}\boldsymbol{a}_s(\theta)} \tag{6.6}$$

当上式的权矢量为式(6.5a)所示的前向线性预测权时，其空间谱为前向线性预测谱；当上式的权矢量为式(6.5b)所示的后向线性预测权时，其空间谱为后向线性预测谱。

6.2.2　多阶单向线性预测

由图 6.5 可知，前向线性预测是利用了一次预测，即利用第 1 至 $M-1$ 个阵元来预测第 M 个阵元；而后向线性预测则是利用第 2 至 M 个阵元预测第 1 个阵元，也是一次预测。这也就说明把整个阵列划分成了两块，一个是已知数据块，对于前向预测就是第 1 至 $M-1$ 个阵元上的数据，对于后向预测就是第 2 至 M 个阵元上的数据；一个是预测数据，对于前向预测就是第 M 个阵元数据，对于前向预测就是第 1 个阵元数据。

为了提高预测的性能，可以参考空间平滑，利用多个数据块来进行估计，这就是多阶线性预测。同样，多阶线性预测也存在前向和后向的区别，下面分别进行介绍。

图 6.6 给出了空域多阶前向线性预测的结构图，图中将整个阵列划分成 p 个子阵，每个子阵的阵元数为 m，即 $m+p-1=M$。每个子阵分成两个部分：前 $m-1$ 个阵元看成已知数据块，第 m 个阵元是期望数据。图中 $\boldsymbol{x}_i(t)$ 表示划分的子阵的已知数据矢量，其中 $i=1,2,\cdots,p$，图中的●表示每个子阵需要预测的数据（对应每个子阵的期望数据）。图 6.6 也说明每个子阵是利用第 p 至 $m+p-2$ 个阵元接收数据矢量来预测第 $m+p-1$ 个阵元的数据。

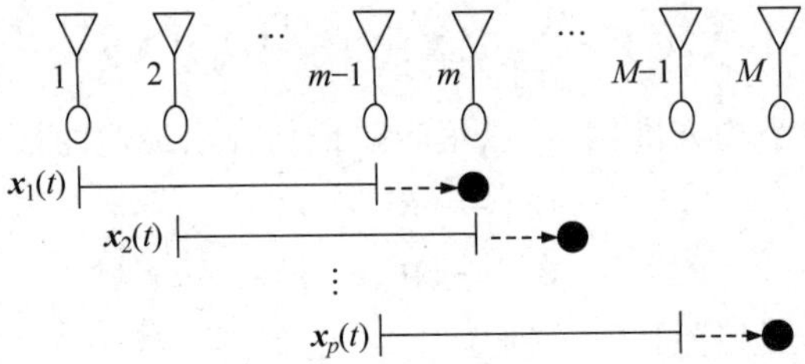

图 6.6　空域多阶前向线性预测结构图

定义用于多阶前向预测的已知数据矩阵

$$\boldsymbol{X}_{s2}^{f}=[\boldsymbol{x}_1(t)\quad \boldsymbol{x}_2(t)\quad \cdots\quad \boldsymbol{x}_p(t)]=\begin{bmatrix}\boldsymbol{X}_1(t) & \boldsymbol{X}_2(t) & \cdots & \boldsymbol{X}_{M-m+1}(t)\\ \boldsymbol{X}_2(t) & \boldsymbol{X}_3(t) & \cdots & \boldsymbol{X}_{M-m+2}(t)\\ \vdots & \vdots & \ddots & \vdots\\ \boldsymbol{X}_{m-1}(t) & \boldsymbol{X}_m(t) & \cdots & \boldsymbol{X}_{M-1}(t)\end{bmatrix}\tag{6.7}$$

需要预测的数据矢量和权矢量分别为

$$\hat{\boldsymbol{X}}_{s2}^{f}=[\boldsymbol{X}_m(t)\quad \boldsymbol{X}_{m+1}(t)\quad \cdots\quad \boldsymbol{X}_M(t)],\quad \boldsymbol{W}_{s2}^{f}=\begin{bmatrix}w_1\\ w_2\\ \vdots\\ w_{m-1}\end{bmatrix}\tag{6.8}$$

利用最小均方准则，同样可以得出多阶前向线性预测的最优权矢量

$$\boldsymbol{W}_{s2}^{f}=(\boldsymbol{R}_{s2}^{f})^{-1}\boldsymbol{r}_{s2}^{f}\tag{6.9}$$

此时

$$\boldsymbol{R}_{s2}^{f}=\boldsymbol{X}_{s2}^{f}(\boldsymbol{X}_{s2}^{f})^{H}=[\boldsymbol{x}_1(t)\quad \boldsymbol{x}_2(t)\quad \cdots\quad \boldsymbol{x}_p(t)]\begin{bmatrix}\boldsymbol{x}_1^{H}(t)\\ \boldsymbol{x}_2^{H}(t)\\ \vdots\\ \boldsymbol{x}_p^{H}(t)\end{bmatrix}$$

$$=\sum_{i=1}^{p}\boldsymbol{x}_i(t)\boldsymbol{x}_i^{H}(t)=\sum_{i=1}^{p}\boldsymbol{R}'_{ii}\tag{6.10}$$

$$\boldsymbol{r}_{s2}^{f}=\boldsymbol{X}_{s2}^{f}(\hat{\boldsymbol{X}}_{s2}^{f})^{H}=[\boldsymbol{x}_1(t)\quad \boldsymbol{x}_2(t)\quad \cdots\quad \boldsymbol{x}_p(t)]\begin{bmatrix}\boldsymbol{X}_m^{H}(t)\\ \boldsymbol{X}_{m+1}^{H}(t)\\ \vdots\\ \boldsymbol{X}_M^{H}(t)\end{bmatrix}$$

$$=\sum_{i=1}^{p}\boldsymbol{x}_i(t)\boldsymbol{X}_{m-1+i}^{H}(t)=\sum_{i=1}^{p}\boldsymbol{r}_i \tag{6.11}$$

显然，多阶前向线性预测权中的数据协方差矩阵 $\boldsymbol{R}_{s2}^{f}$ 是各子阵前 $m-1$ 个阵元接收数据的自协方差矩阵，即是图 6.6 中各子阵 $\boldsymbol{x}_i(t)$的自协方差矩阵；而 $\boldsymbol{r}_{s2}^{f}$ 是各子阵前 $m-1$ 个阵元和第 m 个阵元的互相关矢量。所以，多阶前向线性预测的权可以表示为

$$\boldsymbol{W}_{s2}^{f}=(\boldsymbol{R}_{s2}^{f})^{-1}\boldsymbol{r}_{s2}^{f}=(\boldsymbol{R}'_{11}+\boldsymbol{R}'_{22}+\cdots+\boldsymbol{R}'_{pp})^{-1}(\boldsymbol{r}_1+\boldsymbol{r}_2+\cdots+\boldsymbol{r}_p) \tag{6.12}$$

将上式中的 $\boldsymbol{R}_{s2}^{f}$ 与式(5.26)所示的前向空间平滑公式进行对比可以发现：在阵元数 M 相同、子阵的阵元相同的情况下，式(6.12)中$(M-1)\times(M-1)$维矩阵 $\boldsymbol{R}'_{ii}$ 是式(5.26)中 $M\times M$ 维矩阵$\boldsymbol{R}_{ii}$ 的前$m-1$ 行和前 $m-1$ 列组成的矩阵，而 $M-1$ 维矢量 $\boldsymbol{r}_i$ 则是$\boldsymbol{R}_{ii}$ 的第m 列的前$m-1$ 行组成的矢量，它们的关系图见图 6.7。这个关系图在文献[2]中也有描述，但文献[2]中的描述相当于将空间平滑分成 $p+1$ 个子阵，则前 p 个子阵间的协方差矩阵的和就是线性预测中$\boldsymbol{R}'_{ii}$的和。

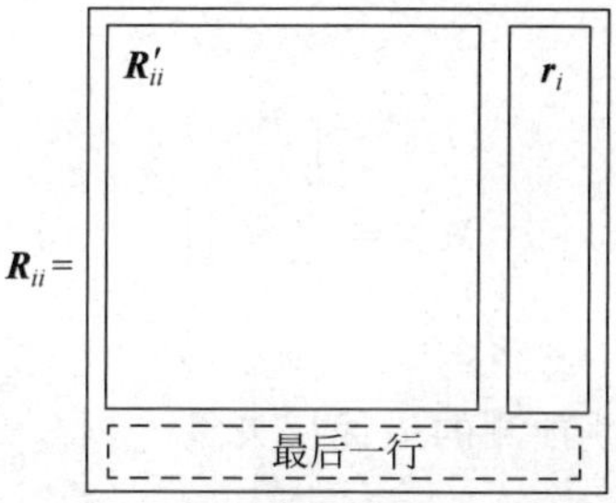

图 6.7　前向空间平滑与前向线性预测子阵间的协方差矩阵的关系图

多阶线性预测和单阶线性预测的权矢量结构是一样的，即自协方差矩阵的逆与互相关矢量的乘积，且每个子阵都可表示为图 6.5 所示的结构。但需要注意的是，多阶并不等于 p 个单阶的组合。因为单个线性预测都得到一个权矢量，但多阶线性预测并不是得到 p 个 $m-1$ 维权矢量，而是只有一个维数为 $m-1$ 的权矢量，所以它不是 p 组线性预测权的组合。这就意味着矢量中的每个权值都使用了 p 次，相当于 p 个子阵形成了 p 个波束，且每个波束的加权矢量是一样的。

同样，多阶后向线性预测的结构图如图 6.8 所示，它和多阶前向线性预测的相同点在于子阵划分的方式是一样的，但子阵的参考点变成了从右向左；它和多阶前向线性预测的不同点在于线性预测的方向是由右向左，预测阵元变成了子阵的第一个阵元。

图 6.8 中也将整个阵列划分成 p 个子阵，每个子阵的阵元数为 m，即 $m+p-1=M$。每个子阵分成两个部分：后 $m-1$ 个阵元看成已知数据块，第 1 个阵元是期望数据。图中 $\boldsymbol{x}_i^{b}(t)$表示划分的子阵的已知数据矢量，其中 $i=1,2,\cdots,p$，图中的●表示每个子阵需要预测的数据(对应每个子阵的期望数据)。

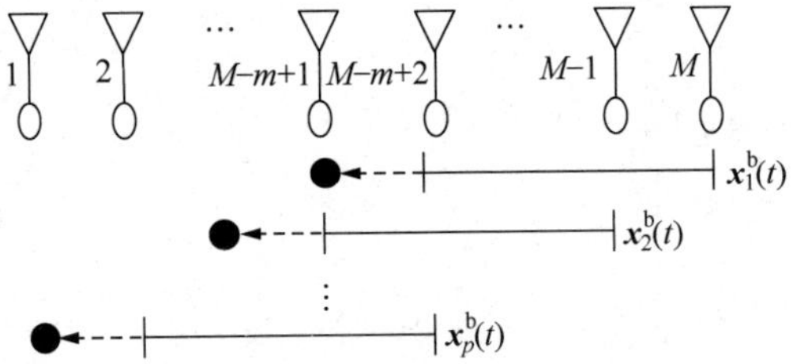

图 6.8 空域多阶后向线性预测结构图

定义用于多阶后向预测的已知数据矩阵

$$\boldsymbol{X}_{s2}^{b}=[\boldsymbol{x}_1^{b}(t)\quad \boldsymbol{x}_2^{b}(t)\quad \cdots\quad \boldsymbol{x}_p^{b}(t)]=\begin{bmatrix}\boldsymbol{X}_M(t) & \boldsymbol{X}_{M-1}(t) & \cdots & \boldsymbol{X}_m(t)\\ \boldsymbol{X}_{M-1}(t) & \boldsymbol{X}_{M-2}(t) & \cdots & \boldsymbol{X}_{m-1}(t)\\ \vdots & \vdots & \ddots & \vdots\\ \boldsymbol{X}_{M-m+2}(t) & \boldsymbol{X}_{M-m+1}(t) & \cdots & \boldsymbol{X}_2(t)\end{bmatrix} \tag{6.13}$$

需要预测的数据矢量和权矢量分别为

$$\hat{\boldsymbol{X}}_{s2}^{b}=[\boldsymbol{X}_{M-m+1}(t)\quad \boldsymbol{X}_{M-m}(t)\quad \cdots\quad \boldsymbol{X}_1(t)],\quad \boldsymbol{W}_{s2}^{b}=\begin{bmatrix}w_1\\ w_2\\ \vdots\\ w_{m-1}\end{bmatrix} \tag{6.14}$$

利用最小均方准则，同样可以得出多阶前向线性预测的最优权矢量

$$\boldsymbol{W}_{s2}^{b}=(\boldsymbol{R}_{s2}^{b})^{-1}\boldsymbol{r}_{s2}^{b} \tag{6.15}$$

此时

$$\begin{aligned}\boldsymbol{R}_{s2}^{b}&=\boldsymbol{X}_{s2}^{b}(\boldsymbol{X}_{s2}^{b})^{H}=[\boldsymbol{x}_1^{b}\quad \boldsymbol{x}_2^{b}\quad \cdots\quad \boldsymbol{x}_p^{b}]\begin{bmatrix}(\boldsymbol{x}_1^{b})^{H}\\ (\boldsymbol{x}_2^{b})^{H}\\ \vdots\\ (\boldsymbol{x}_p^{b})^{H}\end{bmatrix}\\ &=\sum_{i=1}^{p}\boldsymbol{x}_i^{b}(\boldsymbol{x}_i^{b})^{H}=\sum_{i=1}^{p}(\boldsymbol{R}_{ii}^{b})'\end{aligned} \tag{6.16}$$

$$\begin{aligned}\boldsymbol{r}_{s2}^{b}&=\boldsymbol{X}_{s2}^{b}(\hat{\boldsymbol{X}}_{s2}^{b})^{H}=[\boldsymbol{x}_1^{b}\quad \boldsymbol{x}_2^{b}\quad \cdots\quad \boldsymbol{x}_p^{b}]\begin{bmatrix}\boldsymbol{X}_{M-m+1}^{H}\\ \boldsymbol{X}_{M-m}^{H}\\ \vdots\\ \boldsymbol{X}_1^{H}\end{bmatrix}\\ &=\sum_{i=1}^{p}\boldsymbol{x}_i^{b}\boldsymbol{X}_{M-m+2-i}^{H}(t)=\sum_{i=1}^{p}\boldsymbol{r}_i^{b}\end{aligned} \tag{6.17}$$

显然，多阶后向线性预测权中的数据协方差矩阵 $\boldsymbol{R}_{s2}^{b}$ 是各子阵后 $m-1$ 个阵元接收数据的自协方差矩阵，即是图 6.8 中各子阵 $\boldsymbol{x}_i^{b}(t)$ 的自协方差矩阵；而 $\boldsymbol{r}_{s2}^{b}$ 是

各子阵后 $m-1$ 个阵元和第 1 个阵元的互相关矢量。所以，多阶后向线性预测的权可以表示为

$$\boldsymbol{W}_{s2}^{b}=(\boldsymbol{R}_{s2}^{b})^{-1}\boldsymbol{r}_{s2}^{b}=((\boldsymbol{R}_{11}^{b})'+(\boldsymbol{R}_{22}^{b})'+\cdots+(\boldsymbol{R}_{pp}^{b})')^{-1}(\boldsymbol{r}_{1}^{b}+\boldsymbol{r}_{2}^{b}+\cdots+\boldsymbol{r}_{p}^{b}) \tag{6.18}$$

将上式中的 $\boldsymbol{R}_{s2}^{b}$ 与式(5.27)所示的后向空间平滑公式进行对比可以发现：在阵元数 M 相同、子阵的阵元相同的情况下，式(6.18)中 $(M-1)\times(M-1)$ 维矩阵 $(\boldsymbol{R}_{ii}^{b})'$ 是式(5.27)中 $M\times M$ 维矩阵 $\boldsymbol{R}_{ii}$ 的后 $m-1$ 行和后 $m-1$ 列组成的矩阵，而 $M-1$ 维矢量 $\boldsymbol{r}_i$ 则是 $\boldsymbol{R}_{ii}^{b}$ 的第 1 列的后 $m-1$ 行组成的矢量，它们的关系图见图 6.9。

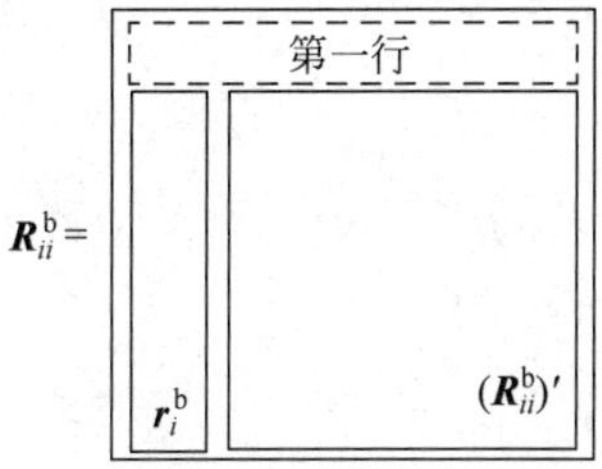

图 6.9 后向空间平滑与后向线性预测子阵间的协方差矩阵的关系图

通过上述的分析可以看出，多阶前向与多阶后向线性预测算法之间所划分的子阵其实是相同的，即前向的第 i 子阵就是后向的第 $p-i+1$ 个子阵，只是预测的方向刚好相反。再将图 5.3 和图 5.4 与图 6.7 及图 6.9 进行对比可知，从整个阵列的 $M\times M$ 维协方差矩阵 $\boldsymbol{R}$ 的角度来看，多阶前向线性预测没有用到该协方差矩阵的最后一行数据，多阶后向线性预测没有用到该矩阵的第一行数据。

另外，从多阶前向与多阶后向线性预测的处理来看，由于式(6.12)中存在前向子阵的平滑，式(6.18)中存在后向子阵的平滑，所以多阶是可以解相干的，但一阶的单向线性预测是不能解相干的。在划分的子阵数相同的情况下，两者的解相干能力是一样的，但需要注意，此时空间平滑得到的矩阵维数是 $m\times m$，但线性预测协方差矩阵的维数是 $(m-1)\times(m-1)$。如果将空间平滑的协方差矩阵维数与线性预测的协方差矩阵维数均调成 $m\times m$，则空间平滑的解相干源的数目为 p，但由于线性预测只能预测 $p-1$ 次，所以其解相干源的数目变成了 $p-1$。

6.2.3 一阶双向线性预测

根据单向空间平滑到双向空间平滑的思路，就可以很容易地将一阶前向线性预测和一阶后向线性预测算法推广到一阶双向线性预测，其结构图见图 6.10。

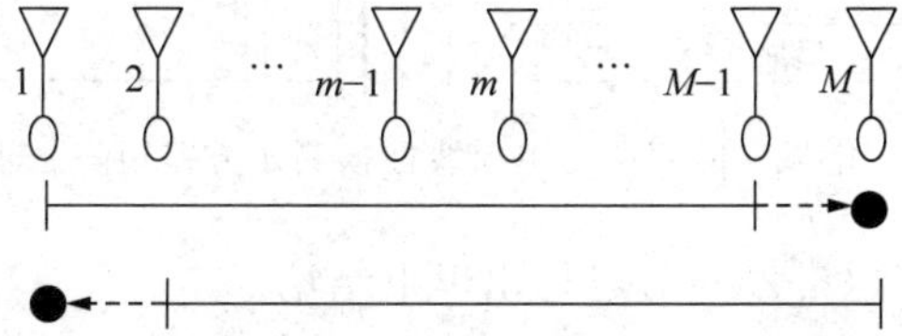

图 6.10 空域一阶双向线性预测结构图

由图 6.10 可知，一阶双向线性预测的结构其实就是一阶前向与一阶后向线性预测的融合，即一阶双向包含了一个前向线性预测，也就是利用第 1 至 $M-1$ 个阵

元来预测第 M 个阵元的数据，同时还利用第 M 至 2 个阵元来预测第 1 个阵元。

式(6.1)中定义了一阶前向数据矢量 $\boldsymbol{X}_{s1}^{f}$ 和一阶后向数据矢量 $\boldsymbol{X}_{s1}^{b}$，定义一阶双向线性数据矩阵及预测矩阵如下：

$$\boldsymbol{X}_{s1}^{fb}=[\boldsymbol{X}_{s1}^{f}\quad \boldsymbol{X}_{s1}^{b}]=\begin{bmatrix}\boldsymbol{X}_1 & \boldsymbol{X}_M\\ \boldsymbol{X}_2 & \boldsymbol{X}_{M-1}\\ \vdots & \vdots\\ \boldsymbol{X}_{M-1} & \boldsymbol{X}_2\end{bmatrix},\quad \hat{\boldsymbol{X}}_{s1}^{fb}=[\boldsymbol{X}_M\quad \boldsymbol{X}_1] \tag{6.19}$$

所以，利用最小均方误差准则同样可以得到其最优的权矢量为

$$\boldsymbol{W}_{s1}^{fb}=(\boldsymbol{R}_{s1}^{fb})^{-1}\boldsymbol{r}_{s1}^{fb} \tag{6.20}$$

由式(6.4)可知，此时

$$\boldsymbol{R}_{s1}^{fb}=\boldsymbol{X}_{s1}^{fb}(\boldsymbol{X}_{s1}^{fb})^{H}=[\boldsymbol{X}_{s1}^{f}\quad \boldsymbol{X}_{s1}^{b}]\begin{bmatrix}(\boldsymbol{X}_{s1}^{f})^{H}\\ (\boldsymbol{X}_{s1}^{b})^{H}\end{bmatrix}=\boldsymbol{R}_{s1}^{f}+\boldsymbol{R}_{s1}^{b} \tag{6.21}$$

$$\boldsymbol{r}_{s1}^{fb}=\boldsymbol{X}_{s1}^{fb}(\hat{X}_{s1}^{fb})^{H}=[\boldsymbol{X}_{s1}^{f}\quad \boldsymbol{X}_{s1}^{b}]\begin{bmatrix}\boldsymbol{X}_M^{H}\\ \boldsymbol{X}_1^{H}\end{bmatrix}=\boldsymbol{r}_{s1}^{f}+\boldsymbol{r}_{s1}^{b} \tag{6.22}$$

式中，$\boldsymbol{R}_{s1}^{f}$、$\boldsymbol{R}_{s1}^{b}$、$\boldsymbol{r}_{s1}^{f}$ 和 $\boldsymbol{r}_{s1}^{b}$ 见式(6.4)。

显然，一阶双向线性预测权中的数据协方差矩阵 $\boldsymbol{R}_{s1}^{f}$ 就是一阶前向线性预测中的协方差矩阵，$\boldsymbol{R}_{s1}^{b}$ 是一阶后向线性预测中的协方差矩阵，$\boldsymbol{r}_{s1}^{f}$ 和 $\boldsymbol{r}_{s1}^{b}$ 分别为一阶前向线性预测和一阶后向线性预测中的互相关矢量。即式(6.20)可以表示成

$$\boldsymbol{W}_{s1}^{fb}=(\boldsymbol{R}_{s1}^{fb})^{-1}\boldsymbol{r}_{s1}^{fb}=(\boldsymbol{R}_{s1}^{f}+\boldsymbol{R}_{s1}^{b})^{-1}(\boldsymbol{r}_{s1}^{f}+\boldsymbol{r}_{s1}^{b}) \tag{6.23}$$

为了更加直观，图 6.11 给出空域一阶双向线性预测与单向线性预测之间的关系，其中 $\boldsymbol{R}$ 为整个阵列的数据协方差矩阵。

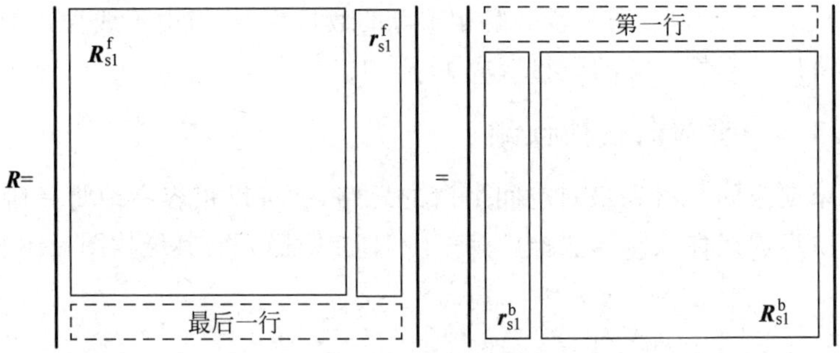

图 6.11　空域一阶双向与单向线性预测协方差矩阵之间的关系

结合图 6.11 和式(6.23)，可以得出以下结论。

(1) 一阶双向线性预测是一阶单向线性预测的融合，但不是简单的组合，即双向线性预测权矢量不是一阶单向线性预测的权矢量的简单组合，而是一阶前向协方差矩阵和互相关矢量与一阶后向协方差矩阵和互相关矢量修正后的权矢量。

(2) 从前后向空间平滑的角度来看，其实式(6.23)就是进行了一次双向平滑，

所以与一阶单向线性预测不同，它可以解两个相干源。

(3) 双向线性预测的两个子阵和双向空间平滑是不同的，因为 $\boldsymbol{R}_{s1}^{f}$ 是阵元 1 至 $M-1$ 所组成子阵的协方差矩阵，而 $\boldsymbol{R}_{s1}^{b}$ 是阵元 M 至 2 所组成子阵的协方差矩阵，即 $\boldsymbol{R}_{s1}^{f}$ 和 $\boldsymbol{R}_{s1}^{b}$ 除了预测方向不同外，其子阵不完全重合。但一阶双向空间平滑的两个子阵是完全相同的。

(4) 一阶双向线性预测得到的权矢量维数是 $M-1$，则说明 $\boldsymbol{W}_{s1}^{fb}$ 中的第 i 个权值分别作用在两个阵元上：从前向看是第 i 阵元，以及第 $M+1-i$ 阵元(即后向的第 i 阵元)。

6.2.4　多阶双向线性预测

通过上述章节的分析，可以看出一阶单向线性预测和一阶双向线性预测之间的关系，利用这种关系很容易将多阶单向线性预测推广到多阶双向线性预测，则可以得到如图 6.12 所示的多阶双向线性预测结构图。

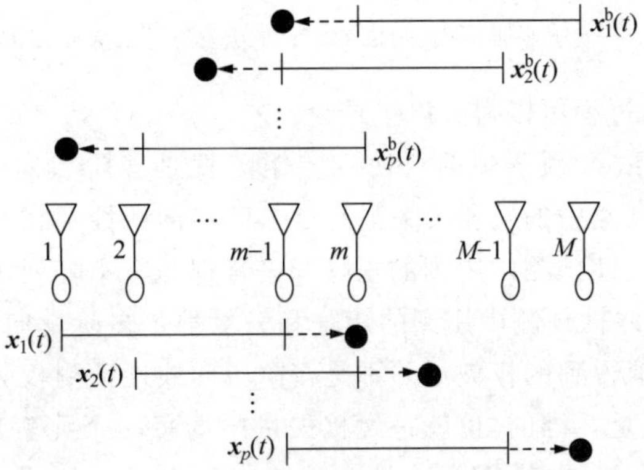

图 6.12　空域多阶双向线性预测结构图

式(6.7)和式(6.8)分别定义了多阶前向线性预测的已知数据矩阵 $\boldsymbol{X}_{s2}^{f}$ 和预测数据 $\hat{\boldsymbol{X}}_{s2}^{f}$，同时，式(6.13)和式(6.14)则分别定义了多阶后向线性预测的已知数据矩阵 $\boldsymbol{X}_{s2}^{b}$ 和预测数据 $\hat{\boldsymbol{X}}_{s2}^{b}$。则可以定义多阶双向线性预测数据矩阵及预测矩阵

$$\boldsymbol{X}_{s2}^{fb}=\begin{bmatrix}\boldsymbol{X}_{s2}^{f} & \boldsymbol{X}_{s2}^{b}\end{bmatrix}=\begin{bmatrix}\boldsymbol{X}_1 & \cdots & \boldsymbol{X}_{M-m+1} & \boldsymbol{X}_M & \cdots & \boldsymbol{X}_m\\ \boldsymbol{X}_2 & \cdots & \boldsymbol{X}_{M-m+2} & \boldsymbol{X}_{M-1} & \cdots & \boldsymbol{X}_{m-1}\\ \vdots & & \vdots & \vdots & & \vdots\\ \boldsymbol{X}_{m-1} & \cdots & \boldsymbol{X}_{M-1} & \boldsymbol{X}_{M-m+2} & \cdots & \boldsymbol{X}_2\end{bmatrix} \tag{6.24}$$

$$\hat{\boldsymbol{X}}_{s2}^{fb}=\begin{bmatrix}\hat{\boldsymbol{X}}_{s2}^{f} & \hat{\boldsymbol{X}}_{s2}^{b}\end{bmatrix}=\begin{bmatrix}\boldsymbol{X}_m & \cdots & \boldsymbol{X}_M & \boldsymbol{X}_{M-m+1} & \cdots & \boldsymbol{X}_1\end{bmatrix} \tag{6.25}$$

同理，利用最小均方误差算法可以计算得到最优的多阶双向线性预测权

$$\boldsymbol{W}_{s2}^{fb}=(\boldsymbol{R}_{s2}^{fb})^{-1}\boldsymbol{r}_{s2}^{fb}=(\boldsymbol{R}_{s2}^{f}+\boldsymbol{R}_{s2}^{b})^{-1}(\boldsymbol{r}_{s2}^{f}+\boldsymbol{r}_{s2}^{b}) \tag{6.26}$$

式中，$\boldsymbol{R}_{s2}^{f}$ 和 $\boldsymbol{r}_{s2}^{f}$ 分别见式(6.10)和式(6.11)；$\boldsymbol{R}_{s2}^{b}$ 和 $\boldsymbol{r}_{s2}^{b}$ 分别见式(6.16)和式(6.17)。

由式(6.12)和式(6.18)可知

$$\boldsymbol{R}_{s2}^{fb}=\boldsymbol{R}'_{11}+\boldsymbol{R}'_{22}+\cdots+\boldsymbol{R}'_{pp}+(\boldsymbol{R}_{11}^{b})'+(\boldsymbol{R}_{22}^{b})'+\cdots+(\boldsymbol{R}_{pp}^{b})' \tag{6.27}$$

$$\boldsymbol{r}_{s2}^{fb}=\boldsymbol{r}_1+\boldsymbol{r}_2+\cdots+\boldsymbol{r}_p+\boldsymbol{r}_1^{b}+\boldsymbol{r}_2^{b}+\cdots+\boldsymbol{r}_p^{b} \tag{6.28}$$

上述的自协方差矩阵和互相关矢量与整个阵列的自协方差矩阵之间的关系如图 6.13 所示。

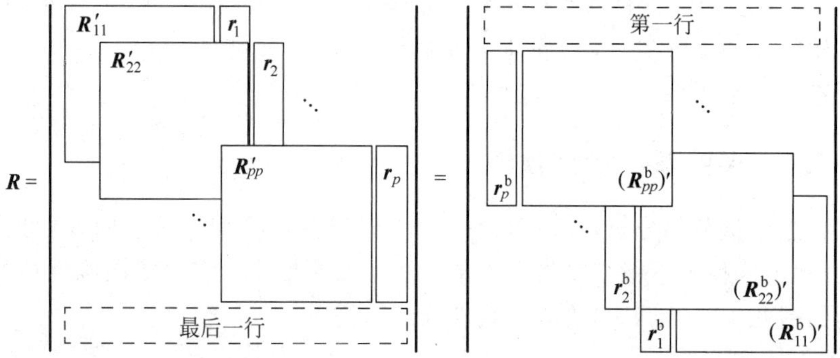

图 6.13 空域多阶双向线性预测各协方差矩阵与矢量之间的关系

由上述的推导过程可以得到以下结论。

(1) 多阶双向线性预测中的自协方差矩阵就是多阶单向线性协方差矩阵的和,多阶双向线性预测中的互相关矢量也是多阶单向线性互相关矢量的和,所以由图 6.13 可知多阶线性预测中用到的矩阵和矢量都是整个阵列矩阵 $\boldsymbol{R}$ 的一部分。

(2) 多阶双向线性预测中用到的矩阵和矢量都是多阶单向线性预测中矩阵和矢量的线性组合,但得到的权矢量并不是多阶单向线性预测权矢量的组合,因为此时得到的权矢量还是一维的,也就是说权矢量中的每一个元素都需要用到 $2p$ 次。这相当于形成了 $2p$ 个波束,且每个波束的权矢量是一样的。

(3) 多阶双向线性预测和一阶双向线性预测一样,在前向部分没有用到矩阵 $\boldsymbol{R}$ 的最后一行,而在后向部分没有用到矩阵 $\boldsymbol{R}$ 的第一行,这主要是预测下一个数据造成的。表面上看这一行数据没有用到,这并不意味着对应的阵元没有用,实际上由于阵列的协方差矩阵本身是 Hermite 矩阵,所以该对应阵元上的数据已经被用到了互相关矢量中。

(4) 多阶双向线性预测的自协方差计算见式(6.27),由于其过程本身就是空间平滑,而且是双向的空间平滑,所以多阶双向线性预测是可以解相干的,在子阵的阵元大于信号源数的情况下,可以解 $2p$ 个相干源。

(5) 多阶双向线性预测和多阶前后向空间平滑在协方差矩阵计算上有很多相似之处,但两者之间有个本质的区别:平滑处理只是算法预处理过程,而线性预测在这里是一个空间谱估计处理,处理完可以直接得到入射信号的角度参数。所以式(6.27)的过程可以看成线性预测过程中的平滑处理,即平滑完再利用式(6.26)得到权矢量。

(6) 对比双向空间平滑可知，式(6.27)和式(6.28)中的自相关矩阵和互相关矢量除了按图 6.13 重构外，还可以直接利用如下的简化方法进行处理：先利用双向空间平滑进行处理，即做一次全阵的双向空间平滑，再利用式(6.12)进行多阶前向线性预测处理或者利用式(6.18)进行多阶后向线性预测处理。这种处理理论上和图 6.13 所示的处理是一样的，但由于阵列接收数据中噪声的随机性，其仿真出来的性能略有不同，但统计性能应该是一致的。

6.3　时域线性预测算法

6.3.1　一阶单向线性预测

图 3.4 已经给出最小均方算法的原理图，即利用前 $K-1$ 个时域数据来拟合第 K 个时域数据，这本身就是一阶前向线性预测，其简略图见图 6.14(a)，同理可得一阶后向线性预测图 6.14(b)。为了和空域定义的数据矢量区分，这里将时域接收数据矢量定义为 $\boldsymbol{y}(t)$。

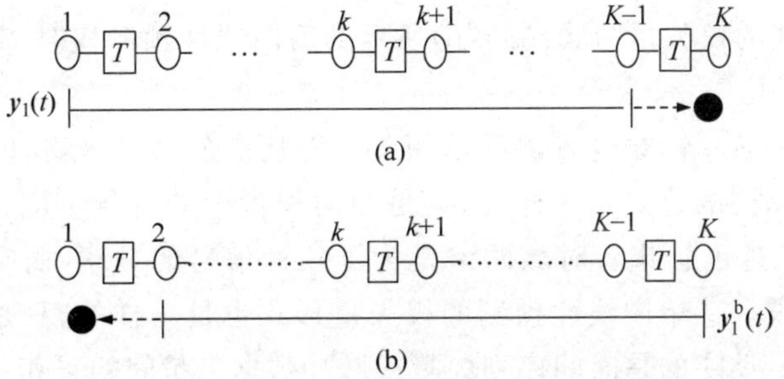

图 6.14　时域一阶线性预测示意图

(a)一阶前向线性预测；(b)一阶后向线性预测

由图 6.14 可知：一阶前向线性预测将第 K 个时域数据 $y(K)$ 作为期望信号，滤波数据则用第 1 至 $K-1$ 个时域数据 $\boldsymbol{y}_1(t)$；而一阶后向线性预测将第 1 个阵元 $y(1)$ 作为期望信号，滤波数据则用第 2 至 K 个时域数据 $\boldsymbol{y}_1^{\mathrm{b}}(t)$。定义

$$\boldsymbol{Y}_{\mathrm{t1}}^{\mathrm{f}}=\begin{bmatrix} y(1) \\ y(2) \\ \vdots \\ y(K-1) \end{bmatrix},\quad \boldsymbol{W}_{\mathrm{t1}}^{\mathrm{f}}=\begin{bmatrix} w_1 \\ w_2 \\ \vdots \\ w_{M-1} \end{bmatrix},\quad \boldsymbol{Y}_{\mathrm{t1}}^{\mathrm{b}}=\begin{bmatrix} y(K) \\ y(K-1) \\ \vdots \\ y(2) \end{bmatrix},\quad \boldsymbol{W}_{\mathrm{t1}}^{\mathrm{b}}=\begin{bmatrix} w_M \\ w_{M-1} \\ \vdots \\ w_2 \end{bmatrix} \tag{6.29}$$

由于一阶的时域线性预测和一阶空域线性预测推导最优权的过程是一样的，且在第 3 章中已经进行了相关最小均方误差算法的推导，所以这里不再详细分析整个过程，只给出相关的结论。

很显然，最优的最小均方误差权矢量

$$\boldsymbol{W}_{t1}^{f}=(\boldsymbol{R}_{t1}^{f})^{-1}\boldsymbol{r}_{t1}^{f} \tag{6.30a}$$

$$\boldsymbol{W}_{t1}^{b}=(\boldsymbol{R}_{t1}^{b})^{-1}\boldsymbol{r}_{t1}^{b} \tag{6.30b}$$

式中，协方差矩阵和互相关矢量分别为

$$\boldsymbol{R}_{t1}^{f}=E[\boldsymbol{Y}_{t1}^{f}(\boldsymbol{Y}_{t1}^{f})^{H}],\quad \boldsymbol{r}_{t1}^{f}=E[\boldsymbol{Y}_{t1}^{f}y(K)^{H}] \tag{6.31a}$$

$$\boldsymbol{R}_{t1}^{b}=E[\boldsymbol{Y}_{t1}^{b}(\boldsymbol{Y}_{t1}^{b})^{H}],\quad \boldsymbol{r}_{t1}^{b}=E[\boldsymbol{Y}_{t1}^{b}y(1)^{H}] \tag{6.31b}$$

所以，整个数据的权矢量为

$$\boldsymbol{W}_{FLP}=\begin{bmatrix}-\boldsymbol{W}_{t1}^{f}\\1\end{bmatrix}=\begin{bmatrix}-(\boldsymbol{R}_{t1}^{f})^{-1}\boldsymbol{r}_{t1}^{f}\\1\end{bmatrix} \tag{6.32a}$$

$$\boldsymbol{W}_{BLP}=\begin{bmatrix}1\\-\boldsymbol{W}_{t1}^{b}\end{bmatrix}=\begin{bmatrix}1\\-(\boldsymbol{R}_{t1}^{b})^{-1}\boldsymbol{r}_{t1}^{b}\end{bmatrix} \tag{6.32b}$$

则利用上述时域一阶线性预测权得到的谱分别为

$$P_{LP}(f)=\frac{1}{\|\boldsymbol{a}_{t}^{H}(f)\boldsymbol{W}\|^{2}}=\frac{1}{\boldsymbol{a}_{t}^{H}(f)\boldsymbol{W}\boldsymbol{W}^{H}\boldsymbol{a}_{t}(f)} \tag{6.33}$$

当上式的权矢量为式(6.32a)所示的前向线性预测权时，其时域谱为前向线性预测谱；当上式的权矢量为式(6.32b)所示的后向线性预测权时，其时域谱为后向线性预测谱。

通过对比一阶单向线性预测算法可知：①从谱的角度来看，时域的线性预测和空域的线性预测的公式是一样的，只是导向矢量中的变量不同，时域为频率 f，空域为角度 θ。这也意味着时域的谱是为了估计信号的频率，而空域的谱是为了估计信号的角度。②单向线性预测的权矢量形式也是一样的，只是时域协方差矩阵和互相关矢量反映的是时间序列矢量或脉冲数据矢量间的自相关和某时刻要预测数据的互相关，而空域协方差矩阵和互相关矢量反映的是阵列子阵数据的自相关和要预测阵元数据的互相关。③线性预测权中的 1 可以看成主通道的权，式(6.5)和式(6.32)可以看成辅助通道的自适应权矢量，所以线性预测谱也可以看成自适应旁瓣对消器。④前向线性预测和后向线性预测从时域的角度来看分将来的时间和过去的时间，但从空域阵元的角度来看，随着参考阵元的变化前向和后向是可以改变的。

6.3.2 多阶单向线性预测

和空域多阶前向线性预测算法类似，同样也存在时域多阶前向线性预测算法，其结构图如图 6.15 所示。由图 6.15 可知，整个接收数据序列 $\boldsymbol{Y}=[y(1)\quad y(2)\quad\cdots\quad y(K)]^{T}$ 划分成 p 个数据矢量，每个矢量的数据长度为 k，即 $k+p-1=K$。每个矢量分成两个部分：前 $k-1$ 个数据是已知数据块，第 k 个是期望数据。图中 $\boldsymbol{y}_i(t)$表示划分的已知数据矢量，其中 $i=1,2,\cdots,p$，图中的●表示每个矢量需要预测的数据。图 6.15 也说明每个数据矢量都是利用第 p 至

$k+p-2$ 个阵元接收数据矢量来预测第 $k+p-1$ 个阵元的数据。

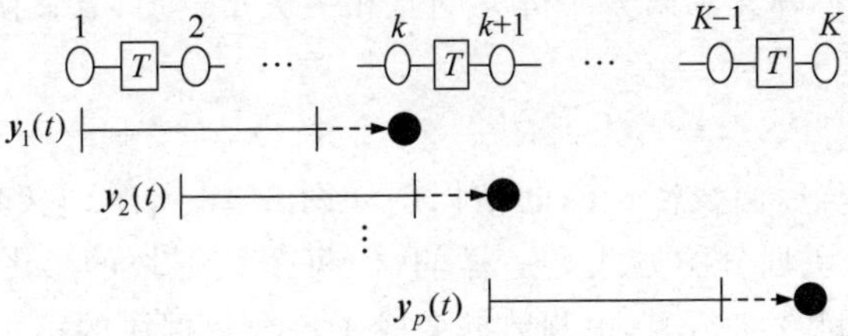

图 6.15 时域多阶前向线性预测示意图

定义用于时域多阶前向预测的已知数据矩阵

$$\boldsymbol{Y}_{t2}^{f}=[\boldsymbol{y}_1(t)\quad \boldsymbol{y}_2(t)\quad \cdots\quad \boldsymbol{y}_p(t)]=\begin{bmatrix} y(1) & y(2) & \cdots & y(K-k+1) \\ y(2) & y(3) & \cdots & y(K-k+2) \\ \vdots & \vdots & & \vdots \\ y(k-1) & y(k) & \cdots & y(K-1) \end{bmatrix} \tag{6.34}$$

需要预测的数据矢量和权矢量分别为

$$\hat{\boldsymbol{Y}}_{t2}^{f}=[y(k)\quad y(k+1)\quad \cdots\quad y(K)],\quad \boldsymbol{W}_{t2}^{f}=\begin{bmatrix} w_1 \\ w_2 \\ \vdots \\ w_{k-1} \end{bmatrix} \tag{6.35}$$

利用最小均方准则,同样可以得出多阶前向线性预测的最优权矢量

$$\boldsymbol{W}_{t2}^{f}=(\boldsymbol{R}_{t2}^{f})^{-1}\boldsymbol{r}_{t2}^{f} \tag{6.36}$$

此时

$$\boldsymbol{R}_{t2}^{f}=\boldsymbol{Y}_{t2}^{f}(\boldsymbol{Y}_{t2}^{f})^{H}=[\boldsymbol{y}_1(t)\quad \boldsymbol{y}_2(t)\quad \cdots\quad \boldsymbol{y}_p(t)]\begin{bmatrix} \boldsymbol{y}_1^{H}(t) \\ \boldsymbol{y}_2^{H}(t) \\ \vdots \\ \boldsymbol{y}_p^{H}(t) \end{bmatrix}$$

$$=\sum_{i=1}^{p}\boldsymbol{y}_i(t)\boldsymbol{y}_i^{H}(t)=\sum_{i=1}^{p}\boldsymbol{R}'_{ii} \tag{6.37}$$

$$\boldsymbol{r}_{t2}^{f}=\boldsymbol{Y}_{t2}^{f}(\hat{\boldsymbol{Y}}_{t2}^{f})^{H}=[\boldsymbol{y}_1(t)\quad \boldsymbol{y}_2(t)\quad \cdots\quad \boldsymbol{y}_p(t)]\begin{bmatrix} y^*(k) \\ y^*(k+1) \\ \vdots \\ y^*(K) \end{bmatrix}$$

$$=\sum_{i=1}^{p}\boldsymbol{y}_i(t)y^*(k-1+i)=\sum_{i=1}^{p}\boldsymbol{r}_i \tag{6.38}$$

显然,多阶前向线性预测权中的数据协方差矩阵 $\boldsymbol{R}_{t2}^{f}$ 是各子阵前 $k-1$ 个阵元

接收数据的自协方差矩阵，即图6.15中各数据矢量$\boldsymbol{y}_i(t)$的自协方差矩阵；而$\boldsymbol{r}_{t2}^{f}$是各子阵前$k-1$个阵元和第k个阵元的互相关矢量。所以，多阶前向线性预测的权可以表示为

$$\boldsymbol{W}_{t2}^{f}=(\boldsymbol{R}_{t2}^{f})^{-1}\boldsymbol{r}_{t2}^{f}=(\boldsymbol{R}'_{11}+\boldsymbol{R}'_{22}+\cdots+\boldsymbol{R}'_{pp})^{-1}(\boldsymbol{r}_1+\boldsymbol{r}_2+\cdots+\boldsymbol{r}_p) \tag{6.39}$$

同样，时域多阶后向线性预测的结构图如图6.16所示，它和多阶前向预测的相同点在于：数据块划分的方式是一样的，但每个数据块的参考点变成了从右向左，即向过去的时间方向预测，预测数据变成了每个数据块的第一个数据。

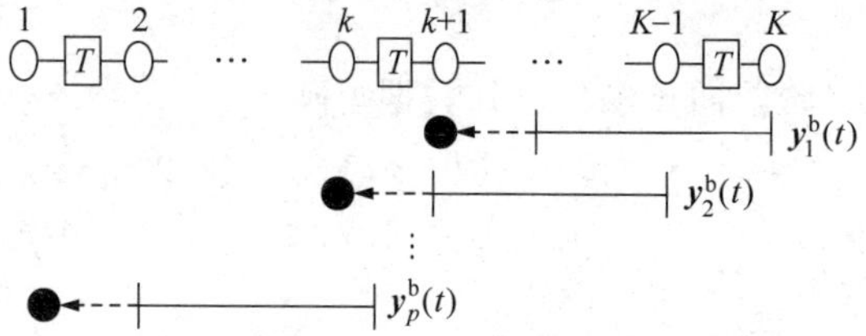

图6.16　时域多阶后向线性预测结构图

图6.16中也将整个数据矢量划分成p个数据块，每个数据块的长度为k，即$k+p-1=K$。每个数据块分成两个部分：后$k-1$个数据看成已知数据块，第1个数据是期望数据。图中$\boldsymbol{y}_i^b(t)$表示划分的数据块的已知数据矢量，其中$i=1,2,\cdots,p$，图中的●表示每个数据块需要预测的数据(对应每个数据块的期望数据)。

定义用于时域多阶后向预测的已知数据矩阵

$$\boldsymbol{Y}_{t2}^{b}=[\boldsymbol{y}_1^b(t)\quad \boldsymbol{y}_2^b(t)\quad \cdots\quad \boldsymbol{y}_p^b(t)]=\begin{bmatrix} y(K) & y(K-1) & \cdots & y(k) \\ y(K-1) & y(K-2) & \cdots & y(k-1) \\ \vdots & \vdots & & \vdots \\ y(K-k+2) & y(K-k+1) & \cdots & y(2) \end{bmatrix} \tag{6.40}$$

需要预测的数据矢量和权矢量分别为

$$\hat{\boldsymbol{Y}}_{t2}^{b}=[y(K-k+1)\quad y(K-k)\quad \cdots\quad y(1)],\quad \boldsymbol{W}_{t2}^{b}=\begin{bmatrix} w_1 \\ w_2 \\ \vdots \\ w_{k-1} \end{bmatrix} \tag{6.41}$$

利用最小均方准则，同样可以得出多阶后向线性预测的最优权矢量

$$\boldsymbol{W}_{t2}^{b}=(\boldsymbol{R}_{t2}^{b})^{-1}\boldsymbol{r}_{t2}^{b} \tag{6.42}$$

此时

$$\boldsymbol{R}_{t2}^{b}=\boldsymbol{Y}_{t2}^{b}(\boldsymbol{Y}_{t2}^{b})^{H}=\sum_{i=1}^{p}\boldsymbol{y}_i^b(\boldsymbol{y}_i^b)^{H}=\sum_{i=1}^{p}(\boldsymbol{R}_{ii}^{b})' \tag{6.43}$$

$$\boldsymbol{r}_{t2}^{b}=\boldsymbol{Y}_{t2}^{b}(\hat{\boldsymbol{Y}}_{t2}^{b})^{H}=\sum_{i=1}^{p}\boldsymbol{y}_{i}^{b}y^{H}(K-k+2-i)=\sum_{i=1}^{p}\boldsymbol{r}_{i}^{b} \tag{6.44}$$

显然,多阶后向线性预测权中的数据协方差矩阵 $\boldsymbol{R}_{t2}^{b}$ 是各子阵后 $k-1$ 个阵元接收数据的自协方差矩阵,即图 6.16 中各子阵 $\boldsymbol{y}_{i}^{b}(t)$的自协方差矩阵; 而 $\boldsymbol{r}_{t2}^{b}$ 是各子阵后 $k-1$ 个阵元和第 1 个阵元的互相关矢量。所以,多阶后向线性预测的权可以表示为

$$\boldsymbol{W}_{t2}^{b}=(\boldsymbol{R}_{t2}^{b})^{-1}\boldsymbol{r}_{t2}^{b}=((\boldsymbol{R}_{11}^{b})'+(\boldsymbol{R}_{22}^{b})'+\cdots+(\boldsymbol{R}_{pp}^{b})')^{-1}(\boldsymbol{r}_{1}^{b}+\boldsymbol{r}_{2}^{b}+\cdots+\boldsymbol{r}_{p}^{b}) \tag{6.45}$$

从本节的介绍中可以看出: ①如果将时域数据 $\boldsymbol{Y}=[y(1)\quad y(2)\quad\cdots\quad y(K)]^{T}$ 看成空域中的 K 个阵元,则时域的多阶线性预测和空域的多阶线性预测整体上是相同的,即数据分块的方式相同,单向移动的方向相同,数据分块的自协方差矩阵和互相关矩阵的构成方式相同; ②空域和时域最大的不同点在于谱,时域多阶线性预测得到的是变量为频率 f 的频率谱,而空域多阶线性预测得到的是变量为角度 θ 的空间谱; ③在时域多阶线性预测过程中,事实上也存在和空域一样的条件限制,每个数据块的长度 $k>N$,其中 N 为信号源数。如果存在相干源时,则还需要满足 $p>N$,即时域多阶线性预测划分的数据块个数 p 也要大于相干信号源数。

6.3.3　一阶双向线性预测

由空域的一阶单向线性预测到一阶双向线性预测,很容易得出时域一阶双向线性预测,其结构图见图 6.17。

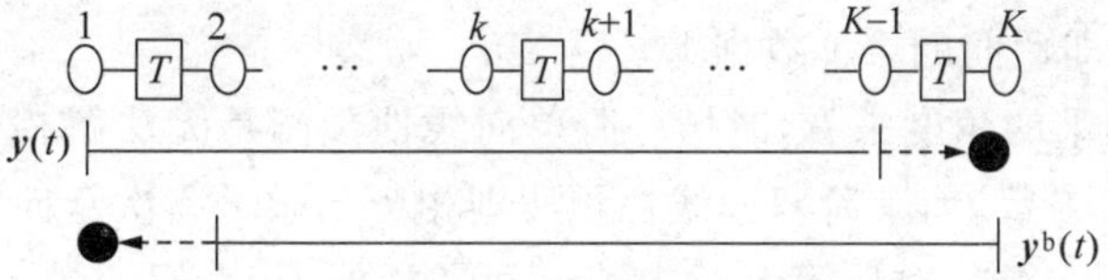

图 6.17　时域一阶双向线性预测结构图

由图 6.17 可知,一阶双向线性预测的结构其实就是一阶前向与一阶后向线性预测的融合,即一阶双向包含了一个前向线性预测,也就是利用第 1 至 $K-1$ 个数据来预测第 K 个数据,同时还利用第 K 至 2 个数据来预测第 1 个数据。

式(6.29)中定义了一阶前向数据矢量 $\boldsymbol{Y}_{t1}^{f}$ 和一阶后向数据矢量 $\boldsymbol{Y}_{t1}^{b}$,定义一阶双向线性数据矩阵及预测矩阵

$$\boldsymbol{Y}_{t1}^{fb}=[\boldsymbol{Y}_{t1}^{f}\quad \boldsymbol{Y}_{t1}^{b}]=\begin{bmatrix} y(1) & y(K) \\ y(2) & y(K-1) \\ \vdots & \vdots \\ y(K-1) & y(2) \end{bmatrix},\quad \hat{\boldsymbol{Y}}_{t1}^{fb}=[y(K)\quad y(1)] \tag{6.46}$$

所以,利用最小均方误差准则同样可以得到其最优的权矢量为

$$\boldsymbol{W}_{t1}^{fb}=(\boldsymbol{R}_{t1}^{fb})^{-1}\boldsymbol{r}_{t1}^{fb} \tag{6.47}$$

由式(6.31)可知，此时

$$\boldsymbol{R}_{t1}^{fb}=\boldsymbol{Y}_{t1}^{fb}(\boldsymbol{Y}_{t1}^{fb})^{H}=\begin{bmatrix}\boldsymbol{Y}_{t1}^{f} & \boldsymbol{Y}_{t1}^{b}\end{bmatrix}\begin{bmatrix}(\boldsymbol{Y}_{t1}^{f})^{H}\\(\boldsymbol{Y}_{t1}^{b})^{H}\end{bmatrix}=\boldsymbol{R}_{t1}^{f}+\boldsymbol{R}_{t1}^{b} \tag{6.48}$$

$$\boldsymbol{r}_{t1}^{fb}=\boldsymbol{Y}_{t1}^{fb}(\hat{\boldsymbol{Y}}_{t1}^{fb})^{H}=\begin{bmatrix}\boldsymbol{Y}_{t1}^{f} & \boldsymbol{Y}_{t1}^{b}\end{bmatrix}\begin{bmatrix}y^{H}(K)\\y^{H}(1)\end{bmatrix}=\boldsymbol{r}_{t1}^{f}+\boldsymbol{r}_{t1}^{b} \tag{6.49}$$

式中，$\boldsymbol{R}_{t1}^{f}$、$\boldsymbol{R}_{t1}^{b}$、$\boldsymbol{r}_{t1}^{f}$ 和 $\boldsymbol{r}_{t1}^{b}$ 见式(6.31)。

显然，一阶双向线性预测权中的数据协方差矩阵 $\boldsymbol{R}_{t1}^{f}$ 就是一阶前向线性预测中的协方差矩阵，$\boldsymbol{R}_{t1}^{b}$ 是一阶后向线性预测中的协方差矩阵，$\boldsymbol{r}_{t1}^{f}$ 和 $\boldsymbol{r}_{t1}^{b}$ 分别为一阶前向线性预测和一阶后向线性预测中的互相关矢量。即式(6.47)可以表示成

$$\boldsymbol{W}_{t1}^{fb}=(\boldsymbol{R}_{t1}^{fb})^{-1}\boldsymbol{r}_{t1}^{fb}=(\boldsymbol{R}_{t1}^{f}+\boldsymbol{R}_{t1}^{b})^{-1}(\boldsymbol{r}_{t1}^{f}+\boldsymbol{r}_{t1}^{b}) \tag{6.50}$$

对比空域的一阶单向与双向线性预测，再结合时域的一阶单向线性预测和双向线性预测可以得出以下结论。

(1) 双向线性预测就是一阶单向线性预测的融合，它本身包含了二次预测，即一次前向和一次后向，只不过前向预测的权矢量和后向预测的权矢量是同一个权矢量。

(2) 在经典的现代谱估计理论中，通常会讨论时域的前向线性预测和后向线性预测，另外还有格型滤波器。需要说明的是：时域中的格型滤波器就是本节讨论的时域一阶双向线性预测。可以参见文献[20]中的格型滤波器结构，它和图 6.17 实质是一样的，即估计出来的第 i 个权值既作用在第 i 个数据上，又作用在第 $K+1-i$ 个数据上(即后向的第 i 数据上)。

(3) 从解相干的角度来看，时域一阶单向线性预测是无法解相干的，即无法估计相干源的频率参数，而一阶双向线性预测则相当于做了一次双向平滑，所以它最多可以解两个相干源。对比第 5 章中的时间平滑处理，它们的最大差别在于数据块的维数，线性预测时需要损失一维用于预测。

6.3.4 多阶双向线性预测

根据一阶单向和双向线性预测之间的关系，很容易将时域多阶单向线性预测推广到时域多阶双向线性预测，则可以得到如图 6.18 所示的时域多阶双向线性预测结构图，图中的数据分块和单向多阶线性预测是一样的，这里不再重复介绍。

式(6.34)和式(6.35)分别定义了时域多阶前向线性预测的已知数据矩阵 $\boldsymbol{Y}_{t2}^{f}$ 和预测数据 $\hat{\boldsymbol{Y}}_{t2}^{f}$，同时式(6.40)和式(6.41)分别定义了时域多阶后向线性预测的已知数据矩阵 $\boldsymbol{Y}_{t2}^{b}$ 和预测数据 $\hat{\boldsymbol{Y}}_{t2}^{b}$。则可以定义时域多阶双向线性预测数据矩阵及预测矩阵

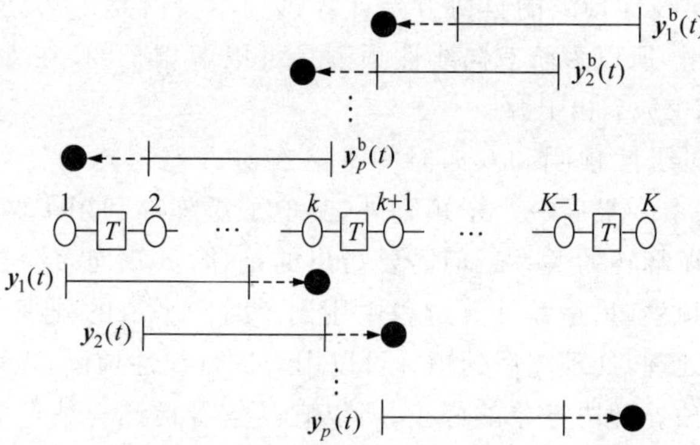

图 6.18　时域多阶双向线性预测结构图

$$
\begin{aligned}
\boldsymbol{Y}_{t2}^{fb} &= \begin{bmatrix} \boldsymbol{Y}_{t2}^{f} & \boldsymbol{Y}_{t2}^{b} \end{bmatrix} \\
&= \begin{bmatrix}
y(1) & \cdots & y(K-k+1) & y(K) & \cdots & y(k) \\
y(2) & \cdots & y(K-k+2) & y(K-1) & \cdots & y(k-1) \\
\vdots & \ddots & \vdots & \vdots & \ddots & \vdots \\
y(k-1) & \cdots & y(K-1) & y(K-k+2) & \cdots & y(2)
\end{bmatrix}
\end{aligned}
\tag{6.51}
$$

$$
\hat{\boldsymbol{Y}}_{t2}^{fb} = \begin{bmatrix} \hat{\boldsymbol{Y}}_{t2}^{f} & \hat{\boldsymbol{Y}}_{t2}^{b} \end{bmatrix} = [y(k) \quad \cdots \quad y(K) \quad y(K-k+1) \quad \cdots \quad y(1)] \tag{6.52}
$$

同理，利用最小均方误差算法可以计算得到最优的多阶双向线性预测权

$$
\boldsymbol{W}_{t2}^{fb} = (\boldsymbol{R}_{t2}^{fb})^{-1}\boldsymbol{r}_{t2}^{fb} = (\boldsymbol{R}_{t2}^{f} + \boldsymbol{R}_{t2}^{b})^{-1}(\boldsymbol{r}_{t2}^{f} + \boldsymbol{r}_{t2}^{b}) \tag{6.53}
$$

式中，$\boldsymbol{R}_{t2}^{f}$ 和 $\boldsymbol{r}_{t2}^{f}$ 分别见式(6.37)和式(6.38)，$\boldsymbol{R}_{t2}^{b}$ 和 $\boldsymbol{r}_{t2}^{b}$ 分别见式(6.43)和式(6.44)。

由式(6.39)和式(6.45)可知

$$
\boldsymbol{R}_{t2}^{fb} = \boldsymbol{R}'_{11} + \boldsymbol{R}'_{22} + \cdots + \boldsymbol{R}'_{pp} + (\boldsymbol{R}_{11}^{b})' + (\boldsymbol{R}_{22}^{b})' + \cdots + (\boldsymbol{R}_{pp}^{b})' \tag{6.54}
$$

$$
\boldsymbol{r}_{t2}^{fb} = \boldsymbol{r}_1 + \boldsymbol{r}_2 + \cdots + \boldsymbol{r}_p + \boldsymbol{r}_1^{b} + \boldsymbol{r}_2^{b} + \cdots + \boldsymbol{r}_p^{b} \tag{6.55}
$$

上述自协方差矩阵和互相关矢量与整个时域接收数据之间的关系同图 6.13 中的空域多阶双向线性预测，这里不再重新给出。

由上述推导过程可以得到以下结论。

(1) 时域多阶双向线性预测和空域多阶双向线性预测一样，其自协方差矩阵就是多阶单向线性协方差矩阵的和，多阶双向线性预测中的互相关矢量也是多阶单向线性互相关矢量的和。

(2) 多阶双向线性预测中用到的矩阵和矢量都是多阶单向线性预测中矩阵和矢量的线性组合，但得到的权矢量并不是多阶单向线性预测权矢量的组合，因为此时得到的权矢量仍是一维的，也就是说权矢量中的每一个元素都需要用到 $2p$ 次。这相当于在时域中形成了 $2p$ 个频率通道，如果针对的是脉冲串，则相当于形成了 $2p$ 个多普勒通道。

(3) 多阶双向线性预测的自协方差计算过程本身就是平滑处理的过程，而且是双向的时间平滑，所以多阶双向线性预测是可以解相干的，在 $k>N$ 和 $2p>N$ 的情况下，可以解 $2p$ 个相干源。

(4) 多阶双向线性预测和双向时间平滑在协方差矩阵的计算过程中是一样的，中间除了第一个和最后一个子矩阵外，其他子矩阵都利用了两次，且这两个子数据块是一个共轭翻转的关系。但需要指出的是，时域双向多阶线性预测的目的是估计信号源的频率，只是其计算过程中用到了时间平滑的处理。而多阶的时间平滑只是一个预处理，处理完后的矩阵可以用来进行线性预测，也可以用作其他的频率估计方法的预处理协方差的修正，所以它是信号检测与估计的一个预处理过程，不是最终的估计或检测。

6.4 空时二维线性预测原理

空时二维线性预测在以前的现代谱估计及现代数字信号处理中很少涉及，主要原因可能有两个：一是其结构相对于空域和时域的线性预测要复杂很多；二是空时二维的谱估计一般都采用最小方差算法、二维 MUSIC 算法等，很少用这种旁瓣对消结构的空时二维处理。这里从空时等效性的角度探讨空时二维的线性预测，及其和空域及时域线性预测的关联性。

6.4.1 一阶线性预测

通过前面的介绍，可以发现其实不管是时域的线性预测还是空域的线性预测，其实质都是利用最小均方准则来实现已知数据和估计数据之间的拟合。只是时域通常利用采样数据来估计信号的频率参数，而空域通常利用采样数据来估计信号的角度参数。但在实际应用过程中，一个信号的角度和频率通常需要同时估计，所以这里探讨一下空时二维线性预测的问题，以第 4 章介绍的阵元-脉冲域数据为例来说明，其原理图见图 6.19。

图 6.19 中横向有 M 个阵元，列向有 K 个脉冲，图中的每个“×”表示某个阵元上接收到的某个脉冲 $\boldsymbol{Y}_{ij}$，$i=1,2,\cdots,M$，$j=1,2,\cdots,K$。假设脉冲的距离门数为 L，已知数据为第 1 至 $M-1$ 个阵元的所有第 1 至 $K-1$ 个脉冲数据，即图中的 $\boldsymbol{X}_{11}$，它是 $(K-1)(M-1)\times L$ 维的数据矩阵。需要预测的数据 $\boldsymbol{Y}_{MK}$ 为第 M 个阵元上的第 K 个脉冲，其维数为 L，在图中用●表示。

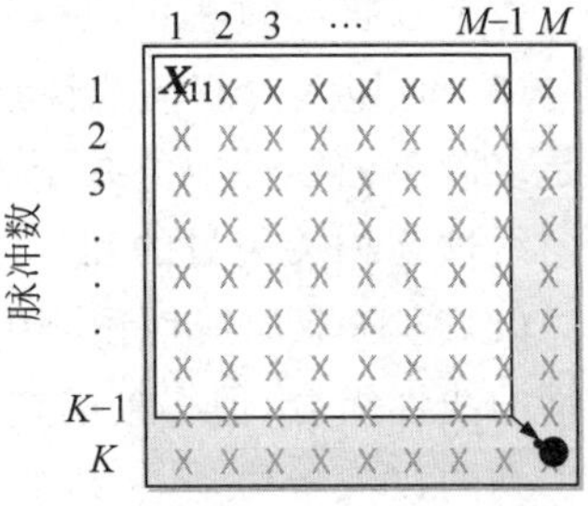

图 6.19 空时二维前向线性预测原理图

很显然，有

$$X=\begin{bmatrix}Y_1\\Y_2\\\vdots\\Y_M\end{bmatrix},\quad Y_i=\begin{bmatrix}Y_{i,1}\\Y_{i,2}\\\vdots\\Y_{i,K}\end{bmatrix},\quad Z^{\mathrm{f}}=\begin{bmatrix}Y'_1\\Y'_2\\\vdots\\Y'_{M-1}\end{bmatrix},\quad Y'_i=\begin{bmatrix}Y_{i,1}\\Y_{i,2}\\\vdots\\Y_{i,K-1}\end{bmatrix}\tag{6.56}$$

式中，$KM\times L$ 维矩阵 $\boldsymbol{X}$ 是由所有阵元上的所有脉冲数据组成的；$K\times L$ 维矩阵 $\boldsymbol{Y}_i$ 为第 i 个阵元上所有脉冲数据构成的矩阵；$(K-1)\times L$ 维矩阵 $\boldsymbol{Y}'_i$ 为第 i 个阵元上前 $K-1$ 个脉冲数据构成的矩阵；$\boldsymbol{Z}^{\mathrm{f}}$ 是 $(K-1)(M-1)\times L$ 维用于预测的已知数据，它和 $\boldsymbol{X}$ 的区别在于没有最后一行 $K\times L$ 维数据块 $\boldsymbol{Y}_M$ 和 $\boldsymbol{Y}_{i,K}(i=1,2,\cdots,M-1)$。

假设预测用的滤波器系数为 $(K-1)(M-1)$ 维矢量 $\boldsymbol{W}^{\mathrm{f}}_{\mathrm{st}}$，则预测的数据为

$$\hat{\boldsymbol{Y}}_{MK}=\sum_{i=1}^{M-1}\sum_{j=1}^{K-1}w(i,j)\boldsymbol{Y}_{ij}=(\boldsymbol{W}^{\mathrm{f}}_{\mathrm{st}})^{\mathrm{H}}\boldsymbol{Z}^{\mathrm{f}}\tag{6.57}$$

同样，利用最小均方误差算法可以得到权矢量

$$\boldsymbol{W}^{\mathrm{f}}_{\mathrm{st1}}=(\boldsymbol{R}^{\mathrm{f}}_{\mathrm{st1}})^{-1}\boldsymbol{r}^{\mathrm{f}}_{\mathrm{st1}}\tag{6.58}$$

式中，协方差矩阵和互相关矢量分别为

$$\boldsymbol{R}^{\mathrm{f}}_{\mathrm{st1}}=E[\boldsymbol{Z}^{\mathrm{f}}(\boldsymbol{Z}^{\mathrm{f}})^{\mathrm{H}}],\quad \boldsymbol{r}^{\mathrm{f}}_{\mathrm{st1}}=E[\boldsymbol{Z}^{\mathrm{f}}\boldsymbol{Y}^{\mathrm{H}}_{MK}]\tag{6.59}$$

式中，$\boldsymbol{R}^{\mathrm{f}}_{\mathrm{st1}}$ 的维数为 $(K-1)(M-1)\times(K-1)(M-1)$；$\boldsymbol{r}^{\mathrm{f}}_{\mathrm{st1}}$ 的维数为 $(K-1)(M-1)$。

所以，整个阵列的权矢量为

$$\boldsymbol{W}_{\mathrm{FLP}}=\begin{bmatrix}1\\-\boldsymbol{W}^{\mathrm{f}}_{\mathrm{st1}}\end{bmatrix}=\begin{bmatrix}1\\-(\boldsymbol{R}^{\mathrm{f}}_{\mathrm{st1}})^{-1}\boldsymbol{r}^{\mathrm{f}}_{\mathrm{st1}}\end{bmatrix}\tag{6.60}$$

则利用上述的线性预测权得到的谱分别为

$$P_{\mathrm{FLP}}(\theta,f)=\frac{1}{1-\boldsymbol{a}^{\mathrm{H}}_{\mathrm{st}}(\theta,f)\boldsymbol{W}^{\mathrm{f}}_{\mathrm{st1}}(\boldsymbol{W}^{\mathrm{f}}_{\mathrm{st1}})^{\mathrm{H}}\boldsymbol{a}^{\mathrm{H}}_{\mathrm{st}}(\theta,f)}\tag{6.61}$$

上式中的 $\boldsymbol{a}_{\mathrm{st}}(\theta,f)=\boldsymbol{a}_{\mathrm{s}}(\theta)\otimes\boldsymbol{a}_{\mathrm{t}}(f)$，其中 $\boldsymbol{a}_{\mathrm{s}}(\theta)$ 为 $M-1$ 维空域导向矢量，$\boldsymbol{a}_{\mathrm{t}}(f)$ 为 $K-1$ 维时域导向矢量。

下面分析一下式(6.59)中协方差矩阵和互相关矢量与数据 $\boldsymbol{X}$ 构成的协方差矩阵之间的关系，由式(6.56)可知

$$\boldsymbol{R}=\boldsymbol{X}\boldsymbol{X}^{\mathrm{H}}=\begin{bmatrix}\boldsymbol{Y}_1\boldsymbol{Y}_1^{\mathrm{H}} & \boldsymbol{Y}_1\boldsymbol{Y}_2^{\mathrm{H}} & \cdots & \boldsymbol{Y}_1\boldsymbol{Y}_{M-1}^{\mathrm{H}} & \boldsymbol{Y}_1\boldsymbol{Y}_M^{\mathrm{H}}\\ \boldsymbol{Y}_2\boldsymbol{Y}_1^{\mathrm{H}} & \boldsymbol{Y}_2\boldsymbol{Y}_2^{\mathrm{H}} & \cdots & \boldsymbol{Y}_2\boldsymbol{Y}_{M-1}^{\mathrm{H}} & \boldsymbol{Y}_2\boldsymbol{Y}_M^{\mathrm{H}}\\ \vdots & \vdots & & \vdots & \vdots\\ \boldsymbol{Y}_{M-1}\boldsymbol{Y}_1^{\mathrm{H}} & \boldsymbol{Y}_{M-1}\boldsymbol{Y}_2^{\mathrm{H}} & \cdots & \boldsymbol{Y}_{M-1}\boldsymbol{Y}_{M-1}^{\mathrm{H}} & \boldsymbol{Y}_{M-1}\boldsymbol{Y}_M^{\mathrm{H}}\\ \boldsymbol{Y}_M\boldsymbol{Y}_1^{\mathrm{H}} & \boldsymbol{Y}_M\boldsymbol{Y}_2^{\mathrm{H}} & \cdots & \boldsymbol{Y}_M\boldsymbol{Y}_{M-1}^{\mathrm{H}} & \boldsymbol{Y}_M\boldsymbol{Y}_M^{\mathrm{H}}\end{bmatrix}\tag{6.62}$$

而已知数据自协方差矩阵 $\boldsymbol{R}^{\mathrm{f}}_{\mathrm{st1}}$ 满足下式：

$$\boldsymbol{R}^{\mathrm{f}}_{\mathrm{st1}}=\boldsymbol{Z}^{\mathrm{f}}(\boldsymbol{Z}^{\mathrm{f}})^{\mathrm{H}}=\begin{bmatrix}\boldsymbol{Y}'_1\boldsymbol{Y}'^{\mathrm{H}}_1 & \boldsymbol{Y}'_1\boldsymbol{Y}'^{\mathrm{H}}_2 & \cdots & \boldsymbol{Y}'_1\boldsymbol{Y}'^{\mathrm{H}}_{M-1}\\ \boldsymbol{Y}'_2\boldsymbol{Y}'^{\mathrm{H}}_1 & \boldsymbol{Y}'_2\boldsymbol{Y}'^{\mathrm{H}}_2 & \cdots & \boldsymbol{Y}'_2\boldsymbol{Y}'^{\mathrm{H}}_{M-1}\\ \vdots & \vdots & & \vdots\\ \boldsymbol{Y}'_{M-1}\boldsymbol{Y}'^{\mathrm{H}}_1 & \boldsymbol{Y}'_{M-1}\boldsymbol{Y}'^{\mathrm{H}}_2 & \cdots & \boldsymbol{Y}'_{M-1}\boldsymbol{Y}'^{\mathrm{H}}_{M-1}\end{bmatrix}\tag{6.63}$$

已知数据互相关矢量 $\boldsymbol{r}_{\text{st1}}^{\text{f}}$ 满足下式：

$$\boldsymbol{r}_{\text{st1}}^{\text{f}}=\boldsymbol{Z}^{\text{f}}\boldsymbol{Y}_{MK}^{\text{H}}=\begin{bmatrix}\boldsymbol{r}'_1\\ \boldsymbol{r}'_2\\ \vdots\\ \boldsymbol{r}'_{M-1}\end{bmatrix}=\begin{bmatrix}\boldsymbol{Y}'_1\boldsymbol{Y}_{MK}^{\text{H}}\\ \boldsymbol{Y}'_2\boldsymbol{Y}_{MK}^{\text{H}}\\ \vdots\\ \boldsymbol{Y}'_{M-1}\boldsymbol{Y}_{MK}^{\text{H}}\end{bmatrix}\tag{6.64}$$

通过定义式和上面的三个等式可以得到以下结论。

(1) 空时二维数据的协方差矩阵 $\boldsymbol{R}$ 满足图 6.20 的结构，它是由一个个 $K\times K$ 维的矩阵块 $\boldsymbol{Y}_i\boldsymbol{Y}_j^{\text{H}}$ 构成的，即由第 i 个阵元上所有脉冲数据 $\boldsymbol{Y}_i$ 和第 j 个阵元上所有脉冲数据 $\boldsymbol{Y}_j$ 的互相关矩阵构成，其中 $i=1,2,\cdots,M,j=1,2,\cdots,K$。

$$\boldsymbol{R}=\begin{vmatrix}\boldsymbol{Y}_1\boldsymbol{Y}_1^{\text{H}} & \cdots & \boldsymbol{Y}_1\boldsymbol{Y}_{M-1}^{\text{H}} & \boldsymbol{Y}_1\boldsymbol{Y}_M^{\text{H}}\\ \vdots & \ddots & \vdots & \vdots\\ \boldsymbol{Y}_{M-1}\boldsymbol{Y}_1^{\text{H}} & \cdots & \boldsymbol{Y}_{M-1}\boldsymbol{Y}_{M-1}^{\text{H}} & \boldsymbol{Y}_{M-1}\boldsymbol{Y}_M^{\text{H}}\\ \boldsymbol{Y}_M\boldsymbol{Y}_1^{\text{H}} & \cdots & \boldsymbol{Y}_M\boldsymbol{Y}_{M-1}^{\text{H}} & \boldsymbol{Y}_M\boldsymbol{Y}_M^{\text{H}}\end{vmatrix}$$

图 6.20　整个阵列空时二维数据协方差矩阵示意图

(2) 空时二维线性预测中协方差矩阵 $\boldsymbol{R}_{\text{st1}}^{\text{f}}$ 由图 6.21(a)所示的数据块构成，可以看出 $\boldsymbol{R}_{\text{st1}}^{\text{f}}$ 矩阵的维数是$(K-1)(M-1)\times(K-1)(M-1)$，而 $\boldsymbol{R}$ 的维数是 $KM\times KM$。这表明 $\boldsymbol{R}_{\text{st1}}^{\text{f}}$ 矩阵中每个数据块 $\boldsymbol{Y}'_i\boldsymbol{Y}'^{\text{H}}_j$ 都和图 6.20 中数据块 $\boldsymbol{Y}_i\boldsymbol{Y}_j^{\text{H}}$ 的左上角$(K-1)\times(K-1)$维矩阵对应，即 $\boldsymbol{R}_{\text{st1}}^{\text{f}}$ 矩阵是由这些$(K-1)\times(K-1)$维数据块重新构成的矩阵。但需要注意的是，$\boldsymbol{R}_{\text{st1}}^{\text{f}}$ 矩阵中的数据没有涉及 $\boldsymbol{R}$ 中的最后一行和最后一列 $K\times K$ 维的数据块。

(3) 空时二维线性预测中互相关矢量 $\boldsymbol{r}_{\text{st1}}^{\text{f}}$ 由图 6.21(b)所示的数据块构成，可以看出 $\boldsymbol{r}_{\text{st1}}^{\text{f}}$ 矢量的维数是$(K-1)(M-1)$，它的每一块 $K-1$ 维矢量正好对应 $\boldsymbol{Y}'_i\boldsymbol{Y}_{MK}^{\text{H}}$。由于 $\boldsymbol{Y}_{MK}$ 是第 M 个阵元上的第 K 个脉冲数据，所以互相关矢量 $\boldsymbol{r}'_i$ 是图 6.20 中最后一列数据块 $\boldsymbol{Y}_i\boldsymbol{Y}_{MK}^{\text{H}}$ 最后一列数据矢量的前 $K-1$ 行矢量。注意互相关矢量只和 $\boldsymbol{R}$ 中的最后一列数据块有关。

通过上述的分析，就可以清楚地看出 $\boldsymbol{R}$、$\boldsymbol{R}_{\text{st1}}^{\text{f}}$ 和 $\boldsymbol{r}_{\text{st1}}^{\text{f}}$ 之间的关系如图 6.22 所示，即 $\boldsymbol{R}_{\text{st1}}^{\text{f}}$ 是由图中的$(M-1)\times(M-1)$个$(K-1)\times(K-1)$维的斜阴影构成的$(K-1)(M-1)\times(K-1)(M-1)$维矩阵，而 $\boldsymbol{r}_{\text{st1}}^{\text{f}}$ 是由图中的 $M-1$ 个 $K-1$ 维的点阴影矢量构成的$(K-1)(M-1)$维矢量。$\boldsymbol{R}_{\text{st1}}^{\text{f}}$ 和 $\boldsymbol{r}_{\text{st1}}^{\text{f}}$ 的构造没有用到 $\boldsymbol{R}$ 的最后一行矩阵块。

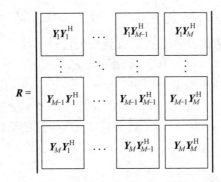

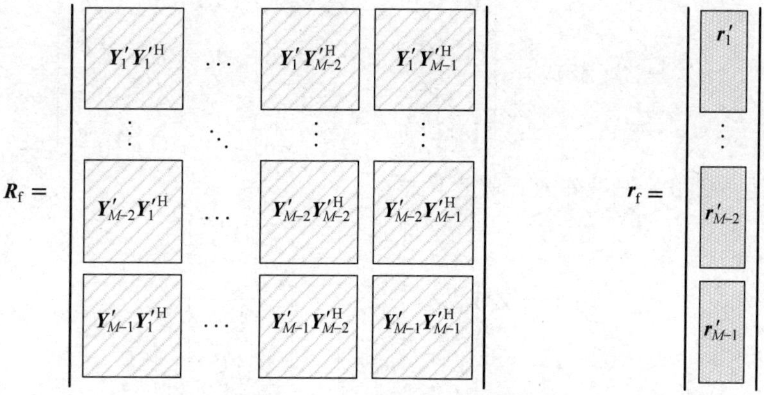

图 6.21　空时二维前向线性预测数据协方差矩阵和矢量的构成图

(a) 数据协方差矩阵；(b) 数据互相关矢量

以上介绍的就是一阶前向空时二维线性预测算法，由于其基本原理及推导过程和前面的空域或时域线性预测是一样的，所以这里只是着重将矩阵与矢量之间的关系进行了分析和对比。如果将线性预测的关系调整为如图 6.23 所示，则很容易得到一阶后向空时二维线性预测算法。

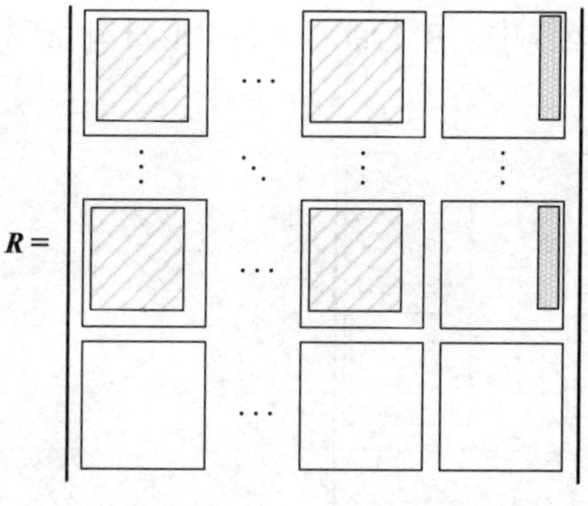

图 6.22　空时二维前向线性预测数据协方差矩阵与互相关矢量的关系图

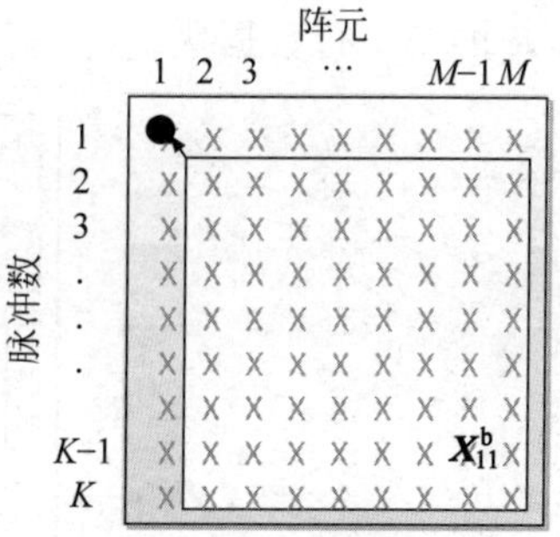

图 6.23　空时二维后向线性预测原理图

对照一阶前向空时二维线性预测算法中的定义，则预测数据变成了第 1 个阵元上的第 1 个脉冲，已知数据变成了后 $M-1$ 个阵元上的后 $K-1$ 个脉冲，则

$$\boldsymbol{Y}_{M-i+1}^{\mathrm{b}}=\boldsymbol{J}\boldsymbol{Y}_i,\quad \boldsymbol{Y}_i'^{\mathrm{b}}=\boldsymbol{Y}_i^{\mathrm{b}}(1:K-1,:),\quad \boldsymbol{Z}^{\mathrm{b}}=\begin{bmatrix}\boldsymbol{Y}_M'\\ \boldsymbol{Y}_{M-1}'\\ \vdots\\ \boldsymbol{Y}_2'\end{bmatrix}\tag{6.65}$$

从上式的定义可以看出，其实 $\boldsymbol{Y}_i'^{\mathrm{b}}$ 就是 $\boldsymbol{Y}_i$ 的后 $K-1$ 个脉冲数据，只是参考点为最后一个脉冲。所以得到的后向自协方差矩阵 $\boldsymbol{R}_{\mathrm{st1}}^{\mathrm{b}}$ 为

$$\boldsymbol{R}_{\mathrm{st1}}^{\mathrm{b}}=\boldsymbol{Z}^{\mathrm{b}}(\boldsymbol{Z}^{\mathrm{b}})^{\mathrm{H}}=\begin{bmatrix}\boldsymbol{Y}_M'^{\mathrm{b}}\boldsymbol{Y}_M'^{\mathrm{bH}} & \boldsymbol{Y}_M'^{\mathrm{b}}\boldsymbol{Y}_{M-1}'^{\mathrm{bH}} & \cdots & \boldsymbol{Y}_M'^{\mathrm{b}}\boldsymbol{Y}_2'^{\mathrm{bH}}\\ \boldsymbol{Y}_{M-1}'^{\mathrm{b}}\boldsymbol{Y}_M'^{\mathrm{bH}} & \boldsymbol{Y}_{M-1}'^{\mathrm{b}}\boldsymbol{Y}_{M-1}'^{\mathrm{bH}} & \cdots & \boldsymbol{Y}_{M-1}'^{\mathrm{b}}\boldsymbol{Y}_2'^{\mathrm{bH}}\\ \vdots & \vdots & & \vdots\\ \boldsymbol{Y}_2'^{\mathrm{b}}\boldsymbol{Y}_M'^{\mathrm{bH}} & \boldsymbol{Y}_2'^{\mathrm{b}}\boldsymbol{Y}_{M-1}'^{\mathrm{bH}} & \cdots & \boldsymbol{Y}_2'^{\mathrm{b}}\boldsymbol{Y}_2'^{\mathrm{bH}}\end{bmatrix} \tag{6.66}$$

而已知数据互相关矢量阵 $\boldsymbol{r}_{\mathrm{st1}}^{\mathrm{b}}$ 满足下式：

$$\boldsymbol{r}_{\mathrm{st1}}^{\mathrm{b}}=\boldsymbol{Z}^{\mathrm{b}}\boldsymbol{Y}_{11}^{\mathrm{H}}=\begin{bmatrix}\boldsymbol{r}_1'^{\mathrm{b}}\\ \boldsymbol{r}_2'^{\mathrm{b}}\\ \vdots\\ \boldsymbol{r}_{M-1}'^{\mathrm{b}}\end{bmatrix}=\begin{bmatrix}\boldsymbol{Y}_M'\boldsymbol{Y}_{11}^{\mathrm{H}}\\ \boldsymbol{Y}_{M-1}'\boldsymbol{Y}_{11}^{\mathrm{H}}\\ \vdots\\ \boldsymbol{Y}_2'\boldsymbol{Y}_{11}^{\mathrm{H}}\end{bmatrix} \tag{6.67}$$

同样，利用最小均方误差算法可以得到权矢量

$$\boldsymbol{W}_{\mathrm{st1}}^{\mathrm{b}}=(\boldsymbol{R}_{\mathrm{st1}}^{\mathrm{b}})^{-1}\boldsymbol{r}_{\mathrm{st1}}^{\mathrm{b}} \tag{6.68}$$

对照图 6.22 可知，式(6.66)和式(6.67)中的每个数据块及数据矢量在矩阵 $\boldsymbol{R}$ 中的位置如图 6.24 所示。它和前向的区别是只利用了右下角$(M-1)\times(M-1)$个数据块，且每个数据块中也是只利用其右下角$(K-1)\times(K-1)$的数据，即式(6.66)的 $\boldsymbol{R}_{\mathrm{st1}}^{\mathrm{b}}$ 就是图 6.24 中斜阴影矩阵块构成的$(K-1)(M-1)\times(K-1)(M-1)$维矩阵；式(6.67)的 $\boldsymbol{r}_{\mathrm{st1}}^{\mathrm{b}}$ 则是图 6.24 中点阴影矢量构成的$(K-1)(M-1)$维矢量，这些矢量只位于矩阵 $\boldsymbol{R}$ 中的第 1 列数据块矩阵中。$\boldsymbol{R}_{\mathrm{st1}}^{\mathrm{b}}$ 和 $\boldsymbol{r}_{\mathrm{st1}}^{\mathrm{b}}$ 的构造没有用到矩阵 $\boldsymbol{R}$ 的第 1 行数据块。

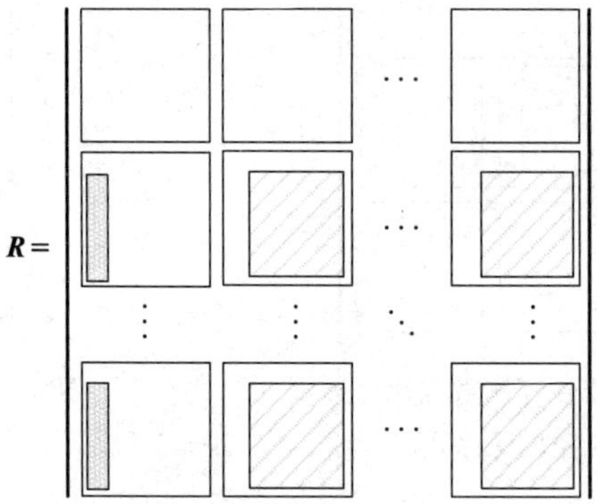

图 6.24　空时二维后向线性预测协方差矩阵与互相关矢量的关系图

显然，空时二维双向线性预测是图 6.19 和图 6.23 的组合，即利用前 $M-1$ 个阵元的前 $K-1$ 个数据来预测第 M 个阵元的第 K 个脉冲，同时还要利用后 $M-1$ 个阵元的后 $K-1$ 个数据来预测第 1 个阵元的第 1 个脉冲，由前面介绍的空域和时域双向线性预测算法很容易将它推广到空时二维双向线性预测中去，这里不再重复推导。利用最小均方误差算法可以得到空时二维前后向权矢量

$$\boldsymbol{W}_{\mathrm{st1}}^{\mathrm{fb}}=(\boldsymbol{R}_{\mathrm{st1}}^{\mathrm{fb}})^{-1}\boldsymbol{r}_{\mathrm{st1}}^{\mathrm{fb}}=(\boldsymbol{R}_{\mathrm{st1}}^{\mathrm{f}}+\boldsymbol{R}_{\mathrm{st1}}^{\mathrm{b}})^{-1}(\boldsymbol{r}_{\mathrm{st1}}^{\mathrm{f}}+\boldsymbol{r}_{\mathrm{st1}}^{\mathrm{b}}) \tag{6.69}$$

式中，$\boldsymbol{R}_{\mathrm{st1}}^{\mathrm{f}}$ 和 $\boldsymbol{r}_{\mathrm{st1}}^{\mathrm{f}}$ 见式(6.63)和式(6.64)；$\boldsymbol{R}_{\mathrm{st1}}^{\mathrm{b}}$ 和 $\boldsymbol{r}_{\mathrm{st1}}^{\mathrm{b}}$ 见式(6.66)和式(6.67)。

由式(6.69)可以明显看出空时二维的前后向线性预测和空域或时域中的前后向线性预测是相似的,即协方差矩阵是前向和后向的和,互相关矢量也是前向和后向的和。只是空时二维中组成的协方差矩阵和互相关矢量更加复杂。

6.4.2　多阶线性预测

由前面的知识可知,空域或时域的单阶线性预测推广到多阶线性预测还是比较简单的,但由于空时二维线性预测的矩阵和矢量构成较空域或时域要复杂得多,所以想直接从整体协方差矩阵上找出各阶协方差矩阵和互相关矢量的构成还是不太容易。这里尽量利用空时二维一阶线性预测的分析结构来探讨空时二维多阶的线性预测算法。

图 6.25 分别给出空时二维多阶前向和多阶后向线性预测的示意图,从图中可以看出,不管是前向还是后向,每个预测涉及的数据块其实就是图 5.9 和图 5.10 中空时平滑涉及的数据块,只是前向线性预测是用其左上角的数据来预测最右下角的一个数据,后向线性预测则是用其右下角的数据来预测最左上角的一个数据。

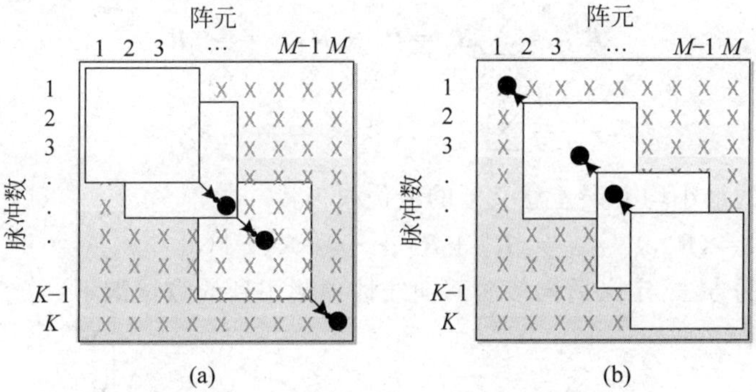

图 6.25　空时二维多阶线性预测示意图
(a) 前向线性预测;(b) 后向线性预测

下面先以前向线性预测为例进行分析。假设作 p 阶线性预测,需要满足 $m+p-1=M$ 和 $k+p-1=K$,则第 $i(i=1,2,\cdots,p)$次线性预测需要用到的数据块为 m 个阵元 k 个脉冲的空时二维数据块,即第 i 至 $i+m-1$ 个阵元上的第 i 至 $i+k-1$ 个脉冲的数据,记作 $\boldsymbol{X}_i$;$\boldsymbol{Y}_i$ 则表示 $\boldsymbol{X}_i$ 第 i 个阵元接收到的 k 个脉冲数据;$\boldsymbol{Y}_{i,j}$ 则表示对应的第 i 个阵元接收到的第 j 个脉冲数据。由于对 $\boldsymbol{X}_i$ 进行线性预测,参照上一节的定义,将其数据块中前 $m-1$ 个阵元的前 $k-1$ 个脉冲数据定义为 $\boldsymbol{Z}_i^{\mathrm{f}}$,需要预测的数据则为 $\boldsymbol{Y}_{i+m-1,i+k-1}$。所以 $\boldsymbol{X}_i$ 的维数为 $mk\times L$,$\boldsymbol{Y}_i$ 的维数为 $k\times L$,$\boldsymbol{Z}_i^{\mathrm{f}}$ 的维数为$(m-1)(k-1)\times L$,$\boldsymbol{Y}_i'$的维数为$(k-1)\times L$。由以上分析得

$$\boldsymbol{X}_i = \begin{bmatrix} \boldsymbol{Y}_i \\ \boldsymbol{Y}_{i+1} \\ \vdots \\ \boldsymbol{Y}_{i+m-1} \end{bmatrix}, \quad \boldsymbol{Y}_i = \begin{bmatrix} \boldsymbol{Y}_{i,i} \\ \boldsymbol{Y}_{i,i+1} \\ \vdots \\ \boldsymbol{Y}_{i,i+k-1} \end{bmatrix}, \quad \boldsymbol{Z}_i^{\mathrm{f}} = \begin{bmatrix} \boldsymbol{Y}'_i \\ \boldsymbol{Y}'_{i+1} \\ \vdots \\ \boldsymbol{Y}'_{i+m-2} \end{bmatrix}, \quad \boldsymbol{Y}'_i = \begin{bmatrix} \boldsymbol{Y}_{i,i} \\ \boldsymbol{Y}_{i,i+1} \\ \vdots \\ \boldsymbol{Y}_{i,i+k-2} \end{bmatrix} \tag{6.70}$$

很显然，将上式和式(6.56)进行对比就可以发现，两者的定义方式是一样的，只是数据维数上存在差别。式(6.56)是将整个阵列接收数据 $\boldsymbol{X}$ 作为对象，而式(6.70)则是将其中的一块数据 $\boldsymbol{X}_i$ 作为对象。那么式(6.70)就简化为图 6.19 所示的空时二维一阶前向线性预测，只是空时二维的数据维数发生了变化，空域阵元数由 M 变成了 m，时域脉冲数由 K 变成了 k。所以可以直接套用上一节的结果，此时得到的数据协方差矩阵和互相关矢量分别为

$$\boldsymbol{R}_i^{\mathrm{f}} = E[\boldsymbol{Z}_i^{\mathrm{f}}(\boldsymbol{Z}_i^{\mathrm{f}})^{\mathrm{H}}] \tag{6.71}$$

$$\boldsymbol{r}_i^{\mathrm{f}} = E[\boldsymbol{Z}_i^{\mathrm{f}}\boldsymbol{Y}_{i+m-1,i+k-1}^{\mathrm{H}}] \tag{6.72}$$

显然，$\boldsymbol{R}_i^{\mathrm{f}}$ 和 $\boldsymbol{r}_i^{\mathrm{f}}$ 与数据块 $\boldsymbol{X}_i$ 协方差矩阵的关系图和图 6.22 是一样的，这里不再重复给出。再利用前面介绍的空域和时域多阶线性预测的结论就可以得到空时二维多阶前向线性预测的数据协方差矩阵和互相关矢量为

$$\boldsymbol{R}_{\mathrm{st2}}^{\mathrm{f}} = \sum_{i=1}^{p}\boldsymbol{R}_i^{\mathrm{f}} = \boldsymbol{R}_1^{\mathrm{f}} + \boldsymbol{R}_2^{\mathrm{f}} + \cdots + \boldsymbol{R}_p^{\mathrm{f}} \tag{6.73}$$

$$\boldsymbol{r}_{\mathrm{st2}}^{\mathrm{f}} = \sum_{i=1}^{p}\boldsymbol{r}_i^{\mathrm{f}} = \boldsymbol{r}_1^{\mathrm{f}} + \boldsymbol{r}_2^{\mathrm{f}} + \cdots + \boldsymbol{r}_p^{\mathrm{f}} \tag{6.74}$$

则最终得到的最小均方误差意义下的最优权矢量

$$\boldsymbol{W}_{\mathrm{st2}}^{\mathrm{f}} = (\boldsymbol{R}_{\mathrm{st2}}^{\mathrm{f}})^{-1}\boldsymbol{r}_{\mathrm{st2}}^{\mathrm{f}} = (\boldsymbol{R}_1^{\mathrm{f}} + \boldsymbol{R}_2^{\mathrm{f}} + \cdots + \boldsymbol{R}_p^{\mathrm{f}})^{-1}(\boldsymbol{r}_1^{\mathrm{f}} + \boldsymbol{r}_2^{\mathrm{f}} + \cdots + \boldsymbol{r}_p^{\mathrm{f}}) \tag{6.75}$$

按同样的方法，定义后向多阶双向线性预测用到的数据如下：

$$\boldsymbol{Y}_{M-i+1}^{\mathrm{b}} = \boldsymbol{J}\boldsymbol{Y}_i, \quad \boldsymbol{Y}_i'^{\mathrm{b}} = \boldsymbol{Y}_i^{\mathrm{b}}(1:k-1,:), \quad \boldsymbol{Z}_i^{\mathrm{b}} = \begin{bmatrix} \boldsymbol{Y}_m'^{\mathrm{b}} \\ \boldsymbol{Y}_{m-1}'^{\mathrm{b}} \\ \vdots \\ \boldsymbol{Y}_2'^{\mathrm{b}} \end{bmatrix} \tag{6.76}$$

式中，$\boldsymbol{Z}_i^{\mathrm{b}}$ 的维数和 $\boldsymbol{Z}_i^{\mathrm{f}}$ 是一样的，只是组成数据时参数点不一样了。同样套用后向线性预测算法可得此时的数据协方差矩阵和互相关矢量分别为

$$\boldsymbol{R}_i^{\mathrm{b}} = E[\boldsymbol{Z}_i^{\mathrm{b}}(\boldsymbol{Z}_i^{\mathrm{b}})^{\mathrm{H}}] \tag{6.77}$$

$$\boldsymbol{r}_i^{\mathrm{b}} = E[\boldsymbol{Z}_i^{\mathrm{b}}\boldsymbol{Y}_{i,i}^{\mathrm{H}}] \tag{6.78}$$

利用前面得到的空域和时域多阶线性预测的结论就可以得到空时二维多阶后向的数据协方差矩阵和互相关矢量

$$\boldsymbol{R}_{\mathrm{st2}}^{\mathrm{b}} = \sum_{i=1}^{p}\boldsymbol{R}_i^{\mathrm{b}} = \boldsymbol{R}_1^{\mathrm{b}} + \boldsymbol{R}_2^{\mathrm{b}} + \cdots + \boldsymbol{R}_p^{\mathrm{b}} \tag{6.79}$$

$$\boldsymbol{r}_{\mathrm{st2}}^{\mathrm{b}} = \sum_{i=1}^{p}\boldsymbol{r}_i^{\mathrm{b}} = \boldsymbol{r}_1^{\mathrm{b}} + \boldsymbol{r}_2^{\mathrm{b}} + \cdots + \boldsymbol{r}_p^{\mathrm{b}} \tag{6.80}$$

则最终得到的最小均方误差意义下的最优权矢量

$$\boldsymbol{W}_{\text{st2}}^{\text{b}}=(\boldsymbol{R}_{\text{st2}}^{\text{b}})^{-1}\boldsymbol{r}_{\text{st2}}^{\text{b}}=(\boldsymbol{R}_{1}^{\text{b}}+\boldsymbol{R}_{2}^{\text{b}}+\cdots+\boldsymbol{R}_{p}^{\text{b}})^{-1}(\boldsymbol{r}_{1}^{\text{b}}+\boldsymbol{r}_{2}^{\text{b}}+\cdots+\boldsymbol{r}_{p}^{\text{b}}) \tag{6.81}$$

按照空域或时域的多阶线性预测方法，容易得出空时二维双向多阶线性预测的最优权矢量

$$\boldsymbol{W}_{\text{st2}}^{\text{fb}}=(\boldsymbol{R}_{\text{st2}}^{\text{fb}})^{-1}\boldsymbol{r}_{\text{st2}}^{\text{fb}}=(\boldsymbol{R}_{\text{st2}}^{\text{f}}+\boldsymbol{R}_{\text{st2}}^{\text{b}})^{-1}(\boldsymbol{r}_{\text{st2}}^{\text{f}}+\boldsymbol{r}_{\text{st2}}^{\text{b}}) \tag{6.82}$$

式中，$\boldsymbol{R}_{\text{st2}}^{\text{f}}$ 和 $\boldsymbol{r}_{\text{st2}}^{\text{f}}$ 见式(6.73)和式(6.74)；$\boldsymbol{R}_{\text{st2}}^{\text{b}}$ 和 $\boldsymbol{r}_{\text{st2}}^{\text{b}}$ 见式(6.79)和式(6.80)。

图 6.26 以三阶前后向线性预测为例来进行说明。图中颜色方块为子数据块的自相关矩阵，长方块为互相关矢量，图中从左到右依次是第一次预测用到的数据，第二次预测用到的数据，第三次预测用到的数据。虽然从原理上来讲，空时二维线性预测和空域线性预测及时域线性预测是一样的，主要体现在数据选取、平滑处理方式、最小均方准则等方面，但从图 6.26 中可以看出，空时二维多阶线性预测和空域或时域多阶线性预测存在很多差别，具体如下。

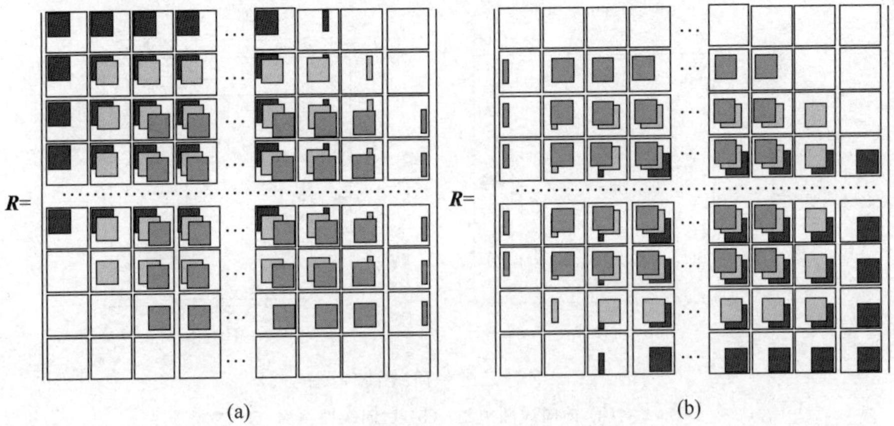

图 6.26　空时二维多阶线性预测矩阵和矢量位置图

(a) 前向线性预测；(b) 后向线性预测

(1) 图中的每个黑色正方形块其实是每个阵元上 K 个脉冲的自相关矩阵，所以整个协方差矩阵的维数就是 $MK\times MK$，每个黑色正方形块的维数是 $K\times K$，如果将这个矩阵块看成空域或时域中的一个协方差矩阵的数据点，则空时二维线性预测和空域或时域线性预测是一样的。

(2) 空时二维多阶前向线性预测除了最后一行数据块没有利用外，图中留白的部分还有大量的数据没有用到，如图中的 $K\times K$ 维的黑色正方形块，它在多阶线性预测过程中本身也是滑动的，所以这个小方块中右下方很多数据也没有用到，而这个黑色数据块越在大矩阵的中央，则用到的次数越多，左上角和右下角方向用的次数越少，而左下角和右上角方向则存在没有用到的数据块。

(3) 空时二维多阶后向线性预测和前向一样，除第一行数据块外，它也存在大量没有用到的数据，这里不再重述。这些数据体现的是已知数据之外的数据和已

知数据及未用到数据的互相关。

6.4.3 空时二维线性预测推广

由图 6.19 可知，空时二维前向线性预测是利用已知数据块来预测下一个阵元的下一个脉冲，空时二维后向线性预测是利用已知数据块来预测上一个阵元的上一个脉冲。对于空时二维一阶前向线性预测而言，从图 6.27(a)中可以看出下一个阵元其实存在 K 个脉冲，而且第 1 至 $M-1$ 个阵元也存在第 K 个脉冲。这也就意味着除了图 6.19 所示预测 $\boldsymbol{Y}_{M,K}$ 外，还存在 $M+K-2$ 个可选择项来进行预测，即图中最后一行和最后一列。对于空时二维一阶后向线性预测而言，从图 6.27(b)中可以看出上一个阵元其实存在 K 个脉冲，而且第 2 至 M 个阵元也存在 1 个脉冲。这也就意味着除了图 6.23 所示预测 $\boldsymbol{Y}_{1,1}$ 外，还存在 $M+K-2$ 个可选择项来进行预测，即图中第一行和第一列。

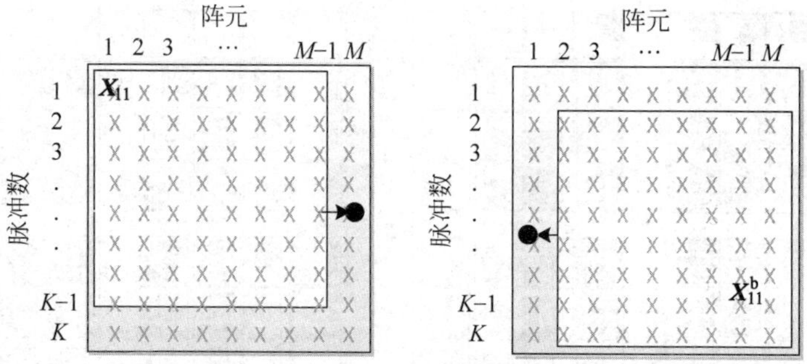

图 6.27 空时二维一阶线性预测的推广

(a) 前向线性预测；(b) 后向线性预测

下面先介绍一阶前向线性预测算法的推广。式(6.56)已经给出了一阶前向线性预测的数据定义，这里假设要预测的数据为 $\boldsymbol{Y}_{M,j}$ 或者 $\boldsymbol{Y}_{i,K}$，其中 $i=1,2,\cdots,M-1,j=1,2,\cdots,K-1$，即从图 6.27 最后一行和最后一列中任意选一个数据作为预测的值。

得到的预测用的滤波器系数为 $(K-1)(M-1)\times L$ 维矩阵 $\boldsymbol{W}_{\mathrm{st3}}^{\mathrm{f}}$，则预测的数据为

$$\begin{cases}\hat{\boldsymbol{Y}}_{M,j}=\displaystyle\sum_{n=1}^{M-1}\sum_{m=1}^{K-1}w_{\mathrm{st}}(n,m)\boldsymbol{Y}_{nm}=(\boldsymbol{W}_{\mathrm{st3}}^{\mathrm{f}})^{\mathrm{H}}\boldsymbol{Z}^{\mathrm{f}}, & j=1,2,\cdots,K\\ \hat{\boldsymbol{Y}}_{i,K}=\displaystyle\sum_{n=1}^{M-1}\sum_{m=1}^{K-1}w_{\mathrm{st}}(n,m)\boldsymbol{Y}_{nm}=(\boldsymbol{W}_{\mathrm{st3}}^{\mathrm{f}})^{\mathrm{H}}\boldsymbol{Z}^{\mathrm{f}}, & i=1,2,\cdots,M-1\end{cases}\tag{6.83}$$

同样，利用最小均方误差算法可以得到权矢量

$$\boldsymbol{W}_{\mathrm{st3}}^{\mathrm{f}}=(\boldsymbol{R}_{\mathrm{st1}}^{\mathrm{f}})^{-1}\boldsymbol{r}_{\mathrm{st3}}^{\mathrm{f}}\tag{6.84}$$

式中，$\boldsymbol{R}_{st1}^{f}$ 见式(6.59)，它就是一阶前向线性预测已知数据的自协方差矩阵，但互相关矢量为

$$\boldsymbol{r}_{st3}^{f}=E[\boldsymbol{Z}^{f}\boldsymbol{Y}_{M,j}^{H}] \quad 或 \quad \boldsymbol{r}_{st3}^{f}=E[\boldsymbol{Z}^{f}\boldsymbol{Y}_{i,K}^{H}] \tag{6.85}$$

式中，$\boldsymbol{Z}^{f}$ 见式(6.56)；$i=1,2,\cdots,M-1,j=1,2,\cdots,K$。

根据式(6.56)和式(6.76)的定义可以看出，任意一个互相关矢量其实就是已知数据 $\boldsymbol{X}_{11}$(第1至 $M-1$ 个阵元的所有第1至 $K-1$ 个脉冲数据)和第 M 个阵元上的第 j 个脉冲或者和第1至 $M-1$ 个阵元上的第 K 个脉冲的互相关。图6.28(a)给出了自相关矩阵、互相关矢量与整个协方差矩阵的关系图，图中斜线方块组成的矩阵就是 $\boldsymbol{R}_{st1}^{f}$，互相关矢量根据不同的取值共有 $M+K-1$ 个。其中，互相关矢量 $\boldsymbol{r}_{st3}^{f}=E[\boldsymbol{Z}^{f}\boldsymbol{Y}_{i,K}^{H}]$就是图中 $M-1$ 个矢量(网格线)中的一个，即 $i=1,2,\cdots,M-1$；而互相关矢量 $\boldsymbol{r}_{st3}^{f}=E[\boldsymbol{Z}^{f}\boldsymbol{Y}_{M,j}^{H}]$就是图中 K 个矢量(横线)中的一个，即 $j=1,2,\cdots,K$。很明显，当 $j=K$ 时，推广的算法简化为式(6.58)所示的空时二维一阶前向线性预测算法。

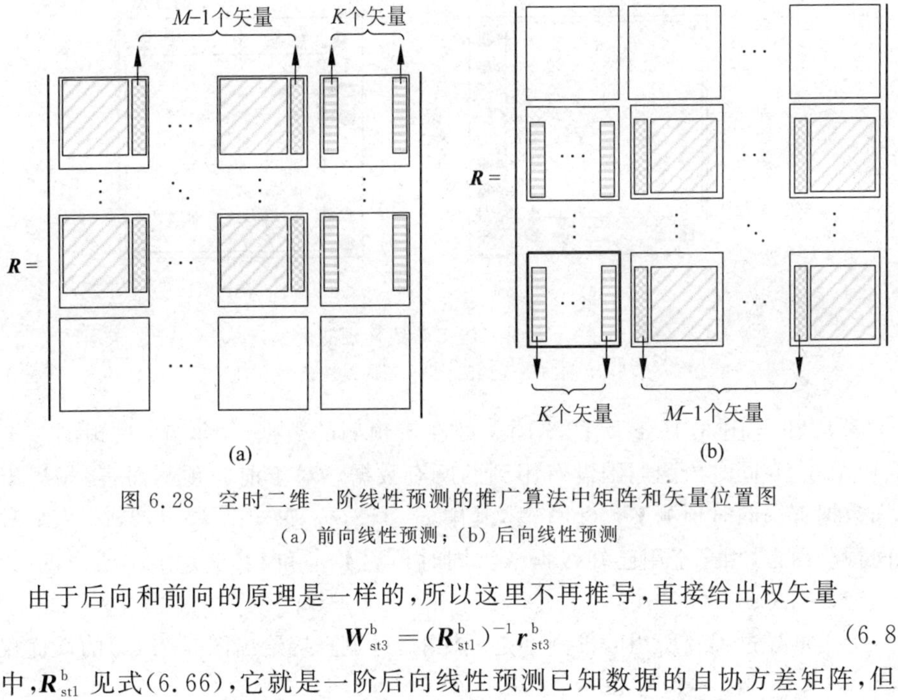

图6.28 空时二维一阶线性预测的推广算法中矩阵和矢量位置图

(a) 前向线性预测；(b) 后向线性预测

由于后向和前向的原理是一样的，所以这里不再推导，直接给出权矢量

$$\boldsymbol{W}_{st3}^{b}=(\boldsymbol{R}_{st1}^{b})^{-1}\boldsymbol{r}_{st3}^{b} \tag{6.86}$$

式中，$\boldsymbol{R}_{st1}^{b}$ 见式(6.66)，它就是一阶后向线性预测已知数据的自协方差矩阵，但互相关矢量为

$$\boldsymbol{r}_{st3}^{b}=E[\boldsymbol{Z}^{b}\boldsymbol{Y}_{1,j}^{H}] \quad 或 \quad \boldsymbol{r}_{st3}^{b}=E[\boldsymbol{Z}^{b}\boldsymbol{Y}_{i,1}^{H}] \tag{6.87}$$

式中，$\boldsymbol{Z}^{b}$ 见式(6.65)；$i=2,3,\cdots,M,j=1,2,\cdots,K$。

后向线性预测算法中矩阵和矢量的位置关系见图6.28(b)，从图中可以看出，图中斜线方块组成的矩阵就是式(6.66)中的 $\boldsymbol{R}_{st1}^{b}$，互相关矢量根据不同的取值共有 $M+K-1$ 个。其中，与第2至 M 个阵元第1个脉冲的互相关矢量 $\boldsymbol{r}_{st3}^{b}=$

$E[\boldsymbol{Z}^{\mathrm{b}}\boldsymbol{Y}_{1,j}^{\mathrm{H}}]$就是图中 $M-1$ 个矢量(网格线)中的一个,即 $i=2,3,\cdots,M$;而与第 1 个阵元第 1 至 K 个脉冲的互相关矢量 $\boldsymbol{r}_{\mathrm{st3}}^{\mathrm{b}}=E[\boldsymbol{Z}^{\mathrm{b}}\boldsymbol{Y}_{i,1}^{\mathrm{H}}]$就是图中 K 个矢量(横线)中的一个,即 $j=1,2,\cdots,K$。很明显,当 $j=1$ 时,推广的算法简化为式(6.68)所示的空时二维一阶后向线性预测算法。

由上述推导过程结合前面的双向线性预测知识,很容易得到一阶双向线性预测算法的推广公式

$$\boldsymbol{W}_{\mathrm{st3}}^{\mathrm{fb}}=(\boldsymbol{R}_{\mathrm{st1}}^{\mathrm{f}}+\boldsymbol{R}_{\mathrm{st1}}^{\mathrm{b}})^{-1}(\boldsymbol{r}_{\mathrm{st3}}^{\mathrm{f}}+\boldsymbol{r}_{\mathrm{st3}}^{\mathrm{b}}) \tag{6.88}$$

上面探讨了空时二维一阶线性预测可以推广到更一般的形式,即只对特定的某个阵元的某个脉冲预测,拓展为对其他没有用到的某个阵元某个脉冲数据的线性预测,当然还可以拓展到对任意阵元任意脉冲的线性预测(包含协方差矩阵中已经用到的数据)。下面再探讨一下将空时二维一阶线性预测中预测一个数据拓展到预测多个数据,即得到如图 6.29 所示的空时二维多阶线性预测的推广结构图。

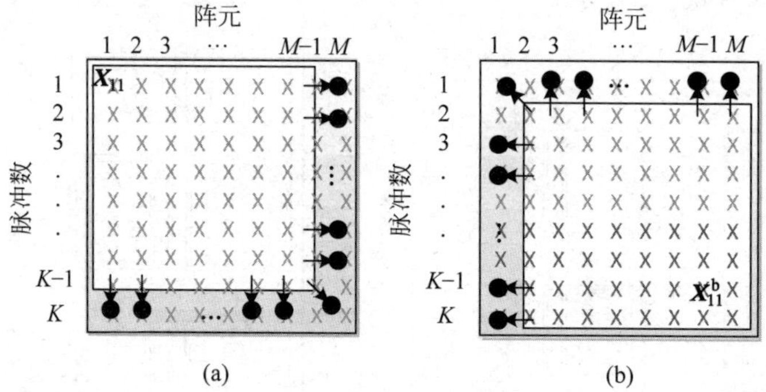

图 6.29 空时二维多阶线性预测的推广

(a) 前向线性预测;(b) 后向线性预测

图 6.29 与图 6.19 最大的不同之处在于预测的数据,图 6.19 只预测一个数据,而图 6.29 同时预测周围没有用到的所有数据。对于前向预测而言,相当于用已知数据 $\boldsymbol{X}_{11}$ 同时预测 $\boldsymbol{Y}_{M,j}$ 和 $\boldsymbol{Y}_{i,K}^{\mathrm{H}}$,其中 $i=1,2,\cdots,M-1,j=1,2,\cdots,K$;对于后向预测而言,相当于用已知数据 $\boldsymbol{X}_{11}^{\mathrm{b}}$ 同时预测 $\boldsymbol{Y}_{1,j}$ 和 $\boldsymbol{Y}_{i,1}^{\mathrm{H}}$,其中 $i=2,3,\cdots,M$, $j=1,2,\cdots,K$。

由于推导过程及所用的准则都是一样的,这里直接给出图 6.29(a)的最优权矢量:

$$\boldsymbol{W}_{\mathrm{st4}}^{\mathrm{f}}=(\boldsymbol{R}_{\mathrm{st1}}^{\mathrm{f}})^{-1}\boldsymbol{r}_{\mathrm{st4}}^{\mathrm{f}} \tag{6.89}$$

$$\boldsymbol{r}_{\mathrm{st4}}^{\mathrm{f}}=\sum_{i=1}^{M-1}\boldsymbol{r}_{\mathrm{st3}}^{\mathrm{f}}(i,K)+\sum_{j=1}^{K}\boldsymbol{r}_{\mathrm{st3}}^{\mathrm{f}}(M,j) \tag{6.90}$$

式中,$\boldsymbol{r}_{\mathrm{st3}}^{\mathrm{f}}(i,K)$表示式(6.85)中 $\boldsymbol{Y}_{i,K}^{\mathrm{H}}$ 随 $i=1,2,\cdots,M-1$ 的取值,即其中的一个互相关矢量;$\boldsymbol{r}_{\mathrm{st3}}^{\mathrm{f}}(M,j)$表示式(6.85)中 $\boldsymbol{Y}_{M,j}^{\mathrm{H}}$ 随 $j=1,2,\cdots,K$ 的取值,也是其中的一个互相关矢量。

同理，可以得到图 6.29(b)的最优权矢量：

$$\boldsymbol{W}_{\mathrm{st4}}^{\mathrm{b}} = (\boldsymbol{R}_{\mathrm{st1}}^{\mathrm{b}})^{-1}\boldsymbol{r}_{\mathrm{st4}}^{\mathrm{b}} \tag{6.91}$$

$$\boldsymbol{r}_{\mathrm{st4}}^{\mathrm{b}} = \sum_{i=1}^{M-1}\boldsymbol{r}_{\mathrm{st3}}^{\mathrm{b}}(i,1) + \sum_{j=1}^{K}\boldsymbol{r}_{\mathrm{st3}}^{\mathrm{b}}(1,j) \tag{6.92}$$

式中，$\boldsymbol{r}_{\mathrm{st3}}^{\mathrm{b}}(i,1)$表示式(6.87)中$\boldsymbol{Y}_{i,1}^{\mathrm{H}}$随$i=2,3,\cdots,M$的取值，即其中的一个互相关矢量；$\boldsymbol{r}_{\mathrm{st3}}^{\mathrm{b}}(1,j)$表示式(6.87)中$\boldsymbol{Y}_{1,j}^{\mathrm{H}}$随$j=1,2,\cdots,K$的取值，也是其中的一个互相关矢量。

注意，由于图 6.29 中已知数据块实际上被用了$M+K-1$次，所以式(6.89)和式(6.91)中数据协方差矩阵也应该是该数据协方差矩阵的$M+K-1$次的和，但由于协方差矩阵是同一个，所以只是相当于在权矢量前增加了一个$M+K-1$的倒数。它是一个常数，所以这里就省略了。

由式(6.89)和式(6.91)很容易导出双向线性预测算法

$$\boldsymbol{W}_{\mathrm{st4}}^{\mathrm{fb}} = (\boldsymbol{R}_{\mathrm{st1}}^{\mathrm{f}} + \boldsymbol{R}_{\mathrm{st1}}^{\mathrm{b}})^{-1}\boldsymbol{r}_{\mathrm{st4}}^{\mathrm{fb}} \tag{6.93}$$

$$\boldsymbol{r}_{\mathrm{st4}}^{\mathrm{fb}} = \boldsymbol{r}_{\mathrm{st4}}^{\mathrm{f}} + \boldsymbol{r}_{\mathrm{st4}}^{\mathrm{b}} = \sum_{i=1}^{M-1}(\boldsymbol{r}_{\mathrm{st3}}^{\mathrm{f}}(i,K) + \boldsymbol{r}_{\mathrm{st3}}^{\mathrm{b}}(i+1,1)) + \sum_{j=1}^{K}(\boldsymbol{r}_{\mathrm{st3}}^{\mathrm{f}}(M,j) + \boldsymbol{r}_{\mathrm{st3}}^{\mathrm{b}}(1,j)) \tag{6.94}$$

上面只给出了两种由空时二维一阶线性预测得到的推广方法：一是图 6.27 用周边任意一个没有用到的数据来替代特定的预测数据；二是图 6.29 用一个已知数据块来预测周边所有没有用到的数据。显然，这种推广还可以任意选取部分数据作为预测数据，也可以将空时二维多阶线性预测进行推广，甚至可以推广到其他的空时二维域中去。这里不再一一说明，只是将推广算法与原来算法作个对比。

(1) 图 6.19 所示的空时二维一阶前向线性预测，预测的数据是第M个阵元的第K个脉冲，而图 6.27(a)中一阶前向线性预测，预测的数据是第M个阵元的任意一个脉冲或者第 1 至$M-1$个阵元的第K个脉冲，即意味着当取第M个阵元第K个脉冲作为预测数据时，推广算法就是空时二维一阶前向线性预测算法。

(2) 图 6.23 所示的空时二维一阶后向线性预测，预测的数据是第 1 个阵元的第 1 个脉冲，而图 6.27(b)中一阶后向线性预测，预测的数据是第M个阵元的任意一个脉冲或者第 1 至$M-1$个阵元的第K个脉冲。同样，当预测的数据是第 1 个阵元的第 1 个脉冲时，推广算法就是空时二维一阶后向线性预测算法。

(3) 图 6.29(a)所示的空时二维多阶前向线性预测，就是利用图 6.19 所示的已知数据块来预测所有的未用到的数据，它与一阶前向推广的不同是同时预测这$M+K-1$个数据。对比图 6.28(a)和图 6.22 可知，推广的多阶数据利用率明显高于空时二维一阶前向线性预测算法。

(4) 图 6.29(b)所示的空时二维多阶后向线性预测，就是利用图 6.23 所示的已知数据块来预测所有的未用到的数据，它与一阶后向推广的不同是同时预测这$M+K-1$个数据。对比图 6.28(b)和图 6.24 可知，推广的多阶数据利用率明显高于空时二维一阶后向线性预测算法。

(5) 上面介绍的空时二维推广的一阶线性预测算法都是预测没有用到的数据,很显然它还可以用来预测已经用过的数据(上面介绍的方法只利用了已知数据协方差矩阵未用到的数据),即可以用来预测空时二维数据中的任意一个,即图 6.19 中每个"×"。这也说明多阶的推广预测数据的选择范围可以是整个空时二维数据,需要同时预测的数据最少为 1 个,最多为 $M\times K$ 个。

(6) 空时二维线性预测中当二维数据只有一个脉冲时,即没有脉冲维的自由度,此时算法就对应空域的线性预测。而当空时二维数据中只有一个阵元时,即没有阵元维的自由度,此时算法就对应时域的线性预测。这也说明空域或时域的线性预测算法其实就是空时二维线性预测算法的简化形式。

6.5 线性预测中的空时等效性

通过前面的分析可以发现:空时线性预测算法本身都是等效的,空域线性预测和时域线性预测只是空时线性预测算法的特例。这种等效主要体现在三个方面:一是线性预测算法的结构就是自适应中的旁瓣对消结构;二是线性预测算法的准则就是最小均方准则;三是权矢量表达式都是 $\boldsymbol{W}=\boldsymbol{R}^{-1}\boldsymbol{r}$,其中 $\boldsymbol{R}$ 为自协方差矩阵,$\boldsymbol{r}$ 为互相关矢量。所以不管是空域、时域还是空时二维线性预测算法,都可以统一为如下的公式:

$$\boldsymbol{W}_{\mathrm{LP}}=(\boldsymbol{W}_R^{\mathrm{f}}\boldsymbol{R}^{\mathrm{f}}+\boldsymbol{W}_R^{\mathrm{b}}\boldsymbol{R}_{\mathrm{st1}}^{\mathrm{b}})^{-1}(\boldsymbol{W}_r^{\mathrm{f}}\boldsymbol{r}^{\mathrm{f}}+\boldsymbol{W}_r^{\mathrm{b}}\boldsymbol{r}^{\mathrm{b}}) \tag{6.95}$$

当 $\boldsymbol{W}_R^{\mathrm{f}}=\boldsymbol{I},\boldsymbol{W}_r^{\mathrm{f}}=\boldsymbol{1}$ 且 $\boldsymbol{W}_R^{\mathrm{b}}=\boldsymbol{0},\boldsymbol{W}_r^{\mathrm{b}}=\boldsymbol{0}$ 时,上式就是前向线性预测算法。如果 $\boldsymbol{R}^{\mathrm{f}}$ 只是一个子阵的协方差矩阵,且 $\boldsymbol{r}^{\mathrm{f}}$ 只是该子阵与期望的互相关矢量,则上式就是一阶前向线性预测算法。如果 $\boldsymbol{R}^{\mathrm{f}}$ 是多个子阵的协方差矩阵的和,且 $\boldsymbol{r}^{\mathrm{f}}$ 是这些子阵与期望的互相关矢量的和,则上式就是多阶前向线性预测算法。

当 $\boldsymbol{W}_R^{\mathrm{b}}=\boldsymbol{I},\boldsymbol{W}_r^{\mathrm{b}}=\boldsymbol{1}$ 且 $\boldsymbol{W}_R^{\mathrm{b}}=\boldsymbol{0},\boldsymbol{W}_r^{\mathrm{f}}=\boldsymbol{0}$ 时,上式就是后向线性预测算法。如果 $\boldsymbol{R}^{\mathrm{b}}$ 只是一个子阵的协方差矩阵,且 $\boldsymbol{r}^{\mathrm{b}}$ 只是该子阵与期望的互相关矢量,则上式就是一阶后向线性预测算法。如果 $\boldsymbol{R}^{\mathrm{b}}$ 是多个子阵的协方差矩阵的和,且 $\boldsymbol{r}^{\mathrm{b}}$ 是这些子阵与期望的互相关矢量的和,则上式就是多阶后向线性预测算法。

当 $\boldsymbol{W}_R^{\mathrm{b}}=\boldsymbol{I},\boldsymbol{W}_r^{\mathrm{b}}=\boldsymbol{1}$ 且 $\boldsymbol{W}_R^{\mathrm{b}}=\boldsymbol{I},\boldsymbol{W}_r^{\mathrm{f}}=\boldsymbol{1}$ 时,上式就是前后向线性预测算法。如果 $\boldsymbol{R}^{\mathrm{f}}$ 和 $\boldsymbol{R}^{\mathrm{b}}$ 只是一阶前向和一阶后向协方差矩阵的和,且 $\boldsymbol{r}^{\mathrm{f}}$ 和 $\boldsymbol{r}^{\mathrm{b}}$ 只是一阶前向和一阶后向互相关矢量的和,则上式就是一阶后向线性预测算法。如果 $\boldsymbol{R}^{\mathrm{f}}$ 和 $\boldsymbol{R}^{\mathrm{b}}$ 只是多阶前向和多阶后向协方差矩阵的和,且 $\boldsymbol{r}^{\mathrm{f}}$ 和 $\boldsymbol{r}^{\mathrm{b}}$ 只是多阶前向和多阶后向互相关矢量的和,则上式就是多阶前后向线性预测算法。

由式(6.95)可以看出:不同的算法只是协方差矩阵和互相关矢量构成的方式不同,由预测数据和期望信号的选择导致的,其核心和本质都是一样的,算法空时等效性主要体现如下几点:

(1) 线性预测算法具有等效性。表 6.1 给出了本章介绍的所有线性预测算法,从表中可以看出：不管是空域、时域还是空时域,所有的线性预测算法的权矢量都是在最小均方误差意义下求出的最优权,且有同一个结构形式,即协方差矩阵的逆与互相关矢量的积。当时域只存在一个脉冲时,空时二维线性预测就简化为空域线性预测；当空域只存在一个阵元或所有的阵元合成了一个通道时,空时二维线性预测就简化为时域线性预测,这充分说明了空域和时域的线性预测均是空时二维线性预测的特例。

表 6.1　线性预测算法中的空时等效性对比表

最小均方权矢量	$\boldsymbol{W}=\boldsymbol{R}^{-1}\boldsymbol{r}$,其中 $\boldsymbol{R}$ 为自协方差矩阵,$\boldsymbol{r}$ 为互相关矢量			
线性预测算法	空　　域	时　　域	空时二维	空时二维推广
一阶前向	式(6.3a)$\boldsymbol{W}_{s1}^{f}$	式(6.30a)$\boldsymbol{W}_{t1}^{f}$	式(6.58)$\boldsymbol{W}_{st1}^{f}$	式(6.84)$\boldsymbol{W}_{st3}^{f}$
一阶后向	式(6.3b)$\boldsymbol{W}_{s1}^{b}$	式(6.30b)$\boldsymbol{W}_{t1}^{b}$	式(6.68)$\boldsymbol{W}_{st1}^{b}$	式(6.86)$\boldsymbol{W}_{st3}^{b}$
一阶双向	式(6.20)$\boldsymbol{W}_{s1}^{fb}$	式(6.47)$\boldsymbol{W}_{t1}^{fb}$	式(6.69)$\boldsymbol{W}_{st1}^{fb}$	式(6.88)$\boldsymbol{W}_{st3}^{fb}$
多阶前向	式(6.9)$\boldsymbol{W}_{s2}^{f}$	式(6.36)$\boldsymbol{W}_{t2}^{f}$	式(6.75)$\boldsymbol{W}_{st2}^{f}$	式(6.89)$\boldsymbol{W}_{st4}^{f}$
多阶后向	式(6.15)$\boldsymbol{W}_{s2}^{b}$	式(6.42)$\boldsymbol{W}_{t2}^{b}$	式(6.81)$\boldsymbol{W}_{st2}^{b}$	式(6.91)$\boldsymbol{W}_{st4}^{b}$
多阶双向	式(6.26)$\boldsymbol{W}_{s2}^{fb}$	式(6.53)$\boldsymbol{W}_{t2}^{fb}$	式(6.82)$\boldsymbol{W}_{st2}^{fb}$	式(6.93)$\boldsymbol{W}_{st4}^{fb}$

(2) 线性预测算法中的数据结构具有等效性。不同线性预测算法的差别其实就是数据选取的差别,体现为协方差矩阵与互相关矢量的差别。空域线性预测的协方差矩阵和空间平滑是类似的,时域线性预测的协方差矩阵和时域平滑是类似的,这两者在协方差和互相关矢量的计算中可以直接套用空域或时域平滑的协方差矩阵来计算和重构。空时二维线性预测得到的数据组合方式可以套用空时二维平滑来计算,也可以拓展到阵元-多普勒域、波束-脉冲域、波束-多普勒域等其他空时二维数据结构中去。

(3) 线性预测算法的解相干能力和平滑处理具有等效性。线性预测中一阶的双向预测和多阶预测都相当于进行了空域、时域或空时二维域的平滑,所以线性预测算法本身是可以实现解相干的,解相干的能力和平滑次数有关。从构造协方差矩阵的角度来看,线性预测和平滑处理是一样的,都是对协方差矩阵的平滑。但从目的看两者存在很大区别,平滑处理是为了解相干,而线性预测是为了参数估计,所以平滑处理只能看成线性预测处理中对协方差矩阵和数据互相关矢量的预处理。很明显,也可以先进行平滑处理,处理完之后再进行一阶线性预测处理。

从最优权矢量的角度可以看出线性预测和自适应处理是一样的,都是在某一特定准则下得到一个最优权矢量。它们的区别在于：自适应滤波是利用这个权矢量来进行空域、时域或空时二维域的滤波,即去除不感兴趣的干扰,保留或增强感兴趣的信号；线性预测是利用这个权矢量来估计入射阵元上所有信号的参数,而此时参数估计包括了自适应中的信号和干扰,而不仅仅是感兴趣的信号。但空时等效性为算法的转换和推广提供了条件：如空时二维推广算法中，特别是式(6.89)和式(6.91)的多阶处理中，因为它是由式(6.58)和式(6.68)推广来的，所以其数据协方差矩阵本身没有平滑，只是互相关矢量进行了平滑，即它们的解相干性能其实等同于空时二维一阶前向或后向算法。而式(6.93)则是在式(6.69)的基础上推广来的，其协方差矩阵只进行了一次双向平滑，所以其解相干性能等同于式(6.69)的空时二维一阶双向算法。如果想获得空时二维多阶线性预测的解相干性能，则需要在多阶的基础上推广。另外，由于线性预测结构和平滑结构具有等效性，也可以将差分平滑思想引入线性预测，从而实现独立源和相干源混合条件下的线性预测。

6.6 小结

线性预测作为现代谱估计中的一类基本方法，被广泛用于信号参数估计中。本章从空域线性预测、时域线性预测、空时二维线性预测的角度探讨了各个域线性预测的关系及内涵。通过分析可知线性预测算法本身具有空时等效性，空域线性预测和时域线性预测都是空时二维线性预测算法的特例。在这种等效性的原理基础上，本章围绕空域线性预测、时域线性预测和空时线性预测算法进行对比分析，同时结合一阶单向、一阶双向、多阶单向和多阶双向分别介绍了相应的算法。通过算法的推导，不仅给出了相应的线性预测算法，而且还推导出一些尚未发表的空时二维线性预测算法，如多阶的空时二维线性预测算法。本章中的线性预测算法主要是用来进行谱估计的，实际上只要将线性预测权用于第4章的空时二维自适应滤波中，就可以得到基于旁瓣对消结构的空时二维自适应处理算法；将多阶思想和时间域、频率域、阵元域和波束域自适应结合，就可以得到这些域们多阶自适应处理算法；将双向预测思想与这些域结合，就可以得到双向自适应处理算法等。

第7章

空时目标检测

众所周知，阵列信号处理的发展和雷达信号处理的发展密切相关，但阵列信号处理侧重于空域，雷达信号处理侧重于时域。随着技术进步，空域算法和时域算法相互拓展，空时处理已经是大势所趋，但由于应用背景不同，在算法层面还是存在一定的差异性。通常雷达信号处理的流程中主要涉及的空域或时域处理包括天线的波束形成、信号采样、脉冲压缩、相参积累、MTI/MTD处理、恒虚警检测、杂波图、融合与跟踪等。本章主要从空时等效性的角度来分析雷达信号处理中常用的一些方法在空域、时域及空时域处理中的表现形式及相互关系。

7.1 相参处理

相参处理是雷达信号处理中的基本方法，是雷达技术发展历程中的一个重要节点。发展相参处理的一个重要原因就是雷达目标的回波中除了目标的幅度信息外，运动目标回波中还有多普勒信息，这个多普勒信息直接反映目标的运动速度。通常在雷达中都是利用接收信号与某个基准参考信号(相参信号)进行相位比较的方法来提取多普勒信息，进而利用速度差别的相位信息来鉴别运动目标与固定目标回波，这种处理方法就是相参处理。下面分别探讨时域、空域和空时域的相参处理。

7.1.1 时域相参处理

时域处理中相参处理的目的就是获取回波和相参信号之间的相位差，这个相位差如果是固定的，即不随时间变化，就可以进行相参处理，否则只能进行非相参处理。下面分析一下回波信号的相位信息，假设雷达发射信号为

$$x(t)=s(t)e^{j2\pi f_z t} \tag{7.1}$$

式中，$s(t)$为雷达信号的复包络；f_z为雷达发射的载频。由于载频在雷达接收过

程中是要被去掉的，所以这里重点考察雷达信号的复包络，在雷达中通常也称为中频信号或零中频信号，即

$$s(t)=u(t)\mathrm{e}^{\mathrm{j}\varphi(t)} \tag{7.2}$$

式中，$u(t)$和 $\varphi(t)$分别为信号的幅度调制函数(即包络)和相位调制函数。这里主要考察不同的目标对相位信息的影响。设发射信号的相位为

$$\varphi_{\mathrm{T}}(t)=2\pi f_0 t+\varphi_0 \tag{7.3}$$

式中，f_0 为包络信号的频率；φ_0 为发射信号的初相。设参考信号的相位为

$$\varphi_{\mathrm{d}}(t)=2\pi f_0 t+\varphi_{\mathrm{c}} \tag{7.4}$$

式中，φ_{c} 为参考信号的初相。

另外，假设在距离雷达 R 处存在一个目标(对应的时间延迟为 t_{r})。当这个目标是固定目标时，且不考虑附加相位的情况下，其回波相位为

$$\varphi_{\mathrm{r1}}(t)=2\pi f_0(t-t_{\mathrm{r}})+\varphi_0 \tag{7.5}$$

当这个目标是个运动目标时，则其回波相位为

$$\varphi_{\mathrm{r2}}(t)=2\pi(f_0-f_{\mathrm{d}})(t-t_{\mathrm{r}})+\varphi_0 \tag{7.6}$$

式中，$f_{\mathrm{d}}=2v_{\mathrm{r}}/\lambda$，为信号的多普勒频率，其中 v_{r} 为目标的径向速度，λ 为波长。

所以，固定目标回波与参考信号之间的相位差为

$$\Delta\varphi_{\mathrm{r1}}=\varphi_{\mathrm{r1}}(t)-\varphi_{\mathrm{d}}=-2\pi f_0 t_{\mathrm{r}}-(\varphi_{\mathrm{c}}-\varphi_0) \tag{7.7}$$

运动目标回波与参考信号之间的相位差为

$$\begin{aligned}\Delta\varphi_{\mathrm{r2}}&=\varphi_{\mathrm{r2}}(t)-\varphi_{\mathrm{d}}\\&=2\pi(f_0-f_{\mathrm{d}})(t-t_{\mathrm{r}})+\varphi_0-2\pi f_0 t-\varphi_{\mathrm{c}}\\&=-2\pi f_{\mathrm{d}}t-2\pi t_{\mathrm{r}}(f_0-f_{\mathrm{d}})-(\varphi_{\mathrm{c}}-\varphi_0)\\&=-2\pi f_{\mathrm{d}}t-2\pi f_0 t_{\mathrm{r}}(1-f_{\mathrm{d}}/f_0)-(\varphi_{\mathrm{c}}-\varphi_0)\\&=-2\pi f_{\mathrm{d}}t-2\pi f_0 t_{\mathrm{r}}(1-2v_{\mathrm{r}}/c)-(\varphi_{\mathrm{c}}-\varphi_0)\end{aligned} \tag{7.8}$$

式中，c 为光速。

从以上二式中可见，如果 f_0 是稳定的，那么只要各个不同发射周期内发射信号的初相与相参信号的初频 $\varphi_{\mathrm{c}}-\varphi_0$ 保持固定值，则固定目标的相位差就是一个常数，它不随时间变化；而运动目标的相位差则是随时间变化的，而且它是一个线性变化的。很显然，利用相位关系很容易将固定目标与运动目标进行分离。

下面分析雷达信号处理中的相参积累，其示意图见图 7.1，一般情况下加权值均为 1。假设雷达发射信号为相参信号，相参周期为 T_{r}，即重复频率 $f_{\mathrm{r}}=1/T_{\mathrm{r}}$，则显然同一个慢起伏的点目标其雷达接收信号也是相参的。K 个等幅脉冲在包络检波后进行理想的积累时，信噪比改善了 K 倍。这是因为相邻周期的中频回波信号按严格的相位关系同相相加，因此积累的信号电压可提高为原来的 K 倍，相应的功率提高为原来的 K^2 倍，而噪声是随机的，相邻周期的噪声满足统计独立条件，积累的效果是平均功率相加而使总的噪声功率提高为原来的 K 倍，这就说明相参积累的结果可以使输出信噪比(功率)改善 K 倍。

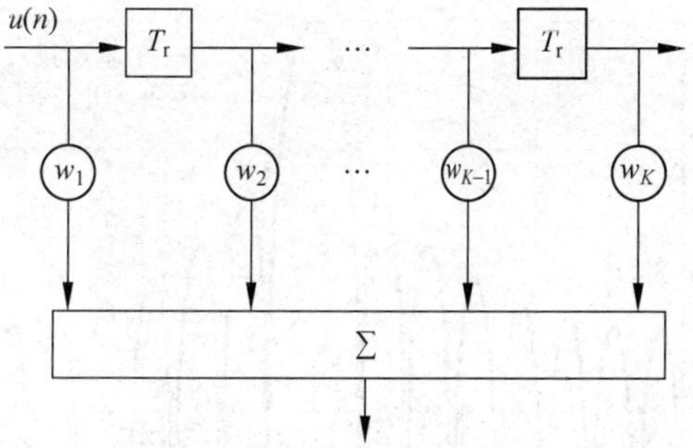

图 7.1 时域相参积累示意图

从表面上来看，相参积累就是时域脉冲的求和，由于脉冲的相参周期为 T_r，所以其频域滤波器为

$$H(e^{j\omega T_r})=1+e^{-j\omega T_r}+e^{-j\omega 2T_r}+\cdots+e^{-j\omega(K-1)T_r}$$

$$=\begin{bmatrix}1\\1\\\vdots\\1\end{bmatrix}^{H}\begin{bmatrix}1\\e^{-j\omega T_r}\\\vdots\\e^{-j\omega(K-1)T_r}\end{bmatrix}=\boldsymbol{W}_t^{H}\begin{bmatrix}1\\e^{-j2\pi\frac{f}{f_r}}\\\vdots\\e^{-j2\pi(K-1)\frac{f}{f_r}}\end{bmatrix}=\boldsymbol{W}_t^{H}\boldsymbol{a}_t(f)\qquad(7.9)$$

由式(7.9)可知：相参积累在频域就是一个等比数列的和，它是个辛格函数。为了和前面的时域模型对应，这里将滤波器化成了两个矢量的积，很明显它是一个矩形窗加权的时域方向图，且指向的频率为归一化的零频。

图 7.2 给出 16 个相参脉冲积累的滤波器响应图，其中重复频率取 1000Hz，频率范围为−500～500Hz，则归一化频率范围为−0.5～0.5Hz。其中图 7.2(a)给出在单个重复周期内不加权和加−30dB 切比雪夫权的频率响应图，图 7.2(b)给出不加权时连续 5 个重复周期的频率响应图。图 7.3 给出重复频率 1000Hz 条件下，不同相参脉冲数对应的频率响应图。

由图 7.1 和图 7.2 可知：①直接的相参积累其频率响应图指向为归一化的零频，即对应的多普勒频率为 0Hz 的情况。这也说明相参积累对信号的多普勒频率是有一定容限的，容限就是主瓣宽度。②不加权时其频率响应的第一副瓣也是−13.2dB 的理想值，常规的幅度加权可以有效改善旁瓣电平。③在重复频率之外，频率响应的滤波器呈现周期变化，其变化的周期就是重复频率 f_r，主瓣指向为 kf_r，其中 k 为整数。④周期性出现的频率响应也表明速度估计是存在模糊的，即一个高速目标经过混叠后在$[-f_r/2,+f_r/2]$范围内被检测到，在实际应用中通常采用多重复频率来解速度模糊。⑤滤波器滤波响应的波束宽度（主瓣宽度）直接和脉冲数相关，脉冲数越多则宽度越窄，也意味着在重复周期内对多普勒的变化越敏感。

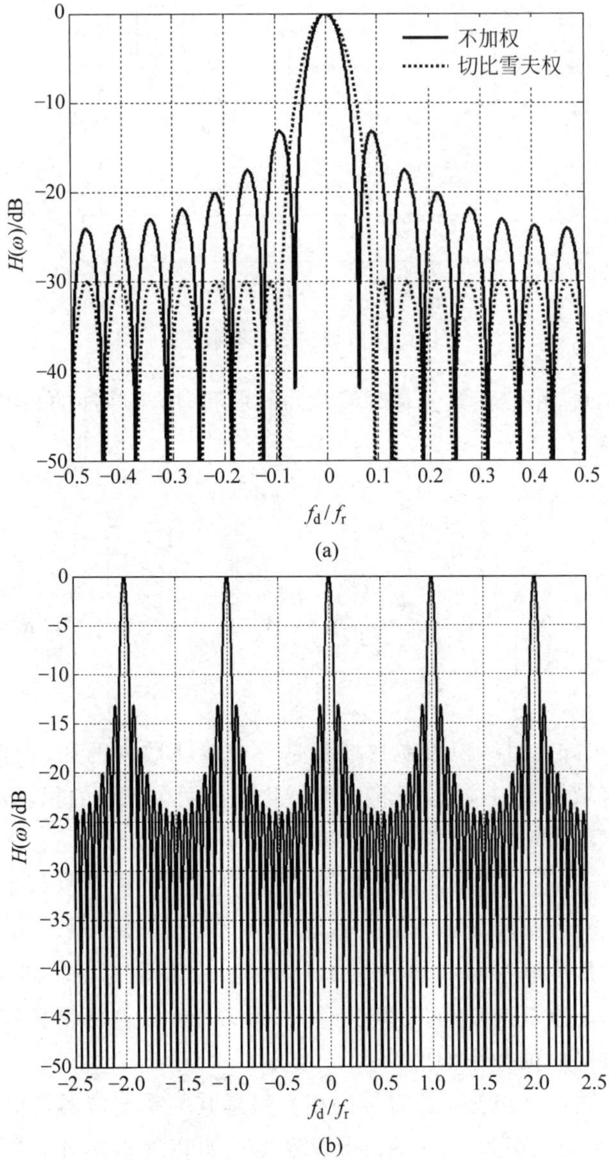

图 7.2 时域相参积累的滤波器

(a) [−1/2,+1/2]频响图；(b) [−5/2,+5/2]频响图

图 7.3 充分说明相参积累对于多普勒频率接近$\pm kf_r$频率的运动目标积累效果较好，特别是在$\pm kf_r$频率处的目标，实现了完全积累；而对于接近$\pm kf_r/2$频率的运动目标则积累效果就很差了，其中如果运动目标落在了滤波响应的零点处则无法实现积累。那么如何实现对运动目标的高效积累呢？这里介绍两种简单的思路：一是对相参目标积累前先估计多普勒频率，然后将式(7.9)中的滤波器指向调整到多普勒频率方向；二是采用运动目标检测(MTD)技术，用一系列多普勒滤

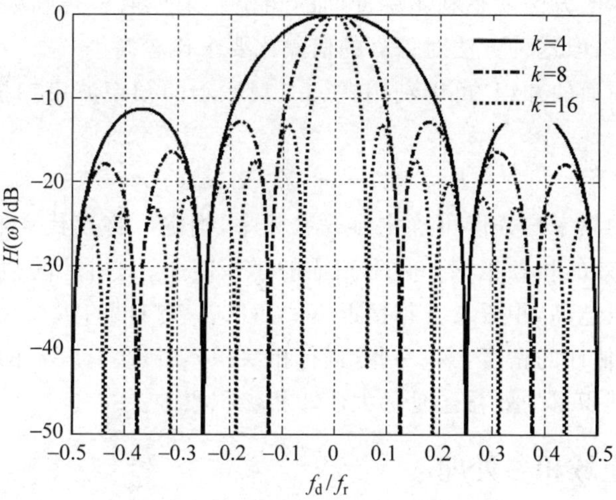

图 7.3　时域不同脉冲相参积累的滤波器

波器组覆盖$[-f_r/2,+f_r/2]$区域，这样运动目标总会落在某个特定指向的多普频滤波器的主瓣内。MTD 会在后续的章节中介绍，这里不再重述。

这里只对第一种方案进行仿真，图 7.4 给出 16 个相参脉冲积累时的不同指向的滤波器响应图，图中的指向分别为-0.3、0 和$+0.2$的归一化频率。

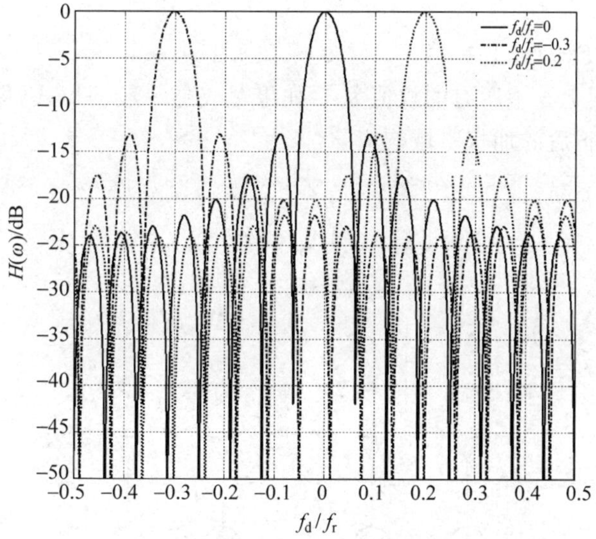

图 7.4　不同多普勒指向时的滤波器频响图

由图 7.4 可知，只要知道对应的多普勒频率就可以将相应的频率响应图的指向调整过去，从而达到积累效果最好的要求，但从图中也可以看出，每个滤波器的主瓣其实都有一定宽度，所以在无法精确估计多普勒频率的时候，可以大致估计出来，只要确保其落在主瓣内即可，这就是 MTD 滤波器组的思想。如何估计多普勒频率呢？最简单的方法就是利用脉冲间的相位差来提取多普勒频率，这在雷达参数估计中很常见，但这种方法对信号的信噪比要求比较高。

这里结合前面的知识，可以利用式(3.14)所示的频率波束扫描算法估计信号的多普勒频率

$$P_{\mathrm{CBF}}(f)=\boldsymbol{a}_{\mathrm{t}}^{\mathrm{H}}(f)\boldsymbol{R}_{xx}\boldsymbol{a}_{\mathrm{t}}(f) \tag{7.10}$$

通过上式的频率扫描即可确定多普勒频率，确定后将其代入滤波器的主瓣指向，即可实现高效的相参积累。频率扫描的步长越小，则估计的频率精度越高，最后积累的效率也越高，积累增益越接近 K；如果频率扫描的步长大一些，则扫描的速度变快，但其估计的精度会差一些，进行相参积累时，会有一定的积累损失，但只要落在主瓣内其积累的效益还是远大于非相参积累的。

7.1.2 空域相参处理

雷达中的相参处理就是 K 个相邻脉冲数据的求和，对应空域的相参处理就是 M 个空域阵元的求和，见图 7.5，其中权矢量通常为通用的幅度加权。由阵列信号处理的知识可知，图 7.5 对应的就是常规波束形成，且权矢量采用的是幅度加权，所以其方向图(空域滤波器)就是指向法线夹角为 0°的静态波束。

如果阵列为等距均匀线阵，阵元间距为半波长，信号入射方向与法线夹角为 θ，则空域滤波器为

$$F(\theta)=1+\mathrm{e}^{-\mathrm{j}2\pi\frac{d}{\lambda}\sin\theta}+\mathrm{e}^{-\mathrm{j}2\pi\times 2\frac{d}{\lambda}\sin\theta}+\cdots+\mathrm{e}^{-\mathrm{j}2\pi(M-1)\frac{d}{\lambda}\sin\theta} \tag{7.11}$$

上式表示图 7.5 中所有的权值为 1，如果写成更一般的形式，即对每个阵元进行加权，可得修正后的加权空域响应

$$\begin{aligned}F(\theta)&=1+\mathrm{e}^{-\mathrm{j}2\pi\frac{d}{\lambda}\sin\theta}+\mathrm{e}^{-\mathrm{j}2\pi\times 2\frac{d}{\lambda}\sin\theta}+\cdots+\mathrm{e}^{-\mathrm{j}2\pi(M-1)\frac{d}{\lambda}\sin\theta}\\&=\begin{bmatrix}w_1\\w_2\\\vdots\\w_M\end{bmatrix}^{\mathrm{H}}\begin{bmatrix}1\\\mathrm{e}^{-\mathrm{j}2\pi\frac{d}{\lambda}\sin\theta}\\\vdots\\\mathrm{e}^{-\mathrm{j}2\pi(M-1)\frac{d}{\lambda}\sin\theta}\end{bmatrix}=\boldsymbol{W}_{\mathrm{s}}^{\mathrm{H}}\boldsymbol{a}_{\mathrm{s}}(\theta)\end{aligned} \tag{7.12}$$

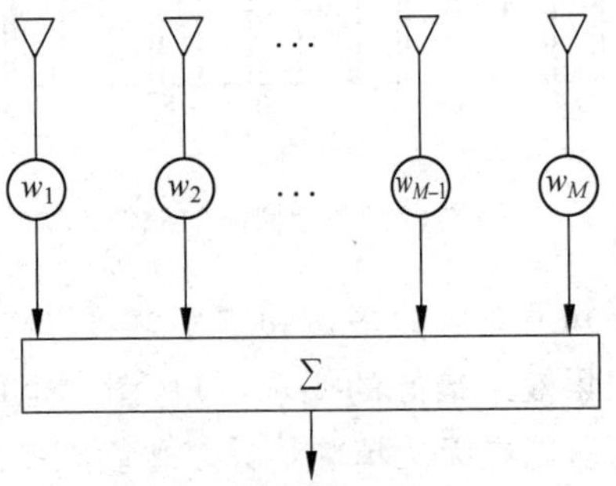

图 7.5　空域相参积累示意图

由上式可知，空域的相参积累在0°方向时，则空域响应的增益为 M，即为阵元的数目，这一点和时域相参积累最大增益为脉冲数是对应的。同样，当波束指向不在0°方向时，空域响应的增益会损失，即小于阵元数。

图7.6给出了阵元为16时的等距均匀线阵，间距为半波长时的方向图，图中曲线一个是不加权时的方向图，另一个是加了－30dB切比雪夫权时的方向图。图7.7则给出了16元阵不同阵元间距时的方向图，很显然随着阵元间距的增大，方向图开始出现模糊。这在第2章已经分析过，当阵元间距大于半波长时，阵列的方向图开始出现角度模糊，间距越大模糊越严重。

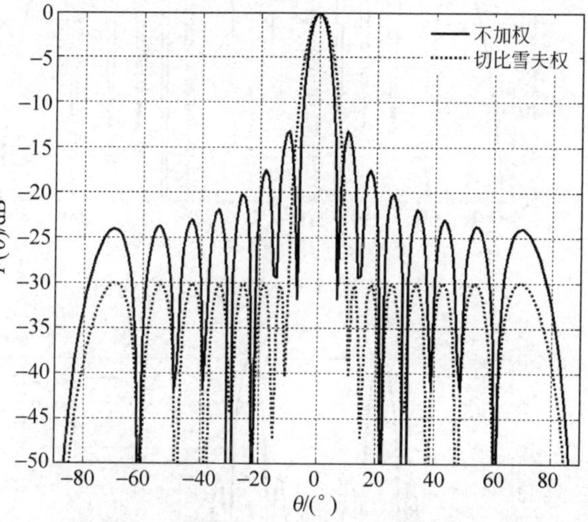

图7.6　不同加权时的空域方向图

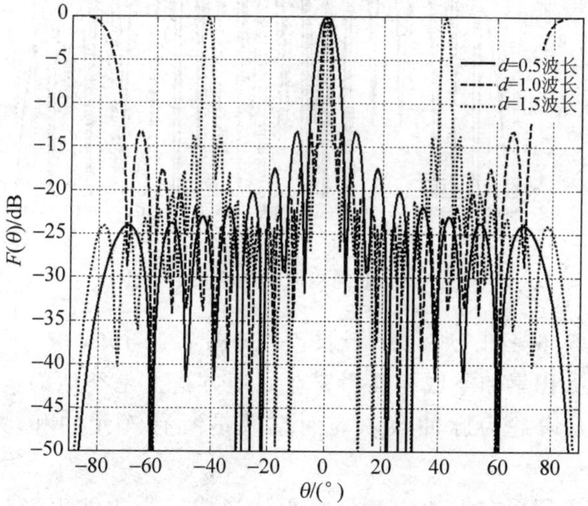

图7.7　不同阵元间距时的空域方向图

图 7.8 给出了间距为半波长时，不同阵元数的方向图。图 7.9 给出了间距为半波长，16 元等距均匀线阵，不同指向时的方向图。

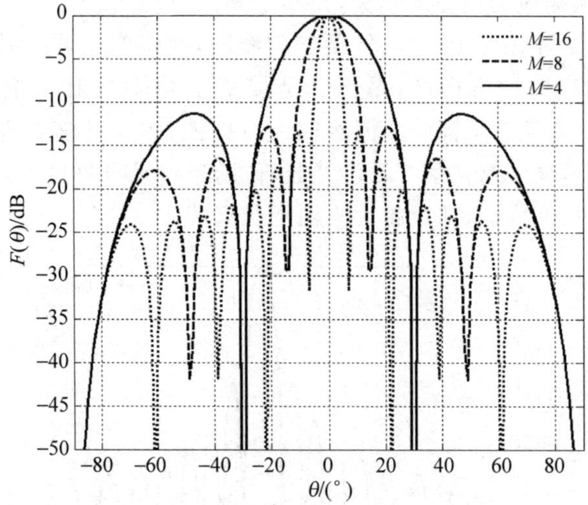

图 7.8　不同阵元数时的空域方向图

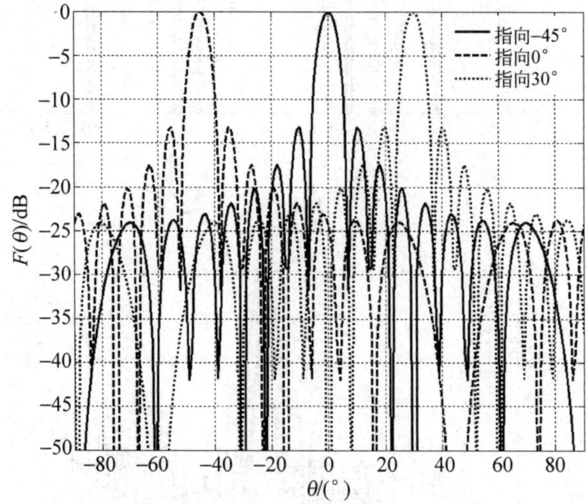

图 7.9　不同指向时的空域方向图

通过分析图 7.6～图 7.9，及对比图 7.2～图 7.4 可知：

(1) 时域相参积累和空域相参积累在处理方式上是类似的：时域是相邻所有脉冲数的和，最大增益为脉冲数 K；而空域是所有阵元的和，最大增益是阵元数 M。

(2) 空域相参积累在雷达中就是将天线形成一个主波束，它和相控阵的差别在于天线需要伺服系统进行旋转，从而扫描整个空域；而相控阵则是利用相位控制来实现波束的空间扫描。这两种方式各有优缺点，机械扫描的好处是波束宽度不变，相位扫描的优点是可以实现波束捷变。

(3) 空域的方向图和时域的频响图本质含义是一样的，都是滤波器，其主瓣的指向、宽度、副瓣的控制等都有着相通的特性，只是空域是通过空间角度来实现对信号的滤波，时域则是通过频率来实现对信号的滤波。

(4) 要想在空域实现完全的相参积累，也需要将波束调整到信号的入射方向，但事先并不知道信号的入射方向，所以也需要对空间入射的信号进行估计，然后将波束指向信号，才能实现空域的完全积累。最常用的方法是式(3.61)所示的空域常规波束形成算法：

$$P_{\mathrm{CBF}}(\theta)=\boldsymbol{a}_{\mathrm{s}}^{\mathrm{H}}(\theta)\boldsymbol{R}_{xx}\boldsymbol{a}_{\mathrm{s}}(\theta) \tag{7.13}$$

(5) 在阵元数相同的情况下，阵元间距越大则模糊越严重，但主瓣的宽度变得越窄。当空域出现模糊时，其实质就是方向图出现了栅瓣，从而导致能量的泄漏，而且角度参数出现多值性，无法确定真实的信号方向，这一点和时域模糊是一样的。只是解模糊的方式稍有不同，空域是通过改变阵元间距来解角度模糊，而时域是通过改变重复频率来解频率模糊。

7.1.3　空时域相参处理

时域和空域的相参处理在雷达中很常见，空时域的相参则是最简单的一种空时二维处理过程，见图7.10，即将 M 个阵元中每个阵元接收到的 K 个脉冲数据进行求和处理。显然如果图7.10中只有一个阵元或者空域合成了一个通道，则就是时域相参处理；如果每个阵元只接收到1个脉冲，则图7.10就是空域的相参处理。

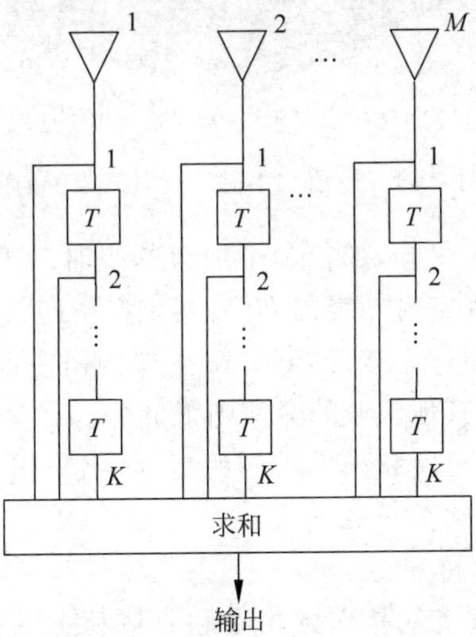

图7.10　空时二维相参处理结构

由图 7.10 可知，空时二维相参处理的滤波器为

$$P(f,\theta)=(1+\mathrm{e}^{-\mathrm{j}\omega T_{\mathrm{r}}}+\cdots+\mathrm{e}^{-\mathrm{j}\omega(K-1)T_{\mathrm{r}}})+\mathrm{e}^{-\mathrm{j}2\pi\frac{d}{\lambda}\sin\theta}(1+\mathrm{e}^{-\mathrm{j}\omega T_{\mathrm{r}}}+\cdots+\mathrm{e}^{-\mathrm{j}\omega(K-1)T_{\mathrm{r}}})+\cdots+\mathrm{e}^{-\mathrm{j}2\pi(M-1)\frac{d}{\lambda}\sin\theta}(1+\mathrm{e}^{-\mathrm{j}\omega T_{\mathrm{r}}}+\cdots+\mathrm{e}^{-\mathrm{j}\omega(K-1)T_{\mathrm{r}}}) \tag{7.14}$$

由式(7.9)和式(7.11)可知，上式可以简化为

$$P(f,\theta)=\boldsymbol{W}_{\mathrm{st}}^{\mathrm{H}}(\boldsymbol{a}_{\mathrm{s}}(\theta)\otimes\boldsymbol{a}_{\mathrm{t}}(f)) \tag{7.15}$$

式中，$\boldsymbol{W}_{\mathrm{st}}$ 为全 1 列矢量，维数是 MK。

如果考虑到二维幅度加权，则式(7.15)可以写成

$$P(f,\theta)=(\boldsymbol{W}_{\mathrm{s}}\otimes\boldsymbol{W}_{\mathrm{t}})^{\mathrm{H}}(\boldsymbol{a}_{\mathrm{s}}(\theta)\otimes\boldsymbol{a}_{\mathrm{t}}(f)) \tag{7.16}$$

从方向图定义的角度来看，上式就是空时二维的方向图，而且频率指向就是零频，角度指向为法线方向；空时域的相参积累在 $\theta_0=0°$，$f_0=0$ 时有最大的增益 MK。图 7.11 给出了 16 个等距均匀线阵，阵元间距为半波长，脉冲数为 16 时的空时二维方向图(或称空时二维频率响应图)。图 7.12 给出了脉冲维加－30dB 切比雪夫权，方向维加－20dB 切比雪夫权时的二维方向图。

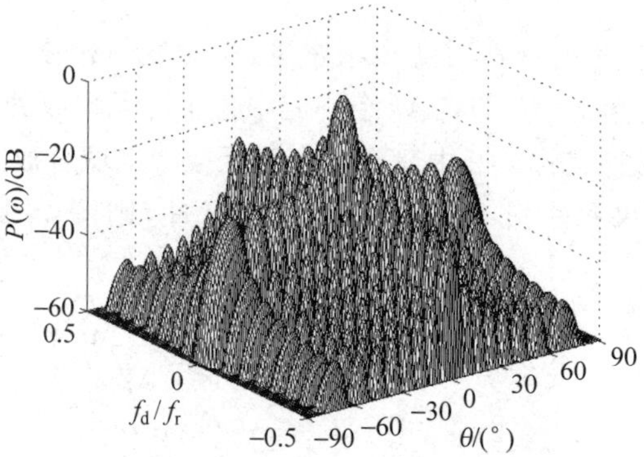

图 7.11 权值均 1 时的空时二维方向图

由图 7.11 和图 7.12 可知，加权和不加权的空时二维方向图其实就是空域方向图和时域频率响应图在空时二维的推广，其主瓣指向就是最大的增益方向，其主瓣宽度就是空时二维积累的有效区，其旁瓣主要为由主瓣指向对应的频率维和方向维两个区域的高副瓣，其他区域的旁瓣则很低。

图 7.13 给出了存在角度和频率模糊的情况，仍采用阵元数为 16 的等距均匀线阵，只是阵元间距扩大到 1.5 倍波长。

由图 7.11～图 7.13 可知：

(1) 空时二维相参其实就是空域相参和时域相参的推广形式，反过来空域相参和时域相参可以看成空时二维相参在空域或时域的特例，即如果图 7.10 中 $K=1$，那么就是图 7.5 所示的空域相参结构；如果图 7.10 中 $M=1$，那么就是

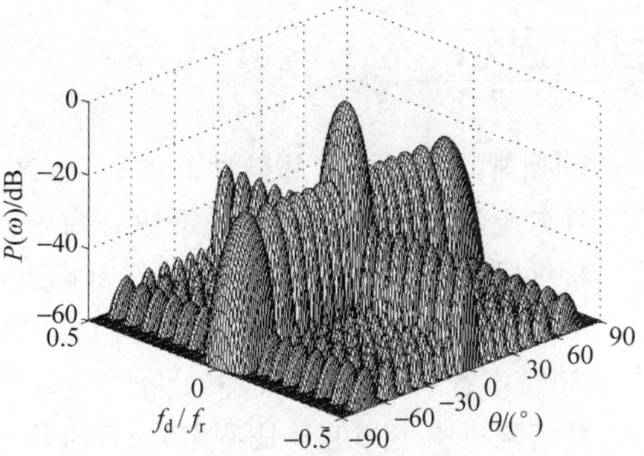

图 7.12　幅度加权时的空时二维方向图

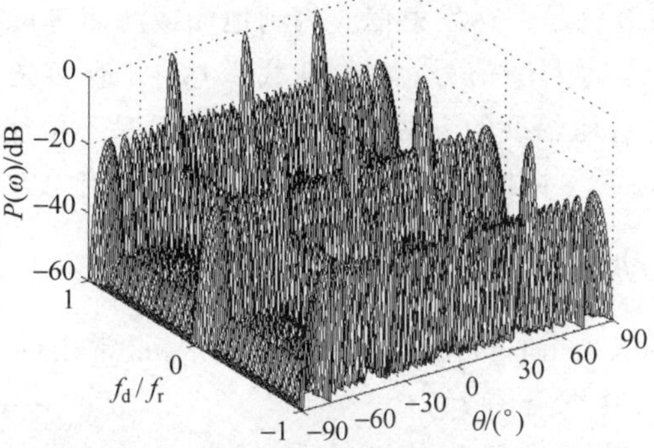

图 7.13　存在模糊时的空时二维方向图

图 7.1 所示的时域相参结构。

(2) 由式(7.16)可知,空时二维滤波器也称为空时二维方向图,其核心是空时二维导向矢量,即空域导向矢量和时域导向矢量的 Kronecher 积。

(3) 空时二维相参时其方向图的主波束指向为 $\theta_0=0°, f_0=0$,存在两个高旁瓣区,一个在 $\theta_0=0°, f_0\neq 0$ 的带上,另一个在 $\theta_0\neq 0°, f_0=0$ 的带上,其他区域的旁瓣则是空域旁瓣与时域旁瓣的乘积,所以归一化后变得很小。

(4) 如果想要在某个指定的(θ_0, f_0)参数上实现完全相参积累,则需要将空时二维波束调整到该方向上去,此时也需要对入射的信号进行角度和频率估计,这样才能实现完全的积累,否则会导致很大的积累损失。这里介绍一种简单的二维参数的估计方法:空时二维常规波束形成算法,公式为

$$P_{\mathrm{CBF}}(\theta, f)=(\boldsymbol{a}_{\mathrm{s}}(\theta)\otimes\boldsymbol{a}_{\mathrm{t}}(f))^{\mathrm{H}}\boldsymbol{R}_{xx}(\boldsymbol{a}_{\mathrm{s}}(\theta)\otimes\boldsymbol{a}_{\mathrm{t}}(f)) \tag{7.17}$$

(5) 空时二维方向图的模糊情况和空域方向图及时域频率响应图相同,当阵元间距大于半波长时在空间角度维产生模糊,当频率范围扩大时,在频率维产生模糊,所以空时二维中两种模糊叠加就会产生更多的模糊。如果需要解模糊,则应同时改变阵元间距和重复频率。

7.2 动目标显示

在雷达系统中，MTI 通常指时域中相邻脉冲间的处理，这里主要研究 MTI 的思想在时域、空域及空时二维域中的应用问题。雷达有两个基本任务：检测和测量参数，其中检测是判断目标的有无，测量是在检测的基础上测出目标的距离、方位、速度等参数。在无干扰的情况下，检测通常简化为两个问题：一是噪声背景中的目标检测；二是杂波和噪声背景中的目标检测。噪声背景中的目标检测相对而言要简单一些，因为通常情况下噪声和信号是不相关的，通常通过比较幅度大小就可以实现检测，如果信号的信噪比比较低，也可以采用相参积累的方法来提升信噪比。而杂波背景中的目标检测则相对较难，主要原因有二：一是杂波和雷达的目标回波相关，因为杂波就是雷达发射信号打到地面或海面等反射回来的雷达回波；二是杂波的强度通常远大于信号，如在机载雷达中，地面杂波强度会比信号强 40～60dB，此时再通过比幅度的方法来检测目标几乎是不可能的，所以需要采用杂波抑制的方法来去除或尽量抑制杂波后再检测目标，常用的方法就是 MTI。

7.2.1 时域动目标显示技术

通常 MTI 技术就是指时域的动目标显示技术，最常用的是二脉冲对消（也称一次对消），其基本结构图见图 7.14。

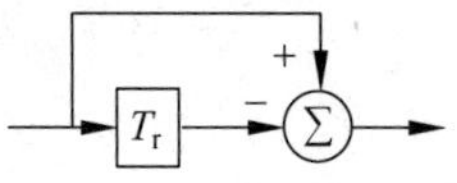

图 7.14 二脉冲对消结构图

假设输入的雷达回波相邻的两个脉冲为 $s(n)$ 和 $s(n-1)$，则对消后的输出为

$$y(n)=s(n)-s(n-1) \tag{7.18}$$

显然上式对应的时域对消滤波器为

$$H(\omega)=1-\mathrm{e}^{-\mathrm{j}2\pi f T_r} \tag{7.19}$$

图 7.15 给出了式(7.19)对应的二脉冲对消时的频率响应，从图中可以看出：①在零频处产生了深零点，实际上在所有的 kf_r（其中 k 为整数）处，均为深零点。②在所有的 $kf_r/2$（其中 k 为整数）处，增益为 1。③在无模糊观察区域$[-f_r/2, +f_r/2]$，二脉冲 MTI 处理时如果信号或杂波的多普勒频率为 0，则被滤除；如果雷达回波的多普勒频率不为 0，则虽然目标不会被完全滤除，但也会有损失。目标的多普勒频率越接近 $\pm f_r/2$ 处时，损失越小。

图 7.16 给出了二脉冲对消和二脉冲相参积累的滤波响应图，从图中可以看出二脉冲的对消和相参积累时的滤波器形状都是一样的，只是二者相差一个值为 $f_r/2$ 的多普勒频移，区别在于：在 $kf_r/2$ 处是相参最大值，却是对消的最小值；而在 kf_r 处，是相参的最小值，却是对消的最大值。所以在目标检测时可以考虑将两者进行融合处理，以减少目标的对消损失。

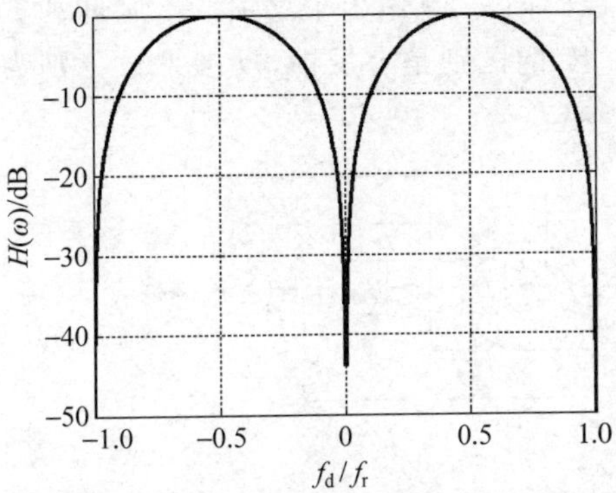

图 7.15　二脉冲对消的频率响应

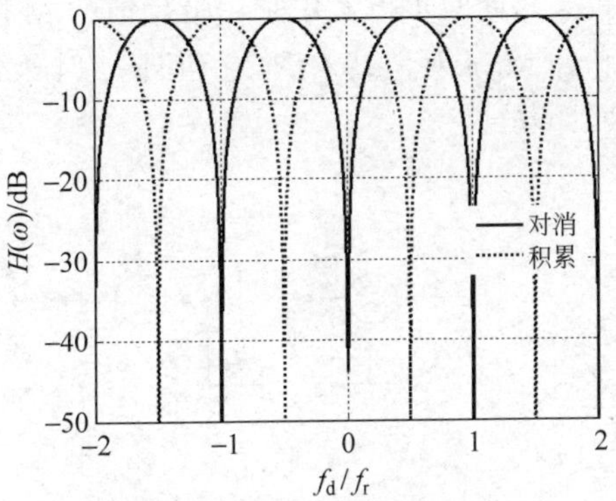

图 7.16　二脉冲频率响应对比

由雷达信号处理的知识可知，二脉冲对消存在的问题是滤波器的凹口太窄，对杂波的抑制作用有限，所以有时会考虑三脉冲对消(1,−2,1)或四脉冲对消(1,−3,3,−1)。图 7.17 给出了三脉冲对消的结构图，即第一个脉冲与第三个脉冲的和减去 2 倍的第二个脉冲。

显然，三脉冲和四脉冲对消的时域滤波器为

$$H(\omega)=1-2e^{-j2\pi fT_r}+e^{-j2\pi 2fT_r} \tag{7.20}$$

$$H(\omega)=1-3e^{-j2\pi fT_r}+3e^{-j2\pi 2fT_r}-e^{-j2\pi 3fT_r} \tag{7.21}$$

图 7.18 直接给出了不同脉冲数对消时的频率响应图，从图中可以看出：①随着脉冲数的增多，滤波器的零点变得更深，这样更有利于零频强杂波的滤除；②随着脉冲数的增多，滤波器的凹口变得更宽，这样更有利于零频附近杂波的滤除；③但随着滤波器的凹口变宽，在同样的多普勒频率处，目标损失也越大。

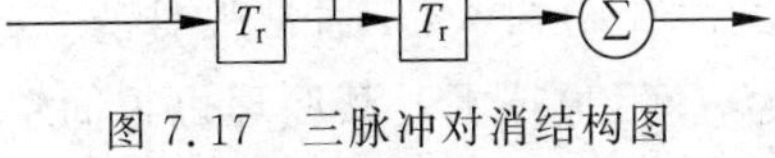

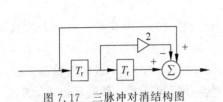

图 7.17　三脉冲对消结构图

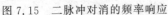

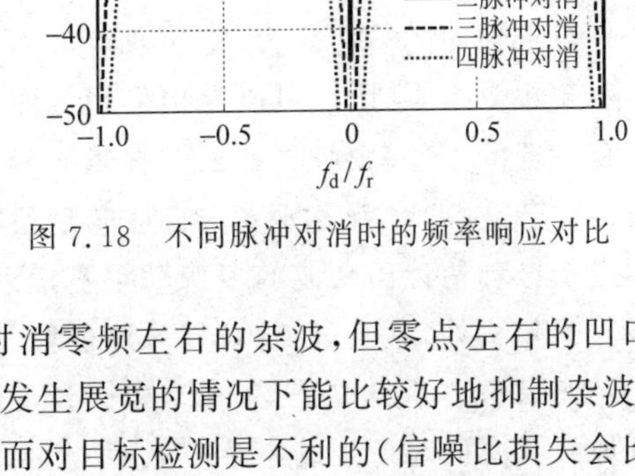

图 7.18　不同脉冲对消时的频率响应对比

由上面的介绍可知，MTI 技术可以对消零频左右的杂波，但零点左右的凹口宽度和脉冲数直接相关，凹口宽则在杂波发生展宽的情况下能比较好地抑制杂波，但在杂波展宽不严重的情况下，凹口宽反而对目标检测是不利的(信噪比损失会比较大)，此时可以考虑采用带反馈的 MTI 滤波。图 7.19 给出了反馈的二脉冲和三脉冲 MTI 对消结构图，它和图 7.14 及图 7.17 的区别是有反馈，反馈系数分别为 k_1 和 k_2。

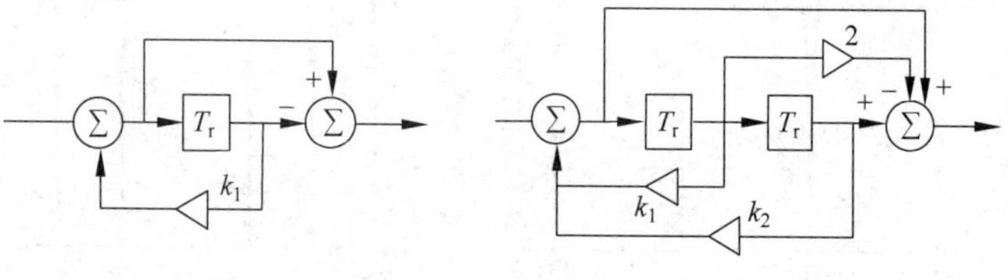

图 7.19 反馈型 MTI 对消结构图

(a) 二脉冲对消器；(b) 三脉冲对消器

由雷达信号处理的知识可知，图 7.19 所示的滤波器分别为

$$H(\omega)=\frac{1-e^{-j2\pi fT_r}}{1-k_1e^{-j2\pi fT_r}} \tag{7.22}$$

$$H(\omega)=\frac{1-2e^{-j2\pi fT_r}+e^{-j2\pi 2fT_r}}{1-k_1e^{-j2\pi fT_r}+k_2e^{-j2\pi 2fT_r}} \tag{7.23}$$

式中，k_1 和 k_2 为反馈系数，其值通常小于 1。

关于反馈型时域 MTI 滤波器的结构，感兴趣的读者可以查阅雷达信号处理的知识，这里给出一个反馈型 MTI 对消器的仿真，见图 7.20。

由图 7.20 可知：

(1) 随着反馈系数的增大，零点处的深度变浅，即对零点处的杂波抑制能力变弱。如左图中当反馈系数 $k_1=0.9$ 时零点最浅；右图中当 $k_1=1.9$ 和 $k_2=0.9$ 时零点最浅。而且对消器没有反馈时零点最深。

(2) 零点附近的凹口随着系数变大而变窄，此时的速度响应曲线变好(增益接近 1，对目标的损耗变小)，这对于低速目标的检测是有利的。从图中可以看出，对于二脉冲对消，反馈系数 $k_1=0.9$ 时有最好的速度响应曲线；对于三脉冲对消，当 $k_1=1.9$ 和 $k_2=0.9$ 时有最好的速度响应曲线。

对于地面的雷达而言，雷达通常是静止的，此时雷达周边固定的地物的杂波其多普勒频率为零，所以可以直接采用上面讨论的 MTI 技术进行滤除；但如果杂波具有一定的多普勒频率，如云、雨、箔条等，采用上面介绍的 MTI 通常很难滤除这些运动杂波，此时就需要采用自适应动目标检测(AMTI)技术。其原理也很简单，相当于自动估计出杂波的多普勒频率，然后再将 MTI 滤波器的零点平移到对应的多普勒频率处，就实现了 AMTI，这也就是第 4 章介绍的时间域自适应处理。

如果雷达本身也是运动的，如机载雷达、舰载雷达、星载雷达等，此时波束扫描到地面或海面时产生的主杂波具有一定的多普勒频率(这一频率可以根据波束指

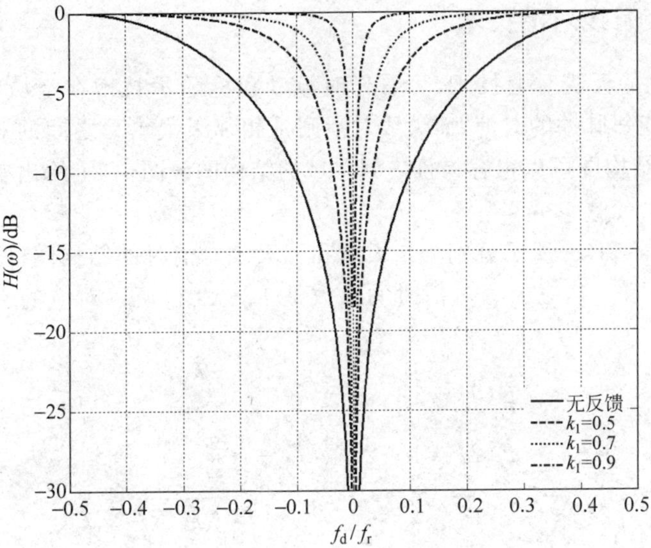

(a)

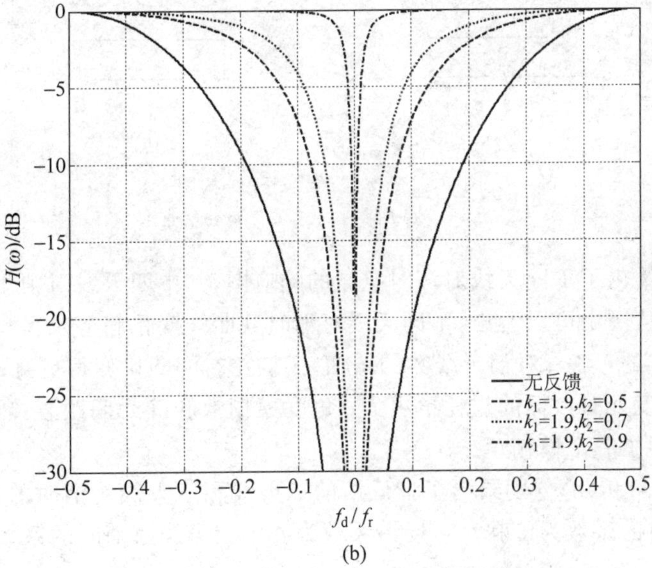

(b)

图 7.20　反馈型 MTI 滤波器频率响应图

(a) 二脉冲对消器；(b) 三脉冲对消器

向、平台运动速度等计算得到)，此时可以通过主杂波跟踪技术来实现对主杂波多普勒频率的估计，然后通过主杂波补偿(平移频谱的方式)将主杂波平移到多普勒频率等于 0 处，这样可以利用 MTI 技术进行杂波抑制，当然也可以用 MTD 技术进行滤除。

7.2.2 天线对消技术

这里讨论的天线对消技术，可看作时域动目标显示技术在空域的推广，只是MTI技术是相邻脉冲的对消，而天线对消则是相邻天线单元之间的对消。由前面的时域MTI结构图可以很容易推广到空域的结构图。图7.21给出空域天线对消的结构图。

图7.21(a)和(b)所示分别为二天线和三天线对消时的结构图，图中二天线对消的系数是1和−1，三天线对消时的系数是1、−2、1，所以对应的空域滤波器响应为

$$F(\theta)=1-\mathrm{e}^{-\mathrm{j}2\pi\frac{d}{\lambda}\sin\theta} \tag{7.24}$$

$$F(\theta)=1-2\mathrm{e}^{-\mathrm{j}2\pi\frac{d}{\lambda}\sin\theta}+\mathrm{e}^{-\mathrm{j}2\pi\times2\frac{d}{\lambda}\sin\theta} \tag{7.25}$$

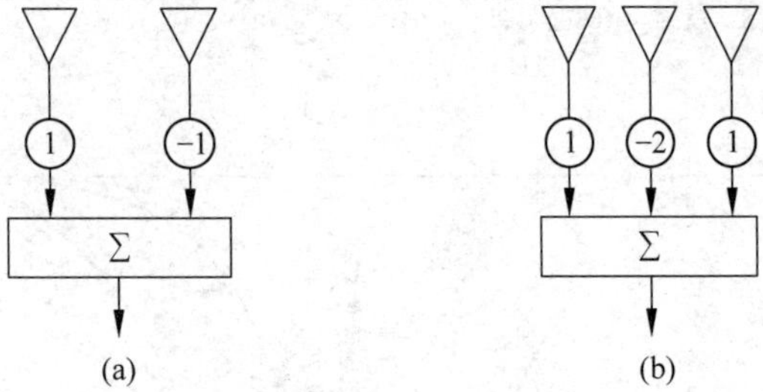

图7.21 空域天线对消结构图

(a) 二天线对消器；(b) 三天线对消器

图7.22给出了不同天线对消时空域的响应图，其中四天线对消采用的系数为1、−3、3、1。从图中可以看出，不同天线对消时其曲线变化趋势及模糊特性和脉冲对消时是一样的：随着对消天线数的增加，零点左右的凹口变得更宽；零点附近的凹口，同一角度处对目标的损耗也更大；角度模糊数和阵元间距直接相关，三倍的半波长就出现了三个模糊角。

图7.23(a)和(b)分别给出了带反馈的二天线和三天线对消时的结构图，图中二天线对消时的系数为1和−1，反馈系数为k_1；三天线对消时的系数为1、−2、1，反馈系数为k_1和k_2。

显然，图7.23中对应的空域滤波器响应为

$$F(\theta)=\frac{1-\mathrm{e}^{-\mathrm{j}2\pi\frac{d}{\lambda}\sin\theta}}{1-k_1\mathrm{e}^{-\mathrm{j}2\pi\frac{d}{\lambda}\sin\theta}} \tag{7.26}$$

$$F(\theta)=\frac{1-2\mathrm{e}^{-\mathrm{j}2\pi\frac{d}{\lambda}\sin\theta}+\mathrm{e}^{-\mathrm{j}2\pi\times2\frac{d}{\lambda}\sin\theta}}{1-k_1\mathrm{e}^{-\mathrm{j}2\pi\frac{d}{\lambda}\sin\theta}+k_2\mathrm{e}^{-\mathrm{j}2\pi\times2\frac{d}{\lambda}\sin\theta}} \tag{7.27}$$

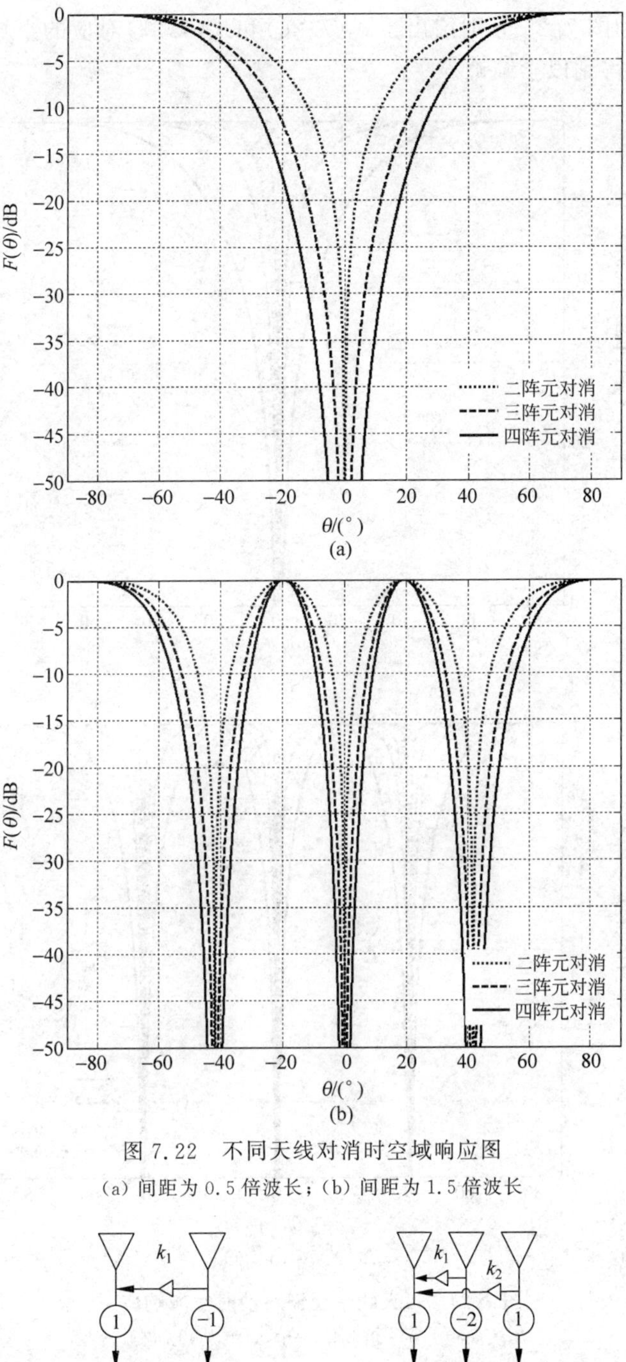

图 7.22　不同天线对消时空域响应图

(a) 间距为 0.5 倍波长；(b) 间距为 1.5 倍波长

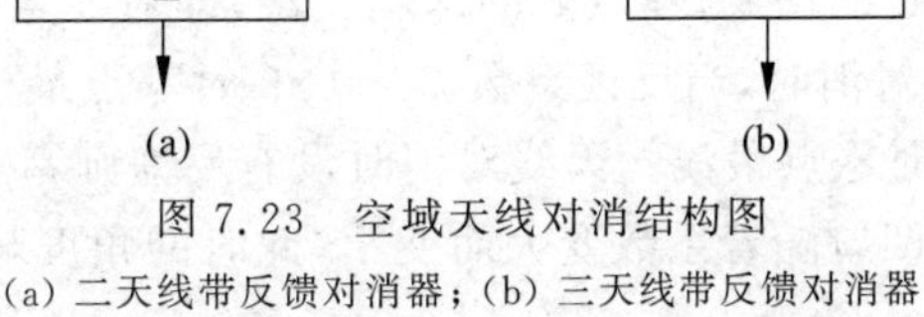

图 7.23　空域天线对消结构图

(a) 二天线带反馈对消器；(b) 三天线带反馈对消器

图 7.24 和图 7.25 分别给出了式(7.26)和式(7.27)对应的空域响应，从本节的仿真图可以得到以下结论。

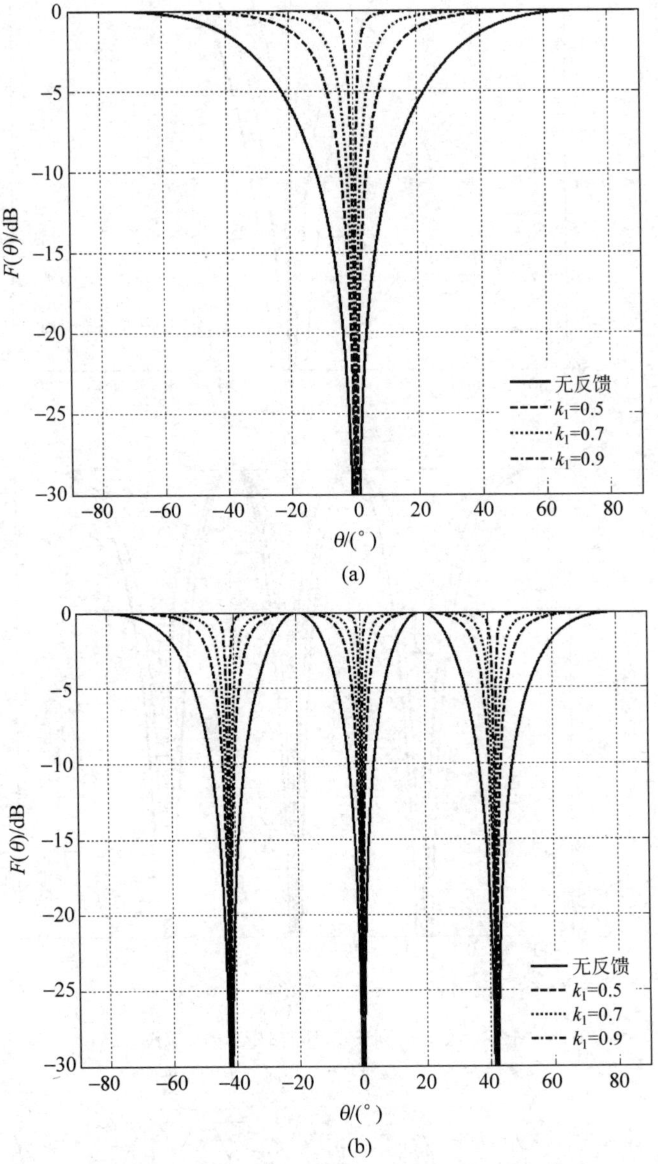

图 7.24 二天线带反馈对消时空域响应图

(a) 间距为 0.5 倍波长；(b) 间距为 1.5 倍波长

(1) 随着反馈系数的增大，零点处的深度变浅，即对零点处的杂波或干扰的抑制能力变弱。二天线对消时，当反馈系数 $k_1=0.9$ 时零点最浅；三天线对消时，当 $k_1=1.9$ 和 $k_2=0.9$ 时零点最浅。天线对消时没有反馈则零点最深。

(2) 零点附近的凹口随着系数变大而变窄，此时的角度响应曲线变好(增益接

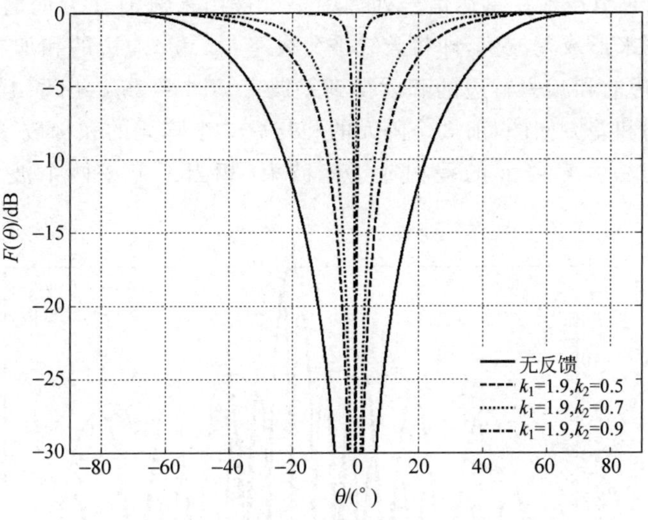

(a)

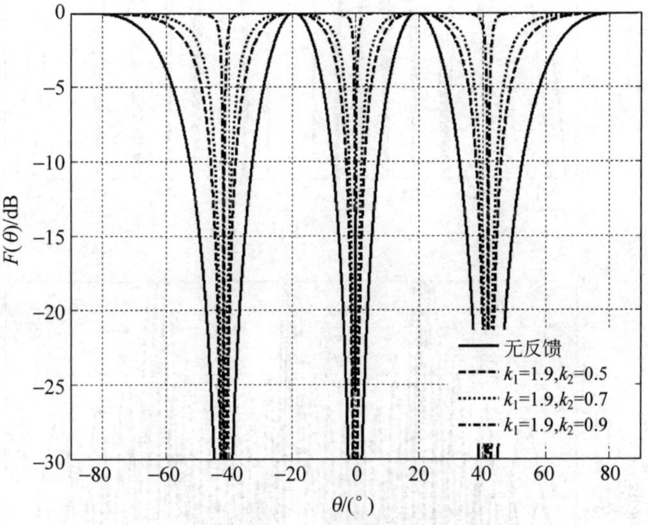

(b)

图 7.25 三天线带反馈对消时空域响应图

(a) 间距为 0.5 倍波长；(b) 间距为 1.5 倍波长

近于 1，对目标的损耗变小)，这对于靠近干扰或杂波区的目标检测是有利的。从图中可以看出，对于二天线对消，反馈系数 $k_1=0.9$ 时有最好的角度响应曲线；对于三天线对消，当 $k_1=1.9$ 和 $k_2=0.9$ 时，有最好的角度响应曲线。这说明，当反馈系数接近无反馈天线对消的系数时，会得到更好的角度响应曲线。

(3) 无论天线是否带反馈，随着阵元间距的增大，都会出现角度模糊，图中对应的零点也会出现多个。需要说明的是，这些模糊角对应的值是确定的，可以通过公式计算出来，详见文献[2]。

(4) 天线对消技术在雷达信号处理中很少被用来对消 0°方向的干扰或杂波，而通常会被用来形成差波束，即将天线平分成左右二份，左边的和加右边的和就得到和波束，左边的和减去右边的和就得到差波束。图 7.26 给出了 16 元等距均匀线阵时形成的和差方向图，前 8 个阵元的和与后 8 个阵元的和构成了和波束，前 8 个阵元的和与后 8 个阵元的差构成了差波束(相当于形成两个波束，然后进行对消)。

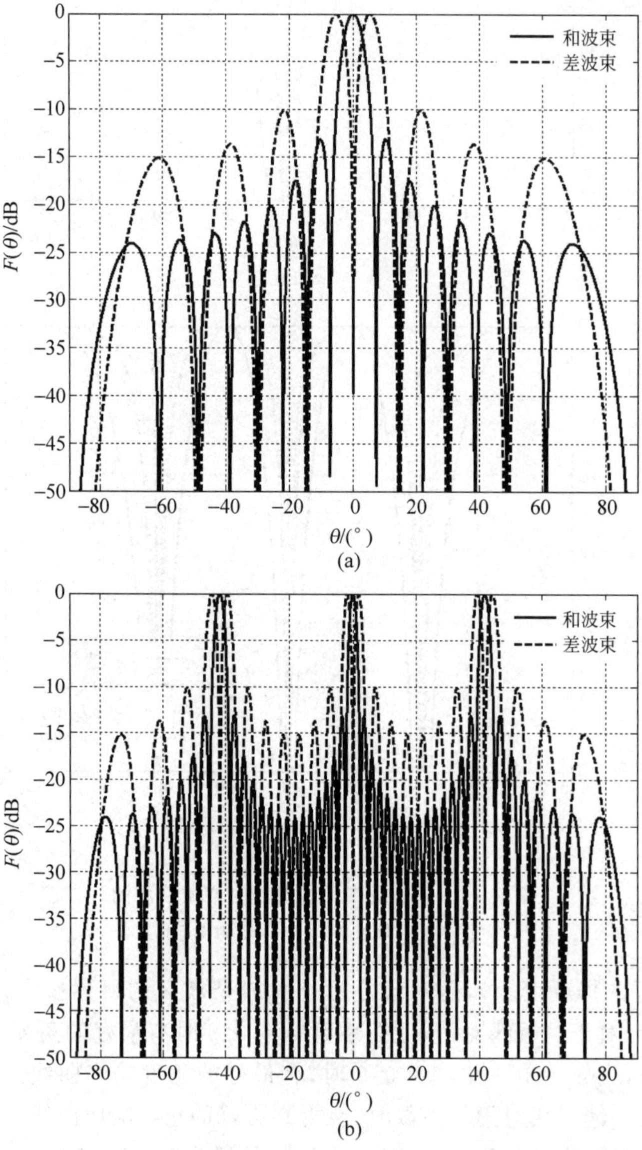

图 7.26　和差波束方向图

(a) 间距为 0.5 倍波长；(b) 间距为 1.5 倍波长

通过上面的分析可知：天线对消技术产生的零点位置也是固定的，通常是在天线的法线方向，如果干扰或杂波正好位于这个角度，则可以被完美地滤除。但当干扰或杂波不在这个方向时就需要采用自适应天线对消的方法进行滤除，这就是第4章空域自适应介绍的内容。

7.2.3　相位中心偏置天线技术

相位中心偏置天线也称DPCA，是早期机载雷达抑制杂波的一种有效方法，其原理和时域的MTI类似，见图7.27。假设在平行于飞行方向安放两个天线，它们的相位中心距离为d，平台以速度V_r进行匀速直线运动，而雷达脉冲的重复周期为T_r。如果在t时刻天线1发射一个脉冲，并接收这个脉冲，在$t+T_r$时刻天线2发射一个脉冲，并接收这个脉冲，那么从图7.27可知，如果$d=V_rT_r$，则天线2在$t+T_r$时刻的位置刚好是天线1在t时刻的位置，也就意味着虽然时间过了T_r，但天线相当于没有动，位置还在原处（即t时刻天线1位置）。这时，就相当于一个地面上静止的雷达在空域扫描，那么对于地面上的固定杂波而言，其多普勒频率也为0，所以可以直接利用这两个脉冲（t时刻天线1的脉冲和$t+T_r$时刻天线2的脉冲）进行MTI对消，这就是DPCA的原理，它其实就是空时二维MTI。

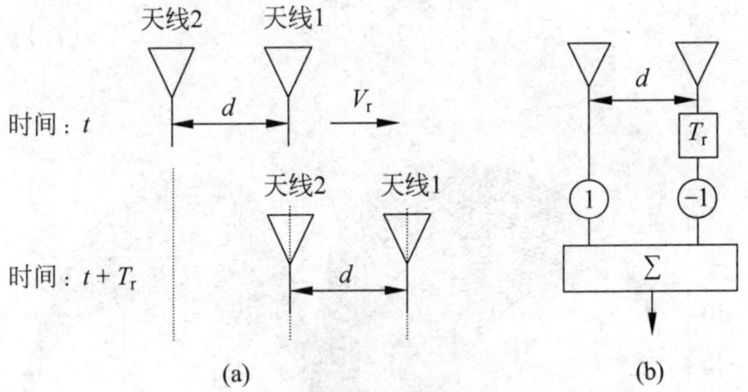

图7.27　二单元DPCA原理图

（a）示意图；（b）结构图

显然，图7.27所示的二单元DPCA的二维滤波器为

$$H(\theta,f)=1-\mathrm{e}^{-\mathrm{j}2\pi\frac{d}{\lambda}\sin\theta}\mathrm{e}^{\mathrm{j}2\pi fT_r}=1-\mathrm{e}^{-\mathrm{j}2\pi\left(\frac{d}{\lambda}\sin\theta-fT_r\right)}\tag{7.28}$$

需要说明的一点是，上式中θ是入射信号与天线法线方向的夹角，角度范围通常为$[-90°,90°]$。但机载雷达信号处理中，波束指向通常包含方位和俯仰信息，一般用锥角来表示，此时上式修正为

$$H(\theta,f)=1-\mathrm{e}^{-\mathrm{j}2\pi\left(\frac{d}{\lambda}\cos\psi-fT_r\right)}\tag{7.29}$$

式中，$\cos\psi=\cos\theta_1\cos\phi$，此时$\theta_1$通常定义为入射信号与天线平面的夹角（不再是与

天线法线的夹角)，角度范围为[0°,180°]，ϕ 为俯仰角。$\cos\psi$ 的范围为[−1,1]。

图 7.28 给出了二天线 DPCA 的二维滤波器响应图，其中天线间距 $d=V_r T_r$，工作波长为 0.2m，重复频率为 2000Hz，载机速度为 200m/s 时，俯仰角为 0°。从图 7.28(b)和(d)可以看出，如果阵元间距为半波长，滤波器的凹口与 $\cos\psi$ 的关系刚好是斜率 1 的直线，但与 θ 的关系则是一条曲线。这个斜率满足下式：

$$\cos\psi=\frac{\lambda T_r}{2d}f_d=kf_d \tag{7.30}$$

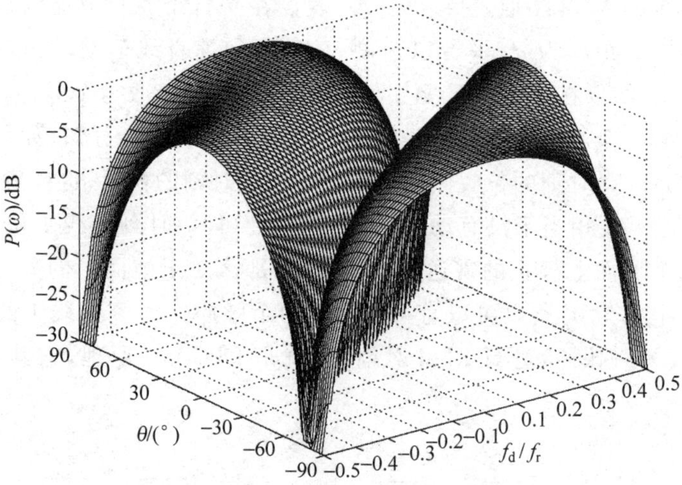

(a)

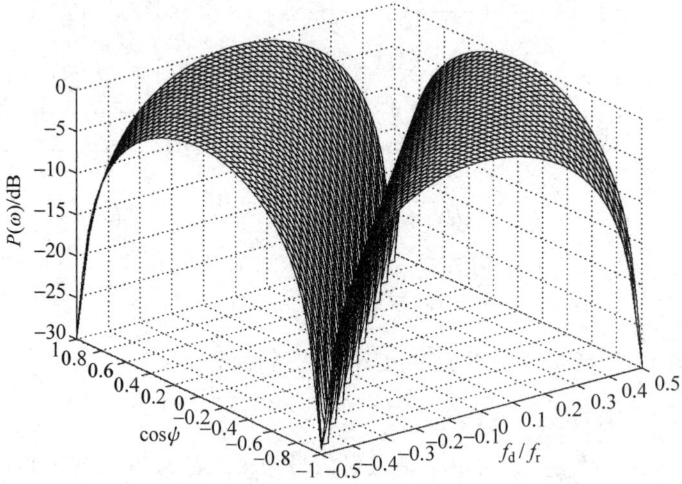

(b)

图 7.28　二天线 DPCA 的滤波器响应图

(a) 式(7.28)的立体图；(b) 式(7.29)的立体图；(c) 式(7.28)的投影图；(d) 式(7.29)的投影图

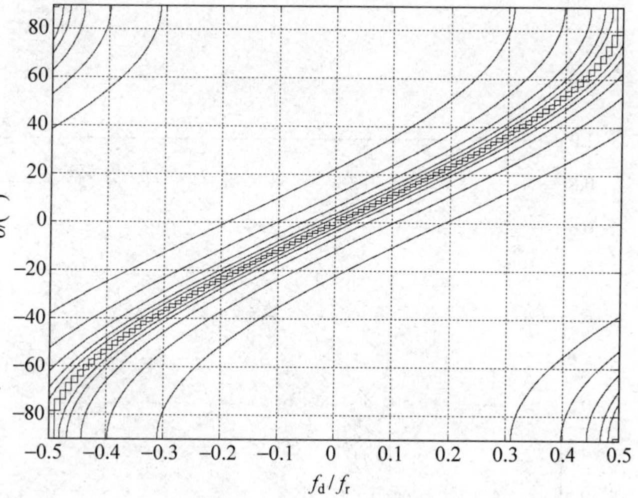

(c)

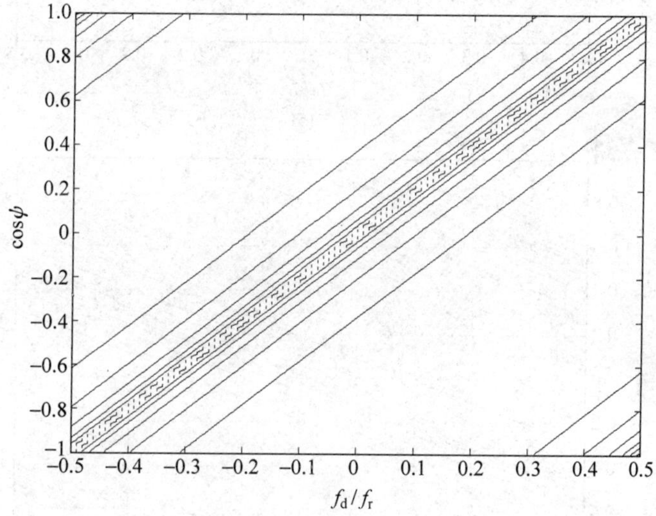

(d)

图 7.28(续)

图 7.29 给出了不同参数条件下的二维滤波器响应图，结合图 7.28 可以看出，当重复频率不变时，斜率随着速度的减小而增大，且在速度为 300m/s 时出现了模糊；当速度不变时，斜率随着重复频率的增大而增大，且在重复频率为 1000Hz 时出现了模糊。

图 7.30 给出了三天线 DPCA 的结构图，各天线的系数为 1、−2 和 1，此时三天线 DPCA 的二维滤波器为

$$H(\theta,f)=1-2\mathrm{e}^{-\mathrm{j}2\pi\left(\frac{d}{\lambda}\cos\psi-fT_r\right)}+\mathrm{e}^{-\mathrm{j}2\pi\times 2\left(\frac{d}{\lambda}\cos\psi-fT_r\right)} \tag{7.31}$$

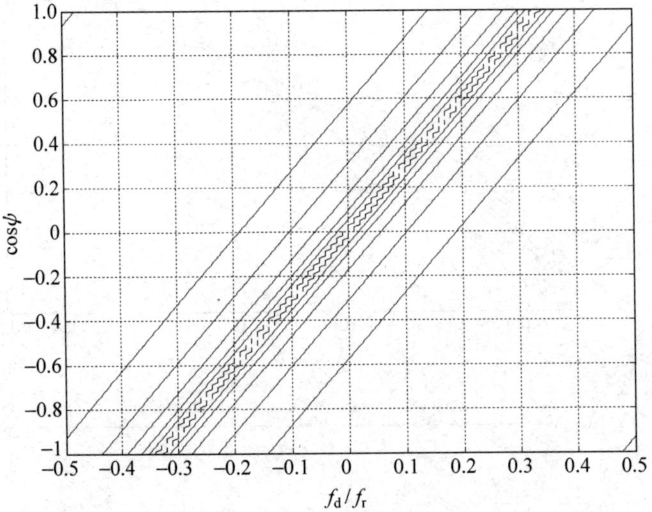

(a)

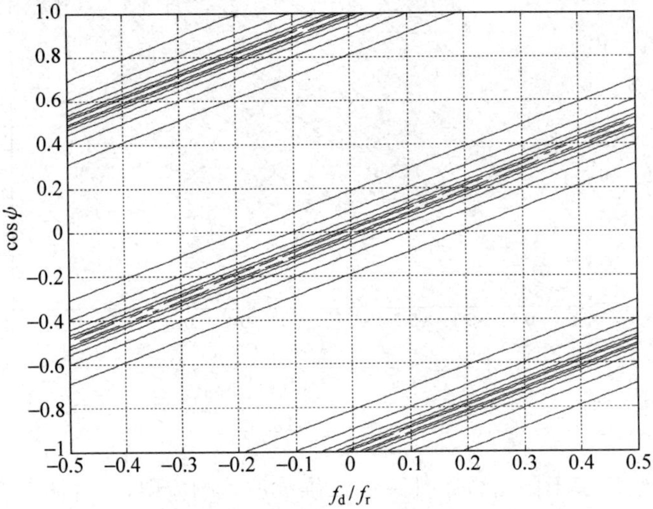

(b)

图 7.29　二天线 DPCA 不同参数时的滤波器响应图

(a) $V_r=200\text{m/s}, F_r=3000\text{Hz}$；(b) $V_r=200\text{m/s}, F_r=1000\text{Hz}$；(c) $V_r=300\text{m/s}, F_r=2000\text{Hz}$；(d) $V_r=100\text{m/s}, F_r=2000\text{Hz}$

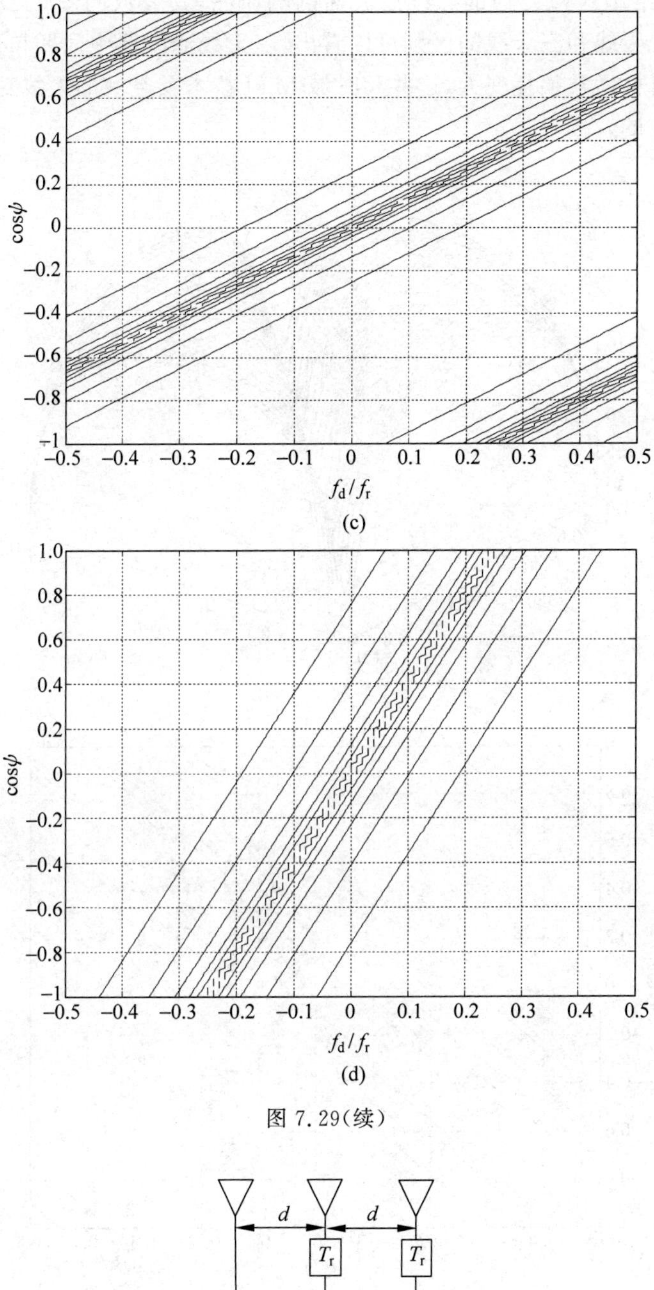

(c)

(d)

图 7.29(续)

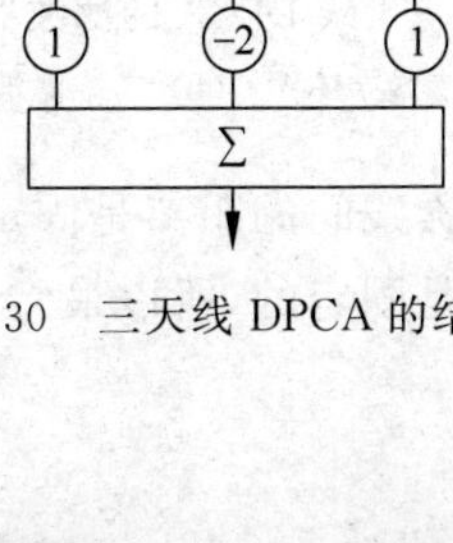

图 7.30　三天线 DPCA 的结构图

图 7.31 给出式(7.31)的二维滤波器的响应图,其参数同图 7.28。在相同的参数下对比二天线和三天线的区别可以看出,三天线滤波器中间凹口更宽,而且靠近凹口处的目标增益损耗变大,这些和时域 MTI 技术及空域的天线对消技术得到的结论是一致的。

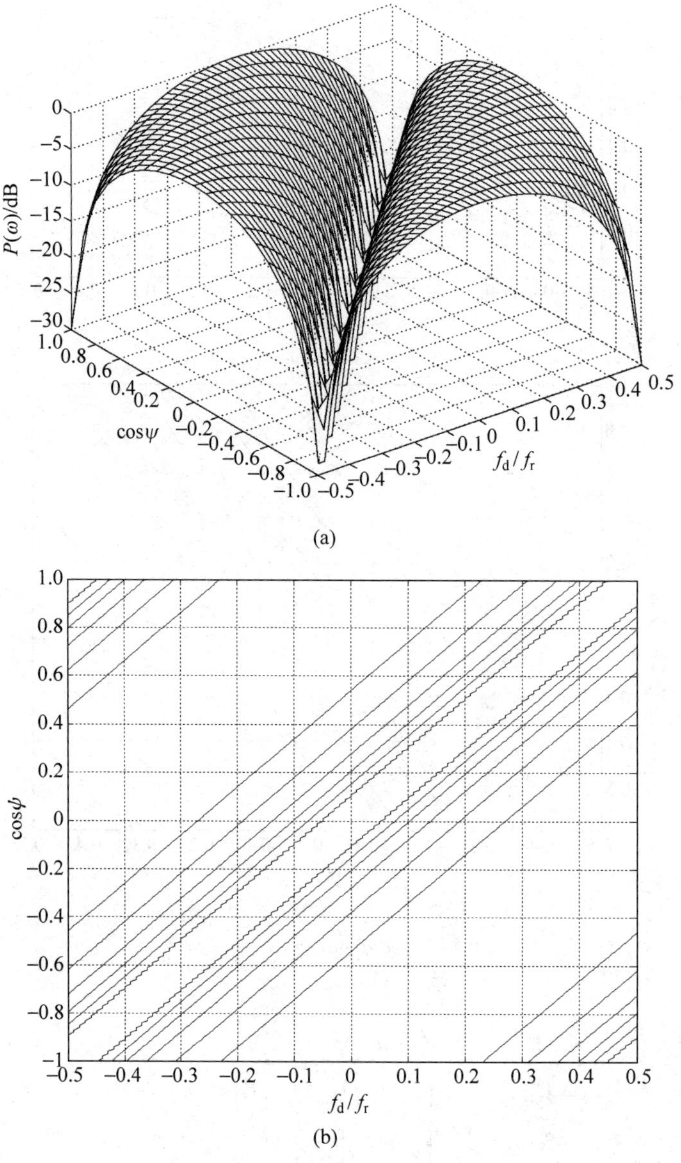

图 7.31 三天线 DPCA 的滤波器响应图

(a) 二维滤波器立体图;(b) 二维滤波器投影图

但需要注意,在实际应用中天线间的距离是固定的,只能调整平台的速度和重复频率,一般载机的巡航速度也是固定的,所以最常用的方法是调整重复频率来改变 DPCA 的二维滤波器特性。当滤波器凹口和杂波分布特性不一致时，此时 DPCA 只能滤除凹口和杂波分布相交处的杂波。如果主杂波不在 $\cos\psi=0$ 和 $f_d=0$ 处，则需要对 DPCA 滤波器进行移相，也就是自适应 DPCA（空时二维自适应的简化形式）。

参照带反馈的 MTI 和天线对消技术，图 7.32 给出了带反馈的 DPCA 结构图，此时其二维滤波器特性为

$$H(\theta,f)=\frac{1-\mathrm{e}^{-\mathrm{j}2\pi\left(\frac{d}{\lambda}\cos\psi-fT_r\right)}}{1-k_1\mathrm{e}^{-\mathrm{j}2\pi\left(\frac{d}{\lambda}\cos\psi-fT_r\right)}} \tag{7.32}$$

$$H(\theta,f)=\frac{1-2\mathrm{e}^{-\mathrm{j}2\pi\left(\frac{d}{\lambda}\cos\psi-fT_r\right)}+\mathrm{e}^{-\mathrm{j}2\pi\times 2\left(\frac{d}{\lambda}\cos\psi-fT_r\right)}}{1-k_1\mathrm{e}^{-\mathrm{j}2\pi\left(\frac{d}{\lambda}\cos\psi-fT_r\right)}+k_2\mathrm{e}^{-\mathrm{j}2\pi\times 2\left(\frac{d}{\lambda}\cos\psi-fT_r\right)}} \tag{7.33}$$

式中，k_1 和 k_2 为反馈系数。

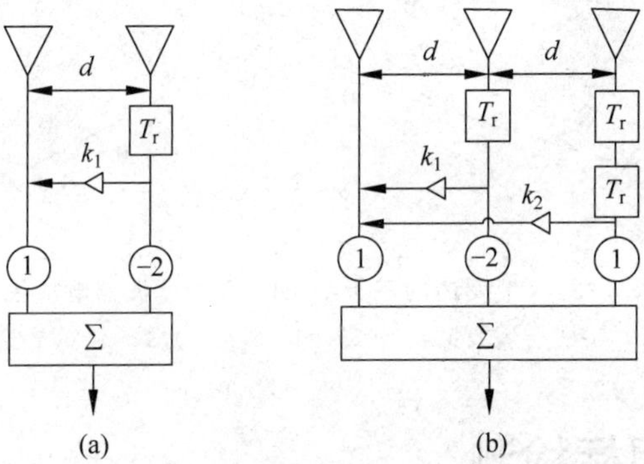

图 7.32 带反馈的 DPCA 的结构图

(a) 二天线；(b) 三天线

图 7.33 和图 7.34 分别给出了带反馈的二天线 DPCA 和三天线 DPCA 二维

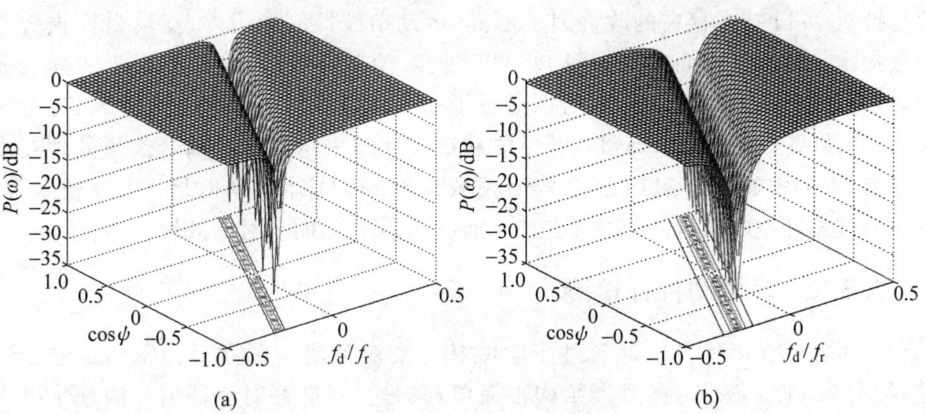

图 7.33 带反馈的二天线 DPCA 的滤波器响应图

(a) $k_1=0.8$；(b) $k_1=0.5$

滤波器的响应图，其中天线间距 $d=V_rT_r$，工作波长为 0.2m，重复频率为 4000Hz，载机速度为 200m/s 时，俯仰角为 0°。从图中可知，带反馈的 DPCA 滤波器其响应曲线不在凹口区的信号损失要比不带反馈 DPCA 滤波器的小很多，且随着反馈系数的增大凹口变得更窄，同等条件下三天线的凹口宽度要大于二天线。这些结论和带反馈时的时域 MTI 及空域的天线对消技术的结论是一致的，此处不再赘述。另外，DPCA 和 MTI 及天线对消技术一样，可以采用更多天线的 DPCA，感兴趣的读者可以参考文献[1]。

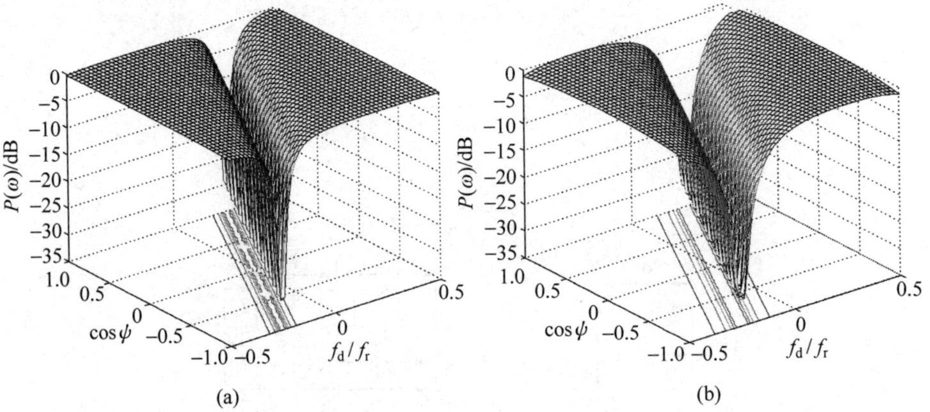

图 7.34 带反馈的三天线 DPCA 的滤波器响应图

(a) $k_1=-1.9, k_2=0.8$；(b) $k_1=-1.9, k_2=0.5$

7.3 动目标检测

这里的动目标检测不是广义上运动目标检测的概念，而是特指雷达信号处理中的一项专门技术，即 MTD 技术。这是雷达中常用的一种运动目标检测方法，主要是针对 MTI 技术存在的改善因子不高、运动杂波抑制能力差、运动目标损失等缺点提出来的。由前面的内容可知，MTI 技术简单易实现，被广泛用于实际装备中，但它的缺点也是很明显的，所以经过了一系列的发展阶段：由模拟 MTI、数字 MTI、线性 MTI 到自适应 MTI，其性能和适应性越来越好。但随着信号处理技术的发展，人们发展了比 MTI 更有效的频域技术 MTD，本节从时域 MTD 技术、波束空间技术和空时二维波束技术三个方面来介绍它们的空时等效性。

7.3.1 时域动目标检测

20 世纪 70 年代美国麻省理工学院林肯实验室研制了动目标雷达信号处理器，称为 MTD。该信号处理器结构很简单，只是在三脉冲对消器后面级联了一个 8 脉冲多普勒滤波器组，实测显示相对 MTI 其改善因子提高了 20dB，从而大大推动了 MTD 技术在雷达中的应用。MTD 的核心是多普勒滤波器组的设计与实现，其通常有两种实现方法：一是采用横向滤波器来实现，见图 7.35(a)；二是采用 DFT 的方法来实现，见图 7.35(b)。原来在具体实现上受器件、工艺等水平的限制，常采用横向滤波器来实现，通过不同的加权来对应不同的多普勒通道；而现代雷达则通常中频信号已经数字化了，所以通常直接采用数字 DFT 来实现。

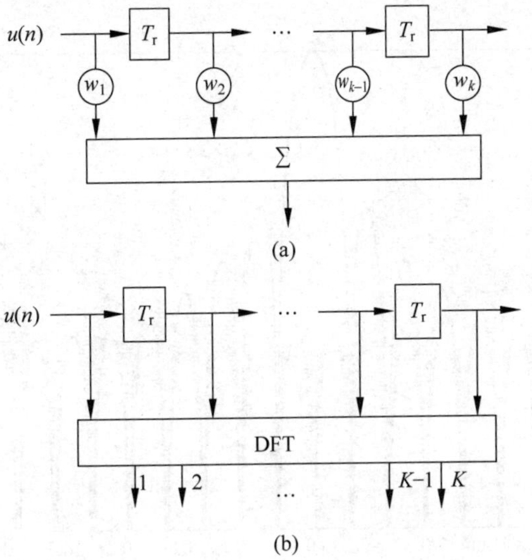

图 7.35　滤波器组的实现方法

(a) 时域方法；(b) 频域方法

图 7.35 中，横向滤波器有 $K-1$ 个延迟(对应 K 个脉冲)，每个时延其实就是脉冲重复间隔时间，其权值为

$$W_{ik}=\mathrm{e}^{-\mathrm{j}2\pi(i-1)\frac{k}{K}},\quad i=1,2,\cdots,K \tag{7.34}$$

式中，i 为抽头延迟；k 为对应的多普勒通道号，$k=0,1,\cdots,K-1$，即需要产生 K 组权矢量，对应 K 个多普勒滤波器组。将式(7.34)展开，可得

$$\boldsymbol{W}_{\mathrm{MTD}}=\begin{bmatrix}1 & 1 & \cdots & 1\\ \mathrm{e}^{-\mathrm{j}2\pi\cdot 1\cdot\frac{0}{K}} & \mathrm{e}^{-\mathrm{j}2\pi\cdot 1\cdot\frac{1}{K}} & \cdots & \mathrm{e}^{-\mathrm{j}2\pi\cdot 1\cdot\frac{K-1}{K}}\\ \vdots & \vdots & \ddots & \vdots\\ \mathrm{e}^{-\mathrm{j}2\pi(K-1)\cdot\frac{0}{K}} & \mathrm{e}^{-\mathrm{j}2\pi(K-1)\cdot\frac{1}{K}} & \cdots & \mathrm{e}^{-\mathrm{j}2\pi(K-1)\cdot\frac{K-1}{K}}\end{bmatrix} \tag{7.35}$$

由上式可知，形成 K 个多普勒滤波器组的权矩阵就是 $\boldsymbol{W}_{\mathrm{DFT}}$，即

$$\boldsymbol{W}_{\mathrm{MTD}}=\boldsymbol{W}_{\mathrm{DFT}}=\left[\boldsymbol{a}\left(-\frac{f_{\mathrm{r}}}{2}\right),\boldsymbol{a}\left(-\frac{f_{\mathrm{r}}}{2}+\frac{f_{\mathrm{r}}}{K}\right),\cdots,\boldsymbol{a}\left(-\frac{f_{\mathrm{r}}}{2}+(K-1)\frac{f_{\mathrm{r}}}{K}\right)\right] \tag{7.36}$$

式中，各滤波器的中心频率刚好将重复频率平分成 K 份。

图 7.36 给出了 16 个脉冲时，产生的 16 个多普勒滤波器组，其中图 7.36(a)没有进行幅度加权，图 7.36(b)加了－30dB 的切比雪夫权。如果没有进行幅度加权，

则多普勒滤波器的旁瓣很高(−13.2dB),会导致相邻通道内的杂波或目标干扰多普勒通道内的目标检测,所以需要压低旁瓣,压低旁瓣的方法就是幅度加权。但幅度加权会带来主瓣的展宽,即多普勒通道展宽,会导致同一目标同时跨多个相邻的多普勒通道,此时检测完目标后还需要对目标进行"凝聚",否则不利于后续的目标跟踪。

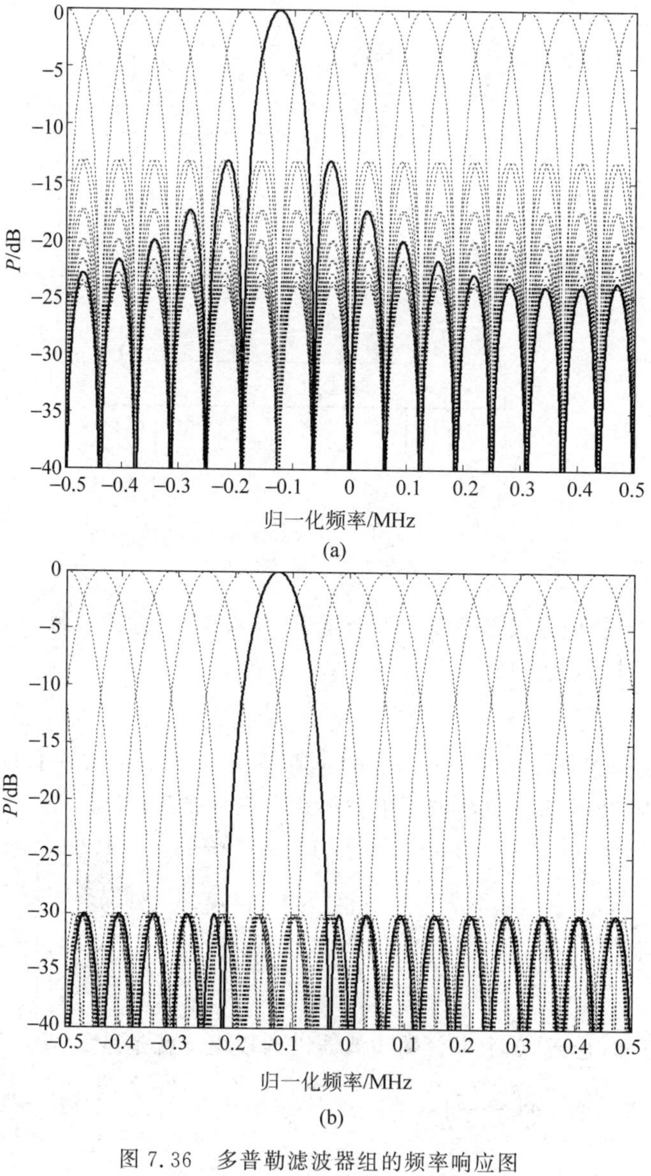

图 7.36　多普勒滤波器组的频率响应图

(a) 无幅度加权;(b) 加切比雪夫−30dB 权

通过上述的分析可以得出以下结论。

(1) 对比图 7.1 和图 7.35 可知,时域相参积累只是时域动目标检测的一个特例,即相参积累只是滤波器组中的一个滤波器的输出,且其权系数全为 1 的情况。

(2) 由其滤波器的响应图可知,时域相参积累的滤波器只是滤波器组中中心频率 $f_i=0$ 时的滤波器,即时域相参积累只保证在 $f_i=0$ 时的增益最大。

(3) 在时域相参积累中,如果信号频率不在零频,则其他方向的增益损失比较大,解决的方法有两个:一是通过频率跟踪,估计出频率,再将滤波器的中心频率调到估计频率处;二是采用 MTD 滤波器组,平均覆盖整个频率区域,这样就可以保证信号落到某个滤波器中,而且信号的损失较小。所以,从这个意义上讲,MTD 也是相参处理的一种方式(可以看成是准最优的处理),且滤波器的最大损失就是滤波器组交叠处的损失(一般为 3dB)。

(4) 常规的 MTI 处理中,由于滤波器的凹口在零频,所以在滤除零频左右的杂波时,低速目标和径向飞行目标都被滤除了。但传统的 MTD 处理中有一类特殊处理就是低速目标检测,即零多普勒频率处理,其思想就是形成一个卡尔马斯滤波器与杂波图对消,从而检测径向低速目标。卡尔马斯滤波器是零频左右的两个 MTD 滤波器相减(对消)再移到零频处形成的,所以,其频率响应为

$$H_{\text{kal}}(f)=\left|H\left(-\frac{T_{fr}}{2K}\right)\right|-\left|H\left(\frac{T_{fr}}{2K}\right)\right| \tag{7.37}$$

式中,$H_{\text{kal}}(f)$为卡尔马斯滤波器的响应;其中对应频率 f 的 MTD 滤波器响应为 $H(f)=\boldsymbol{W}^{\text{H}}\boldsymbol{a}_{\text{t}}(f)$,通常这里 $\boldsymbol{W}$ 为幅度加权(一般为全 1 矢量);T_{fr} 为归一化的多普勒频率的周期(图 7.36 中为 1,在空时二维处理中通常用 $2f_{\text{d}}/f_{\text{r}}$ 归一化,此时 T_{fr} 的周期为 2)。

图 7.37 给出了图 7.36 中第 8 和第 9 个滤波器形成的卡尔马斯滤波器,它由第 8 和第 9 个滤波器分别右移 $T_{fr}/2K$ 后,再相减形成。这也说明卡尔马斯滤波器其实就是 MTD 滤波器组在 $\pm T_{fr}/2K$ 频率处两个滤波器绝对值的差(不是相减后的绝对值)。另外,由式(7.37)可知,卡尔马斯滤波器和对消滤波器(时域差波束)有一些区别:在零点左右两个宽度要比差波束窄;最高点和零点之间的曲线比差波束要陡,即下降得快。

(5) 零多普勒频率处理通常还需要一个杂波图来对消卡尔马斯滤波器输出的杂波。这里建立的杂波图,其实是滤波器输出的剩余杂波,通常需要将天线扫描几圈之后的杂波进行平滑处理后建立,然后将其和当前扫描一圈的杂波进行对消处理。其原理就是图像之间的 MTI 处理(即第一帧图像减去第二帧图像),由于静止的杂波通常幅度不变(静止杂波在第一、二帧图像中是不变的),而低速运动目标则会有起伏(运动目标在第一、二帧图像中是变化的),从而将其相减可以实现杂波的过滤、对低速目标的检测。

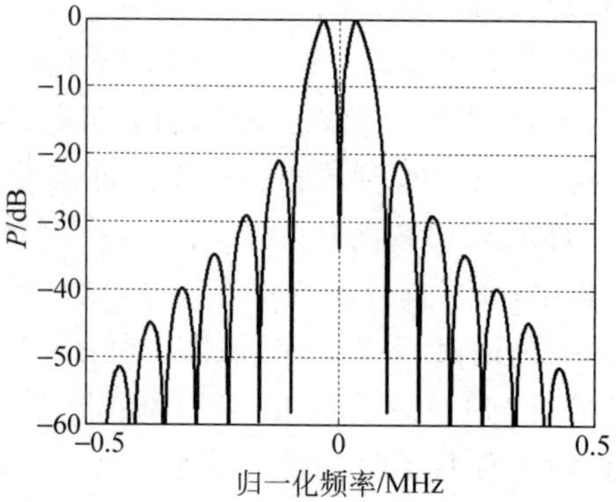

图 7.37　卡尔马斯滤波器的频率响应图

7.3.2　波束空间处理

由前面介绍的空域相参的概念可知，空域相参的实质就是在天线法线方向形成一个波束，从而保证法线方向的增益达到最大值 M（天线阵元数）。波束空间处理就是形成 M 个波束覆盖整个空域，从而可以实现在各个不同方向上的空域相参积累。其原理结构图见图 7.38。

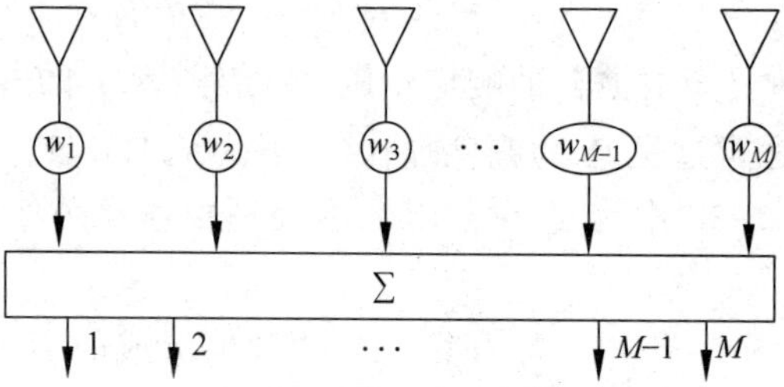

图 7.38　空域波束空间处理结构图

波束空间变换在第 4 章中已经介绍过，这里主要是对比 MTD 滤波器和空域波束。当阵元间距为半波长时，空域导向矢量可以表示为

$$\boldsymbol{a}(\theta)=\begin{bmatrix}1\\ \exp(\mathrm{j}\pi\sin\theta)\\ \vdots\\ \exp(\mathrm{j}\pi(M-1)\sin\theta)\end{bmatrix}=\begin{bmatrix}1\\ \exp(\mathrm{j}\pi u)\\ \vdots\\ \exp(\mathrm{j}\pi(M-1)u)\end{bmatrix} \tag{7.38}$$

由上式可知，空域导向矢量有两种表达方式：一是导向矢量是角度 θ 的函数，即和角度有关；二是导向矢量是 $u=\sin\theta$ 的函数，且 u 的周期为 2。这两种表达方式其实是一样的，即 $-1\leqslant u\leqslant 1$ 的函数就对应线阵的观察范围 $-90°\leqslant\theta\leqslant 90°$。

这样就可以得到两种波束空间的划分方式，第一种是按角度平均的方式：

$$\boldsymbol{W}=[\boldsymbol{a}(\theta_1)\quad \boldsymbol{a}(\theta_2)\quad \cdots\quad \boldsymbol{a}(\theta_{M-1})\quad \boldsymbol{a}(\theta_M)] \tag{7.39}$$

式中，$\theta_1,\theta_2,\cdots,\theta_{M-1},\theta_M$ 是将 $-90°\sim 90°$ 范围等分成 M 份，这种方式叫等角划分。

第二种是按 u 平均的方式：

$$\boldsymbol{W}=[\boldsymbol{a}(u_1)\quad \boldsymbol{a}(u_2)\quad \cdots\quad \boldsymbol{a}(u_{M-1})\quad \boldsymbol{a}(u_M)] \tag{7.40}$$

式中，$u_1,u_2,\cdots,u_{M-1},u_M$ 是将 $-1\sim1$ 的范围等分成 M 份，这种方式叫等弦划分。

图 7.39 给出了 16 个等距均匀线阵，间距为半波长时两种不同划分方式的空域波束的空间响应图。等角划分时，由于波束宽度是随角度变化的，当角度靠近法线时波束宽度变窄，当角度靠近阵列端线时波束宽度变宽；而等弦划分时，波束宽度和 u 一样是均匀分布的，对照图 7.36 可以发现，时域的滤波器组和空域的波束图除坐标变量不同外，其他都是一样的。

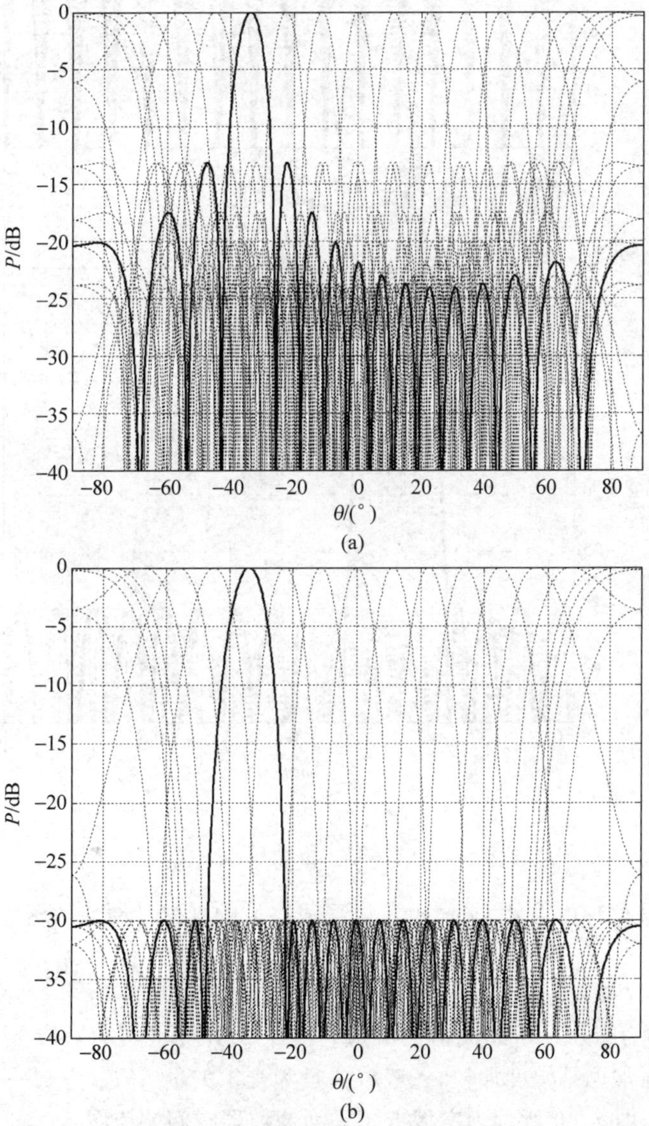

图 7.39　空域波束空间响应图

(a) 等角划分，不加权；(b) 等角划分，切比雪夫-30dB 权；(c) 等弦划分，不加权；(d) 等弦划分，切比雪夫-30dB 权

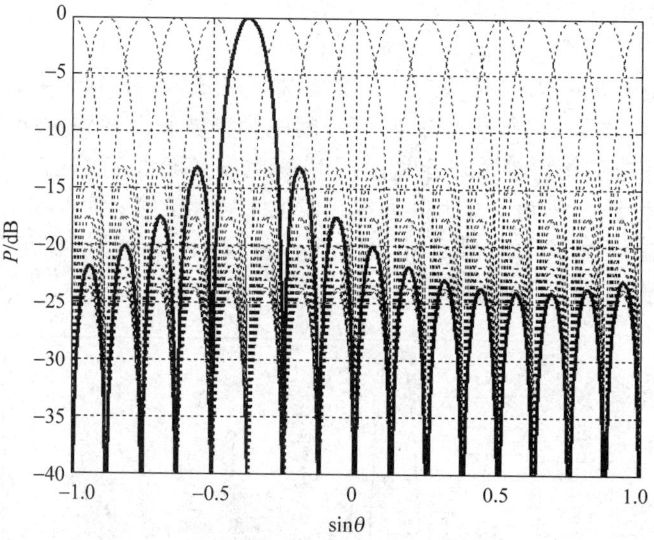

(c)

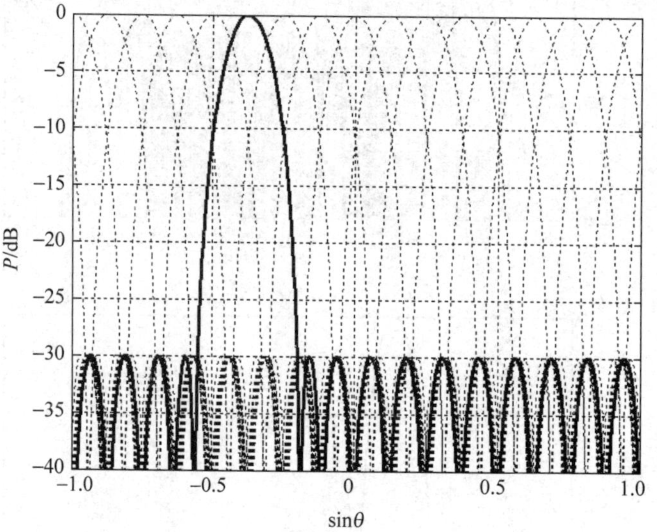

(d)

图 7.39(续)

参照时域处理的方式,空域也可以形成空域的卡尔马斯滤波器,其频率响应为

$$F_{\mathrm{kal}}(\theta)=\left|F\left(-\frac{T_u}{2M}\right)\right|-\left|F\left(\frac{T_u}{2M}\right)\right|$$

式中,$F_{\mathrm{kal}}(\theta)$为卡尔马斯滤波器的响应;$F(u)=\boldsymbol{W}^{\mathrm{H}}\boldsymbol{a}_{\mathrm{s}}(\theta)$为对应 $u=\sin\theta$ 时的波束(这里 $\boldsymbol{W}$ 通常也是幅度加权,一般权矢量为全 1 矢量);T_u 为归一化后 u 的周期(这里为 2)。图 7.40 所示为空域卡尔马斯滤波器空间响应图。

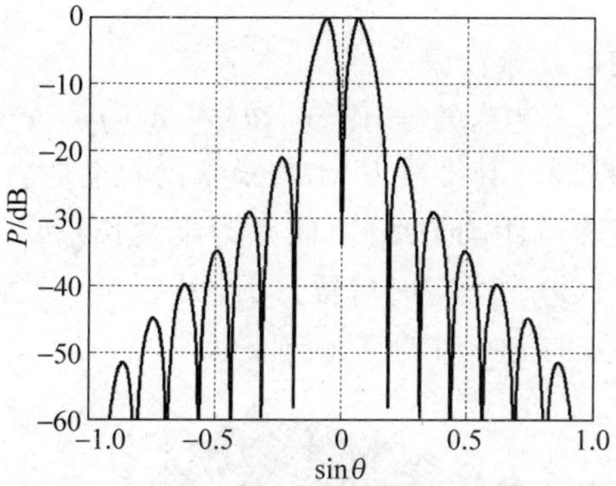

图 7.40　空域卡尔马斯滤波器空间响应图

通过上面的分析可知，这里探讨的等弦波束空间变换其实质就是空域的DFT，这和第4章讨论的内容是一致的，但这里主要是和时域中的MTD滤波器对应，即需要形成均匀覆盖整个空域的波束，以保证在空域的每个方向上均能实现次优的空域相参积累(各波束交叠处的最大损失也是−3dB)。在实际应用过程中，如果不考虑成本，可直接采取空域DFT的方法直接形成覆盖整个空域的波束，然后一个一个波束进行目标检测处理即可，这个过程和时域的MTD滤波器处理过程一样。

7.3.3　空时二维波束空间处理

参照时域MTD和空域波束空间处理，很容易将处理的思路推广到空时二维域中，但此时空时二维的导向矢量变为

$$\boldsymbol{a}_{\mathrm{st}}(\theta,f)=\boldsymbol{a}_{\mathrm{s}}(\theta)\otimes\boldsymbol{a}_{\mathrm{t}}(f) \tag{7.41}$$

式(7.41)中，空域导向矢量就按空域波束空间处理的方式来划分，对应的空域导向矢量

$$\boldsymbol{a}_{\mathrm{s}}(\theta)=\begin{bmatrix}1\\ \exp(\mathrm{j}\pi u_i)\\ \vdots\\ \exp(\mathrm{j}\pi(M-1)u_i)\end{bmatrix},\quad u_i=-1+(i-1)\frac{2}{M} \tag{7.42}$$

式中，$i=1,2,\cdots,M$。从上式的定义中可知 u_i 的值为 −1～1，即相当于空域中的等弦划分方式，只是在空时二维中，波束指向是锥角，不再是空域的方位角。

式(7.41)中，为了将时域导向矢量和常用的空时二维统一，这里就按 $2f_{\mathrm{d}}/f_{\mathrm{r}}$ 归一化处理(7.3.1节中是按 $f_{\mathrm{d}}/f_{\mathrm{r}}$ 归一化处理)，此时，时域导向矢量

$$\boldsymbol{a}_{\mathrm{t}}(f)=\begin{bmatrix}1\\ \exp(\mathrm{j}\pi\cdot 1\cdot f_i)\\ \vdots\\ \exp(\mathrm{j}\pi(K-1)\cdot f_i)\end{bmatrix},\quad f_i=-1+(i-1)\frac{2}{K} \tag{7.43}$$

式中，$i=1,2,\cdots,M$。

因此，可以得到空时二维波束

$$F(f,\theta)=\boldsymbol{W}_{\mathrm{st}}^{\mathrm{H}}(\boldsymbol{a}_{\mathrm{s}}(\theta)\otimes\boldsymbol{a}_{\mathrm{t}}(f)) \tag{7.44}$$

式中，$\boldsymbol{W}$ 通常也是幅度加权，其维数为 MK，最常用的也是全 1 矢量。

图 7.41 给出了 8 个等距均匀线阵（间距为半波长）和 8 个脉冲时的空时二维波响应图，其中图 7.41(a)为全空时域覆盖图，图 7.41(b)为频率为 0 时的空时域波束图，图 7.41(c)为方向为 0 时的空时域波束图。

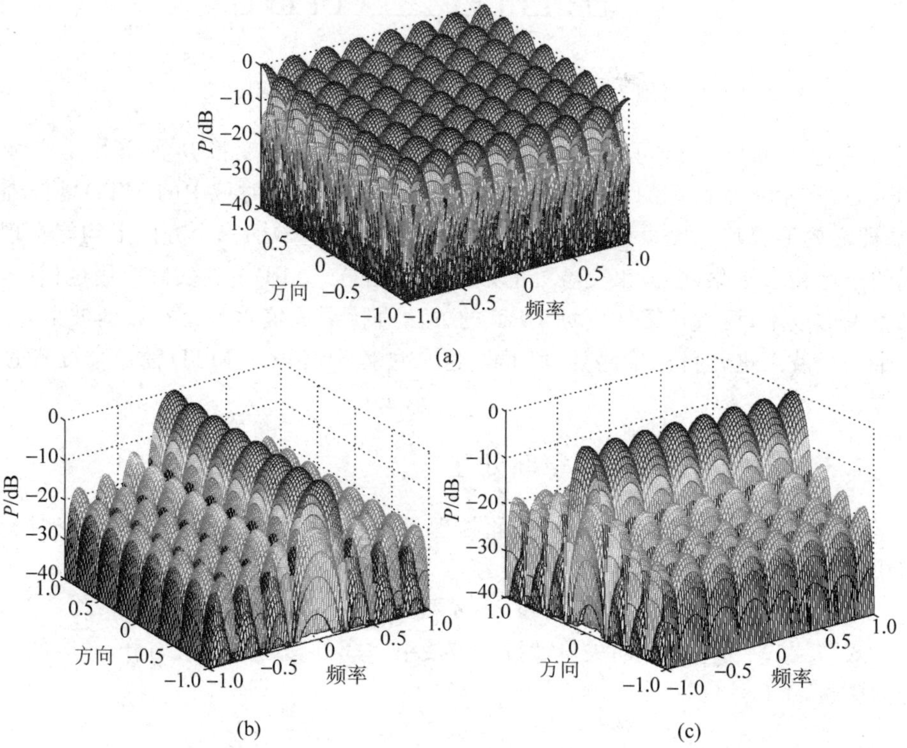

图 7.41　空时二维波束响应图

(a) 全空时域覆盖；(b) 频率为 0 时的空时域波束；(c) 方向为 0 时的空时域波束

从图 7.41 中可以看出，采用空时二维波束空间处理其实质就是 MTD 滤波器在空时域上的推广，即空时二维域中均匀覆盖上所有的波束，从而再一个波束一个波束进行检测，即可实现对全空时域的检测，但此时的空时二维波束数为 MK 个。一般的相控阵其波束指向是确定的，此时相当于只需要在特定的指向上形成覆盖频率的波束即可，即图 7.41(c)的情况，这就是 MTD 处理。

参照时域和空域处理，下面探讨空时二维的卡尔马斯滤波器。显然，空时二维域在方向和频率为 0 的附近存在 4 个波束（空域、时域只存在 2 个），见图 7.42。所以，对这 4 个波束进行不同的处理会得到不同的响应图，这里定义其频率响应为

$$H_{\mathrm{kal}}(\theta,f)=\left|\left|F\left(-\frac{T_u}{2M},-\frac{T_f}{2K}\right)\right|-\left|F\left(\frac{T_u}{2M},\frac{T_f}{2K}\right)\right|\right|+\left|\left|F\left(-\frac{T_u}{2M},\frac{T_f}{2K}\right)\right|-\left|F\left(\frac{T_u}{2M},-\frac{T_f}{2K}\right)\right|\right| \tag{7.45}$$

式中，T_f 和 T_u 分别为归一化频率和角度的周期，均为 2。

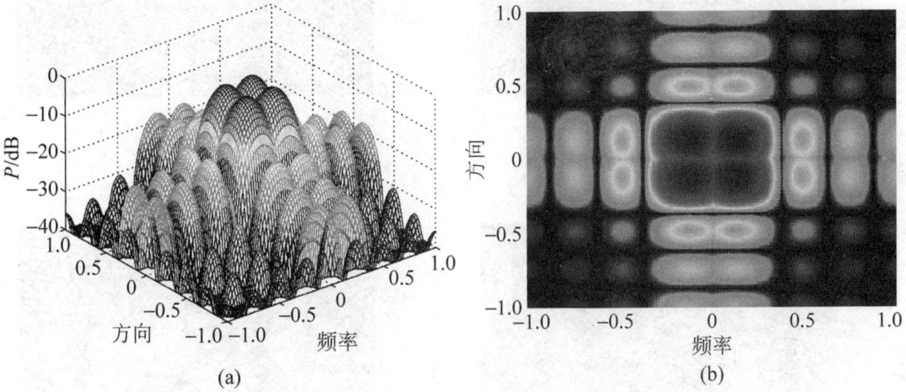

图 7.42　(0,0)附近 4 个空时二维波束响应图

(a) 三维图；(b) 投影图

图 7.43 所示为得到的空时二维卡尔马斯滤波器响应图，可以看到在方向和频率为 0 处形成了一个深零点，由于仿真中采用了 8 个阵元和 8 个脉冲，所以图 7.42 中 4 个波束分别为：波束 1 为 $F\left(-\frac{1}{8},-\frac{1}{8}\right)$，波束 2 为 $F\left(-\frac{1}{8},\frac{1}{8}\right)$，波束 3 为 $F\left(\frac{1}{8},\frac{1}{8}\right)$，波束 4 为 $F\left(\frac{1}{8},-\frac{1}{8}\right)$。图 7.44 给出了其他几种空时二维波束对消的响应图，图 7.44(a)为波束 1 和波束 2 的差形成的滤波器响应图，图 7.44(b)为波束 1 和波束 3 的差形成的滤波器，图 7.44(c)为波束 1 和波束 4 的差形成的滤波器，图 7.44(d)为波束 2 和波束 4 的差形成的滤波器。

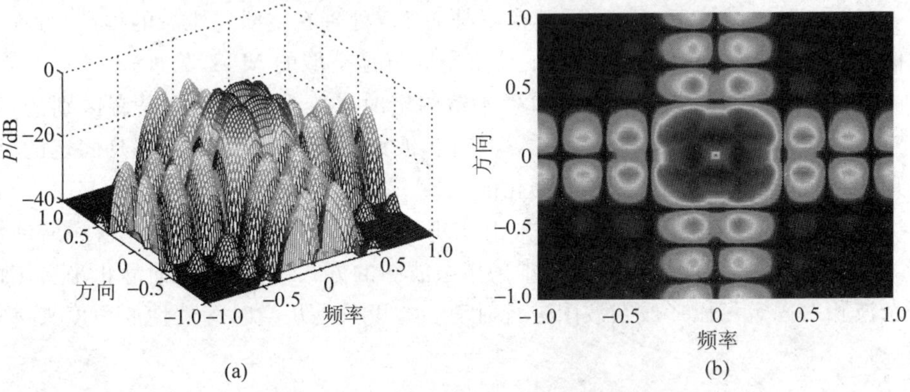

图 7.43　空时二维卡尔马斯滤波器响应图

(a) 三维图；(b) 投影图

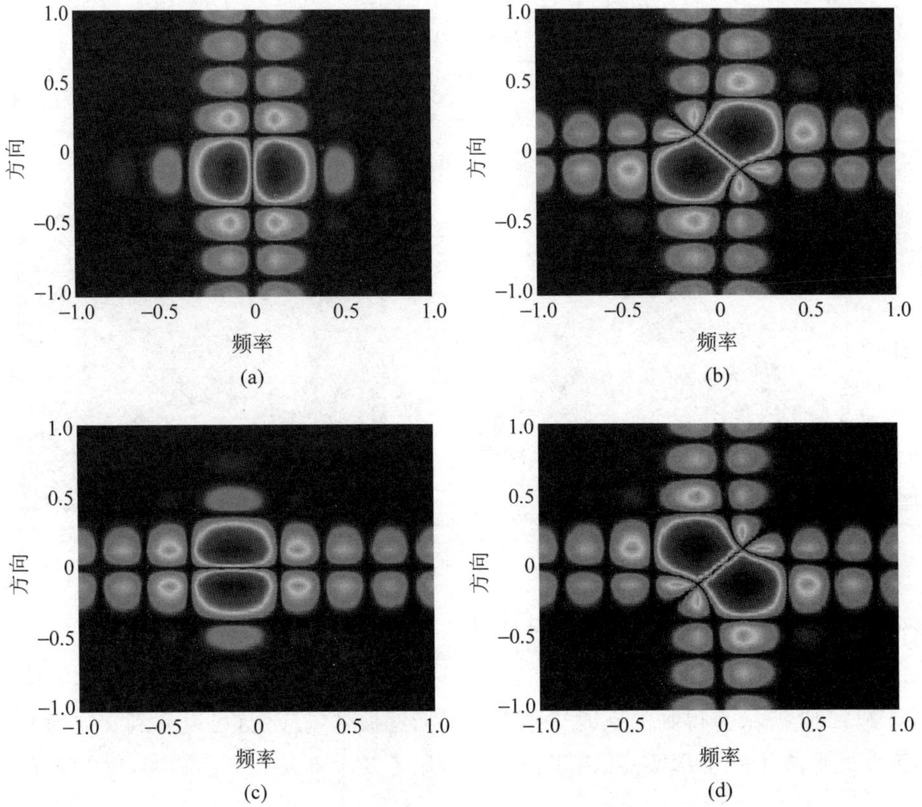

图 7.44　四种不同波束对消的响应图

(a) 波束 1 减波束 2；(b) 波束 1 减波束 3；(c) 波束 1 减波束 4；(d) 波束 2 减波束 4

从图 7.44 中可知，不同空时二维波束的对消会得到不同的空时二维零点分布图，其中图 7.44(a)和图 7.44(c)的和形成的就是图 7.43 所示的空时二维卡尔马斯滤波器响应图。

从上述的分析可知：

(1) 空时二维波束空间处理其实就是 MTD 处理在空时二维域的推广，可称为空时二维 MTD 处理，反过来空域的波束空间就是空域的 MTD 处理。

(2) 空时二维波束空间处理和第 4 章的空时二维自适应处理是有区别的，波束空间处理形成的滤波器是确定的，即指向、波束宽度、旁瓣电平等都是固定的，而自适应形成的滤波器是根据环境变化的。

(3) 空时二维波束空间处理中，由于平台是运动的，一般不用卡尔马斯滤波器，原因在于形成了滤波器后也很难采用杂波图的方式进行对消，而静止平台则由于杂波相对固定可以形成杂波图进行对消。这里只是从空时等效性的角度来进行讨论。

7.4　频率调制技术

在雷达系统中，频率调制是常用的一种方式。在时间域中，常用的线性调频信号和非线性调频信号就是频率调制信号，即产生信号的频率随时间发生变化。另外，步进频率信号也是频率随时间变化的一种体现，只是它需要更长的时间产生更大带宽的信号。在空域中，频率分集则是频率调制的一种体现，在雷达系统中有两种方式：一是分时工作时采用不同的频率，此时相当于一部雷达在不同时间工作在不同的频率上，如频率扫描相控阵雷达；二是天线同时工作在不同的频率上，即不同的阵元在同一时间工作在不同的频率上，如频率分集相控阵雷达。

7.4.1　线性调频信号

根据雷达信号的理论可知，在保证一定信噪比并实现最优处理的前提下，测距精度和距离分辨力主要取决于信号的频率，它要求信号具有大的带宽；而测速精度和速度分辨率则取决于信号的时间，它要求信号具有大的时宽。也就是说，理想的雷达信号应具有大的时宽和大的带宽，但一般的单载频脉冲信号的时宽带宽积为1，此时大时宽和大带宽就是一对矛盾，而线性调频信号则是解决这个矛盾的一个很好的方法。常用的线性调频信号为

$$s_{\mathrm{LFM}}(t)=u(t)\mathrm{e}^{\mathrm{j}2\pi f_0 t} \tag{7.46}$$

式中，f_0 为信号的中心频率；$u(t)$为复包络，

$$u(t)=A\cdot\mathrm{rect}\left(\frac{t}{\tau}\right)\cdot\mathrm{e}^{\mathrm{j}\pi\mu t^2} \tag{7.47}$$

式中，A 为信号的幅度；τ 是脉冲宽度；rect(·)表示脉冲的矩形包络。则信号的瞬时频率为

$$f_i=f_0+\mu t \tag{7.48}$$

式中，μ 为频率变化率，

$$\mu=\frac{B}{\tau} \tag{7.49}$$

式(7.48)表明了线性调频信号的真实含义，即信号的瞬时频率是线性调制的，也就是说在不同的时间调制了相应的频率，只是频率变化是线性的。另外，式(7.48)可以是正调频(调频斜率大于0)，也可以是负调频(调频斜率小于0)。同理，非线性调频就是调制了不同的频率，且频率的变化率不是线性的。

由于线性调频信号的波形、实现及特性在雷达相关参考书中有很多介绍，这里不再赘述。下面通过一个仿真来说明线性调频信号的特性。

图7.45给出了线性调频信号的仿真图，其中 $f_0=10\mathrm{MHz}$，$B=10\mathrm{MHz}$，$\tau=10\mu\mathrm{s}$，采样率 $f_s=100\mathrm{MHz}$。图7.45(a)给出了信号的实部、虚部和频谱，图中信号

的频率变化范围为中心频率左右各 5MHz，且随着频率从 5MHz 升高到 15MHz，其信号的振动越来越快，周期越来越小，直观上波形越来越密。从图 7.45(b)中可知，脉冲压缩后的波形变得很窄了，基本上从原来的 10μs 压缩到了 0.1μs，压缩比为 $B\tau=100$。

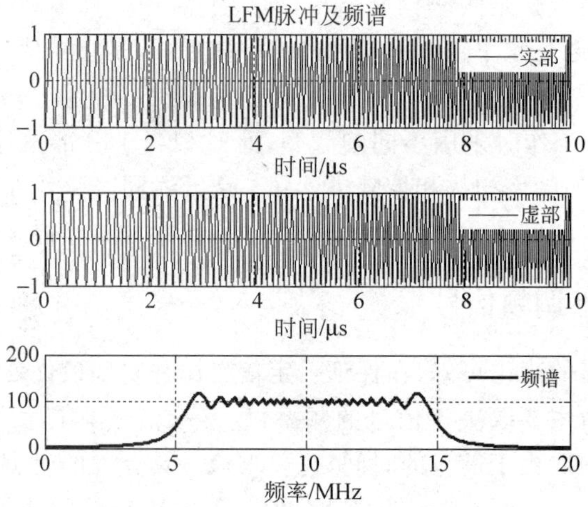

(a)

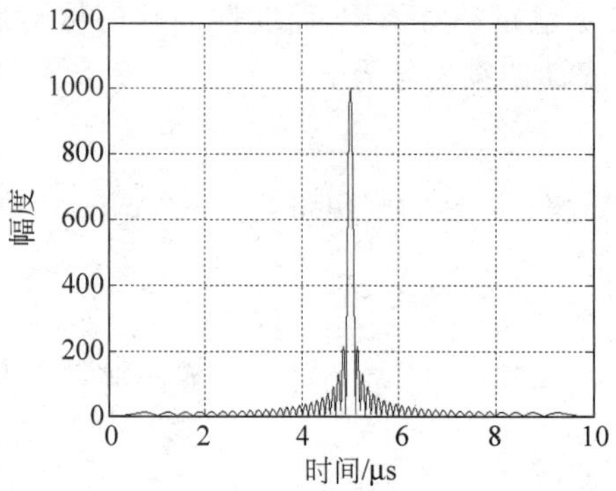

(b)

图 7.45　线性调频信号

(a) 信号波形及频谱；(b) LFM 压缩后的波形

结合图 7.45，还有一些问题需要说明：①线性调频信号的压缩比为 $B\tau$；②脉冲压缩后的信号包络呈现出辛格函数形状，所以其副瓣电平(距离副瓣)还是比较高的，可以采用幅度加权的方式来降低副瓣；③当运动目标有多普勒频率时，匹配滤波的输出不再是最优的，此时会有一定的损失；④步进频信号如果需要更大的带宽信号，则可以用一系列脉冲来合成，即每个脉冲都是线性调频信号，但相邻脉冲的频率是相互衔接的，这样几个甚至十几个脉冲就可以生成一个大带宽的信号，但不管怎么样，步进频信号通常也是线性调频信号。所以，从时域上看，线性调频信号是频率随着时间均匀采样，时间间隔是均匀的，则频率变化值也是均匀的。

7.4.2　频率扫描相控阵

通常说的相控阵是基于相位控制的阵列天线，电路中通常有个移相器来实现相位控制的功能，如图 7.46 所示。

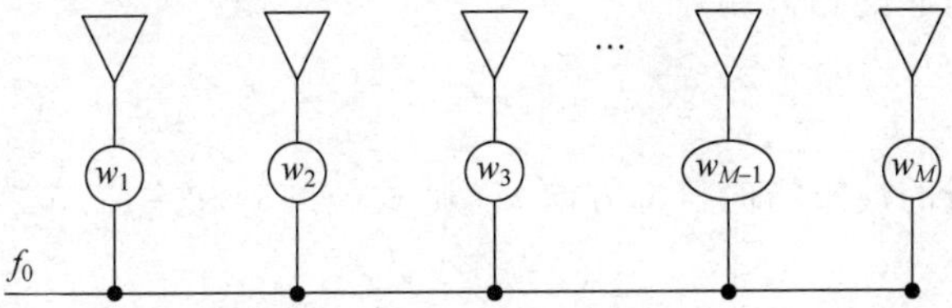

图 7.46　相位控制阵列

由图 7.46 可知，一般的相控阵工作在某一特定的中心频率 f_0 处，通过对移相器(即图中的权值)的调整来实现方向的控制。由第 3 章的知识可知，其方向图为

$$F(\theta)=\boldsymbol{W}^{\mathrm{H}}\boldsymbol{a}_{\mathrm{s}}(\theta) \tag{7.50}$$

式中，阵列导向矢量 $\boldsymbol{a}_{\mathrm{s}}(\theta)$ 和相位控制矢量 $\boldsymbol{W}$ 分别为

$$\boldsymbol{a}_{\mathrm{s}}(\theta)=\begin{bmatrix}1\\ \exp(-\mathrm{j}2\pi d\sin\theta/\lambda)\\ \vdots\\ \exp(-\mathrm{j}2\pi(M-1)d\sin\theta/\lambda)\end{bmatrix} \tag{7.51}$$

$$W=\begin{bmatrix}w_1\\ w_2\\ \vdots\\ w_M\end{bmatrix}=\begin{bmatrix}1\\ \exp(-\mathrm{j}2\pi d\sin\theta_0/\lambda)\\ \vdots\\ \exp(-\mathrm{j}2\pi(M-1)d\sin\theta_0/\lambda)\end{bmatrix} \tag{7.52}$$

式中，θ_0 为期望的方向图主瓣指向。将式(7.51)和式(7.52)代入式(7.50)可得，相控阵方向图的指向为 θ_0 时得到最大的空域响应，这就是相控阵的原理；移相器的值其实就是期望指向的导向矢量值，通常将这些值直接存入单片机中供相位控制阵列直接调用即可。

波束扫描的方式除了采用相位控制外，还可以采用频率扫描的方式来实现，这种方式在方位机械扫描、俯仰频率扫描的雷达中广泛采用，它的结构图如图 7.47 所示。它通常没有移相器，而是用蛇形馈线串联起整个阵列。

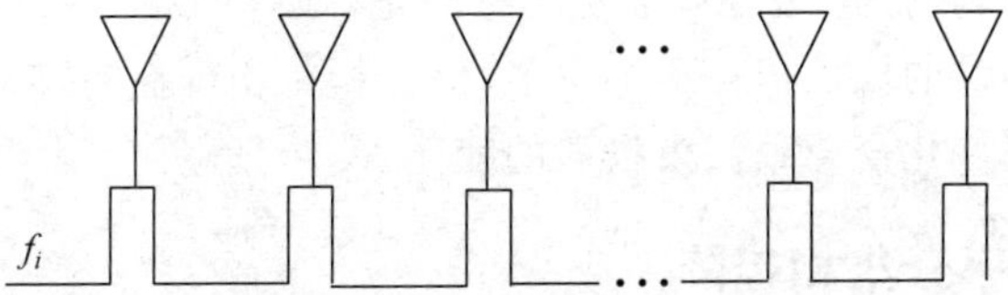

图 7.47　频率扫描相控阵

假设相邻的馈线长度为 l，阵元间距为 d，则对于窄带远场信号而言，各阵元接收的相位差为

$$\phi_1=\frac{2\pi d\sin\theta}{\lambda} \tag{7.53}$$

而由馈线长度引起的相位差为

$$\phi_2=2\pi f\tau=\frac{2\pi fl}{c} \tag{7.54}$$

若要使天线的波束指向目标方向 θ_0，则式(7.53)和式(7.54)中的相位差应该是一致的，即有

$$\phi'_2=\phi_2+2\pi m,\quad m\text{ 为整数} \tag{7.55}$$

则很容易得到

$$\sin\theta=\frac{\lambda}{d}\left(\frac{l}{\lambda}-m\right) \tag{7.56}$$

当波束方向为阵列的法线方向时，即上式中的角度 $\theta_0=0°$，则上式中 $m=l/\lambda_0$，此时的 λ_0 通常为中心频率(指向法线方向时的发射波长)，对应的频率为 $f_0=c/\lambda_0$。所以，当发射频率不同时，对应的波束指向为

$$\sin\theta=\frac{\lambda}{d}\left(\frac{l}{\lambda}-\frac{l}{\lambda_0}\right)=\frac{l}{d}\left(1-\frac{f_0}{f}\right)=\frac{l}{d}\left(1-\frac{f_0}{f_0+\Delta f}\right) \tag{7.57}$$

式中，Δf 为相对中心频率的偏移频率，d 为中心频率对应的半波长。

图 7.48 给出了频率扫描时的阵列方向图，其参数为 $f_0=1\text{GHz}$，$l=0.6\text{m}$，图 7.48(a)给出了固定频率间隔时的 5 个波束，图 7.48(b)给出了固定角度间隔时的 5 个波束。从图中可知：①不同的发射频率会导致波束指向发生变化，这就是频率扫描的原理；②固定频率间隔时，不同的波束指向是非均匀分布的，频率越高，角度间隔越小；③均匀角度间隔时的对应频率也是非均匀分布的，角度指向越大时频率间隔也越大。这里的仿真只是为了说明波束指向和频率有很大的关系，如果需要覆盖某指定的空域，则需要对偏移频率进行精确计算，以保证各指向的波束能够在－3dB 处相互交叠。

所以，从空域的角度来看，等距均匀阵列本身是对阵列中各阵元位置的均匀采样，只是相位控制阵列采用的是固定的工作频率，而频率扫描阵列则采用的是不同的工作频率。频率扫描阵列的工作频率是分时工作的，工作频率的变化可以是均匀的，也可以是非均匀的。另外，需要注意的是，通常的频率扫描相控阵是没有移相器的，所以其硬件的插入损耗要小很多，但它相比相位控制阵列不适合用频率捷变技术，因为频率变化会导致波束指向的变化。

7.4.3 频率分集相控阵

阵列天线除了采用上节介绍的两种阵列外，还有一种频率相控阵，如图 7.49 所示。它的最大特点是每个阵元发射的频率不一样，通常存在一个固定的频率差 Δf，

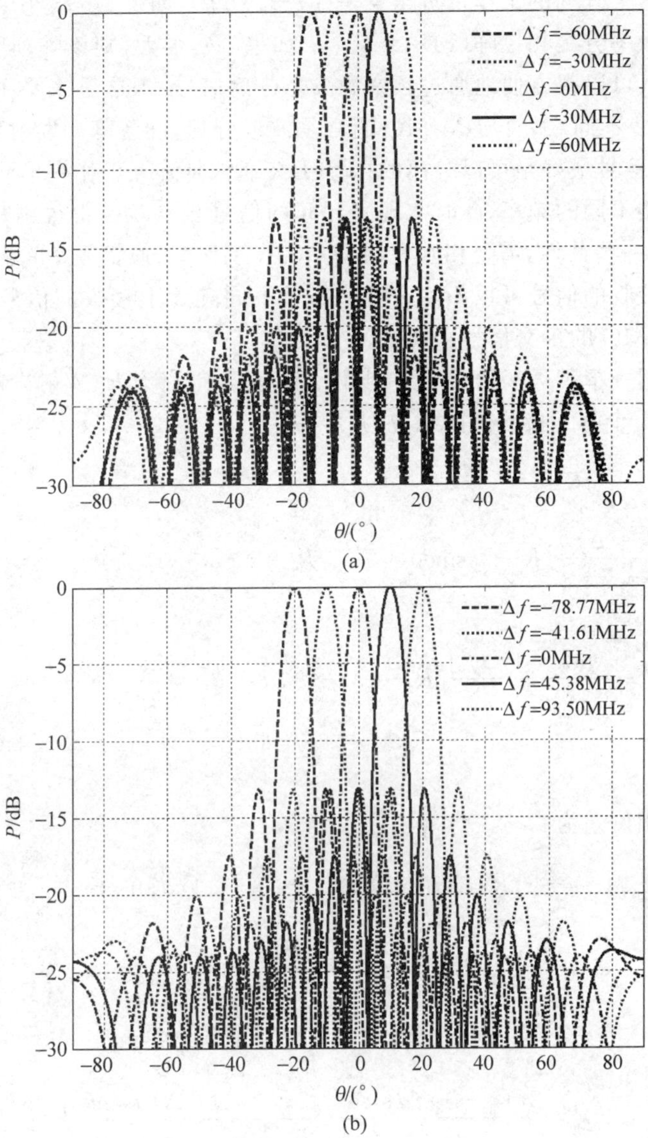

图 7.48　频率扫描阵列方向图仿真

（a）固定频率间隔；（b）固定角度间隔

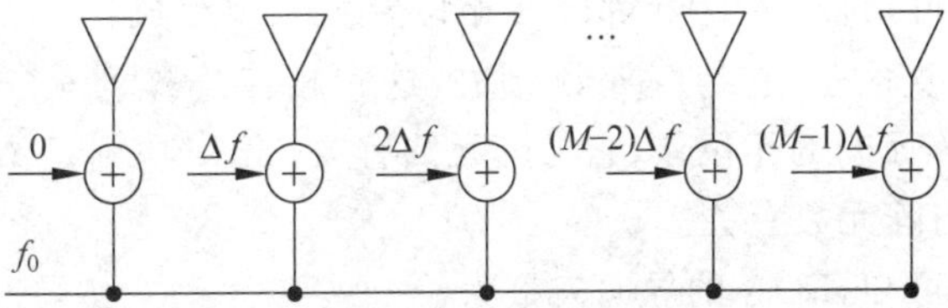

图 7.49　频率分集相控阵

这也意味着这个阵列的工作带宽至少是$(M-1)\Delta f$。如果Δf很小,该阵列就是通常意义上的频率分集相控阵(FDA)[45~47];如果Δf很大,则该阵列就是频率分集的MIMO阵(可以很方便地通过频率滤波来分离信号)。这里需要注意MIMO和FDA存在很多不同之处:①MIMO通常是波形分集,即各阵元发射和接收的是不同信号,这些信号最好是可以分离的;②FDA通常是阵元工作在不同的频率上,通过载频来调制不同的频率,此时实现阵元间的信号相参就变得很困难。但MIMO和FDA还有一些共性,需要相互利用,如FDA工作时,通常频率间隔比较小,此时不同阵元上接收的信号可以不用分离;如果不同阵元上接收的信号需要分离,就需要通过MIMO的正交信号来实现。

假设空间一窄带远场信号入射到阵元上,目标距离为R,入射方向与法线的夹角为θ,则第i个阵元接收到的相位为

$$\begin{cases}\psi_1=\dfrac{2\pi}{\lambda}R=\dfrac{2\pi}{c}fR\\ \psi_2=\dfrac{2\pi(f+\Delta f)}{\lambda}(R-d\sin\theta)=\dfrac{2\pi}{c}(fR+\Delta fR-fd\sin\theta-\Delta fd\sin\theta)\\ \vdots\\ \psi_M=\dfrac{2\pi[f+(M-1)\Delta f]}{\lambda}[R-(M-1)d\sin\theta]=\dfrac{2\pi}{c}[fR+(M-1)\Delta fR-\\ \qquad\qquad (M-1)fd\sin\theta-(M-1)^2\Delta fd\sin\theta)]\end{cases}\tag{7.58}$$

相邻阵元的相位差为

$$\begin{aligned}\Delta\psi_i=\psi_i-\psi_1&=\frac{2\pi}{c}[fR+(i-1)\Delta fR-(i-1)fd\sin\theta-\\&\qquad(i-1)^2\Delta fd\sin\theta]-\frac{2\pi}{c}fR\\&=-\frac{2\pi}{c}[(i-1)fd\sin\theta+(i-1)^2\Delta fd\sin\theta-(i-1)\Delta fR]\\&=-\frac{2\pi(i-1)fd\sin\theta}{c}-\frac{2\pi(i-1)^2\Delta fd\sin\theta}{c}+\frac{2\pi(i-1)\Delta fR}{c}\end{aligned}\tag{7.59}$$

式中,$i=2,3,\cdots,M$。

由式(7.59)可知,FDA中相邻阵元相位差由三项组成:其中第一项是相邻阵元的间距引起的波程差,它与阵元数无关,这和相控阵阵列是一样的;第二项是Δf引起的相邻阵元间的相位差,它与阵元数有关;第三项则是Δf和距离R引起的相位差,它也与阵元数有关。

从式(7.59)可知,FDA的导向矢量为

$$\boldsymbol{a}(\theta,\Delta f,R)=\begin{bmatrix}1\\ e^{j(\psi_2-\psi_1)}\\ e^{j(\psi_3-\psi_1)}\\ \vdots\\ e^{j(\psi_M-\psi_1)}\end{bmatrix}=\begin{bmatrix}1\\ e^{-j\frac{2\pi}{c}(fd\sin\theta+1^2\cdot\Delta fd\sin\theta-\Delta fR)}\\ e^{-j\frac{2\pi}{c}(2fd\sin\theta+2^2\cdot\Delta fd\sin\theta-2\Delta fR)}\\ \vdots\\ e^{-j\frac{2\pi}{c}[(M-1)fd\sin\theta+(M-1)^2\cdot\Delta fd\sin\theta-(M-1)\Delta fR]}\end{bmatrix}\tag{7.60}$$

观察上式可知,FDA 的导向矢量和相位控制阵列有了很大的差别：①导向矢量除了与角度相关外,还与目标的距离及 Δf 有关；②由于式(7.59)中第二项的存在,导向矢量不再是等比数列；③一般情况下 Δf 取值比较小(通常不超过几千赫),此时式(7.59)中第二项可以忽略,则式(7.60)所示的导向矢量就是等比数列,可以写成

$$\boldsymbol{a}(\theta,\Delta f,R)\approx\begin{bmatrix}1\\ e^{-j\frac{2\pi}{c}(fd\sin\theta-\Delta fR)}\\ e^{-j\frac{2\pi}{c}(2fd\sin\theta-2\Delta fR)}\\ \vdots\\ e^{-j\frac{2\pi}{c}[(M-1)fd\sin\theta-(M-1)\Delta fR]}\end{bmatrix}\tag{7.61}$$

所以,FDA 相位的核心项是

$$\Delta\psi=-\frac{2\pi fd\sin\theta}{c}+\frac{2\pi\Delta fR}{c}\tag{7.62}$$

如果式(7.62)中角度固定为 0°,相位差等于 2π,则可得

$$R=\frac{c}{\Delta f}\tag{7.63}$$

由上式可以看出,FDA 距离是呈周期性变化的,变化的周期就是式(7.63)。

如果式(7.62)中距离固定为 0,相位差等于 2π,则可得

$$\sin\theta=\frac{c}{fd}=\frac{\lambda}{d}\tag{7.64}$$

上式中如果 d 为中心频率的半波长,则 $\sin\theta$ 的周期就是 2,即角度变化范围就是[−90°,90°],这一点和普通的相控阵相同。

图 7.50 给出了 16 元等距均匀线阵,距离指向为 100km,角度指向为 0°,中心频率为 1GHz,阵元间距为中心频率的半波长时的 FDA 发射方向图,其中 Δf 分别为 0、1kHz、2kHz 和 3kHz。从图中可以看出,不存在频率偏移时,FDA 的方向图就是常规的相控阵；当 Δf 出现时,方向图的主轴开始弯曲；当 Δf 越来越大时,则方面图弯曲的更加严重,慢慢出现了模糊。

图 7.51 给出了关于 FDA 的距离周期性仿真,图中的仿真条件同图 7.50,只是 Δf 更大。图 7.51(a)所示为 $\Delta f=20$kHz 时的情况,图 7.51(b)所示为 $\Delta f=$

30kHz 时的情况。从图中可知，当 $\Delta f=20\text{kHz}$ 时对应的距离周期为 15km，当 $\Delta f=30\text{kHz}$ 时对应的距离周期为 10km。

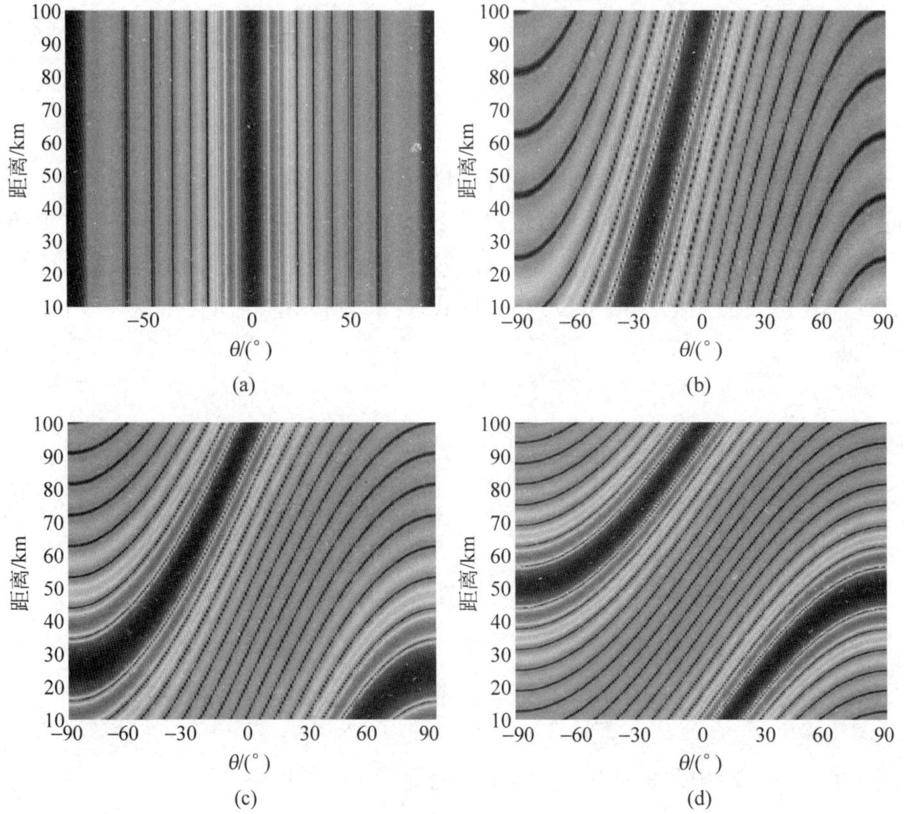

图 7.50 FDA 方向图仿真

(a) $\Delta f=0$；(b) $\Delta f=1\text{kHz}$；(c) $\Delta f=2\text{kHz}$；(d) $\Delta f=3\text{kHz}$

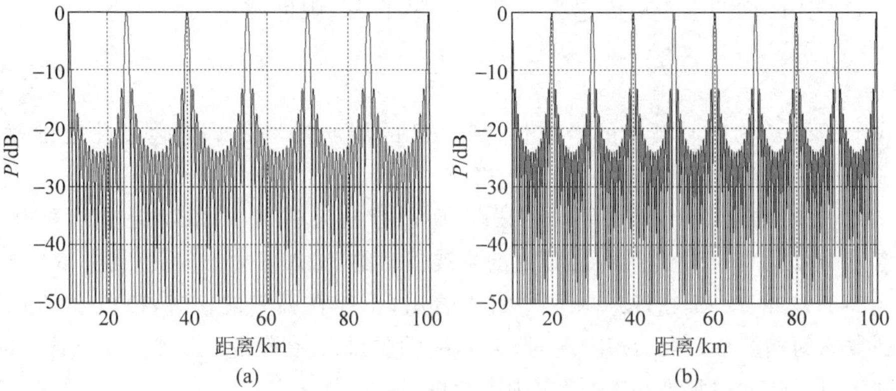

图 7.51 FDA 方向图的距离周期性仿真

(a) $\Delta f=20\text{kHz}$；(b) $\Delta f=30\text{kHz}$

通过本节的分析可知：

(1) 频率分集相控阵的结构其实就是时域线性调频信号在空域的体现，即固定空域采样之间相差一个固定的频率偏移 Δf。

(2) 频率分集相控阵和普通相控阵最大的不同就是它的方向图和角度、距离以及 Δf 都有关，其中距离周期就是 $c/\Delta f$。

(3) 频率分集相控阵的方向维周期和普通的相控阵是一样的，即 FDA 方向图中通常在距离维存在模糊，而在方向维只有阵元间距大于中心频率的半波长时才出现模糊。

(4) 随着 Δf 的变大，普通相控阵的主轴开始弯曲，Δf 越大弯曲的越严重(见图 7.52(a))，这个弯曲实质是由于方向图中等角划分导致的，如果 $\sin\theta$ 等弦划分，则得到的方向图如图 7.52(b)所示(斜率为 $c/2\Delta f$)。也就是说角度维没有模糊，距离维模糊就导致了混叠，这和机载雷达中重复频率时的空时二维杂波谱分布是等效的。

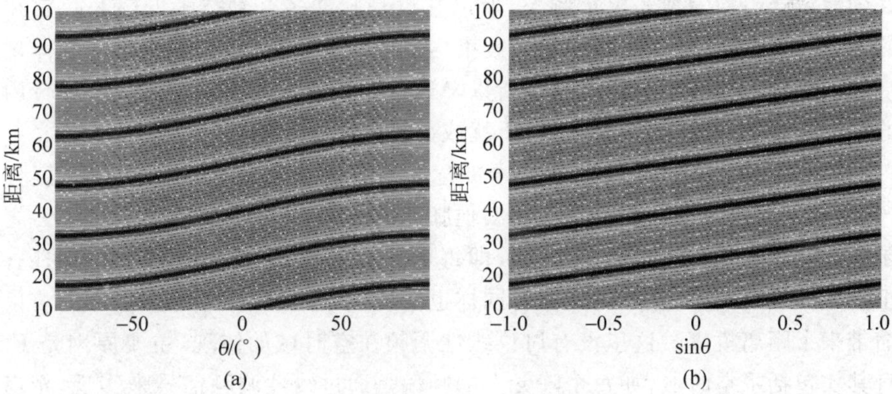

图 7.52　FDA 方向图($\Delta f = 20\text{kHz}$)

(a) 等角划分；(b) 等弦划分

7.5　小结

通过本章的分析可知，不管是雷达信号处理、阵列信号处理，还是其他的信号处理，信号处理的很多算法都是通用的，因为从本质上讲，所有的信号处理包含空域和时域两个基本属性，而且空域和时域存在等效性。本章主要分析了雷达信号处理和阵列信号处理中的空时等效性，主要结论如下。

(1) 雷达信号处理中的相参处理可以从时域上实现信噪比提升，而阵列信号处理中的相参处理或波束形成可以从空域上实现信噪比的提升，空时二维相参处理则可以同时从空域和时域上实现信噪比提升。相参处理的实质是时域、空域或空时域滤波器在某特定参数时实现最大的能量积累：在时域上是零频处信号的能量积累，在空域上是阵列法线方向的能量积累，在空时域上是在零频和阵列法线方向的能量积累。所以非零频或法线方向的信号需要经过预处理才能实现有效的积累，否则会存在一定的损失。

(2) 雷达信号处理中的 MTI 是对消零频杂波最实用的方法之一，其二脉冲对消或三脉冲对消的处理过程实现简单，性能优良。脉冲对消在空域的体现就是天线对消，而天线对消其实就是旁瓣对消的一种特例。脉冲对消在空时域的体现就是 DPCA，它是空时域对付运动平台地海杂波最简单的方法之一，也是空时二维自适应处理算法的一种特例。杂波图则是对消在雷达扫描周期(方位和距离域)上的体现。所以，对消的实质就是在空域、时域或空时域的零频、法线方向或零频和法线方向形成零点，从而对消杂波或干扰，它和相参积累刚好相反。这同时也反映了对消处理的一个缺点：如果干扰和杂波不在固定的零频或法线方向，则对消就会比较差。

(3) 雷达信号处理中的 MTD 技术是非最优相参处理在频域的体现，即一系列多普勒滤波器组均匀覆盖整个频率，所以它也是脉冲多普勒技术的核心。它在空域的体现就是波束空间技术，即空域波束均匀覆盖整个空域，它在空时域的体现就是空时波束均匀覆盖整个空时域。所以，MTD 的核心是通过窄带滤波实现带内信号的相参处理，同时实现带外杂波、干扰或信号的最大抑制。

(4) 线性调频信号是通过对信号带宽的设置来提升雷达的距离和速度分辨力，其实质是通过增加时宽带宽积来实现脉冲的压缩，从而解决功率和分辨力之间的矛盾。它在空域的体现就是 FDA，即每个阵元上存在一个固定的频率间隔，相当于空域的线性调频，从方向图上看同样也实现了方向波束的压缩，但方向波束的压缩带来了距离模糊。这里没有讨论线性调频在空时域的体现，主要原因是 FDA 本身其实包括了空时域，如每个阵元上的频偏是通过线性调频信号来实现，相当于可以通过空域的方法来实现步进频，这就涉及空时域的压缩问题。另外，如读者感兴趣可以探讨一下非线性调频信号和相位编码信号在空域和空时域的表现形式，是否得到更好的副瓣电平？是否会带来更优的信号处理特性？

参考文献

[1] 王永良,彭应宁.空时自适应信号处理[M].北京：清华大学出版社,2000.

[2] 王永良,陈辉,彭应宁,等.空间谱估计理论与算法[M].北京：清华大学出版社,2004.

[3] 王永良,丁前军,李荣锋.自适应阵列处理[M].北京：清华大学出版社,2009.

[4] 陈辉,等.雷达基础理论[M].武汉：空军预警学院,2017.

[5] 丁鹭飞,耿富录,陈建春.雷达原理[M].4版.西安：西安电子科技大学出版社,2009.

[6] 吴顺君,梅晓春.雷达信号处理与数据处理技术[M].北京：电子工业出版社,2013.

[7] 王小谟.雷达与探测[M].2版.北京：国防工业出版社,2012.

[8] 罗景青.空间谱估计及其应用[M].北京：中国科学技术大学出版社,1997.

[9] 罗景青.雷达对抗原理[M].北京：中国人民解放军出版社,2003.

[10] 张贤达.现代信号处理[M].2版.北京：清华大学出版社,2002.

[11] 林茂庸,柯有安.雷达信号理论[M].北京：国防工业出版社,1984.

[12] 张锡祥.新体制雷达对抗导论[M].北京：北京理工大学出版社,2010.

[13] 何振亚.自适应信号处理[M].北京：科学出版社,2002.

[14] 李永祯.雷达极化抗干扰技术[M].北京：国防工业出版社,2010.

[15] 戴树荪,等.数字技术在雷达中的应用[M].北京：国防工业出版社,1981.

[16] 张光义,赵玉洁.相控阵雷达技术[M].北京：电子工业出版社,2006.

[17] 马晓岩,等.现代雷达信号处理[M].北京：国防工业出版社,2013.

[18] 王首勇,万洋,刘俊凯.现代雷达目标检测理论与方法[M].2版.北京：科学出版社,2014.

[19] 刘次华.随机过程[M].2版.武汉：华中科技大学出版社,2001.

[20] 姚天任,孙洪.现代数字信号处理[M].武汉：华中科技大学出版社,1996.

[21] MAHAFZA B R.雷达系统分析与设计(MATLAB版)[M].陈志杰,等译.2版.北京：电子工业出版社,2008.

[22] SKOLNIK M I. Introduction to Radar Systems[M]. Third Edition. New York：McGraw-Hill,2006.

[23] BARTON D K. Radar Systems Analysis[M]. London：Prentice-Hall,Inc,1964.

[24] BARTON D K. Modern Radar Systems Analysis[M]. Boston：Artech House,1988.

[25] SKOLNIK M I. Radar Handbook[M]. Second Edition. New York：McGraw-Hill,1990.

[26] KRIM H,VIBERG M. Two decades of array signal processing research[J]. IEEE Signal Processing Magazine,1996,13(4)：67-94.

[27] GHOSE R. Electronically adaptive antenna systems[J]. IEEE Transactions on Antennas and Propagation,1964,12(2)：161-169.

[28] APPLEBAUM S P. Adaptive array[J]. IEEE Transactions on Antennas and Propagation,1976,24(9)：585-598.

[29] BUCKLEY K M,GRIFFITHS L J. An Adaptive Generalized Sidelobe Canceller with Derivative Constraints[J]. IEEE Transactions on Antennas and Propagation,1986,34(3)：3111-319.

[30] VIBERG M,OTTERSTEN B. Sensor array processing based on subspace fitting[J]. IEEE Trans. on SP,1991,39 (5)：1110-1121.

[31] VIBERG M,OTTERSTEN B,KAILATH T. Detection and estimation in sensor arrays

using weighted subspace fitting[J]. IEEE Trans. on SP,1991,39 (11): 2436-2449.

[32] CADZOW J A,KIM Y S,SHIUE D C. General direction-of-arrival estimation: a signal subspace approach[J]. IEEE Trans. on AES,1989,25(1): 31-46.

[33] SHAN T J,WAX M,KAILATH T. On spatial smoothing for estimation of coherent signals[J]. IEEE Trans. on ASSP,1985,33(4): 806-811.

[34] WILLIAMS R T,PRASAD S,MAHALANBIS S K,SIBUL L H. An improved spatial smoothing technique for bearing estimation in a multipath environment[J]. IEEE Trans. on ASSP,1988,36(4): 425-432.

[35] PILLAI S U,KWON B H. Forward/backward spatial smoothing techniques for coherent signal identification[J]. IEEE Trans. on ASSP,1989,37(1): 8-15.

[36] PRASAD S,WILLIAMS R Y,MAHALANABIS A K,SIBUL L H. A transform-based covariance differencing approach for some classes of parameter estimation problems[J]. IEEE Trans. on ASSP,1988,36(5): 631-641.

[37] MOGHADDAMJOO A. Transforming-based covariance differencing approach to the array with spatially nonstationary noise[J]. IEEE Trans. on Signal Processing,1991,39(1): 219-221.

[38] 叶中付. 空间平滑差分法[J]. 通信学报,1997,18 (9) : 1-7.

[39] 齐崇英,王永良,张永顺,等. 色噪声背景下相干信源 DOA 估计的空间差分平滑算法[J]. 电子学报,2005 (7): 1314-1318.

[40] PAULRAJ A,KAILATH T. Eigenstructure methods for direction of arrival estimation [J]. IEEE Trans. on ASSP,1986,34(1): 13-20.

[41] DI A. Multiple sources location-a matrix decomposition approach[J]. IEEE Trans. ASSP,1985,33(4): 1086-1091.

[42] DI A,TAIN L. Matrix decomposition and multiple sources location [J]. Proc. IEEE ICASSP,1984,33. 4. 1-33. 4. 4.

[43] 高世伟,保铮. 利用数据矩阵分解实现对空间相关信号源的超分辨处理[J]. 通信学报,1988,9 (1): 4-13.

[44] 邢孟道,王彤,李真芳. 雷达信号处理基础[M]. 北京: 电子工业出版社,2010.

[45] ANTONIK P,WICKS M C,GRIFFITHS H D,BAKER C J. Multi-mission multi-mode waveform diversity[J]. Proceedings of the IEEE Conference on Radar,Verona,NY,April 2006: 580-582.

[46] WANG W Q. Frequency Diverse Array Antenna: New Opportunities[J]. IEEE Antennas and Propagation Magazine,2015,57(2): 145-152.

[47] WANG W Q. Overview of frequency diverse array in radar and navigation applications[J]. IET Radar,Sonar & Navigation,2016,10(6): 1001-1002.

[48] 王布宏. 高分辨波达方向估计关键技术研究[D]. 西安: 空军工程大学,2004.

[49] 齐崇英. 高分辨波达方向估计稳健算法研究[D]. 西安: 空军工程大学,2006.

[50] 陈辉. 高分辨波达方向估计关键技术研究[D]. 武汉: 华中科技大学,2009.

[51] 胡晓琴. 超分辨空间谱估计技术应用基础研究[D]. 长沙: 国防科技大学,2009.

[52] 鲍拯. 多维阵列信号处理技术研究[D]. 西安: 空军工程大学,2007.

[53] 张佳佳. 双圈圆阵的误差校正方法研究[D]. 武汉: 空军预警学院,2019.

[54] 李荣锋. 自适应天线抗干扰理论与技术研究[D]. 西安: 空军工程大学,2002.

[55] 韩英臣.自适应阵列天线抗干扰技术研究[D].西安:空军工程大学,2005.
[56] 苏保伟.阵列数字波数形成技术研究[D].长沙:国防科技大学,2006.
[57] 丁前军.降秩自适应波束形成技术研究[D].西安:空军工程大学,2006.
[58] 戴凌燕.自适应波束形成技术应用基础研究[D].长沙:国防科技大学,2009.
[59] 薛晓峰.雷达自适应波束形成技术研究[D].西安:空军工程大学,2008.
[60] 杜刚.复杂信号环境下的多维参数估计技术研究[D].西安:空军工程大学,2008.
[61] 姜新迎.MIMO 雷达抗干扰技术研究[D].西安:空军工程大学,2008.
[62] 赵英俊.雷达空时自适应抗干扰技术研究[D].武汉:海军工程大学,2012.
[63] 丁黎明.基于稀疏恢复的雷达抗主瓣欺骗干扰方法研究[D].长沙:国防科技大学,2016.
[64] 周必雷.相控阵雷达抗主瓣干扰技术[D].武汉:空军预警学院,2019.
[65] 杜鹏飞.机载预警雷达恒虚警率检测方法研究[D].长沙:国防科技大学,2005.
[66] 范西昆.机载雷达空时自适应处理算法及其实时实现问题研究[D].长沙:国防科技大学,2006.
[67] 邵银波.空时自适应处理的可扩展并行实现研究[D].南京:解放军理工大学,2007.
[68] 吴洪.非均匀杂波环境下相控阵机载雷达 STAP 技术研究[D].长沙:国防科技大学,2006.
[69] 谢文冲.非均匀环境下机载雷达 STAP 方法和目标检测技术研究[D].长沙:国防科技大学,2006.
[70] 胡文琳.机载雷达恒虚警率检测方法研究[D].长沙:国防科技大学,2006.
[71] 任磊.机载相控阵雷达空时自适应信号处理系统实现技术研究[D].长沙:国防科技大学,2008.
[72] 方前学.机载预警雷达检测反辐射导弹方法研究[D].长沙:国防科技大学,2008.
[73] 高飞.机载雷达空时自适应处理技术应用基础研究[D].长沙:国防科技大学,2009.
[74] 张柏华.机载双基地雷达空时二维自适应信号处理方法研究[D].西安:空军工程大学,2010.
[75] 张西川.新体制机载 MIMO 雷达空时自适应信号处理技术[D].西安:空军工程大学,2010.
[76] 段克清.复杂环境下机载雷达 STAP 方法研究[D].长沙:国防科技大学,2010.
[77] 刘维建.多通道信号自适应检测及在机载雷达中的应用研究[D].长沙:国防科技大学,2014.
[78] 王泽涛.基于稀疏表示的机载雷达 STAP 技术研究[D].长沙:国防科技大学,2016.
[79] 杨海峰.MIMO 雷达自适应检测技术研究[D].武汉:空军预警学院,2017.
[80] 段克清.相控阵机载雷达稀疏恢复 STAP 方法研究.博士后出站报告.武汉:空军预警学院,2017.
[81] 袁华东.严重非均匀环境下机载雷达空时自适应处理方法研究[D].武汉:空军预警学院,2019.
[82] 商哲然.多通道雷达认知自适应检测技术研究[D].长沙:国防科技大学,2019.
[83] 许红.机载预警雷达舰船目标自适应跟踪算法研究[D].武汉:海军工程大学,2020.
[84] 朱晓波.非高斯杂波中的 MIMO 雷达目标检测理论与方法研究[D].武汉:空军预警学院,2011.
[85] 冯讯.非高斯杂波中的 MIMO 雷达目标检测与跟踪理论方法研究[D].武汉:空军预警学院,2012.

[86] 赵志国. 天波超视距雷达舰船检测方法及 MIMO 体制研究[D]. 武汉：空军预警学院,2012.
[87] 万洋. 雷达目标检测前跟踪算法研究[D]. 武汉：空军预警学院,2014.
[88] 罗欢. 天波雷达电离层污染校正与舰船检测方法研究[D]. 武汉：空军预警学院,2015.
[89] 郑祚虎. 非高斯相关杂波背景下雷达弱目标检测方法研究[D]. 武汉：空军预警学院,2015.
[90] 严韬. 新一代天波超视距雷达舰船目标检测技术研究[D]. 武汉：空军预警学院,2017.
[91] 郑岱堃. 基于动态规划的雷达目标检测前跟踪方法研究[D]. 武汉：空军预警学院,2016.
[92] 赵兴刚. 基于信息几何的雷达目标检测方法研究[D]. 武汉：空军预警学院,2017.
[93] 陈辉,王永良. 空间谱估计算法结构及仿真分析[J]. 系统工程与电子技术,2001,23(8)：76-79.
[94] 赵曼,陈辉. 基于扩维的多通道联合频率和到达角估计[J]. 电子与信息学报,2014,36(1)：147-151.
[95] CHEN H, HUANG B X, WANG Y L, et al. Direction-of-arrival estimation based on direct data-domain(D3) method[J]. Journal of Systems Engineering and Electronics, 2009, 20(3)：512-518.
[96] 段克清,谢文冲,陈辉,等. 基于俯仰维信息的机载雷达非均匀杂波抑制方法[J]. 电子学报,2011,39(3)：585-590.
[97] 陈辉,王永良,万山虎. 利用阵列几何设置改善方位估计[J]. 电子学报,1999,27(9)：97-99.
[98] WANG Y L, CHEN H, WAN S H. An effective DOA method via virtual array transformation[J]. Science in China(E), 2001, 44(1)：75-82.
[99] 季正燕,陈辉,张佳佳,李帅,陆晓飞. 稀疏空域融合 DOA 估计算法与性能分析[J]. 现代雷达,2017,39(11)：45-52.
[100] 张佳佳,陈辉,季正燕. 双圈圆阵方向特性分析[J]. 电波科学学报,2018,33(1)：93-104.
[101] 校松,陈辉,倪萌钰,倪柳柳,张佳佳. 利用最小冗余对称阵列的近场源定位算法[J]. 西安电子科技大学学报,2018,45(6)：1-7.
[102] 胡晓琴,陈建文,王永良,等. MIMO 体制米波圆阵雷达研究[J]. 国防科技大学学报,31(1)：52-57.
[103] 陈辉,王永良. 基于空间平滑矩阵分解算法[J]. 信号处理,2002,24(8)：324-327.
[104] 王布宏,王永良,陈辉. 相干信源波达方向估计的加权空间平滑算法[J]. 通信学报,2003,24(4)：31-40.
[105] 王布宏,王永良,陈辉. 一种新的相干信源 DOA 估计算法:加权空间平滑协方差矩阵的 Toeplitz 矩阵拟合[J]. 电子学报,2003,31(9)：1394-1397.
[106] 王布宏,王永良,陈辉. 相干信源波达方向估计的广义最大似然算法[J]. 电子与信息学报,2004,26(2)：225-232.
[107] 陈辉,王永良,花良发. 线性预测类算法解相干性能分析[J]. 系统工程与电子技术,2005,27(1)：155-158.
[108] 齐崇英,王永良,张永顺,等. 色噪声背景下相干信源 DOA 估计的空间差分平滑算法[J]. 电子学报,2005(7)：1314-1318.
[109] 陈辉,黄本雄,王永良. 基于互相关矢量重构的解相干算法研究[J]. 系统工程与电子技

术,2008,30(6):1005-1008.

[110] 胡晓琴,陈辉,陈建文,等.一种利用最大特征矢量的 Toeplitz 去相干方法[J].电子学报,2008,36(9):1710-1714.

[111] 陈辉,李帅,季正燕,等.互耦效应下多组相干源的波达方位估计算法[J].数据采集与处理,2016,31(4):693-701.

[112] 季正燕,陈辉,张佳佳.基于向量化的稀疏重构解相干算法[J].电波科学学报,2017,32(2):237-243.

[113] 季正燕,陈辉,张佳佳,等.一种基于奇异值分解的解相干算法[J].电子与信息学报,2017,39(8):1913-1916.

[114] WANG B H,WANG Y L,CHEN H. Robust DOA estimation and array calibration in the presence of mutual coupling for uniform linear array[J]. Science in China(F),2004,47(3):348-361.

[115] 王布宏,王永良,陈辉.多径条件下基于加权空间平滑的阵元幅相误差校正[J].通信学报,2004,25(5):166-174.

[116] WANG B H,WANG Y L,CHEN H,et al. Array calibration of angularly dependent gain and phase uncertainties with carry-on instrumental sensors[J]. Science in china Serier F-Information Science,2004,47(6):777-792.

[117] QI C,WANG Y,ZHANG Y,et al. DOA estimation and self-calibration algorithm for uniform circular array[J]. Electronics Letters. 2005,41(20):1092-1094.

[118] CHEN H,WANG Y L,HUANG B X,et al. Parallel Linear Array DOA Estimation with Mutual Coupling[J]. Journal of Computational Information Systems,2008,5(1):163-170.

[119] 吴彪,陈辉,胡晓琴.基于 Y 型阵的互耦矩阵与 DOA 的同时估计方法[J].通信学报,2010,31(6):119-126.

[120] 吴彪,陈辉,杨春华.基于 L 型阵列的方位估计及互耦自校正算法研究[J].电子学报,2010,38(6):1316-1322.

[121] 胡晓琴,陈辉,王永良,等.十字型阵列的互耦自校正算法[J].中国科学:信息科学,2010,40(8):1039-1164.

[122] 张佳佳,陈辉.非均匀双圈圆阵互耦自校正[J].华中科技大学学报,2018,46(7):104-110.

[123] 张佳佳,陆晓飞,陈辉,等.非均匀线阵的互耦自校正[J].系统工程与电子技术,2018,40(7):1429-1435.

[124] 倪萌钰,陈辉,校松,等.基于辅助阵元的近场源幅相误差校正算法[J].电子与信息学报,2018,40(10):2415-2422.

[125] ZHANG J J,CHEN Y H,HUANG W P,et al. Self-Calibration of Mutual Coupling for Non-uniform Cross Array[J]. Circuits,System & Signal Processing,2019,38(3),1137-1156.

[126] 张佳佳,陈辉,王建刚,等.双圈均匀圆阵互耦和位置误差的联合校正[J].华中科技大学学报,2019,47(8):11-17.

[127] ZHANG J J,CHEN H,XIAO S,et al. A Comprehensive Errors Calibration Method Based on Dual Uniform Circular Array[J]. Frontiers of Information Technology & Electronic Engineering,2019,20(10):1415-1428.

[128] 高飞,陈辉,谢文冲,等. 阵元失效情况下的STAP性能研究[J]. 电子学报,2009,37(9):2096-2101.

[129] 张佳佳,陈辉,李帅,等. 双圈均匀圆阵互耦自校正方法[J]. 电子与信息学报,2017,39(07):1539-1545.

[130] 王布宏,王永良,陈辉. 利用局域子空间投影提高子空间类DOA估计算法的谱分辨力[J]. 电子学报,2003,31(3):459-463.

[131] 陈辉,王永良,皮新宇. 基于信号共轭循环平稳特性的算法研究[J]. 电子与信息学报,2004,26(2):213-219.

[132] 陈辉,王永良. 波束空间DOA算法性能综合分析[J]. 系统工程与电子技术,2004,26(10):1353-1356.

[133] 高书彦,陈辉,王永良,等. 基于均匀圆阵的模式空间矩阵重构算法[J]. 电子与信息学报,2007,29(12):2832-2835.

[134] 高书彦,王永良,陈 辉. 模式空间矩阵重构波束形成算法研究[J]. 电子与信息学报,2008,30(5):1096-1099.

[135] 丁前军,王永良,张永顺,陈 辉. 一种虚拟波束形成自适应加权空间平滑算法[J]. 电子与信息学报,2006,28(12):2263-2268.

[136] DUAN K Q,WANG Z T,XIE W C,et al. Sparsity-based STAP algorithm with multiple measurement vectors via sparse Bayesian learning strategy for airborne radar[J]. IET Signal Processing. 2017,11(5):544-553.

[137] DUAN K Q, YUAN H D, LIU W J, et al. Sparsity-based non-stationary clutter suppression technique for airborne radar[J]. IEEE Access,2018,6(1):56162-56169.

[138] WANG Z T,WANG Y L,GAO F,et al. Clutter nulling space-time adaptive processing algorithm based on sparse representation for airborne radar[J]. IET Radar Sonar and Navigation,2017,11(1):177-184.

[139] LIU W J,WANG Y L,LIU J,et al. Adaptive detection without training data in colocated MIMO radar[J]. IEEE Transactions on Aerospace and Electronic Systems. 2015,51(3):2469-3479.

[140] LIU W J, WANG Y L, LIU J, et al. Design and Performance Analysis of Adaptive Detectors for Subspace Signals in Orthogonal Interference and Gaussian Noise[J]. IEEE Transactions on Aerospace and Electronic Systems. 2016,52(5):2068-2079.

[141] LI Y K,WANG Y L,LIU B C,et al. A newmotion parameter estimation and relocation scheme for airborne three-channel CSSAR-GMTI systems[J]. IEEE Transactions on Geoscience and Remote Sensing,2019,57(6):4107-4120.

[142] YANG H F,LIU W J,XIE W C,et al. General signal model of MIMO radar for moving target detection[J]. IET Radar,Sonar and Navigation,2017,11(4):570-578.

[143] DUAN K Q, XIE W C, WANG Y L, et al. A deterministic autoregressive STAP approach for nonhomogenerous clutter suppression[J]. Multidimensional Systems and Signal Processing,2016,27(1):105-119.

[144] 陈建文,王永良,陈辉. 机载相控阵雷达波束—多普勒域部分自适应处理方法研究[J]. 电子学报,2001,29(12A):1932-1935.

[145] 范西昆,王永良,陈辉,等. 并行实现空时自适应算法[J]. 电子学报,2005,33(12):2222-2225.

[146] 陈辉,苏海军. 强干扰/信号背景下的DOA估计新方法[J]. 电子学报,2006,34(3):530-534.
[147] 邵银波,王永良,李强,等. 一种用于空时自适应处理的并行计算模型[J]. 电子学报,2006,34(3):450-453.
[148] 邵银波,李强,王永良,等. 空时自适应处理的通用平台设计与实现[J]. 电子与信息学报,2006,28(2):317-321.
[149] 范西昆,王永良,陈辉. 机载雷达空时自适应处理的实时实现[J]. 电子与信息学报,2006,28(12):2224-2227.
[150] 任磊,王永良,陈辉,等. STAP并行处理系统的调度问题研究[J]. 系统工程与电子技术,2009,31(4):874-880.
[151] 任磊,王永良,陈辉,等. 双通道机载雷达STAP紧凑系统设计[J]. 数据采集与处理,2008,23(6):657-662.
[152] 任磊,陈辉,陈建文,等. 基于DSP的二维CFAR检测快速实现[J]. 系统工程与电子技术,2009,31(7):1627-1631.
[153] 任磊,王永良,陈辉,等. 基于DSP的SMI方法快速实现研究[J]. 国防科技大学学报,31(3):53-59.